国家示范性高职院校建设规划教材

工程数学基础

第二版

任利民　　贺利敏　　主编

李建奎　　张俊青　　副主编

化学工业出版社

·北京·

本书包括线性代数、线性规划、级数与拉普拉斯变换、概率论、数理统计、MATLAB 的工程数学应用六部分内容，为提高学生学习兴趣与应用数学知识的能力，针对"高职高专"各专业对数学的工具性要求及学生能力素质培养需求，拓宽知识面，每个模块末配备有吸引力的"阅读资料"与"项目问题"，有助于拓展学生思路，并为能力评价提供了依据。

　　本书可作为高职高专各专业通用教材，不同专业可根据需求，选择相近模块学习。

图书在版编目（CIP）数据

工程数学基础/任利民，贺利敏主编．—2 版．—北京：化学工业出版社，2015.2（2022.2重印）

高职高专"十二五"规划教材　国家示范性高职院校建设规划教材

ISBN 978-7-122-22763-8

Ⅰ.①工…　Ⅱ.①任…②贺…　Ⅲ.①工程数学-高等职业教育-教材　Ⅳ.①TB11

中国版本图书馆 CIP 数据核字（2015）第 008853 号

责任编辑：韩庆利　王金生　　　　　　装帧设计：关　飞
责任校对：王素芹

出版发行：化学工业出版社（北京市东城区青年湖南街 13 号　邮政编码 100011）
印　　装：三河双峰印刷装订有限公司
787mm×1092mm　1/16　印张 17　字数 414 千字　　2022 年 2 月北京第 2 版第 8 次印刷

购书咨询：010-64518888　　　　　　　售后服务：010-64518899
网　　址：http://www.cip.com.cn
凡购买本书，如有缺损质量问题，本社销售中心负责调换。

定　　价：35.00 元　　　　　　　　　　　版权所有　违者必究

前　言

本教材的第一版自 2011 年 2 月出版以来，深受广大读者的青睐。在使用过程中，编者认真总结了近几年的教学经验和反馈意见，在经过大量调研、分析的基础上，对教材进行了修订。

本教材内容包括：线性代数、线性规划、级数与拉普拉斯变换、概率论、数理统计与 MATLAB 的工程数学应用。与传统工程数学教材相比，本教材力求突出以下特点：

（1）内容方面。在不影响基本理论体系前提下，淡化逻辑推理过程，或者对论证过程只作为参考，不作为要求，注重学生专业需求与数学技能培养。

（2）结构方面。一些模块内容的设置进行了新的尝试，并增加了传统教材中难得一见的新的知识点，比如：模块二的线性规划中，我们突出了建立实际问题的规划模型，使学生在熟悉规划模型的单纯型基本解法思路后，介绍两种实际中常用的特殊规划模型解法。而对复杂规划模型提供了"LINGO"软件的解法介绍。解决了以往线性规划教学中当模型变量还不算多，单纯型法已纯属"摆设"的问题。提高了知识的使用性。

（3）为保证学生知识接受时的渐进、连贯和完整性，注重学生对知识整体与系统的把握，及教师在讲授时层次明晰，每个模块的开始列出知识讲解脉络图。

（4）重视学生良好思维方式的培养，在知识形成初期给出若干"思考问题"及其必要分析与启发，达到引导与习惯培养的目的。

（5）不配备过多过难的习题，各模块末给出一篇应用本模块内容处理问题的"阅读资料"，及其分析处理过程，诱导与启发学生的知识运用兴趣，"项目问题"（教学要求学生以项目组方式共同研究，并以小论文的形式选择完成）既锻炼了学生知识应用能力与团结协作精神，又为能力评价体系提供了依据。

本教材是按照教育部颁布的《高职高专教育高等数学课程教学基本要求》，依据山西省省级科研项目《高职高专高等数学教材开发研究》，由教学一线具有丰富教学经验的教师编写而成。

本书由山西工程职业技术学院任利民、山西建筑职业技术学院贺利敏担任主编；山西工程职业技术学院李建奎、山西职业技术学院张俊青担任副主编。模块一由贺利敏编写、模块二由李建奎编写、模块三由任利民编写、模块四由张俊青编写、模块五由山西职业技术学院赵巧蓉编写、模块六由山西建筑职业技术学院王淑清编写，全书的习题与附录由山西工程职业技术学院刘天喜解答、编写。

本教材是国家示范性高职院校建设规划系列教材的一部分，山西建筑职业技术学院王庆云教授、山西职业技术学院杨俊萍教授、山西工程职业技术学院富伯亭教授，在本教材编写过程中提出了许多宝贵的建议，并审阅了全部书稿，在此深表谢意。由于时间仓促，能力所限，书中不妥之处在所难免，为使该书能够日臻完善，恳请广大师生批评指正。我们真切希望能为高职数学课程的科学设置与学生应用能力的培养做出努力与贡献。

编　者

目　录

模块一 　线性代数

初等数学中，我们已经学习过二元、三元一次方程组及其求解问题．在工程、科技及经济领域中，我们还会遇到多个变量之间存在线性关系的问题．行列式和矩阵作为从研究实际问题中抽象出来的两个数学概念，是研究由多个未知数构成的线性方程组的重要工具．本模块将介绍行列式、矩阵的基本概念与运算，以及如何用行列式、矩阵求解线性方程组．

本模块知识脉络结构

线性代数
- 知识内容（工具）
  - 1.行列式(行列式基本概念、性质、运算)
  - 2.矩阵(矩阵概念、运算、逆矩阵、初等变换 秩、特征值)
- 知识应用（解线性方程组）
  - 1.用行列式解线性方程组(克莱姆法则)
  - 2.用逆矩阵解线性方程组
  - 3.用初等变换解线性方程组

第一节 　行列式的概念与性质

【思考问题】

初等数学中，用加减消元法或代入消元法求解线性方程组，有没有可用的求解公式？

分析 　考察下列二元线性方程组

$$\begin{cases} a_{11}x_1 + a_{12}x_2 = b_1 \\ a_{21}x_1 + a_{22}x_2 = b_2 \end{cases}$$

用加减消元法求解，得到

$$\begin{cases} x_1 = \dfrac{b_1 a_{22} - a_{12} b_2}{a_{11} a_{22} - a_{12} a_{21}}, \\ x_2 = \dfrac{b_2 a_{11} - a_{21} b_1}{a_{11} a_{22} - a_{12} a_{21}}. \end{cases} \qquad (a_{11}a_{22} - a_{12}a_{21} \neq 0).$$

这个结果显然可以作为公式使用，但记忆不易，如果记

$$D = \begin{vmatrix} a_{11} & a_{12} \\ a_{21} & a_{22} \end{vmatrix} = a_{11}a_{22} - a_{12}a_{21}$$

则有

$$D_1 = \begin{vmatrix} b_1 & a_{12} \\ b_2 & a_{22} \end{vmatrix}, \quad D_2 = \begin{vmatrix} a_{11} & b_1 \\ a_{21} & b_2 \end{vmatrix}.$$

对于方程组来讲，当 $D\neq0$ 时，二元线性方程组 $\begin{cases} a_{11}x_1+a_{12}x_2=b_1 \\ a_{21}x_1+a_{22}x_2=b_2 \end{cases}$ 有唯一解：

$$x_1=\frac{D_1}{D}, \quad x_2=\frac{D_2}{D}.$$

那么更多元的线性方程组是否也有以上形式的求解公式，这个问题的讨论有一定的现实意义.

一、行列式的基本概念

1. 二阶行列式

定义 1　由 4 个数排成的记号

$$\begin{vmatrix} a_{11} & a_{12} \\ a_{21} & a_{22} \end{vmatrix}$$

称为二阶行列式，横排为行，竖排为列．称 $a_{ij}(i,j=1,2)$ 为行列式第 i 行第 j 列的元素.

行列式表示一个值，二阶行列式的计算方法为

$$\begin{vmatrix} a_{11} & a_{12} \\ a_{21} & a_{22} \end{vmatrix}=a_{11}a_{22}-a_{12}a_{21}$$

右端称为行列式的展开式．展开规则为：从左上角到右下角的对角线用实线相连，连线元素之积带正号；从右上角到左下角的对角线用虚线相连，连线元素之积带负号，这种方法称为二阶行列式的对角线展开法则.

2. 三阶行列式

定义 2

$$\begin{vmatrix} a_{11} & a_{12} & a_{13} \\ a_{21} & a_{22} & a_{23} \\ a_{31} & a_{32} & a_{33} \end{vmatrix}=a_{11}a_{22}a_{33}+a_{12}a_{23}a_{31}+a_{13}a_{21}a_{32}-a_{13}a_{22}a_{31}-a_{11}a_{23}a_{32}-a_{12}a_{21}a_{33}$$

左端称为三阶行列式，右端称为三阶行列式的展开式．三阶行列式展开式有 6 项，每一项均为不同行不同列的三个元素之积再冠以正负号，其运算的规律性可用"对角线法则"来表述.

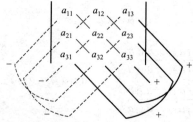

类似于二元线性方程组的讨论，对三元线性方程组

$$\begin{cases} a_{11}x_1+a_{12}x_2+a_{13}x_3=b_1 \\ a_{21}x_1+a_{22}x_2+a_{23}x_3=b_2 \\ a_{31}x_1+a_{32}x_2+a_{33}x_3=b_3 \end{cases}$$

记

$$D=\begin{vmatrix} a_{11} & a_{12} & a_{13} \\ a_{21} & a_{22} & a_{23} \\ a_{31} & a_{32} & a_{33} \end{vmatrix}, \quad D_1=\begin{vmatrix} b_1 & a_{12} & a_{13} \\ b_2 & a_{22} & a_{23} \\ b_3 & a_{32} & a_{33} \end{vmatrix},$$

$$D_2=\begin{vmatrix} a_{11} & b_1 & a_{13} \\ a_{21} & b_2 & a_{23} \\ a_{31} & b_3 & a_{33} \end{vmatrix}, \quad D_3=\begin{vmatrix} a_{11} & a_{12} & b_1 \\ a_{21} & a_{22} & b_2 \\ a_{31} & a_{32} & b_3 \end{vmatrix}.$$

若系数行列式 $D\neq0$，则该方程组有唯一解：

$$x_1=\frac{D_1}{D}, \quad x_2=\frac{D_2}{D}, \quad x_3=\frac{D_3}{D}.$$

例1 解方程组 $\begin{cases} 2x_1+3x_2=\ \ 8 \\ x_1-2x_2=-3 \end{cases}.$

解 $D=\begin{vmatrix} 2 & 3 \\ 1 & -2 \end{vmatrix}=2\times(-2)-3\times1=-7, D_1=\begin{vmatrix} 8 & 3 \\ -3 & -2 \end{vmatrix}$

$$=8\times(-2)-3\times(-3)=-7,$$

$$D_2=\begin{vmatrix} 2 & 8 \\ 1 & -3 \end{vmatrix}=2\times(-3)-8\times1=-14.$$

因 $D=-7\neq0$，故所给方程组有唯一解

$$x_1=\frac{D_1}{D}=\frac{-7}{-7}=1, \quad x_2=\frac{D_2}{D}=\frac{-14}{-7}=2.$$

例2 计算三阶行列式 $\begin{vmatrix} 1 & 2 & 3 \\ 4 & 0 & 5 \\ -1 & 0 & 6 \end{vmatrix}.$

解 $\begin{vmatrix} 1 & 2 & 3 \\ 4 & 0 & 5 \\ -1 & 0 & 6 \end{vmatrix}=1\times0\times6+2\times5\times(-1)+3\times4\times0-3\times0\times(-1)-1\times5\times0$

$$-4\times2\times6$$
$$=-10-48=-58.$$

例3 解三元线性方程组 $\begin{cases} x_1-2x_2+\ x_3=-2 \\ 2x_1+\ x_2-3x_3=\ \ 1 \\ -x_1+\ x_2-\ x_3=\ \ 0 \end{cases}.$

解 由于方程组的系数行列式

$$D=\begin{vmatrix} 1 & -2 & 1 \\ 2 & 1 & -3 \\ -1 & 1 & -1 \end{vmatrix}$$

$$=1\times1\times(-1)+(-2)\times(-3)\times(-1)+1\times2\times1-(-1)\times$$
$$1\times1-1\times(-3)\times1-(-2)\times2\times(-1)$$

$$=-5\neq 0$$

$$D_1=\begin{vmatrix} -2 & -2 & 1 \\ 1 & 1 & -3 \\ 0 & 1 & -1 \end{vmatrix}=-5,\quad D_2=\begin{vmatrix} 1 & -2 & 1 \\ 2 & 1 & -3 \\ -1 & 0 & -1 \end{vmatrix}=-10,$$

$$D_3=\begin{vmatrix} 1 & -2 & -2 \\ 2 & 1 & 1 \\ -1 & 1 & 0 \end{vmatrix}=-5.$$

故所求方程组的解为

$$x_1=\frac{D_1}{D}=1,\quad x_2=\frac{D_2}{D}=2,\quad x_3=\frac{D_3}{D}=1.$$

3. n 阶行列式

定义 3 由 n^2 个元素组成的记号

$$\begin{vmatrix} a_{11} & a_{12} & \cdots & a_{1n} \\ a_{21} & a_{22} & \cdots & a_{2n} \\ \vdots & \vdots & \vdots & \vdots \\ a_{n1} & a_{n2} & \cdots & a_{nn} \end{vmatrix}$$

称为 n 阶行列式，这里数 a_{ij} $(i,j=1,2,\cdots,n)$ 称为行列式的元素. $n\geq 4$ 的行列式称为高阶行列式.

高阶行列式类似于二阶、三阶的展开公式，比较复杂，下面介绍行列式按行（列）展开.

定义 4 在 n 阶行列式 D 中，去掉元素 a_{ij} 所在的第 i 行和第 j 列元素，由余下元素组成的 $n-1$ 阶行列式，称为 D 中元素 a_{ij} 的余子式，记为 M_{ij}，再记

$$A_{ij}=(-1)^{i+j}M_{ij}$$

称 A_{ij} 为元素 a_{ij} 的代数余子式.

对于三阶行列式可以验证下式成立.

$$\begin{vmatrix} a_{11} & a_{12} & a_{13} \\ a_{21} & a_{22} & a_{23} \\ a_{31} & a_{32} & a_{33} \end{vmatrix}=a_{11}\begin{vmatrix} a_{22} & a_{23} \\ a_{32} & a_{33} \end{vmatrix}+a_{12}\left(-\begin{vmatrix} a_{21} & a_{23} \\ a_{31} & a_{33} \end{vmatrix}\right)+a_{13}\begin{vmatrix} a_{21} & a_{22} \\ a_{31} & a_{32} \end{vmatrix}$$

$$=a_{11}A_{11}+a_{12}A_{12}+a_{13}A_{13}$$

一般地，对于高阶行列式的计算，有以下定理.

定理 1 行列式等于它的任一行（列）的各元素与其对应的代数余子式乘积之和，即

$$D=a_{i1}A_{i1}+a_{i2}A_{i2}+\cdots+a_{in}A_{in}\quad (i=1,2,\cdots,n).$$

或

$$D=a_{1j}A_{1j}+a_{2j}A_{2j}+\cdots+a_{nj}A_{nj}\quad (j=1,2,\cdots,n).$$

可以验证，还有下面结论成立.

定理 2 行列式任一行（列）的各元素与另一行（列）对应元素的代数余子式乘积之和为零.

例4 试按第三列展开计算行列式 $D = \begin{vmatrix} 1 & 2 & 3 & 4 \\ 1 & 0 & 1 & 2 \\ 3 & -1 & -1 & 0 \\ 1 & 2 & 0 & -5 \end{vmatrix}$.

解 将 D 按第三列展开，则有

$$D = a_{13}A_{13} + a_{23}A_{23} + a_{33}A_{33} + a_{43}A_{43}$$

$$= 3 \times (-1)^{1+3} \begin{vmatrix} 1 & 0 & 2 \\ 3 & -1 & 0 \\ 1 & 2 & -5 \end{vmatrix} + 1 \times (-1)^{2+3} \begin{vmatrix} 1 & 2 & 4 \\ 3 & -1 & 0 \\ 1 & 2 & -5 \end{vmatrix} +$$

$$(-1) \times (-1)^{3+3} \begin{vmatrix} 1 & 2 & 4 \\ 1 & 0 & 2 \\ 1 & 2 & -5 \end{vmatrix} + 0 \times (-1)^{4+3} \begin{vmatrix} 1 & 2 & 4 \\ 1 & 0 & 2 \\ 3 & -1 & 0 \end{vmatrix}$$

$$= 3 \times 19 + 1 \times (-63) + (-1) \times 18 + 0 \times (-10) = -24$$

下面是几种特殊形式的行列式：

（1）上三角形行列式

$$\begin{vmatrix} a_{11} & a_{12} & \vdots & a_{1n} \\ 0 & a_{22} & \cdots & a_{2n} \\ \vdots & \vdots & \vdots & \vdots \\ 0 & 0 & \cdots & a_{nn} \end{vmatrix} = a_{11}a_{22} \cdots a_{nn};$$

（2）下三角形行列式

$$\begin{vmatrix} a_{11} & 0 & \cdots & 0 \\ a_{21} & a_{22} & \cdots & 0 \\ \vdots & \vdots & \vdots & \vdots \\ a_{n1} & a_{n2} & \cdots & a_{nn} \end{vmatrix} = a_{11}a_{22} \cdots a_{nn};$$

（3）对角行列式

$$\begin{vmatrix} a_{11} & 0 & \cdots & 0 \\ 0 & a_{22} & \cdots & 0 \\ \vdots & \vdots & \vdots & \vdots \\ 0 & \cdots & & a_{nn} \end{vmatrix} = a_{11}a_{22} \cdots a_{nn}.$$

二、行列式的性质

为简化行列式的计算，我们需要学习有关行列式的性质，行列式性质有多条，这里重点学习四条，其余性质读者可参阅相应参考书.

性质 1 行列互换值不变（表明：行的性质可转化为相应列的性质，行列式的"行"与"列"等权）. 即

$$\begin{vmatrix} a_{11} & a_{12} & \cdots & a_{1n} \\ a_{21} & a_{22} & \cdots & a_{2n} \\ \vdots & \vdots & \vdots & \vdots \\ a_{n1} & a_{n2} & \cdots & a_{nn} \end{vmatrix} = \begin{vmatrix} a_{11} & a_{21} & \cdots & a_{n1} \\ a_{12} & a_{22} & \cdots & a_{n2} \\ \vdots & \vdots & \vdots & \vdots \\ a_{1n} & a_{2n} & \cdots & a_{nn} \end{vmatrix}$$

性质2 行列式的两行（列）对调，值互为相反数．如

$$
\begin{vmatrix}
a_{11} & a_{12} & \cdots & a_{1n} \\
\vdots & \vdots & \vdots & \vdots \\
a_{i1} & a_{i2} & \cdots & a_{in} \\
\vdots & \vdots & \vdots & \vdots \\
a_{j1} & a_{j2} & \cdots & a_{jn} \\
\vdots & \vdots & \vdots & \vdots \\
a_{n1} & a_{n2} & \cdots & a_{nn}
\end{vmatrix}
= -
\begin{vmatrix}
a_{11} & a_{12} & \cdots & a_{1n} \\
\vdots & \vdots & \vdots & \vdots \\
a_{j1} & a_{j2} & \cdots & a_{jn} \\
\vdots & \vdots & \vdots & \vdots \\
a_{i1} & a_{i2} & \cdots & a_{in} \\
\vdots & \vdots & \vdots & \vdots \\
a_{n1} & a_{n2} & \cdots & a_{nn}
\end{vmatrix}
\begin{matrix} \\ \\ \leftarrow 第\ i\ 行 \\ \\ \leftarrow 第\ j\ 行 \\ \\ \end{matrix}
$$

上述性质的使用记为 $r_i \leftrightarrow r_j$．若第 i 列与第 j 列互换，记为 $c_i \leftrightarrow c_j$．

性质3 用数 k 乘行列式的某一行（列），等于用数 k 乘此行列式，即

$$
\begin{vmatrix}
a_{11} & a_{12} & \cdots & a_{1n} \\
\vdots & \vdots & \vdots & \vdots \\
ka_{i1} & ka_{i2} & \cdots & ka_{in} \\
\vdots & \vdots & \vdots & \vdots \\
a_{n1} & a_{n2} & \cdots & a_{nn}
\end{vmatrix}
= k
\begin{vmatrix}
a_{11} & a_{12} & \cdots & a_{1n} \\
\vdots & \vdots & \vdots & \vdots \\
a_{i1} & a_{i2} & \cdots & a_{in} \\
\vdots & \vdots & \vdots & \vdots \\
a_{n1} & a_{n2} & \cdots & a_{nn}
\end{vmatrix}
$$

该性质也表明计算行列式时，可按行或列提取公因子，以使计算简单．

推论 行列式中若有两行（列）元素对应相同或成比例，则此行列式为零．

性质4 将行列式的某一行（列）的所有元素都乘以数 k 后加到另一行（列）对应位置的元素上，行列式值不变．

注：以数 k 乘第 j 行各元素加到第 i 行相应元素上，记作 $r_i + kr_j$；以数 k 乘第 j 列各元素加到第 i 列相应元素上，记作 $c_i + kc_j$．即

$$
\begin{vmatrix}
a_{11} & a_{12} & \cdots & a_{1n} \\
\vdots & \vdots & \vdots & \vdots \\
a_{i1} & a_{i2} & \cdots & a_{in} \\
\vdots & \vdots & \vdots & \vdots \\
a_{n1} & a_{n2} & \cdots & a_{nn}
\end{vmatrix}
=
\begin{vmatrix}
a_{11} & a_{12} & \cdots & a_{1n} \\
\vdots & \vdots & \vdots & \vdots \\
a_{i1}+ka_{j1} & a_{i2}+ka_{j2} & \cdots & a_{in}+ka_{jn} \\
\vdots & \vdots & \vdots & \vdots \\
a_{n1} & a_{n2} & \cdots & a_{nn}
\end{vmatrix}
$$

计算行列式时，常用该性质，把行列式化为三角形行列式来计算．

例5 计算行列式 $D = \begin{vmatrix} 3 & 6 & 12 \\ 2 & -3 & 0 \\ 5 & 1 & 2 \end{vmatrix}$．

解 先将第一行的公因子 3 提出来，再运用性质 4：

$$
D = 3
\begin{vmatrix}
1 & 2 & 4 \\
2 & -3 & 0 \\
5 & 1 & 2
\end{vmatrix}
= 3
\begin{vmatrix}
1 & 2 & 4 \\
0 & -7 & -8 \\
0 & -9 & -18
\end{vmatrix}
= 27
\begin{vmatrix}
1 & 2 & 4 \\
0 & 7 & 8 \\
0 & 1 & 2
\end{vmatrix}
$$

$$
= 54
\begin{vmatrix}
1 & 2 & 2 \\
0 & 7 & 4 \\
0 & 1 & 1
\end{vmatrix}
= 54
\begin{vmatrix}
1 & 0 & 2 \\
0 & 3 & 4 \\
0 & 0 & 1
\end{vmatrix}
= 54 \times 3 = 162.
$$

例6 计算 $D = \begin{vmatrix} 3 & 1 & -1 & 2 \\ -5 & 1 & 3 & -4 \\ 2 & 0 & 1 & -1 \\ 1 & -5 & 3 & -3 \end{vmatrix}$.

解 $D \xrightarrow{c_1 \leftrightarrow c_2} - \begin{vmatrix} 1 & 3 & -1 & 2 \\ 1 & -5 & 3 & -4 \\ 0 & 2 & 1 & -1 \\ -5 & 1 & 3 & -3 \end{vmatrix} \xrightarrow[\substack{r_2+(-1)r_1 \\ r_4+5r_1}]{} - \begin{vmatrix} 1 & 3 & -1 & 2 \\ 0 & -8 & 4 & -6 \\ 0 & 2 & 1 & -1 \\ 0 & 16 & -2 & 7 \end{vmatrix}$

$\xrightarrow{r_2 \leftrightarrow r_3} \begin{vmatrix} 1 & 3 & -1 & 2 \\ 0 & 2 & 1 & -1 \\ 0 & -8 & 4 & -6 \\ 0 & 16 & -2 & 7 \end{vmatrix} \xrightarrow[\substack{r_3+4r_2 \\ r_4-8r_2}]{} \begin{vmatrix} 1 & 3 & -1 & 2 \\ 0 & 2 & 1 & -1 \\ 0 & 0 & 8 & -10 \\ 0 & 0 & -10 & 15 \end{vmatrix}$

$\xrightarrow{r_4+\frac{5}{4}r_3} \begin{vmatrix} 1 & 3 & -1 & 2 \\ 0 & 2 & 1 & -1 \\ 0 & 0 & 8 & -10 \\ 0 & 0 & 0 & 5/2 \end{vmatrix} = 40.$

三、克莱姆法则

1. n 元线性方程组的概念

定义5 含有 n 个未知数 $x_1, x_2, \cdots, x_n$ 的线性方程组

$$\begin{cases} a_{11}x_1 + a_{12}x_2 + \cdots + a_{1n}x_n = b_1 \\ a_{21}x_1 + a_{22}x_2 + \cdots + a_{2n}x_n = b_2 \\ \cdots \\ a_{n1}x_1 + a_{n2}x_2 + \cdots + a_{nn}x_n = b_n \end{cases}$$

称为 n 元线性方程组. 由线性方程组的系数 a_{ij} 构成的行列式 D 称为该方程组的系数行列式，即

$$D = \begin{vmatrix} a_{11} & a_{12} & \cdots & a_{1n} \\ a_{21} & a_{22} & \cdots & a_{2n} \\ \vdots & \vdots & \vdots & \vdots \\ a_{n1} & a_{n2} & \cdots & a_{nn} \end{vmatrix}.$$

2. 克莱姆法则

若线性方程组的系数行列式 $D \neq 0$，则线性方程组有唯一解，其解为

$$x_j = \frac{D_j}{D} \quad (j=1,2,\cdots,n)$$

其中，$D_j(j=1,2,\cdots,n)$ 是把 D 中第 j 列元素 $a_{1j}, a_{2j}, \cdots, a_{nj}$ 对应地换成常数项 $b_1, b_2, \cdots, b_n$，而其余各列保持不变所得到的行列式（证明略）.

例7 解线性方程组

$$\begin{cases} x_1 - x_2 + x_3 + 2x_4 = 1 \\ x_1 + x_2 - 2x_3 + x_4 = 1 \\ x_1 + x_2 + x_4 = 2 \\ x_1 + x_3 - x_4 = 1 \end{cases}$$

解 $D = \begin{vmatrix} 1 & -1 & 1 & 2 \\ 1 & 1 & -2 & 1 \\ 1 & 1 & 0 & 1 \\ 1 & 0 & 1 & -1 \end{vmatrix} = -10,$

$D_1 = \begin{vmatrix} 1 & -1 & 1 & 2 \\ 1 & 1 & -2 & 1 \\ 2 & 1 & 0 & 1 \\ 1 & 0 & 1 & -1 \end{vmatrix} = -8, \quad D_2 = \begin{vmatrix} 1 & 1 & 1 & 2 \\ 1 & 1 & -2 & 1 \\ 1 & 2 & 0 & 1 \\ 1 & 1 & 1 & -1 \end{vmatrix} = -9,$

$D_3 = \begin{vmatrix} 1 & -1 & 1 & 2 \\ 1 & 1 & 1 & 1 \\ 1 & 1 & 2 & 1 \\ 1 & 0 & 1 & -1 \end{vmatrix} = -5, \quad D_4 = \begin{vmatrix} 1 & -1 & 1 & 1 \\ 1 & 1 & -2 & 1 \\ 1 & 1 & 0 & 2 \\ 1 & 0 & 1 & 1 \end{vmatrix} = -3.$

由于系数行列式 $D = -10 \neq 0$，所以由克莱姆法则得方程组有唯一解

$$x_1 = \frac{D_1}{D} = \frac{4}{5}, \quad x_2 = \frac{D_2}{D} = \frac{9}{10}, \quad x_3 = \frac{D_3}{D} = \frac{1}{2}, \quad x_4 = \frac{D_4}{D} = \frac{3}{10}.$$

可以看出齐次线性方程组 $\begin{cases} a_{11}x_1 + a_{12}x_2 + \cdots + a_{1n}x_n = 0 \\ a_{21}x_1 + a_{22}x_2 + \cdots + a_{2n}x_n = 0 \\ \cdots \\ a_{n1}x_1 + a_{n2}x_2 + \cdots + a_{nn}x_n = 0 \end{cases}$ 在 $D \neq 0$ 时，仅有一组零

解，要有非零解时，系数行列式 $D = 0$.

例 8 讨论 λ 取何值时，齐次线性方程组 $\begin{cases} (5-\lambda)x + 2y + 2z = 0 \\ 2x + (6-\lambda)y = 0 \\ 2x + (4-\lambda)z = 0 \end{cases}$ 有非零解?

解 该齐次线性方程组要有非零解，系数行列式 $D = 0$. 即

$$\begin{vmatrix} 5-\lambda & 2 & 2 \\ 2 & 6-\lambda & 0 \\ 2 & 0 & 4-\lambda \end{vmatrix} = (5-\lambda)(6-\lambda)(4-\lambda) - 4(6-\lambda) - 4(4-\lambda)$$

$$= (5-\lambda)(2-\lambda)(8-\lambda) = 0$$

亦即：$\lambda = 5, 2, 8$ 时方程有非零解.

比如：$\lambda = 5$ 时，方程组为 $\begin{cases} 2y + 2z = 0 \\ 2x + y = 0 \\ 2x - z = 0 \end{cases}$，由加减消元法知它与方程组 $\begin{cases} y + z = 0 \\ 2x + y = 0 \end{cases}$ 同

解，容易看到这一线性方程组的解有无数多组，即：$\begin{cases} x = k \\ y = -2k \\ z = 2k \end{cases} k \in R.$

习题 1-1

1. 计算下列行列式.

(1) $\begin{vmatrix} \sin x & \cos x \\ -\cos x & \sin x \end{vmatrix}$;　(2) $\begin{vmatrix} c & -b & 0 \\ 0 & 2a & 3c \\ a & 0 & b \end{vmatrix}$;　(3) $\begin{vmatrix} 1 & 1 & 1 \\ a & b & c \\ b+c & a+c & a+b \end{vmatrix}$;

(4) $\begin{vmatrix} 1 & 2 & 0 & 0 \\ 5 & 1 & 2 & 4 \\ 0 & 1 & -1 & 3 \\ 1 & 4 & 1 & 0 \end{vmatrix}$;　(5) $\begin{vmatrix} 1 & 2 & 0 & 0 \\ 3 & 4 & 0 & 0 \\ 0 & 0 & 1 & 2 \\ 0 & 0 & 3 & 4 \end{vmatrix}$;　(6) $\begin{vmatrix} a & a & a & a \\ b & b & b & 0 \\ c & c & 0 & 0 \\ d & 0 & 0 & 0 \end{vmatrix}$;

(7) $\begin{vmatrix} 1 & 1 & 1 & 1 \\ a_1 & a_2 & a_3 & a_4 \\ a_1^2 & a_2^2 & a_3^2 & a_4^2 \\ a_1^3 & a_2^3 & a_3^3 & a_4^3 \end{vmatrix}$.

2. 证明

$$\begin{vmatrix} a^2 & ab & b^2 \\ 2a & a+b & 2b \\ 1 & 1 & 1 \end{vmatrix} = (a-b)^3.$$

3. 用克莱姆法则解下列方程组.

(1) $\begin{cases} x_1 + 3x_2 - 2x_3 = 0 \\ 3x_1 - 2x_2 + x_3 = 7; \\ 2x_1 + x_2 + 3x_3 = 7 \end{cases}$　(2) $\begin{cases} 2x_1 + x_2 - 5x_3 + x_4 = 8 \\ x_1 - 3x_2 - 6x_4 = 9 \\ 2x_2 - x_3 + 2x_4 = -5 \\ x_1 + 4x_2 - 7x_3 + 6x_4 = 0 \end{cases}$.

4. 解方程

$$\begin{vmatrix} 1 & 1 & 1 & 1 \\ 2 & 1-x & 2 & 2 \\ 3 & 3 & x-2 & 3 \\ 4 & 4 & 4 & x-3 \end{vmatrix} = 0.$$

第二节　矩阵概念与基本运算

在许多实际问题中会出现对数据表的分析、处理和运算,如:给出某单位职工的12个月的工资表,求出每个职工的年收入;学校通过各位教师所授课的班级期末测评表,为代课教师作年度评价;气象台通过观测站一天的整点时气温测量数据,研究和预报下一天的气温变化等等.如果数据较多,计算往往引起混乱,怎样能够让各数据不乱,又能准确求得信息数据,矩阵是一种很好的工具.矩阵也是线性代数中的一个重要概念,本节将简单介绍矩阵概念及基本运算,并讨论用矩阵解线性方程组.

【思考问题】

有三个水果生产基地，今年的水果产量和销售价格见表 1-1，如何求得各基地的年产值？

表 1-1

水果产量		名称			年产值
		苹果（吨）	梨（吨）	桃（吨）	（万元）
产地	基地 1	218	140	95	
	基地 2	345	220	114	
	基地 3	186	188	225	
销价（万元/吨）		0.28	0.26	0.31	

分析　我们可将这些数据按所在位置作简易表，并建立表格间的运算规则，直接求出各信息数据．

$$\begin{pmatrix} 218 & 140 & 95 \\ 345 & 220 & 114 \\ 186 & 188 & 225 \end{pmatrix}\begin{pmatrix} 0.28 \\ 0.26 \\ 0.31 \end{pmatrix} = \begin{pmatrix} 218\times0.28+140\times0.26+95\times0.31 \\ 345\times0.28+220\times0.26+114\times0.31 \\ 186\times0.28+188\times0.26+225\times0.31 \end{pmatrix} = \begin{pmatrix} 126.89 \\ 189.14 \\ 170.71 \end{pmatrix} \text{（万元）}$$

这里采用的运算规则是：第一个表中各行数据与第二个表中列数据对应相乘再相加，此即为矩阵乘法运算．

一、矩阵的概念

定义　由 $m\times n$ 个数排列成 m 行 n 列的矩形数表

$$\begin{pmatrix} a_{11} & a_{12} & \cdots & a_{1n} \\ a_{21} & a_{22} & \cdots & a_{2n} \\ \vdots & \vdots & & \vdots \\ a_{m1} & a_{m2} & \cdots & a_{mn} \end{pmatrix}$$

称为 m 行 n 列矩阵，可简记为 $\boldsymbol{A}=\boldsymbol{A}_{m\times n}=(a_{ij})_{m\times n}$ 或 $\boldsymbol{A}=(a_{ij})$，其中每一个数称为元素，元素 a_{ij} 的下标表明它位于第 i 行、第 j 列的交叉位置．$m=n$ 时，又称为 n 阶方阵．

下面是一些特殊的矩阵：

(1) $\boldsymbol{O}=\begin{pmatrix} 0 & 0 & \cdots & 0 \\ 0 & 0 & \cdots & 0 \\ \vdots & \vdots & & \vdots \\ 0 & 0 & \cdots & 0 \end{pmatrix}_{m\times n}$　称为零矩阵；

(2) $\boldsymbol{I}=\begin{pmatrix} 1 & 0 & \cdots & 0 \\ 0 & 1 & \cdots & 0 \\ \vdots & \vdots & & \vdots \\ 0 & 0 & \cdots & 1 \end{pmatrix}$　称为单位阵；

(3) $\boldsymbol{\Delta}=\begin{pmatrix} \lambda_1 & 0 & \cdots & 0 \\ 0 & \lambda_2 & \cdots & 0 \\ \vdots & \vdots & & \vdots \\ 0 & 0 & \cdots & \lambda_n \end{pmatrix}$　称为对角方阵；

(4) $\begin{pmatrix} a_{11} & a_{12} & \cdots & a_{1n} \\ 0 & a_{22} & \cdots & a_{2n} \\ \vdots & \vdots & & \vdots \\ 0 & 0 & \cdots & a_{nn} \end{pmatrix}$ 称为上三角方阵；$\begin{pmatrix} a_{11} & 0 & \cdots & 0 \\ a_{21} & a_{22} & \cdots & 0 \\ \vdots & \vdots & & \vdots \\ a_{n1} & a_{n2} & \cdots & a_{nn} \end{pmatrix}$ 称为下三角

方阵；

(5) $(a_{11}\ a_{12} \cdots a_{1n})$ 称为行矩阵；$\begin{pmatrix} a_{11} \\ a_{21} \\ \vdots \\ a_{m1} \end{pmatrix}$ 称为列矩阵；

(6) 各行的第一个非零元素严格"递缩"时，称为阶梯矩阵，如：$\begin{pmatrix} 1 & 1 & 0 & 2 \\ 0 & 2 & 3 & 4 \\ 0 & 0 & 0 & 7 \\ 0 & 0 & 0 & 0 \end{pmatrix}$；

(7) 行数与列数分别相同的矩阵称为同型矩阵.

二、矩阵的相等及运算

1. 矩阵的相等

设 $\boldsymbol{A}=(a_{ij})_{m\times n}$，$\boldsymbol{B}=(b_{ij})_{m\times n}$，当且仅当矩阵 $\boldsymbol{A}$ 与矩阵 $\boldsymbol{B}$ 为同型矩阵，且对应位置元素相等（即 $a_{ij}=b_{ij}$）时，称 $\boldsymbol{A}=\boldsymbol{B}$；

2. 矩阵的运算

(1) 矩阵加减法：同型矩阵 $\boldsymbol{A}$ 与矩阵 $\boldsymbol{B}$ 相加减时，规定将对应位置元素相加减，即

$$\boldsymbol{A}\pm\boldsymbol{B}=(a_{ij}\pm b_{ij})_{m\times n}=\begin{pmatrix} a_{11}\pm b_{11} & a_{12}\pm b_{12} & \cdots & a_{1n}\pm b_{1n} \\ a_{21}\pm b_{21} & a_{22}\pm b_{22} & \cdots & a_{2n}\pm b_{2n} \\ \vdots & \vdots & & \vdots \\ a_{m1}\pm b_{m1} & a_{m2}\pm b_{m2} & \cdots & a_{mn}\pm b_{mn} \end{pmatrix}.$$

(2) 数乘矩阵：数 k 与矩阵 $\boldsymbol{A}$ 相乘时，规定用数 k 去乘矩阵 $\boldsymbol{A}$ 的每一个元素，即

$$k\boldsymbol{A}=(ka_{ij})_{m\times n}=\begin{pmatrix} ka_{11} & ka_{12} & \cdots & ka_{1n} \\ ka_{21} & ka_{22} & \cdots & ka_{2n} \\ \vdots & \vdots & \vdots & \vdots \\ ka_{m1} & ka_{m2} & \cdots & ka_{mn} \end{pmatrix}.$$

矩阵的加减法与数乘矩阵满足下列运算规律：

设 $\boldsymbol{A},\boldsymbol{B},\boldsymbol{C},\boldsymbol{O}$ 都是同型矩阵，k,l 是常数，则

① $\boldsymbol{A}+\boldsymbol{B}=\boldsymbol{B}+\boldsymbol{A}$；　　　　　② $(\boldsymbol{A}+\boldsymbol{B})+\boldsymbol{C}=\boldsymbol{A}+(\boldsymbol{B}+\boldsymbol{C})$；

③ $\boldsymbol{A}+\boldsymbol{O}=\boldsymbol{A}$；　　　　　　　　④ $\boldsymbol{A}+(-\boldsymbol{A})=\boldsymbol{O}$；

⑤ $1\boldsymbol{A}=\boldsymbol{A}$；　　　　　　　　　⑥ $k(l\boldsymbol{A})=(kl)\boldsymbol{A}$；

⑦ $(k+l)\boldsymbol{A}=k\boldsymbol{A}+l\boldsymbol{A}$；　　　　⑧ $k(\boldsymbol{A}+\boldsymbol{B})=k\boldsymbol{A}+k\boldsymbol{B}$.

例1 已知 $\boldsymbol{A}=\begin{pmatrix} -1 & 2 & 3 & 1 \\ 0 & 3 & -2 & 1 \\ 4 & 0 & 3 & 2 \end{pmatrix}$，$\boldsymbol{B}=\begin{pmatrix} 4 & 3 & 2 & -1 \\ 5 & -3 & 0 & 1 \\ 1 & 2 & -5 & 0 \end{pmatrix}$，求 $3\boldsymbol{A}-2\boldsymbol{B}$.

解 $3\boldsymbol{A}-2\boldsymbol{B}=3\begin{pmatrix} -1 & 2 & 3 & 1 \\ 0 & 3 & -2 & 1 \\ 4 & 0 & 3 & 2 \end{pmatrix}-2\begin{pmatrix} 4 & 3 & 2 & -1 \\ 5 & -3 & 0 & 1 \\ 1 & 2 & -5 & 0 \end{pmatrix}$

$$=\begin{pmatrix} -11 & 0 & 5 & 5 \\ -10 & 15 & -6 & 1 \\ 10 & -4 & 19 & 6 \end{pmatrix}.$$

例 2 已知 $\boldsymbol{A}=\begin{pmatrix} 12 & 13 & 8 \\ 6 & 5 & 3 \\ 2 & -1 & 0 \end{pmatrix}$, $\boldsymbol{B}=\begin{pmatrix} 3 & 4 & 2 \\ 6 & -1 & 0 \\ -4 & -4 & 6 \end{pmatrix}$, 且 $\boldsymbol{A}-3\boldsymbol{X}=\boldsymbol{B}$, 求 $\boldsymbol{X}$.

解 $\boldsymbol{X}=\dfrac{1}{3}(\boldsymbol{A}-\boldsymbol{B})=\dfrac{1}{3}\begin{pmatrix} 9 & 9 & 6 \\ 0 & 6 & 3 \\ 6 & 3 & -6 \end{pmatrix}=\begin{pmatrix} 3 & 3 & 2 \\ 0 & 2 & 1 \\ 2 & 1 & -2 \end{pmatrix}.$

（3）矩阵与矩阵相乘：设 $\boldsymbol{A}=(a_{ij})_{m\times s}$, $\boldsymbol{B}=(b_{ij})_{s\times n}$, 规定 $\boldsymbol{AB}$ 是一个 $m\times n$ 矩阵，$\boldsymbol{C}=\boldsymbol{AB}=(c_{ij})_{m\times n}$, 它的元素 c_{ij} 是由 $\boldsymbol{A}$ 的第 i 行与 $\boldsymbol{B}$ 的第 j 列对应元素相乘相加而成，即

$$c_{ij}=a_{i1}b_{1j}+a_{i2}b_{2j}+\cdots+a_{is}b_{sj}=\sum_{k=1}^{s}a_{ik}b_{kj}$$

如下示例：

$$\begin{pmatrix} a_{11} & a_{12} & \cdots & a_{1s} \\ a_{21} & a_{22} & \cdots & a_{2s} \\ \vdots & \vdots & & \vdots \\ a_{m1} & a_{m2} & \cdots & a_{ms} \end{pmatrix}\begin{pmatrix} b_{11} & b_{12} & \cdots & b_{1n} \\ b_{21} & b_{22} & \cdots & b_{2n} \\ \vdots & \vdots & & \vdots \\ b_{s1} & b_{s2} & \cdots & b_{sn} \end{pmatrix}=\begin{pmatrix} c_{11} & c_{12} & \cdots & c_{1n} \\ c_{21} & c_{22} & \cdots & c_{2n} \\ \vdots & \vdots & & \vdots \\ c_{m1} & c_{m2} & \cdots & c_{mn} \end{pmatrix}$$

其中 $c_{11}=a_{11}b_{11}+a_{12}b_{21}+a_{13}b_{31}+\cdots+a_{1s}b_{s1}\cdots$

可以看出，两矩阵相乘要求前者的列数与后者的行数相等，并且一个 $m\times s$ 矩阵与一个 $s\times n$ 矩阵相乘是一个 $m\times n$ 矩阵.

因矩阵是数表，矩阵乘以矩阵不同于数字间的运算，一般来说：

① $\boldsymbol{AB}\neq\boldsymbol{BA}$（交换律不成立）；

如 $\boldsymbol{A}=\begin{pmatrix} 1 & 2 & 0 \\ 2 & 0 & 1 \end{pmatrix}$, $\boldsymbol{B}=\begin{pmatrix} 1 & 0 \\ 1 & 3 \\ 1 & 2 \end{pmatrix}$,

$\boldsymbol{AB}=\begin{pmatrix} 1 & 2 & 0 \\ 2 & 0 & 1 \end{pmatrix}\begin{pmatrix} 1 & 0 \\ 1 & 3 \\ 1 & 2 \end{pmatrix}=\begin{pmatrix} 3 & 6 \\ 3 & 2 \end{pmatrix}$, $\boldsymbol{BA}=\begin{pmatrix} 1 & 0 \\ 1 & 3 \\ 1 & 2 \end{pmatrix}\begin{pmatrix} 1 & 2 & 0 \\ 2 & 0 & 1 \end{pmatrix}=\begin{pmatrix} 1 & 2 & 0 \\ 7 & 2 & 3 \\ 5 & 2 & 2 \end{pmatrix}.$

② $\boldsymbol{A}\neq\boldsymbol{O}$, $\boldsymbol{B}\neq\boldsymbol{O}$, 但 $\boldsymbol{AB}$ 可以等于 $\boldsymbol{O}$；

如 $\boldsymbol{A}=\begin{pmatrix} 1 & 0 & 0 \\ 0 & 0 & 1 \end{pmatrix}$, $\boldsymbol{B}=\begin{pmatrix} 0 & 0 \\ 1 & 2 \\ 0 & 0 \end{pmatrix}$, $\boldsymbol{AB}=\begin{pmatrix} 1 & 0 & 0 \\ 0 & 0 & 1 \end{pmatrix}\begin{pmatrix} 0 & 0 \\ 1 & 2 \\ 0 & 0 \end{pmatrix}=\begin{pmatrix} 0 & 0 \\ 0 & 0 \end{pmatrix}.$

③ $AC=AD$ 时，C 可以不等于 D（消去律不成立）；

如 $$A=\begin{pmatrix}1&0&0\\0&0&1\end{pmatrix},\ C=\begin{pmatrix}1&0\\1&1\\0&2\end{pmatrix},\ D=\begin{pmatrix}1&0\\4&5\\0&2\end{pmatrix},$$

$$AC=\begin{pmatrix}1&0&0\\0&0&1\end{pmatrix}\begin{pmatrix}1&0\\1&1\\0&2\end{pmatrix}=\begin{pmatrix}1&0\\0&2\end{pmatrix},\ AD=\begin{pmatrix}1&0&0\\0&0&1\end{pmatrix}\begin{pmatrix}1&0\\4&5\\0&2\end{pmatrix}=\begin{pmatrix}1&0\\0&2\end{pmatrix}.$$

矩阵乘法满足下列运算律（设运算都是可行的）：

④ $A=B$ 时，$AC=BC(CA=CB)$（即：同时左乘或者右乘同一矩阵保持相等）；

⑤ $(A\cdot B)\cdot C=A\cdot(B\cdot C)$（结合律成立）；

⑥ $(A+B)C=AC+BC$；$C(A+B)=CA+CB$（分配律成立）；

⑦ $k(AB)=(kA)B=A(kB)$；

⑧ $A_{m\times n}\cdot I_{n\times n}=A_{m\times n}$，$I_{n\times n}\cdot B_{n\times k}=B_{n\times k}$（任意矩阵乘以单位方阵仍为该矩阵）；有了矩阵的乘法就可定义方阵的幂.

设方阵 $A=(a_{ij})_{n\times n}$，规定

$$A^0=I,\ A^k=\overbrace{A\cdot A\cdot\cdots\cdot A}^{k\text{个}}(k\text{ 为自然数})$$

A^k 称为 A 的 k 次幂.

方阵的幂满足以下运算规律（假设运算都是可行的）：

⑨ $A^m A^n=A^{m+n}$（m，n 是非负整数）；

⑩ $(A^m)^n=A^{mn}$.

注：因矩阵乘法不满足交换律，一般地，$(AB)^n\neq A^n B^n$，n 为自然数.

例3 四个工厂均能生产甲、乙、丙三种产品，其单位成本见表 1-2.

表 1-2

单位成本(元)		产品		
		甲	乙	丙
工厂编号	1	3	5	6
	2	2	4	8
	3	4	5	5
	4	4	3	7

现要生产甲种产品 600 件，乙种产品 500 件，丙种产品 200 件，问由哪个工厂生产成本最低？

解 记 $A=\begin{pmatrix}3&5&6\\2&4&8\\4&5&5\\4&3&7\end{pmatrix}$，$B=\begin{pmatrix}600\\500\\200\end{pmatrix}$，则 $AB=\begin{pmatrix}3&5&6\\2&4&8\\4&5&5\\4&3&7\end{pmatrix}\begin{pmatrix}600\\500\\200\end{pmatrix}=\begin{pmatrix}5500\\4800\\5900\\5300\end{pmatrix}$.

计算结果表明，由第 2 个工厂生产成本最低，为 4800 元.

（4）矩阵转置

把一个 $m\times n$ 矩阵

$$\begin{pmatrix} a_{11} & a_{12} & \cdots & a_{1n} \\ a_{21} & a_{22} & \cdots & a_{2n} \\ \vdots & \vdots & & \vdots \\ a_{m1} & a_{m2} & \cdots & a_{mn} \end{pmatrix}$$

的行与列互换，得到一个 $n \times m$ 矩阵，称为 $\boldsymbol{A}$ 的转置矩阵，记作 $\boldsymbol{A}^{\mathrm{T}}$，

$$\boldsymbol{A}^{\mathrm{T}} = \begin{pmatrix} a_{11} & a_{21} & \cdots & a_{m1} \\ a_{12} & a_{22} & \cdots & a_{m2} \\ \vdots & \vdots & & \vdots \\ a_{1n} & a_{2n} & \cdots & a_{mn} \end{pmatrix}.$$

矩阵转置规律有：$(\boldsymbol{A}^{\mathrm{T}})^{\mathrm{T}} = \boldsymbol{A}$；$(\boldsymbol{A} + \boldsymbol{B})^{\mathrm{T}} = \boldsymbol{A}^{\mathrm{T}} + \boldsymbol{B}^{\mathrm{T}}$；$(k\boldsymbol{A})^{\mathrm{T}} = k\boldsymbol{A}^{\mathrm{T}}$；$(\boldsymbol{AB})^{\mathrm{T}} = \boldsymbol{B}^{\mathrm{T}}\boldsymbol{A}^{\mathrm{T}}$.

3. 方阵的行列式

定义 设 $\boldsymbol{A} = (a_{ij})_{n \times n}$ 为 n 阶方阵，按 $\boldsymbol{A}$ 中元素的排列方式所构成的行列式

$$\begin{vmatrix} a_{11} & a_{12} & \cdots & a_{1n} \\ a_{21} & a_{22} & \cdots & a_{2n} \\ \vdots & \vdots & & \vdots \\ a_{n1} & a_{n2} & \cdots & a_{nn} \end{vmatrix}$$

称为方阵 $\boldsymbol{A}$ 的行列式，记为 $|\boldsymbol{A}|$.

注：方阵 $\boldsymbol{A}$ 与方阵 $\boldsymbol{A}$ 的行列式是两个不同的概念，前者是一张数表，而后者是一个数值.

设 $\boldsymbol{A}$、$\boldsymbol{B}$ 为 n 阶方阵，方阵的行列式满足下列规律：

(1) $|\boldsymbol{A}^{\mathrm{T}}| = |\boldsymbol{A}|$；(2) $|k\boldsymbol{A}| = k^n|\boldsymbol{A}|$；(3) $|\boldsymbol{AB}| = |\boldsymbol{A}||\boldsymbol{B}|$.

例 4 设 $\boldsymbol{A} = \begin{pmatrix} 2 & 5 & -1 \\ 0 & -1 & 6 \\ 0 & 0 & 3 \end{pmatrix}$，$\boldsymbol{B} = \begin{pmatrix} 7 & 0 & 0 \\ -3 & 2 & 0 \\ 9 & 8 & 1 \end{pmatrix}$，求 $|2\boldsymbol{A}|$ 及 $|\boldsymbol{AB}|$.

解 因为 $\boldsymbol{A}$ 和 $\boldsymbol{B}$ 为三阶行列式，可求得 $|\boldsymbol{A}| = -6$，$|\boldsymbol{B}| = 14$，而

$$2\boldsymbol{A} = \begin{pmatrix} 4 & 10 & -2 \\ 0 & -2 & 12 \\ 0 & 0 & 6 \end{pmatrix}, \ |2\boldsymbol{A}| = -48，即 |2\boldsymbol{A}| = 2^3|\boldsymbol{A}|.$$

$$\boldsymbol{AB} = \begin{pmatrix} 2 & 5 & -1 \\ 0 & -1 & 6 \\ 0 & 0 & 3 \end{pmatrix}\begin{pmatrix} 7 & 0 & 0 \\ -3 & 2 & 0 \\ 9 & 8 & 1 \end{pmatrix} = \begin{pmatrix} -10 & 2 & -1 \\ 57 & 46 & 6 \\ 27 & 24 & 3 \end{pmatrix}，计算得 |\boldsymbol{AB}| = -84，验$$

证了 $|\boldsymbol{AB}| = |\boldsymbol{A}||\boldsymbol{B}|$.

4. 线性方程组的矩阵表示

一般线性方程组形式为 $\begin{cases} a_{11}x_1 + a_{12}x_2 + \cdots + a_{1n}x_n = b_1 \\ a_{21}x_1 + a_{22}x_2 + \cdots + a_{2n}x_n = b_2 \\ \quad\quad \cdots \\ a_{m1}x_1 + a_{m2}x_2 + \cdots + a_{mn}x_n = b_m \end{cases}$

记 $A=\begin{pmatrix} a_{11} & a_{12} & \cdots & a_{1n} \\ a_{21} & a_{22} & \cdots & a_{2n} \\ \vdots & \vdots & & \vdots \\ a_{m1} & a_{m2} & \cdots & a_{mn} \end{pmatrix}$，称为方程组的系数矩阵；记 $X=\begin{pmatrix} x_1 \\ x_2 \\ \vdots \\ x_n \end{pmatrix}$ 为未知数构成的

列矩阵；记 $B=\begin{pmatrix} b_1 \\ b_2 \\ \vdots \\ b_m \end{pmatrix}$ 为常数项构成的列矩阵，利用矩阵运算，方程组就可以简单表

示为

$$AX=B,$$

称为矩阵方程.

习题 1-2

1. 已知 $\begin{pmatrix} x & -2 \\ 7 & y \end{pmatrix}+\begin{pmatrix} 2y & -3 \\ -1 & -4x \end{pmatrix}=\begin{pmatrix} 5 & -5 \\ 6 & -2 \end{pmatrix}$，求 x,y 的值.

2. 已知 $A=\begin{pmatrix} 1 & 3 \\ 0 & -2 \end{pmatrix}$，$B=\begin{pmatrix} 1 & 1 \\ -3 & 2 \end{pmatrix}$，$C=\begin{pmatrix} 3 & -1 \\ 4 & 5 \end{pmatrix}$，计算

(1) $A+B$；　　(2) $A-C$；　　(3) $3A-2B+C$；　　(4) AB；

(5) $A(BC)$；　　(6) $C^{\mathrm{T}}B^{\mathrm{T}}$；　　(7) $|BC|$；　　　　(8) $|B||C|$.

3. 计算

(1) $\begin{pmatrix} 1 & 3 & 3 \\ 1 & 4 & 3 \\ 1 & 3 & 4 \end{pmatrix}\begin{pmatrix} 7 & -3 & -3 \\ -1 & 1 & 0 \\ -1 & 0 & 1 \end{pmatrix}$；　(2) $\begin{pmatrix} 1 \\ 2 \\ 3 \\ 4 \end{pmatrix}(4 \quad 3 \quad 2 \quad 1)$；

(3) $(1 \quad 2 \quad 3 \quad 4)\begin{pmatrix} 4 \\ 3 \\ 2 \\ 1 \end{pmatrix}$；　(4) $\begin{pmatrix} 1 & 1 & 1 \\ -1 & 0 & 1 \\ 1 & -1 & 1 \end{pmatrix}^2-2\begin{pmatrix} 1 & 2 & 1 \\ 1 & 3 & 7 \\ 2 & 1 & 4 \end{pmatrix}^2$.

4. 某预制厂生产甲、乙、丙三种产品，各单位产品需要消耗编号为一、二、三、四、五的五种原料，其单位产品消耗量、原料的单位重量、单位价格如表 1-3.

表 1-3

	一	二	三	四	五
甲	2	0	1	3	0
乙	0	3	2	1	1
丙	0	2	0	0	1
单位重量(千克)	0.1	0.2	0.1	0.3	0.1
单位价格(元)	3	1	2	2	3

用矩阵的方法确定各种产品其单位产品的重量与价格.

5. 设有两组线性变换：（Ⅰ）$\begin{cases} y_1 = 2x_1 + x_2 \\ y_2 = x_1 - x_2 + x_3 \\ y_3 = x_1 + 2x_2 - x_3 \end{cases}$；（Ⅱ）$\begin{cases} x_1 = t_1 + t_2 \\ x_2 = 3t_1 - t_2 \\ x_3 = -t_1 + 2t_2 \end{cases}$.

试用矩阵运算求出变量 t_1、t_2 到变量 y_1、y_2、y_3 的线性变换.

6. 某个班级学习小组五名同学的两学期期末成绩与总评要求如表 1-4，两学期成绩平均计算，利用矩阵及其运算用百分制评定每位同学总成绩.

表 1-4

成绩		科目成绩						
		数学		英语		制图		平时考核	
同学编号	同学 1	92	88	88	80	90	92	98	90
	同学 2	86	90	94	86	86	90	96	90
	同学 3	82	88	86	84	98	83	90	94
	同学 4	90	84	84	90	80	76	95	88
	同学 5	94	96	78	88	85	86	95	92
考核比例		0.3		0.3		0.2		0.2	

第三节 逆矩阵与矩阵的初等变换

一、逆矩阵

【思考问题】

利用矩阵乘法规则，线性方程组可以用矩阵方程 $AX = B$ 表示，那么如何求出 X 呢？

分析 在数的运算中，对于非零数 a，总存在唯一一个数 a^{-1}，使得 $a \cdot a^{-1} = a^{-1} \cdot a = 1$. 数的倒数在解方程中起着重要作用，例如，解一元线性方程 $ax = b$，当 $a \neq 0$ 时，其解为

$$x = a^{-1}b.$$

我们也希望矩阵方程 $AX = B$ 能这样求解，把数的倒数推广到矩阵上，那就是要找一个矩阵，不妨记为 A^{-1}，使得对一个矩阵 A，有 $A \cdot A^{-1} = I$. 而矩阵乘法不可交换，因此我们不得不要求 $A \cdot A^{-1} = A^{-1} \cdot A = I$，这就是矩阵可逆的概念.

1. 逆矩阵的概念

定义 对于 n 阶方阵 A，如果存在一个 n 阶方阵 B，使得

$$AB = BA = I$$

则称矩阵 A 为可逆矩阵，而矩阵 B 称为 A 的逆矩阵. 记作 A^{-1}.

如 $A = \begin{pmatrix} 2 & 2 & 3 \\ 1 & -1 & 0 \\ -1 & 2 & 1 \end{pmatrix}$，$B = \begin{pmatrix} 1 & -4 & -3 \\ 1 & -5 & -3 \\ -1 & 6 & 4 \end{pmatrix}$，满足 $AB = BA = I$，即 $B = A^{-1}$，且 $A = B^{-1}$.

可以证明：(1) $(A^T)^{-1} = (A^{-1})^T$；(2) $(AB)^{-1} = B^{-1}A^{-1}$

事实上，(1) $(A^T)(A^{-1})^T = (A^{-1}A)^T = I^T = I$，所以 $(A^T)^{-1} = (A^{-1})^T$.

（2）$(AB)(B^{-1}A^{-1})=A(BB^{-1})A^{-1}=(AI)A^{-1}=AA^{-1}=I$，所以$(AB)^{-1}=B^{-1}A^{-1}$.

2. 逆矩阵的求法——伴随矩阵求逆法

定义 由方阵 A 的行列式 $|A|$ 中各个元素的代数余子式 A_{ij} 所构成的矩阵

$$A^*=\begin{pmatrix} A_{11} & A_{21} & \cdots & A_{n1} \\ A_{12} & A_{22} & \cdots & A_{n2} \\ \cdots & \cdots & & \cdots \\ A_{1n} & A_{2n} & \cdots & A_{nn} \end{pmatrix}$$

称为矩阵 A 的伴随矩阵.

显然，A 的伴随矩阵 A^* 是将 $A=(a_{ij})_{n\times n}$ 中各元素换成相应的代数余子式再经转置而来.

定理 n 阶矩阵 A 可逆的充分必要条件是其行列式 $|A|\neq 0$. 且当 A 可逆时，有

$$A^{-1}=\frac{1}{|A|}A^*$$

其中 A^* 为 A 的伴随矩阵.

证明 由第一节定理1及定理2，知

$$\begin{pmatrix} a_{11} & a_{12} & \cdots & a_{1n} \\ a_{21} & a_{22} & \cdots & a_{2n} \\ \vdots & \vdots & & \vdots \\ a_{m1} & a_{m2} & \cdots & a_{mn} \end{pmatrix}\begin{pmatrix} A_{11} & A_{21} & \cdots & A_{n1} \\ A_{12} & A_{22} & \cdots & A_{n2} \\ \cdots & \cdots & & \cdots \\ A_{1n} & A_{2n} & \cdots & A_{nn} \end{pmatrix}=\begin{pmatrix} |A| & 0 & \cdots & 0 \\ 0 & |A| & \cdots & 0 \\ \vdots & \vdots & & \vdots \\ 0 & 0 & \cdots & |A| \end{pmatrix}$$

$$\begin{pmatrix} A_{11} & A_{21} & \cdots & A_{n1} \\ A_{12} & A_{22} & \cdots & A_{n2} \\ \vdots & \vdots & & \vdots \\ A_{1n} & A_{2n} & \cdots & A_{nn} \end{pmatrix}\begin{pmatrix} a_{11} & a_{12} & \cdots & a_{1n} \\ a_{21} & a_{22} & \cdots & a_{2n} \\ \vdots & \vdots & & \vdots \\ a_{m1} & a_{m2} & \cdots & a_{mn} \end{pmatrix}=\begin{pmatrix} |A| & 0 & \cdots & 0 \\ 0 & |A| & \cdots & 0 \\ \vdots & \vdots & & \vdots \\ 0 & 0 & \cdots & |A| \end{pmatrix}.$$

因而当且仅当 $|A|\neq 0$ 时，$A\cdot\frac{1}{|A|}A^*=\frac{1}{|A|}A^*\cdot A=I$，定理得证.

例 1 已知矩阵 $A=\begin{pmatrix} 1 & 0 & 1 \\ 2 & 1 & 0 \\ -3 & 2 & -5 \end{pmatrix}$

（1）求矩阵 A 的伴随矩阵 A^*；（2）求矩阵 A 的逆矩阵 A^{-1}.

解 （1）按定义，因为

$$A_{11}=\begin{vmatrix} 1 & 0 \\ 2 & -5 \end{vmatrix}=-5,\ A_{12}=-\begin{vmatrix} 2 & 0 \\ -3 & -5 \end{vmatrix}=10,\ A_{13}=\begin{vmatrix} 2 & 1 \\ -3 & 2 \end{vmatrix}=7,$$

$$A_{21}=-\begin{vmatrix} 0 & 1 \\ 2 & -5 \end{vmatrix}=2,\ A_{22}=\begin{vmatrix} 1 & 1 \\ -3 & -5 \end{vmatrix}=-2,\ A_{23}=-\begin{vmatrix} 1 & 0 \\ -3 & 2 \end{vmatrix}=-2,$$

$$A_{31}=\begin{vmatrix} 0 & 1 \\ 1 & 0 \end{vmatrix}=-1,\ A_{32}=-\begin{vmatrix} 1 & 1 \\ 2 & 0 \end{vmatrix}=2,\ A_{33}=\begin{vmatrix} 1 & 0 \\ 2 & 1 \end{vmatrix}=1.$$

得　　$A^* = \begin{pmatrix} A_{11} & A_{12} & A_{13} \\ A_{21} & A_{22} & A_{23} \\ A_{31} & A_{32} & A_{33} \end{pmatrix}^T = \begin{pmatrix} -5 & 10 & 7 \\ 2 & -2 & -2 \\ -1 & 2 & 1 \end{pmatrix}^T = \begin{pmatrix} -5 & 2 & -1 \\ 10 & -2 & 2 \\ 7 & -2 & 1 \end{pmatrix}.$

(2) $|A| = \begin{vmatrix} 1 & 0 & 1 \\ 2 & 1 & 0 \\ -3 & 2 & -5 \end{vmatrix} = 2 \neq 0$，又有 $A^* = \begin{pmatrix} -5 & 2 & -1 \\ 10 & -2 & 2 \\ 7 & -2 & 1 \end{pmatrix}$，

得　　$A^{-1} = \dfrac{1}{|A|} A^* = \dfrac{1}{2} \begin{pmatrix} -5 & 2 & -1 \\ 10 & -2 & 2 \\ 7 & -2 & 1 \end{pmatrix} = \begin{pmatrix} -5/2 & 1 & -1/2 \\ 5 & -1 & 1 \\ 7/2 & -1 & 1/2 \end{pmatrix}.$

　　利用伴随矩阵法可求逆矩阵，但对于较高阶的矩阵计算量太大，下面将介绍一种更为简便的方法——初等变换求逆法．

二、矩阵的初等变换

1. 矩阵的初等变换的概念

　　定义　对矩阵进行下列三种变换，称为矩阵的初等行变换：

　　(1) 行对调：互换矩阵中任意两行；用 $r_i \leftrightarrow r_j$ 表示第 i 行与第 j 行互换．

　　(2) 行倍乘：矩阵中某行各元素同乘以一非零常数；用 kr_i 表示第 i 行各元素同乘以常数 k．

　　(3) 行倍加：矩阵中某一行的各元素乘以一非零常数后加到另一行对应元素上；用 $r_j + kr_i$ 表示将第 i 行各元素乘以常数 k 加到第 j 行对应元素上．

　　相应有矩阵的初等列变换（表示记号中只需将行记号 r 换为列记号 c 即可），矩阵的初等行、列变换，统称为矩阵的初等变换．因初等变换是矩阵元素的演变，变换使得矩阵不是原矩阵，所以变换过程使用"$\rightarrow$"．

　　如果矩阵 A 经过若干次初等变换得到矩阵 B，称 A 与 B 是**等价类矩阵**．任何一个非零矩阵，经过一系列的初等变换，都可以化为左上角为某阶单位矩阵，其余元素全为 0 的等价类矩阵，该等价类矩阵也称为**等价标准型**．等价类矩阵有唯一相同的等价标准型，反之具有相同等价标准型的矩阵都是等价类矩阵．可逆方阵与同阶单位阵是等价类矩阵．

　　例 2　求矩阵 $A = \begin{pmatrix} 1 & 0 & 0 & 0 \\ 2 & 1 & 0 & 1 \\ 1 & 0 & -1 & 3 \\ 2 & 1 & 1 & -2 \end{pmatrix}$ 的等价标准型．

　　解　$A = \begin{pmatrix} 1 & 0 & 0 & 0 \\ 2 & 1 & 0 & 1 \\ 1 & 0 & -1 & 3 \\ 2 & 1 & 1 & -2 \end{pmatrix} \xrightarrow[\substack{r_3+(-1)r_1 \\ r_4+(-2)r_1}]{r_2+(-2)r_1} \begin{pmatrix} 1 & 0 & 0 & 0 \\ 0 & 1 & 0 & 1 \\ 0 & 0 & -1 & 3 \\ 0 & 1 & 1 & -2 \end{pmatrix} \xrightarrow{r_4+(-1)r_2}$

$\begin{pmatrix} 1 & 0 & 0 & 0 \\ 0 & 1 & 0 & 1 \\ 0 & 0 & -1 & 3 \\ 0 & 0 & 1 & -3 \end{pmatrix} \xrightarrow[(-1)r_3]{r_4+r_3} \begin{pmatrix} 1 & 0 & 0 & 0 \\ 0 & 1 & 0 & 1 \\ 0 & 0 & 1 & -3 \\ 0 & 0 & 0 & 0 \end{pmatrix} \xrightarrow[c_4+3c_3]{c_4+(-1)c_2} \begin{pmatrix} 1 & 0 & 0 & 0 \\ 0 & 1 & 0 & 0 \\ 0 & 0 & 1 & 0 \\ 0 & 0 & 0 & 0 \end{pmatrix}.$

所以矩阵 A 的等价标准型为：$\begin{pmatrix} 1 & 0 & 0 & 0 \\ 0 & 1 & 0 & 0 \\ 0 & 0 & 1 & 0 \\ 0 & 0 & 0 & 0 \end{pmatrix}$.

例 3 判断矩阵 $A = \begin{pmatrix} 0 & 1 & 1 \\ 1 & 0 & 2 \\ 2 & 1 & 2 \\ 2 & 3 & 4 \end{pmatrix}$ 与矩阵 $B = \begin{pmatrix} 1 & 2 & 3 \\ 1 & 0 & 0 \\ 0 & 0 & 0 \\ 2 & 1 & 0 \end{pmatrix}$ 是否属于等价类矩阵.

解 $A = \begin{pmatrix} 0 & 1 & 1 \\ 1 & 0 & 2 \\ 2 & 1 & 2 \\ 2 & 3 & 4 \end{pmatrix} \xrightarrow{r_1 \leftrightarrow r_2} \begin{pmatrix} 1 & 0 & 2 \\ 0 & 1 & 1 \\ 2 & 1 & 2 \\ 2 & 3 & 4 \end{pmatrix} \xrightarrow[r_4 + (-2)r_1]{r_3 + (-2)r_1} \begin{pmatrix} 1 & 0 & 2 \\ 0 & 1 & 1 \\ 0 & 1 & -2 \\ 0 & 3 & 0 \end{pmatrix}$

$\xrightarrow[r_4 + (-3)r_2]{r_3 + (-1)r_2} \begin{pmatrix} 1 & 0 & 2 \\ 0 & 1 & 1 \\ 0 & 0 & -3 \\ 0 & 0 & -3 \end{pmatrix} \xrightarrow[\left(-\frac{1}{3}\right)r_3]{r_4 + (-1)r_3} \begin{pmatrix} 1 & 0 & 2 \\ 0 & 1 & 1 \\ 0 & 0 & 1 \\ 0 & 0 & 0 \end{pmatrix} \xrightarrow[r_1 + (-2)r_3]{r_2 + (-1)r_3} \begin{pmatrix} 1 & 0 & 0 \\ 0 & 1 & 0 \\ 0 & 0 & 1 \\ 0 & 0 & 0 \end{pmatrix}.$

$B = \begin{pmatrix} 1 & 2 & 3 \\ 1 & 0 & 0 \\ 0 & 0 & 0 \\ 2 & 1 & 0 \end{pmatrix} \xrightarrow[r_3 \leftrightarrow r_4]{r_1 \leftrightarrow r_2} \begin{pmatrix} 1 & 0 & 0 \\ 1 & 2 & 3 \\ 2 & 1 & 0 \\ 0 & 0 & 0 \end{pmatrix} \xrightarrow[r_3 + (-2)r_1]{r_2 + (-1)r_1} \begin{pmatrix} 1 & 0 & 0 \\ 0 & 2 & 3 \\ 0 & 1 & 0 \\ 0 & 0 & 0 \end{pmatrix} \xrightarrow[\left(\frac{1}{3}\right)r_3]{\substack{r_2 \leftrightarrow r_3 \\ r_3 + (-2)r_2}} \begin{pmatrix} 1 & 0 & 0 \\ 0 & 1 & 0 \\ 0 & 0 & 1 \\ 0 & 0 & 0 \end{pmatrix}$

因 A、B 两矩阵有相同的等价标准型，所以 A、B 属于等价类矩阵.

2. 初等方阵及特性

一个 n 阶单位矩阵 $I_{n \times n}$，将其进行一次初等行（列）变换得到的矩阵称为初等方阵，行初等方阵仅具有下列三种形式（列变换后初等方阵可相应写出，也是三种形式）：

$$I_{r_j \leftrightarrow r_i} = \begin{pmatrix} 1 & & & & & & \\ & \ddots & & & & & \\ & & 0 & & 1 & & \\ & & & \ddots & & & \\ & & 1 & & 0 & & \\ & & & & & \ddots & \\ & & & & & & 1 \end{pmatrix} \begin{matrix} \\ \\ \leftarrow 第\ i\ 行 \\ \\ \leftarrow 第\ j\ 行 \\ \\ \end{matrix},$$

$$I_{kr_i} = \begin{pmatrix} 1 & & & & & \\ & \ddots & & & & \\ & & k & & & \\ & & & \ddots & & \\ & & & & 1 & \\ & & & & & \ddots \\ & & & & & & 1 \end{pmatrix} \begin{matrix} \\ \\ \leftarrow 第\ i\ 行, \\ \\ \\ \end{matrix}$$

$$
\boldsymbol{I}_{r_j+kr_i} = \begin{pmatrix} 1 & & & & & & \\ & \ddots & & & & & \\ & & 1 & & & & \\ & & & \ddots & & & \\ & & k & & 1 & & \\ & & & & & \ddots & \\ & & & & & & 1 \end{pmatrix} \begin{matrix} \\ \leftarrow 第 i 行 \\ \\ \leftarrow 第 j 行. \\ \\ \end{matrix}
$$

（其中没有标出元素的位置，元素均为 0）

可以验证初等方阵有下列特性：

(1) $\boldsymbol{I}_{r_i \leftrightarrow r_j} \cdot \boldsymbol{A} = \boldsymbol{A}_{r_i \leftrightarrow r_j}$，$\boldsymbol{B} \cdot \boldsymbol{I}_{c_i \leftrightarrow c_j} = \boldsymbol{B}_{c_i \leftrightarrow c_j}$；

(2) $\boldsymbol{I}_{c_j+kc_i} \cdot \boldsymbol{A} = \boldsymbol{A}_{r_j+kr_i}$，$\boldsymbol{B} \cdot \boldsymbol{I}_{c_j+kc_i} = \boldsymbol{B}_{c_j+kc_i}$；

(3) $\boldsymbol{I}_{k \cdot r_i} \cdot \boldsymbol{A} = \boldsymbol{A}_{k \cdot r_i}$，$\boldsymbol{B} \cdot \boldsymbol{I}_{k \cdot c_i} = \boldsymbol{B}_{k \cdot c_i}$.

即：一个矩阵左乘初等方阵，矩阵进行了相应的行初等变换；一个矩阵右乘初等方阵，矩阵进行了相应的列初等变换；

如：$\begin{pmatrix} 0 & 0 & 1 \\ 0 & 1 & 0 \\ 1 & 0 & 0 \end{pmatrix} \begin{pmatrix} a_1 & b_1 & c_1 \\ a_2 & b_2 & c_2 \\ a_3 & b_3 & c_3 \end{pmatrix} = \begin{pmatrix} a_3 & b_3 & c_3 \\ a_2 & b_2 & c_2 \\ a_1 & b_1 & c_1 \end{pmatrix}$ $\quad (\boldsymbol{I}_{r_1 \leftrightarrow r_3} \cdot \boldsymbol{A} = \boldsymbol{A}_{r_1 \leftrightarrow r_3})$.

$\begin{pmatrix} a_1 & b_1 & c_1 \\ a_2 & b_2 & c_2 \\ a_3 & b_3 & c_3 \end{pmatrix} \begin{pmatrix} 1 & 0 & 0 \\ 0 & k & 0 \\ 0 & 0 & 1 \end{pmatrix} = \begin{pmatrix} a_1 & kb_1 & c_1 \\ a_2 & kb_2 & c_2 \\ a_3 & kb_3 & c_3 \end{pmatrix}$ $\quad (\boldsymbol{A} \cdot \boldsymbol{I}_{k \cdot r_2} = \boldsymbol{A}_{k \cdot c_2})$.

$\begin{pmatrix} 1 & 0 & k \\ 0 & 1 & 0 \\ 0 & 0 & 1 \end{pmatrix} \begin{pmatrix} a_1 & b_1 & c_1 \\ a_2 & b_2 & c_2 \\ a_3 & b_3 & c_3 \end{pmatrix} = \begin{pmatrix} a_1+ka_3 & b_1+kb_3 & c_1+kc_3 \\ a_2 & b_2 & c_2 \\ a_3 & b_3 & c_3 \end{pmatrix}$ $(\boldsymbol{I}_{r_1+kr_3} \cdot \boldsymbol{A} = \boldsymbol{A}_{r_1+kr_3})$.

3. 用初等变换法求逆矩阵

设 $\boldsymbol{A}$ 是一个可逆 n 阶方阵，$\boldsymbol{I}$ 为一个 n 阶单位阵，则 $\boldsymbol{A}$ 的逆矩阵可按下列方法来求取：

$$
(\boldsymbol{A} \ \vdots \ \boldsymbol{I}) \xrightarrow{\text{初等行变换}} (\boldsymbol{I} \ \vdots \ \boldsymbol{A}^{-1}).
$$

事实上，$\boldsymbol{A}$ 可逆时，它的等价标准型是单位矩阵，而求等价标准型的过程仅通过若干次初等行变换即可实现，又由初等方阵的特性，存在一系列初等方阵 $\boldsymbol{E}_1$、$\boldsymbol{E}_2 \cdots \boldsymbol{E}_n$，使得：

$$
\boldsymbol{E}_1 \boldsymbol{E}_2 \cdots \boldsymbol{E}_n \cdot \boldsymbol{A} = \boldsymbol{I}, \ [\boldsymbol{E}_1 \boldsymbol{E}_2 \cdots \boldsymbol{E}_n \cdot \boldsymbol{A}] \cdot \boldsymbol{A}^{-1} = \boldsymbol{I} \cdot \boldsymbol{A}^{-1}, \ \boldsymbol{E}_1 \boldsymbol{E}_2 \cdots \boldsymbol{E}_n \cdot \boldsymbol{I} = \boldsymbol{A}^{-1}.
$$

即当矩阵 $\boldsymbol{A}$ 经过一系列初等行变换变为单位阵时，单位阵也就经过相同的初等行变换变为 $\boldsymbol{A}^{-1}$。

例 4　设 $\boldsymbol{A} = \begin{pmatrix} 1 & 2 & 3 \\ 2 & 2 & 1 \\ 3 & 4 & 3 \end{pmatrix}$，求 $\boldsymbol{A}^{-1}$.

解 $(A \vdots I) = \begin{pmatrix} 1 & 2 & 3 & \vdots & 1 & 0 & 0 \\ 2 & 2 & 1 & \vdots & 0 & 1 & 0 \\ 3 & 4 & 3 & \vdots & 0 & 0 & 1 \end{pmatrix} \longrightarrow \begin{pmatrix} 1 & 2 & 3 & \vdots & 1 & 0 & 0 \\ 0 & -2 & -5 & \vdots & -2 & 1 & 0 \\ 0 & -2 & -6 & \vdots & -3 & 0 & 1 \end{pmatrix} \longrightarrow$

$\begin{pmatrix} 1 & 0 & -2 & \vdots & -1 & 1 & 0 \\ 0 & -2 & -5 & \vdots & -2 & 1 & 0 \\ 0 & 0 & -1 & \vdots & -1 & -1 & 1 \end{pmatrix} \longrightarrow \begin{pmatrix} 1 & 0 & 0 & \vdots & 1 & 3 & -2 \\ 0 & -2 & 0 & \vdots & 3 & 6 & -5 \\ 0 & 0 & -1 & \vdots & -1 & -1 & 1 \end{pmatrix}$

$\longrightarrow \begin{pmatrix} 1 & 0 & 0 & \vdots & 1 & 3 & -2 \\ 0 & 1 & 0 & \vdots & -3/2 & -3 & 5/2 \\ 0 & 0 & 1 & \vdots & 1 & 1 & -1 \end{pmatrix}.$

所以 $\qquad A^{-1} = \begin{pmatrix} 1 & 3 & -2 \\ -3/2 & -3 & 5/2 \\ 1 & 1 & -1 \end{pmatrix}.$

习题 1-3

1. 判定下列矩阵是否可逆？若可逆，用伴随矩阵法求其逆矩阵．

(1) $A = \begin{pmatrix} 1 & 2 & 3 \\ 2 & 2 & 1 \\ 3 & 4 & 3 \end{pmatrix};$ (2) $B = \begin{pmatrix} \sin\alpha & \dfrac{1}{2} \\ \sin2\alpha & \cos\alpha \end{pmatrix};$ (3) $\begin{pmatrix} 1 & a & a^2 & a^3 \\ 0 & 1 & a & a^2 \\ 0 & 0 & 1 & a \\ 0 & 0 & 0 & 1 \end{pmatrix}.$

2. 求下列矩阵的等价标准型

(1) $\begin{pmatrix} 1 & 2 & 1 \\ 0 & 1 & 1 \\ -1 & -1 & 0 \end{pmatrix};$ (2) $\begin{pmatrix} 0 & 1 & 2 & 1 \\ 0 & 0 & 1 & 2 \\ 1 & 1 & 3 & 0 \end{pmatrix};$ (3) $\begin{pmatrix} 1 & 0 & 2 \\ -1 & 1 & 1 \\ 0 & 0 & 1 \\ 1 & 1 & 6 \end{pmatrix}.$

3. 用初等变换求下列矩阵的逆矩阵

(1) $\begin{pmatrix} 1 & 0 & 1 \\ 2 & 1 & 0 \\ -3 & 2 & 5 \end{pmatrix};$ (2) $\begin{pmatrix} 1 & 2 & 3 & 4 \\ 2 & 3 & 1 & 2 \\ 1 & 1 & 1 & -1 \\ 1 & 0 & -2 & -6 \end{pmatrix};$

(3) $\begin{pmatrix} 1 & 2 & 0 & 0 \\ -1 & -2 & 1 & 3 \\ 0 & 0 & 2 & 4 \\ 3 & 6 & 1 & 2 \end{pmatrix}.$

4. 某厂计划生产 A，B，C 三种产品，每件产品所需资源及现有资源如表 1-5.

表 1-5

资源名称	产品			现有资源（吨）
	A	B	C	
钢材	1	2	0	210
燃料	2	1	3	390
辅助材料	1	2	2	350

试确定这三种产品的产量使能充分利用现有资源. 若现有资源为 $\begin{pmatrix} 100 \\ 260 \\ 200 \end{pmatrix}$, $\begin{pmatrix} 250 \\ 530 \\ 450 \end{pmatrix}$, 产量又应为多少?

第四节 线性方程组

利用克莱姆法则解线性方程组要求方程组中方程个数等于未知数个数,并且系数行列式不能为零. 另外即使条件满足,如果需要求解高阶行列式,计算量往往比较大. 有时反映变量之间关系的线性方程组还会出现未知数个数与方程个数不等的情况,要解决以上问题,矩阵是一种很好的工具.

一、用逆矩阵解线性方程组

在前面的学习中,我们提到过,对于一般线性方程组

$$\begin{cases} a_{11}x_1 + a_{12}x_2 + \cdots + a_{1n}x_n = b_1 \\ a_{21}x_1 + a_{22}x_2 + \cdots + a_{2n}x_n = b_2 \\ \cdots \\ a_{m1}x_1 + a_{m2}x_2 + \cdots + a_{mn}x_n = b_m \end{cases}$$

若记 $\boldsymbol{A} = \begin{pmatrix} a_{11} & a_{12} & \cdots & a_{1n} \\ a_{21} & a_{22} & \cdots & a_{2n} \\ \vdots & \vdots & & \vdots \\ a_{m1} & a_{m2} & \cdots & a_{mn} \end{pmatrix}$, $\boldsymbol{X} = \begin{pmatrix} x_1 \\ x_2 \\ \vdots \\ x_n \end{pmatrix}$, $\boldsymbol{B} = \begin{pmatrix} b_1 \\ b_2 \\ \vdots \\ b_m \end{pmatrix}$, 则方程组可以表示为形如

$\boldsymbol{AX} = \boldsymbol{B}$ 的矩阵方程,那么当 $\boldsymbol{A}$ 是方阵且可逆时,利用矩阵乘法的运算规律和逆矩阵的运算性质,通过在方程两边左乘 $\boldsymbol{A}^{-1}$ 得 $\boldsymbol{A}^{-1}\boldsymbol{AX} = \boldsymbol{A}^{-1}\boldsymbol{B}$,即

$$\boldsymbol{X} = \boldsymbol{A}^{-1}\boldsymbol{B}.$$

也有形如 $\boldsymbol{XA} = \boldsymbol{B}$ 的矩阵方程,当 $\boldsymbol{A}$ 是方阵且可逆时,两边右乘 $\boldsymbol{A}^{-1}$ 得 $\boldsymbol{X} = \boldsymbol{BA}^{-1}$.

形如 $\boldsymbol{AXB} = \boldsymbol{C}$ 的矩阵方程,当 $\boldsymbol{A}$、$\boldsymbol{B}$ 都是方阵且可逆时,$\boldsymbol{X} = \boldsymbol{A}^{-1}\boldsymbol{CB}^{-1}$.

例 1 用逆矩阵解线性方程组 $\begin{cases} 2x_1 \quad\quad + x_3 = 5 \\ x_1 - 2x_2 - x_3 = 1. \\ -x_1 + 3x_2 + 2x_3 = 1 \end{cases}$

解 设

$$\boldsymbol{A} = \begin{pmatrix} 2 & 0 & 1 \\ 1 & -2 & -1 \\ -1 & 3 & 2 \end{pmatrix}, \quad \boldsymbol{X} = \begin{pmatrix} x_1 \\ x_2 \\ x_3 \end{pmatrix}, \quad \boldsymbol{B} = \begin{pmatrix} 5 \\ 1 \\ 1 \end{pmatrix}.$$

原方程组可写成矩阵方程 $\boldsymbol{AX} = \boldsymbol{B}$,

因为 $|\boldsymbol{A}| = \begin{vmatrix} 2 & 0 & 1 \\ 1 & -2 & -1 \\ -1 & 3 & 2 \end{vmatrix} = -1 \neq 0$,所以 $\boldsymbol{A}$ 可逆,且 $\boldsymbol{A}^{-1} = \begin{pmatrix} 1 & -3 & -2 \\ 1 & -5 & -3 \\ -1 & 6 & 4 \end{pmatrix}$,

于是 $\boldsymbol{X} = \boldsymbol{A}^{-1}\boldsymbol{B} = \begin{pmatrix} 1 & -3 & -2 \\ 1 & -5 & -3 \\ -1 & 6 & 4 \end{pmatrix} \begin{pmatrix} 5 \\ 1 \\ 1 \end{pmatrix} = \begin{pmatrix} 0 \\ -3 \\ 5 \end{pmatrix}$,所以,原方程组的解为 $x_1 = 0, x_2 = -$

$3, x_3 = 5.$

逆矩阵求解方程组,在求出系数矩阵的逆矩阵时,可以得到方程组的解,但当系数矩阵不是方阵或虽是方阵而不可逆时,方法不能再用,下面再来讨论方程组更一般性的解法.

二、用初等变换解线性方程组——高斯消元法

我们知道,① 对调方程组的两个方程;② 将一个方程的两边同乘以一个非零常数;③ 一个方程的两边同乘以一个常数后加在另一个方程上;以上做法都不会改变方程组的解,称为方程组的同解变换.

对于一般线性方程组 $\begin{cases} a_{11}x_1 + a_{12}x_2 + \cdots + a_{1n}x_n = b_1 \\ a_{21}x_1 + a_{22}x_2 + \cdots + a_{2n}x_n = b_2 \\ \cdots \\ a_{m1}x_1 + a_{m2}x_2 + \cdots + a_{mn}x_n = b_m \end{cases}$,将其系数矩阵与常数项矩

阵合成一个矩阵 $(A \vdots B) = \widetilde{A} = \begin{pmatrix} a_{11} & a_{12} & \cdots & a_{1n} & b_1 \\ a_{21} & a_{22} & \cdots & a_{2n} & b_2 \\ \vdots & \vdots & & \vdots & \vdots \\ a_{m1} & a_{m2} & \cdots & a_{mn} & b_m \end{pmatrix}$,称为方程组的增广矩阵.

对线性方程组的同解变形等价于对其增广矩阵的一系列初等行变换.由矩阵的初等行变换解方程组的方法叫高斯消元法.

例 2 用高斯消元法解线性方程组 $\begin{cases} x_1 + 3x_2 + 2x_3 = 3 \\ x_1 + 4x_2 + 3x_3 = 1 \\ 2x_1 + 3x_2 + 4x_3 = 3 \end{cases}$.

解 对增广矩阵作初等行变换

$$\widetilde{A} = \begin{pmatrix} 1 & 3 & 2 & 3 \\ 1 & 4 & 3 & 1 \\ 2 & 3 & 4 & 3 \end{pmatrix} \xrightarrow[(-2)r_1+r_3]{(-1)r_1+r_2} \begin{pmatrix} 1 & 3 & 2 & 3 \\ 0 & 1 & 1 & -2 \\ 0 & -3 & 0 & -3 \end{pmatrix} \xrightarrow{3r_2+r_3} \begin{pmatrix} 1 & 3 & 2 & 3 \\ 0 & 1 & 1 & -2 \\ 0 & 0 & 3 & -9 \end{pmatrix}$$

$$\xrightarrow{\frac{1}{3}r_3} \begin{pmatrix} 1 & 3 & 2 & 3 \\ 0 & 1 & 1 & -2 \\ 0 & 0 & 1 & -3 \end{pmatrix} \xrightarrow{(-1)r_3+r_2} \begin{pmatrix} 1 & 3 & 2 & 3 \\ 0 & 1 & 0 & 1 \\ 0 & 0 & 1 & -3 \end{pmatrix} \xrightarrow[(-3)r_2+r_1]{(-2)r_3+r_1} \begin{pmatrix} 1 & 0 & 0 & 6 \\ 0 & 1 & 0 & 1 \\ 0 & 0 & 1 & -3 \end{pmatrix}$$

由最后一个矩阵可知,方程组的解为

$$\begin{cases} x_1 = 6 \\ x_2 = 1 \\ x_3 = -3 \end{cases}$$

例2解题中,也可对增广矩阵施行初等行变换到第四个阶梯形矩阵 $\begin{pmatrix} 1 & 3 & 2 & 3 \\ 0 & 1 & 1 & -2 \\ 0 & 0 & 1 & -3 \end{pmatrix}$,写

出同解方程组为

$$\begin{cases} x_1+3x_2+2x_3=3 \\ x_2+x_3=-2 \\ x_3=-3 \end{cases}$$

从后到前依次求出各个未知量的值,得方程组的解为

$$\begin{cases} x_1=6 \\ x_2=1. \\ x_3=-3 \end{cases}$$

例3 用高斯消元法解线性方程组 $\begin{cases} x_1+x_2+2x_3+3x_4=1 \\ x_2+x_3-4x_4=1 \\ x_1+2x_2+3x_3=4 \\ 2x_1+3x_2-x_3-x_4=-6 \end{cases}.$

解 对增广矩阵作初等行变换

$$\widetilde{A}=\begin{pmatrix} 1 & 1 & 2 & 3 & 1 \\ 0 & 1 & 1 & -4 & 1 \\ 1 & 2 & 3 & 0 & 4 \\ 2 & 3 & -1 & -1 & -6 \end{pmatrix} \rightarrow \begin{pmatrix} 1 & 1 & 2 & 3 & 1 \\ 0 & 1 & 1 & -4 & 1 \\ 0 & 1 & 1 & -3 & 3 \\ 0 & 1 & -5 & -7 & -8 \end{pmatrix}$$

$$\rightarrow \begin{pmatrix} 1 & 1 & 2 & 3 & 1 \\ 0 & 1 & 1 & -4 & 1 \\ 0 & 0 & 0 & 1 & 2 \\ 0 & 0 & -6 & -3 & -9 \end{pmatrix} \rightarrow \begin{pmatrix} 1 & 1 & 2 & 3 & 1 \\ 0 & 1 & 1 & -4 & 1 \\ 0 & 0 & 2 & 1 & 3 \\ 0 & 0 & 0 & 1 & 2 \end{pmatrix}$$

得到阶梯形矩阵,因此有同解方程组

$$\begin{cases} x_1+x_2+2x_3+3x_4=1 \\ x_2+x_3-4x_4=1 \\ 2x_3+x_4=3 \\ x_4=2 \end{cases}$$

从后到前依次求出各个未知量的值,得方程组的解为 $\begin{cases} x_1=-14\dfrac{1}{2} \\ x_2=8\dfrac{1}{2} \\ x_3=\dfrac{1}{2} \\ x_4=2 \end{cases}$

三、矩阵的秩与线性方程组解的讨论

【思考问题】

解方程组 $\begin{cases} x_1-2x_2+3x_3=5 \\ 2x_1-x_2+3x_3=1 \\ 4x_1-5x_2+9x_3=11 \end{cases}.$

分析 观察方程组可知,第三个方程即为第一个方程乘以 2 与第二个方程相加的结果,即本方程组形式上有三个方程,但有效方程不超过两个,方程个数少于未知数个数,方程组

有无穷多个解. 记方程组的增广矩阵为 $\widetilde{\boldsymbol{A}} = \begin{pmatrix} 1 & -2 & 1 & 5 \\ 2 & -1 & 3 & 1 \\ 4 & -5 & 9 & 11 \end{pmatrix}$, 则

$$\widetilde{\boldsymbol{A}} = \begin{pmatrix} 1 & -2 & 3 & 5 \\ 2 & -1 & 3 & 1 \\ 4 & 5 & 9 & 11 \end{pmatrix} \xrightarrow[\quad r_2+(-2)r_1 \quad]{r_3+(-2)r_1+(-1)r_2} \begin{pmatrix} 1 & -2 & 3 & 5 \\ 0 & 3 & -3 & -9 \\ 0 & 0 & 0 & 0 \end{pmatrix}$$

$$\xrightarrow[\quad r_1+(-2)r_2 \quad]{\frac{1}{3}r_2} \begin{pmatrix} 1 & 0 & 1 & -1 \\ 0 & 1 & -1 & -3 \\ 0 & 0 & 0 & 0 \end{pmatrix}$$

从上面结果可以看出, 有效方程有两个, 第三个方程为多余方程, 且 x_1, x_2 的值可用 x_3 及常数项表示, 即 $\begin{cases} x_1 = -1 - x_3 \\ x_2 = -3 + x_3 \end{cases}$, 这就是该方程组解的结果.

1. 矩阵的秩

定义 (1) 设 $\boldsymbol{A}$ 为一个 $m \times n$ 矩阵, 任取 $\boldsymbol{A}$ 的 k 行 k 列 ($k \leqslant \min(m, n)$), 处于其交叉位置的元素, 按原位置构成的 k 阶行列式, 称为矩阵 $\boldsymbol{A}$ 的一个 k 阶子式. 若其数值不等于 0, 就称为一个非零的 k 阶子式.

(2) 若矩阵 $\boldsymbol{A}$ 的所有非零子式的最高阶数为 r (即: 存在 r 阶非零子式, 而任意 $r+1$ 阶子式全为 0), 称 r 为矩阵 $\boldsymbol{A}$ 的秩, 记为 $R(\boldsymbol{A}) = r$.

可以证明:

① 矩阵 $\boldsymbol{A}$ 的等价类矩阵具有相同的秩 (即: 初等变换不改变矩阵的秩);

② 矩阵 $\boldsymbol{A}$ 的等价类矩阵中阶梯矩阵 (或等价标准型) 的非零行的行数就是其秩 $R(\boldsymbol{A})$.

上述结论为求矩阵的秩提供了方法.

例 4 求下列矩阵的秩.

$$(1)\ \boldsymbol{A} = \begin{pmatrix} 1 & 1 & 0 & 1 \\ 0 & 2 & 1 & 0 \\ 1 & -1 & -1 & 0 \end{pmatrix}; \qquad (2)\ \boldsymbol{B} = \begin{pmatrix} 0 & 1 & 1 & 0 \\ 1 & 1 & 0 & 0 \\ 1 & 0 & 0 & 1 \\ 0 & 0 & 1 & 1 \end{pmatrix}.$$

解 (1) $\boldsymbol{A} = \begin{pmatrix} 1 & 1 & 0 & 1 \\ 0 & 2 & 1 & 0 \\ 1 & -1 & -1 & 0 \end{pmatrix} \xrightarrow{r_3+(-1)r_1} \begin{pmatrix} 1 & 1 & 0 & 1 \\ 0 & 2 & 1 & 0 \\ 0 & -2 & -1 & -1 \end{pmatrix}$

$$\xrightarrow{r_3+r_2} \begin{pmatrix} 1 & 1 & 0 & 1 \\ 0 & 2 & 1 & 0 \\ 0 & 0 & 0 & -1 \end{pmatrix}$$

所以 $R(\boldsymbol{A}) = 3$.

$$(2)\ \boldsymbol{B} = \begin{pmatrix} 0 & 1 & 1 & 0 \\ 1 & 1 & 0 & 0 \\ 1 & 0 & 0 & 1 \\ 0 & 0 & 1 & 1 \end{pmatrix} \xrightarrow[\quad r_3 \leftrightarrow r_4 \quad]{r_1 \leftrightarrow r_2} \begin{pmatrix} 1 & 1 & 0 & 0 \\ 0 & 1 & 1 & 0 \\ 0 & 0 & 1 & 1 \\ 1 & 0 & 0 & 1 \end{pmatrix}$$

$$\xrightarrow{r_4+(-1)r_1+r_2+(-1)r_3} \begin{pmatrix} 1 & 1 & 0 & 0 \\ 0 & 1 & 1 & 0 \\ 0 & 0 & 1 & 1 \\ 0 & 0 & 0 & 0 \end{pmatrix}.$$

所以 $R(\boldsymbol{B})=3$.

2. 线性方程组解与增广矩阵秩的关系

对于线性方程组，只要对方程组的增广矩阵施以一系列初等行变换与列对调（对应方程组两个未知数项位置的整体对调），总能使之成为：

$$\widetilde{\boldsymbol{A}}=\begin{pmatrix} a_{11} & a_{12} & \cdots & a_{1n} & b_1 \\ a_{21} & a_{22} & \cdots & a_{2n} & b_2 \\ \vdots & \vdots & & \vdots & \vdots \\ a_{m1} & a_{m2} & \cdots & a_{mn} & b_m \end{pmatrix} \xrightarrow[\substack{\text{一系列初}\\ \text{等行变换}\\ \text{及列对调}}]{} \begin{pmatrix} 1 & \cdots & 0 & c_{1\,r+1} & \cdots & c_{1n} & d_1 \\ \vdots & & \vdots & \vdots & & \vdots & \vdots \\ 0 & \cdots & 1 & c_{r\,r+1} & \cdots & c_{rn} & d_r \\ 0 & \cdots & 0 & 0 & \cdots & 0 & d_{r+1} \\ \vdots & & \vdots & \vdots & & \vdots & 0 \\ 0 & \cdots & 0 & 0 & \cdots & 0 & 0 \\ 0 & \cdots & 0 & 0 & \cdots & 0 & 0 \\ \vdots & & \vdots & \vdots & & \vdots & \vdots \\ 0 & \cdots & 0 & 0 & \cdots & 0 & 0 \end{pmatrix}=\boldsymbol{E}$$

矩阵 $\boldsymbol{E}$ 的秩数 $R(\boldsymbol{E})$，就是原方程组中去掉多余方程后的方程个数（其中包括矛盾方程在内）；又因 $R(\widetilde{\boldsymbol{A}})=R(\boldsymbol{E})$，容易看出有下列结论成立：

定理 对于线性方程组

(1) 当 $R(\widetilde{\boldsymbol{A}})=R(\boldsymbol{A})$ 时，方程组必定有解：

① 当 $R(\widetilde{\boldsymbol{A}})=R(\boldsymbol{A})=n$（未知数个数）时，有唯一一组解；

② 当 $R(\widetilde{\boldsymbol{A}})=R(\boldsymbol{A})<n$ 时，有无穷多组解.

(2) $R(\widetilde{\boldsymbol{A}})\neq R(\boldsymbol{A})$ 时，方程组中有矛盾方程，此时方程组无解.

(3) $R(\widetilde{\boldsymbol{A}})<m$（方程组中方程的个数）方程组中有多余方程.

当常数列矩阵 $\boldsymbol{B}=\boldsymbol{O}$ 时，线性方程组称为齐次线性方程组，容易想到，齐次线性方程组总有解（因：$R(\widetilde{\boldsymbol{A}})=R(\boldsymbol{A})$），至少 $x_1=x_2=\cdots=x_n=0$ 是一组解.

例 5 用高斯消元法解下列方程组

$$\begin{cases} x_1-2x_2+x_3=1 \\ 3x_1-4x_2+2x_3=4. \\ 2x_1-3x_2-x_3=0 \end{cases}$$

解 对该方程组的增广矩阵进行初等行变换

$$\widetilde{\boldsymbol{A}}=\begin{pmatrix} 1 & -2 & 1 & 1 \\ 3 & -4 & 2 & 4 \\ 2 & -3 & -1 & 0 \end{pmatrix} \xrightarrow[r_3+(-2)r_1]{r_2+(-3)r_1} \begin{pmatrix} 1 & -2 & 1 & 1 \\ 0 & 2 & -1 & 1 \\ 0 & 1 & -3 & -2 \end{pmatrix} \xrightarrow{r_2\leftrightarrow r_3} \begin{pmatrix} 1 & -2 & 1 & 1 \\ 0 & 1 & -3 & -2 \\ 0 & 2 & -1 & 1 \end{pmatrix}$$

$$\xrightarrow[\frac{1}{5}r_3]{r_3+(-2)r_2} \begin{pmatrix} 1 & -2 & 1 & 1 \\ 0 & 1 & -3 & -2 \\ 0 & 0 & 1 & 1 \end{pmatrix} \xrightarrow[\substack{r_1+2r_2 \\ r_1+(-1)r_3}]{r_2+3r_3} \begin{pmatrix} 1 & 0 & 0 & 2 \\ 0 & 1 & 0 & 1 \\ 0 & 0 & 1 & 1 \end{pmatrix}$$

因 $R(\widetilde{A})=R(A)=3=n$，所以方程组有唯一的解：$X=\begin{pmatrix} x_1 \\ x_2 \\ x_3 \end{pmatrix}=\begin{pmatrix} 2 \\ 1 \\ 1 \end{pmatrix}$.

例6 讨论 λ 为何值时下列方程组（1）有唯一的解；（2）有无穷多组解；（3）无解；有解时写出解的结果.

$$\begin{cases} \lambda x_1 + x_2 + x_3 = 1 \\ x_1 + \lambda x_2 + x_3 = \lambda. \\ x_1 + x_2 + \lambda x_3 = \lambda^2 \end{cases}$$

解 因为

$$\widetilde{A}=\begin{pmatrix} \lambda & 1 & 1 & \vdots & 1 \\ 1 & \lambda & 1 & \vdots & \lambda \\ 1 & 1 & \lambda & \vdots & \lambda^2 \end{pmatrix} \xrightarrow{r_1 \leftrightarrow r_3} \begin{pmatrix} 1 & 1 & \lambda & \vdots & \lambda^2 \\ 1 & \lambda & 1 & \vdots & \lambda \\ \lambda & 1 & 1 & \vdots & 1 \end{pmatrix} \xrightarrow[r_3+(-\lambda)r_1]{r_2+(-1)r_1} \begin{pmatrix} 1 & 1 & \lambda & \vdots & \lambda^2 \\ 0 & \lambda-1 & 1-\lambda & \vdots & \lambda-\lambda^2 \\ 0 & 1-\lambda & 1-\lambda^2 & \vdots & 1-\lambda^3 \end{pmatrix}$$

$$\xrightarrow[\substack{(\lambda \neq 1)}]{\substack{\left(\frac{1}{\lambda-1}\right)r_2 \\ \left(\frac{1}{1-\lambda}\right)r_3}} \begin{pmatrix} 1 & 1 & \lambda & \vdots & \lambda^2 \\ 0 & 1 & -1 & \vdots & -\lambda \\ 0 & 1 & (1+\lambda) & \vdots & (1+\lambda+\lambda^2) \end{pmatrix} \xrightarrow[\substack{\left(\frac{1}{2+\lambda}\right)r_3 \\ (\lambda \neq -2)}]{r_3+(-1)r_2} \begin{pmatrix} 1 & 1 & \lambda & \vdots & \lambda^2 \\ 0 & 1 & -1 & \vdots & -\lambda \\ 0 & 0 & 1 & \vdots & \dfrac{(1+\lambda)^2}{2+\lambda} \end{pmatrix}$$

$$\xrightarrow[\substack{r_1+(-\lambda)r_3 \\ r_1+(-1)r_2}]{r_2+r_3} \begin{pmatrix} 1 & 0 & 0 & \vdots & -\dfrac{1+\lambda}{2+\lambda} \\ 0 & 1 & 0 & \vdots & \dfrac{1}{2+\lambda} \\ 0 & 0 & 1 & \vdots & \dfrac{(1+\lambda)^2}{2+\lambda} \end{pmatrix}$$

（1）当 $\lambda \neq 1$，$\lambda \neq -2$ 时，$R(\widetilde{A})=R(A)=3=n$，方程组有唯一一组解，解为

$$\begin{pmatrix} x_1 \\ x_2 \\ x_3 \end{pmatrix}=\begin{pmatrix} -\dfrac{1+\lambda}{2+\lambda} \\ \dfrac{1}{2+\lambda} \\ \dfrac{(1+\lambda)^2}{2+\lambda} \end{pmatrix}$$

（2）当 $\lambda=1$ 时，$\widetilde{A}=\begin{pmatrix} 1 & 1 & 1 & \vdots & 1 \\ 1 & 1 & 1 & \vdots & 1 \\ 1 & 1 & 1 & \vdots & 1 \end{pmatrix} \xrightarrow[r_3+(-1)r_1]{r_2+(-1)r_1} \begin{pmatrix} 1 & 1 & 1 & \vdots & 1 \\ 0 & 0 & 0 & \vdots & 0 \\ 0 & 0 & 0 & \vdots & 0 \end{pmatrix}$.

$R(\widetilde{A})=R(A)=1<n$，方程组有无穷多组解，且因 $R(\widetilde{A})=1<m$，方程组有多余方程. 此时原方程组同解于方程 $x_1+x_2+x_3=1$，令 $x_2=c_1$，$x_3=c_2$，原方程组的解为

$$\begin{cases} x_1+c_1+c_2=1 \\ x_2=c_1 \qquad (c_1,\ c_2 \text{为任意常数}). \\ x_3=c_2 \end{cases}$$

也可作以下考虑，$\begin{cases} x_1 = 1 - c_1 - c_2 \\ x_2 = 0 + c_1 + 0 \cdot c_2 \\ x_3 = 0 + 0 \cdot c_1 + c_2 \end{cases}$，即 $\begin{pmatrix} x_1 \\ x_2 \\ x_3 \end{pmatrix} = \begin{pmatrix} 1 \\ 0 \\ 0 \end{pmatrix} + c_1 \begin{pmatrix} -1 \\ 1 \\ 0 \end{pmatrix} + c_2 \begin{pmatrix} -1 \\ 0 \\ 1 \end{pmatrix}$ 这也是

方程组所有解的通式（称为通解）.

（3）当 $\lambda = -2$ 时，

$$\widetilde{A} = \begin{pmatrix} -2 & 1 & 1 & \vdots & 1 \\ 1 & -2 & 1 & \vdots & -2 \\ 1 & 1 & -2 & \vdots & 4 \end{pmatrix} \xrightarrow[\substack{r_2 + (-1)r_1 \\ r_3 + 2r_1}]{r_1 \leftrightarrow r_3} \begin{pmatrix} 1 & 1 & -2 & \vdots & 4 \\ 0 & -3 & 3 & \vdots & -6 \\ 0 & 3 & -3 & \vdots & 9 \end{pmatrix}$$

$$\xrightarrow{r_3 + r_2} \begin{pmatrix} 1 & 1 & -2 & \vdots & 4 \\ 0 & -3 & 3 & \vdots & -6 \\ 0 & 0 & 0 & \vdots & 3 \end{pmatrix}.$$

因 $R(\widetilde{A}) = 3$、$R(A) = 2$，$R(\widetilde{A}) \neq R(A)$ 所以原方程组无解.

习题 1-4

1. 解下列矩阵方程.

（1）$X \begin{pmatrix} 1 & 3 & 3 \\ 1 & 4 & 3 \\ 1 & 3 & 4 \end{pmatrix} = (2 \quad -1 \quad 1)$;　　（2）$\begin{pmatrix} 1 & -2 & 0 \\ 1 & -2 & -1 \\ -3 & 1 & 2 \end{pmatrix} X = \begin{pmatrix} -1 & 4 \\ 2 & 5 \\ 1 & -3 \end{pmatrix}$;

（3）$\begin{pmatrix} 1 & 2 & 3 \\ 2 & 2 & 1 \\ 3 & 4 & 3 \end{pmatrix} X \begin{pmatrix} 2 & 1 \\ 5 & 3 \end{pmatrix} = \begin{pmatrix} 1 & 3 \\ 2 & 0 \\ 3 & 1 \end{pmatrix}$.

2. 求下列矩阵的秩数.

（1）$\begin{pmatrix} 1 & 2 & 1 & 0 \\ 0 & 0 & 1 & 1 \\ 1 & 3 & 2 & 1 \\ 2 & 1 & 0 & 0 \end{pmatrix}$;　　（2）$\begin{pmatrix} 0 & 0 & 2 & 1 \\ 4 & 2 & 0 & 1 \\ 1 & 1 & 2 & 0 \end{pmatrix}$;　　（3）$\begin{pmatrix} 1 & 1 & 2 & 2 & 1 \\ 0 & 2 & 1 & 5 & -1 \\ 2 & 0 & 3 & -1 & 3 \\ 1 & 1 & 0 & 4 & -1 \end{pmatrix}$.

3. 用高斯消元法解线性方程组.

（1）$\begin{cases} x_1 + 2x_2 + 3x_3 = 2 \\ \quad\quad -2x_2 - 5x_3 = -3; \\ 3x_1 + 4x_2 + 3x_3 = -2 \end{cases}$　　（2）$\begin{cases} x_1 - x_2 + x_3 = 3 \\ x_1 \quad\quad + 2x_3 = 6 \\ \quad\quad x_2 + x_3 = 3 \\ 3x_1 - x_2 - 4x_3 = 13 \end{cases}$;

（3）$\begin{cases} x_1 - 2x_2 + 3x_3 - 4x_4 = 4 \\ \quad\quad x_2 - x_3 + x_4 = -3 \\ x_1 + 3x_2 \quad\quad + x_4 = 1 \\ \quad\quad -7x_2 + 3x_3 + x_4 = -3 \end{cases}$;　　（4）$\begin{cases} x_1 - 2x_2 + x_3 - x_4 = 2 \\ 4x_1 - 7x_2 + 4x_3 - 4x_4 = 5 \\ \quad\quad x_2 - x_3 + 3x_4 = 1 \\ 2x_1 - 4x_2 + 3x_3 + x_4 = 0 \end{cases}$.

4. 确定 L，m 取何值时，下列方程组无解，有唯一解，有无穷多组解.

$$\begin{cases} x_1 + 2x_2 + 3x_3 = 6 \\ 2x_1 + 3x_2 + x_3 = -1 \\ x_1 + x_2 + Lx_3 = -7 \\ 3x_1 + 5x_2 + 4x_3 = m \end{cases}$$

第五节 向量与矩阵的特征值

向量是在几何、物理等多种问题中都会涉及的一个概念，也是线性代数中的一个重要概念，本节我们简要介绍向量的有关知识，并研究一类基本问题.

一、n 维向量

在几何空间中，我们可以借助于坐标来表示一个向量，如在平面直角坐标系下，坐标轴上单位向量为 $\vec{i}$，$\vec{j}$，若 **A** 点坐标为 (x,y)，则有向量 $\overrightarrow{OA} = x\vec{i} + y\vec{j}$，简记为 $\vec{a} = (x,y)$. 而在空间直角坐标系下，坐标轴上单位向量为 $\vec{i}$，$\vec{j}$，$\vec{k}$，若 **B** 点坐标为 (x,y,z)，则有向量 $\overrightarrow{OB} = x\vec{i} + y\vec{j} + z\vec{k}$，简记为 $\vec{b} = (x,y,z)$. 在实际中，还有大量的应用问题都包含有三个及其以上的变量，因此需要我们将以上用法推广到任意多个数组成的向量，即 n 维向量. 三维及其以上向量在直观感知之外，但它们是可以用数学语言刻画的.

1. n 维向量的定义

定义 设 a_1，a_2，$\cdots$，a_n 是实数集中的 n 个数，它们组成的有序数组

$$\boldsymbol{\alpha} = (a_1, a_2, \cdots, a_n) \text{ 或 } \boldsymbol{\alpha} = \begin{pmatrix} a_1 \\ a_2 \\ \vdots \\ a_n \end{pmatrix}$$

称为 n 维向量，数 a_i 称为向量的第 i 个分量.

向量定义中，n 个分量的次序关系是确定的，$\boldsymbol{\alpha}$ 是行向量或者是列向量，都可确定次序. 它们实际上就是我们前面定义过的 $1 \times n$ 行矩阵或 $n \times 1$ 列矩阵. 以下使用中如果不加特殊说明，向量均指列向量.

2. 向量的线性运算

向量是特殊的矩阵，因此下面运算显然成立.

设 $\boldsymbol{\alpha} = (a_1, a_2, \cdots, a_n)^{\mathrm{T}}$，$\boldsymbol{\beta} = (b_1, b_2, \cdots, b_n)^{\mathrm{T}}$ 均是 n 维向量，k 是一个常数，则：

(1) 向量加减法：$\boldsymbol{\alpha} \pm \boldsymbol{\beta} = (a_1 \pm b_1, a_2 \pm b_2, \cdots, a_n \pm b_n)^{\mathrm{T}}$.

(2) 数乘向量：$k\boldsymbol{\alpha} = (ka_1, ka_2, \cdots, ka_n)^{\mathrm{T}}$.

向量的加减法和数乘运算统称为向量的线性运算.

3. 向量的线性相关与线性无关

定义 对于 m 个 n 维向量 $\boldsymbol{\alpha}_1$，$\boldsymbol{\alpha}_2$，$\cdots$，$\boldsymbol{\alpha}_m$，如果存在不全为零的数 k_1，k_2，$\cdots$，k_m，使得 $k_1 a_1 + k_2 a_2 + \cdots + k_m a_m = 0$，则称 $\boldsymbol{\alpha}_1$，$\boldsymbol{\alpha}_2$，$\cdots$，$\boldsymbol{\alpha}_m$ 线性相关. 否则，称 $\boldsymbol{\alpha}_1$，$\boldsymbol{\alpha}_2$，$\cdots$，$\boldsymbol{\alpha}_m$ 线性无关.

容易知道：

(1) 如果向量 $\boldsymbol{\alpha}_1$，$\boldsymbol{\alpha}_2$，$\cdots$，$\boldsymbol{\alpha}_m$ 线性相关，则其中至少有一个向量能被其它向量线性表示，称该向量是其它向量的线性组合．

(2) m 个 n 维向量 $\boldsymbol{\alpha}_i=(a_{i1},a_{i2},\cdots,a_{in})^{\mathrm{T}}(i=1,2,\cdots,m)$ 线性相关的充要条件是方程组

$$\begin{cases} a_{11}k_1+a_{21}k_2+\cdots+a_{m1}k_m=0 \\ a_{12}k_1+a_{22}k_2+\cdots+a_{m2}k_m=0 \\ \cdots \\ a_{1n}k_1+a_{2n}k_2+\cdots+a_{mn}k_m=0 \end{cases} \text{或} \begin{pmatrix} a_{11} & a_{21} & \cdots & a_{m1} \\ a_{12} & a_{22} & \cdots & a_{m1} \\ \vdots & \vdots & & \vdots \\ a_{1n} & a_{2n} & \cdots & a_{mn} \end{pmatrix} \begin{pmatrix} k_1 \\ k_2 \\ \vdots \\ k_m \end{pmatrix} = \begin{pmatrix} 0 \\ 0 \\ \vdots \\ 0 \end{pmatrix} \text{有非零解．}$$

而此时，矩阵 $\begin{pmatrix} a_{11} & a_{21} & \cdots & a_{m1} \\ a_{12} & a_{22} & \cdots & a_{m1} \\ \vdots & \vdots & & \vdots \\ a_{1n} & a_{2n} & \cdots & a_{mn} \end{pmatrix}$ 的秩一定小于 m．

特别地，如果 $m=n$，还有 $\begin{vmatrix} a_{11} & a_{21} & \cdots & a_{n1} \\ a_{12} & a_{22} & \cdots & a_{n1} \\ \vdots & \vdots & & \vdots \\ a_{1n} & a_{2n} & \cdots & a_{nn} \end{vmatrix}=0$．

例 1 判断向量组 $\boldsymbol{\alpha}_1=\begin{pmatrix} 1 \\ -1 \\ 2 \end{pmatrix}$，$\boldsymbol{\alpha}_2=\begin{pmatrix} -2 \\ 3 \\ 1 \end{pmatrix}$，$\boldsymbol{\alpha}_3=\begin{pmatrix} -1 \\ 3 \\ 8 \end{pmatrix}$ 的线性相关性．

解一 由于 $\begin{vmatrix} 1 & -2 & -1 \\ -1 & 3 & 3 \\ 2 & 1 & 8 \end{vmatrix}=0$，所以三个向量线性相关．

解二 $\boldsymbol{A}=\begin{pmatrix} 1 & -2 & -1 \\ -1 & 3 & 3 \\ 2 & 1 & 8 \end{pmatrix} \rightarrow \begin{pmatrix} 1 & -2 & -1 \\ 0 & 1 & 2 \\ 0 & 5 & 10 \end{pmatrix} \rightarrow \begin{pmatrix} 1 & -2 & -1 \\ 0 & 1 & 2 \\ 0 & 0 & 0 \end{pmatrix}$，

由于 $R(\boldsymbol{A})=2<3$，所以三个向量线性相关．

二、矩阵的特征值与特征向量

【思考问题】

一个小城镇中，现有已婚男士 $x_0=8000$ 人，单身男士 $y_0=2000$ 人，据统计每年有 30% 的已婚男士离婚，有 20% 的单身男士结婚．如果男士总人数不变，问一年后，该城中已婚和单身的男士数目 x_1，y_1 各为多少？

分析 按已婚和单身男士分析，现有人数与一年后的人数其关系为

$$\begin{cases} 70\%x_0+20\%y_0=x_1 \\ 30\%x_0+80\%y_0=y_1 \end{cases}$$，代入具体数据，即可求得所需结果．

进一步分析，上述式子表明一年后已婚和单身人数和现有两类人数是一种线性关系，社会学家关心的是进一步的问题：

(1) 两年后或三年后，乃至若干年后，该城中已婚和单身男士各为多少？它们和当

· 30 ·

前数据的关系如何？

（2）这样无限延续下去，两类人的分布状况在变化中是否趋于稳定？多少年以后会出现稳定状况？

对于（1），若记 $A = \begin{pmatrix} 0.7 & 0.2 \\ 0.3 & 0.8 \end{pmatrix}$，$X_0 = \begin{pmatrix} x_0 \\ y_0 \end{pmatrix}$，$X_1 = \begin{pmatrix} x_1 \\ y_1 \end{pmatrix}$，则 $X_1 = AX_0$，由此还可导出：$X_2 = AX_1 = A^2 X_0$，$X_3 = A^3 X_0$，….

对于（2），社会学家关注的稳定状态其实就是：是否存在向量 X，使得 $AX = X$，这个问题的解决就是我们这一部分要讨论的特征值与特征向量.

定义 设 $A = (a_{ij})_{n \times n}$ 为 n 阶方阵，λ 是一个数，如果有非零向量 $X = (x_1, x_2, \cdots, x_n)^{\mathrm{T}}$，

使得 $$AX = \lambda X$$

成立，则称数 λ 是 A 的特征值，而 X 为属于特征值的特征向量.

因等式 $AX = \lambda X$ 又可写成 $(\lambda I - A)X = 0$，因此特征值 λ 是使该齐次线性方程组有非零解的常数，应满足 $|\lambda I - A| = 0$. 而特征向量 X 就是方程组的非零解.

若 X 是 A 的特征向量，$AX = \lambda X$. 任取 $k \neq 0$，有 $A(kX) = \lambda(kX)$，故 kX 也是 A 的特征向量，即一个特征值可对应无穷多个特征向量.

例2 求 $A = \begin{pmatrix} -2 & 1 & 1 \\ 0 & 2 & 0 \\ -4 & 1 & 3 \end{pmatrix}$ 的特征值与特征向量.

解 $|\lambda I - A| = \begin{vmatrix} \lambda+2 & -1 & -1 \\ 0 & \lambda-2 & 0 \\ 4 & -1 & \lambda-3 \end{vmatrix} = (\lambda-2)(\lambda^2-\lambda-2) = (\lambda+1)(\lambda-2)^2$

令 $|\lambda I - A| = 0$，得特征值为 $\lambda_1 = -1$，$\lambda_2 = 2$.

下面求特征向量.

当 $\lambda_1 = -1$ 时，由 $(-I - A)X = 0$，得 $\begin{cases} x_1 - x_2 - x_3 = 0 \\ -3x_2 = 0 \\ 4x_1 - x_2 - 4x_3 = 0 \end{cases}$，将其系数矩阵作初等行变换，

$\begin{pmatrix} 1 & -1 & -1 \\ 0 & -3 & 0 \\ 4 & -1 & -4 \end{pmatrix} \rightarrow \begin{pmatrix} 1 & -1 & -1 \\ 0 & 1 & 0 \\ 0 & 0 & 0 \end{pmatrix}$，即同解方程组为 $\begin{cases} x_1 - x_3 = 0 \\ x_2 = 0 \end{cases}$，取 $x_3 = c$，则

$x_1 = c$，得其所有解为 $\begin{cases} x_1 = c \\ x_2 = 0 \\ x_3 = c \end{cases}$（$c$ 为任意常数），也可写成 $X = \begin{pmatrix} 1 \\ 0 \\ 1 \end{pmatrix} c$，此即为对应于特征值 $\lambda_1 = -1$ 的所有特征向量.

当 $\lambda_2 = 2$ 时，由 $(2I - A)X = 0$，得 $\begin{cases} 4x_1 - x_2 - x_3 = 0 \\ 0 = 0 \\ 4x_1 - x_2 - x_3 = 0 \end{cases}$，同解方程组为 $4x_1 - x_2 - x_3 = 0$

$x_3 = 0$，取 $x_2 = 4c_1$，$x_3 = 4c_2$，则 $x_1 = c_1 + c_2$，得方程组的所有解为 $\begin{cases} x_1 = c_1 + c_2 \\ x_2 = 4c_1 \\ x_3 = 4c_2 \end{cases}$，将

其写成 $\boldsymbol{X} = \begin{pmatrix} 1 \\ 4 \\ 0 \end{pmatrix} c_1 + \begin{pmatrix} 1 \\ 0 \\ 4 \end{pmatrix} c_2$，此即为对应于特征值 $\lambda_2 = 2$ 的所有特征向量．

对于方程组 $\begin{cases} 4x_1 - x_2 - x_3 = 0 \\ 0 = 0 \\ 4x_1 - x_2 - x_3 = 0 \end{cases}$，通解形式为 $\boldsymbol{X} = \begin{pmatrix} 1 \\ 4 \\ 0 \end{pmatrix} c_1 + \begin{pmatrix} 1 \\ 0 \\ 4 \end{pmatrix} c_2$，向量 $\begin{pmatrix} 1 \\ 4 \\ 0 \end{pmatrix}$ 与 $\begin{pmatrix} 1 \\ 0 \\ 4 \end{pmatrix}$ 线

性无关，且它们的线性组合即为方程组的通解，通常称它们为该方程组的一个基础解系．

回到一开始讨论的问题，要有社会学家关注的稳定状态出现，即为矩阵 $\boldsymbol{A}$ 有特征值 $\lambda = 1$，而稳定状态向量即是矩阵 $\boldsymbol{A}$ 关于特征值 $\lambda = 1$ 的特征向量．

当 $\boldsymbol{A} = \begin{pmatrix} 0.7 & 0.2 \\ 0.3 & 0.8 \end{pmatrix}$ 时，因 $|\lambda \boldsymbol{I} - \boldsymbol{A}| = \begin{vmatrix} \lambda - 0.7 & -0.2 \\ -0.3 & \lambda - 0.8 \end{vmatrix} = \lambda^2 - 1.5\lambda + 0.5$

$\lambda = 1$ 是 $\boldsymbol{A}$ 的特征值，由 $(\boldsymbol{I} - \boldsymbol{A})\boldsymbol{X} = 0$ 得，$\begin{cases} 0.3x - 0.2y = 0 \\ -0.3x + 0.2y = 0 \end{cases}$，$x = \dfrac{2}{3}y$，所有特征

向量表示为 $\begin{pmatrix} 2 \\ 3 \end{pmatrix} c$，具体计算本题结果，达到稳定状态为 $x = 4000$，$y = 6000$．

除了稳定性问题之外，工程技术中的一些问题，例如振动问题也常常归结为求一个方阵的特征值与特征向量的问题．

习题 1-5

1．判断下列向量组的线性相关性．

(1) $\boldsymbol{\alpha}_1 = \begin{pmatrix} 1 \\ 1 \\ 1 \end{pmatrix}$，$\boldsymbol{\alpha}_2 = \begin{pmatrix} 1 \\ 2 \\ 3 \end{pmatrix}$，$\boldsymbol{\alpha}_3 = \begin{pmatrix} 1 \\ 3 \\ 6 \end{pmatrix}$；(2) $\boldsymbol{\alpha}_1 = \begin{pmatrix} 2 \\ -1 \\ 7 \\ 3 \end{pmatrix}$，$\boldsymbol{\alpha}_2 = \begin{pmatrix} 1 \\ 4 \\ 11 \\ -2 \end{pmatrix}$，$\boldsymbol{\alpha}_3 = \begin{pmatrix} 3 \\ -6 \\ 3 \\ 8 \end{pmatrix}$；

(3) $\boldsymbol{\alpha}_1 = \begin{pmatrix} 1 \\ 2 \\ 1 \\ -2 \end{pmatrix}$，$\boldsymbol{\alpha}_2 = \begin{pmatrix} 2 \\ -1 \\ 1 \\ 3 \end{pmatrix}$，$\boldsymbol{\alpha}_3 = \begin{pmatrix} 2 \\ 1 \\ -3 \\ 1 \end{pmatrix}$，$\boldsymbol{\alpha}_4 = \begin{pmatrix} 1 \\ -1 \\ 2 \\ -1 \end{pmatrix}$．

2．求 $\boldsymbol{A} = \begin{pmatrix} 1 & -3 & 3 \\ 3 & -5 & 3 \\ 6 & -6 & 4 \end{pmatrix}$ 的特征值与特征向量．

3．某公司员工培训工作统计中，有熟练员工和非熟练员工两类，公司每年派出 $\dfrac{1}{10}$ 熟练

员工，招入 $\dfrac{1}{10}$ 新员工（非熟练员工），在非熟练员工中，每年有 $\dfrac{2}{10}$ 经过培训成为熟练员工，

设第 k 年统计的熟练和非熟练员工数分别为 x_k，y_k，并表示为列矩阵 $w_k = \begin{pmatrix} x_k \\ y_k \end{pmatrix}$，员工总数不变．

(1) 求 w_{k+1} 和 w_k 的关系式．

(2) 求该培训工作为稳定状态时熟练员工和非熟练员工的比例．

复习题一

1. 设矩阵 $\boldsymbol{A} = \begin{pmatrix} 1 & 0 & 2 & 1 \\ 0 & 0 & 1 & 1 \end{pmatrix}$，$\boldsymbol{B} = \begin{pmatrix} 1 & 0 & 1 \\ 0 & -1 & 2 \end{pmatrix}$，求：$3\boldsymbol{B}^{\mathrm{T}} \cdot \boldsymbol{A}$．

2. 设 $\boldsymbol{A} = \begin{pmatrix} 1 & 0 & 1 \\ 0 & 1 & 0 \\ 1 & 1 & 1 \end{pmatrix}$，$f(\boldsymbol{X}) = \boldsymbol{X}^2 - 2\boldsymbol{X} + 3\boldsymbol{I}$

求：(1) $f(\boldsymbol{A})$；　　　　(2) $f(\boldsymbol{A} - \boldsymbol{I})$；　　　　(3) $\boldsymbol{A} \cdot f(\boldsymbol{I})$．

3. 利用性质计算下列行列式．

(1) $\begin{vmatrix} 3 & 1 & 4 & 2 \\ 1 & 3 & 4 & 2 \\ 1 & 3 & 2 & 4 \\ 3 & 1 & 2 & 4 \end{vmatrix}$；　(2) $\begin{vmatrix} a & b & c \\ a & a+b & a+b+c \\ a & 2a+b & 3a+2b+c \end{vmatrix}$；　(3) $\begin{vmatrix} 1 & 0 & a & 1 \\ 0 & 1 & 1 & a \\ b & 1 & 1 & 0 \\ 1 & b & 0 & 1 \end{vmatrix}$．

4. 求下列矩阵的等价标准型，并求出相应的秩．

(1) $\boldsymbol{A} = \begin{pmatrix} 1 & 1 & 1 \\ 0 & 1 & 0 \\ 1 & 0 & 1 \end{pmatrix}$；　　　　(2) $\boldsymbol{B} = \begin{pmatrix} 1 & 0 & 0 & -1 \\ 1 & 1 & 0 & 0 \\ 1 & 1 & 1 & 0 \\ 0 & 0 & 0 & 1 \end{pmatrix}$．

5. 求出下列矩阵的逆矩阵．

(1) $\begin{pmatrix} 1 & 1 \\ 2 & 3 \end{pmatrix}$；　　(2) $\begin{pmatrix} 0 & 2 & 1 \\ 0 & 1 & 1 \\ 1 & 0 & 2 \end{pmatrix}$；　　(3) $\begin{pmatrix} 1 & 0 & 1 & 0 \\ 1 & 1 & 0 & 0 \\ 1 & 1 & 1 & 0 \\ 0 & 0 & 0 & 1 \end{pmatrix}$．

6. 解下列矩阵方程．

(1) $\begin{pmatrix} 1 & 3 \\ 2 & 3 \end{pmatrix} \boldsymbol{X} \begin{pmatrix} 2 & 1 \\ 1 & 2 \end{pmatrix} = \begin{pmatrix} 1 & 2 \\ 2 & 3 \end{pmatrix}$；　　(2) $\boldsymbol{Y} \begin{pmatrix} 2 & 1 & -1 \\ 2 & 1 & 0 \\ 1 & -1 & 1 \end{pmatrix} = \begin{pmatrix} 1 & -1 & 3 \\ 4 & 3 & 2 \end{pmatrix}$．

7. 求以下所给变换的逆变换：$\begin{cases} y_1 = x_1 + 2x_2 - x_3 \\ y_2 = 3x_1 - 2x_2 + x_3 \\ y_3 = x_1 - x_2 - x_3 \end{cases}$．

线性代数

8. 求解下列线性方程组.

$$(1) \begin{cases} x_1 - x_2 + 2x_3 = 0 \\ 3x_1 + x_2 + 2x_3 = 4; \\ x_1 + 2x_2 - x_3 = 3 \end{cases} \qquad (2) \begin{cases} 5x_1 - 2x_2 + 4x_3 - 3x_4 = 0 \\ -3x_1 + 5x_2 - x_3 + 2x_4 = 0. \\ x_1 - 3x_2 + 2x_3 + x_4 = 0 \end{cases}$$

9. 当 p，q 满足什么关系时，齐次线性方程组 $\begin{cases} px_1 + x_2 + x_3 = 0 \\ x_1 + qx_2 + x_3 = 0 \\ x_1 + (p+q)x_2 + x_3 = 0 \end{cases}$ 有非零解？

10. 某超市一鞋类柜台销售一种名牌运动鞋，该名牌鞋有四个型号：小号、中号、大号、加大号，分别售价为：220 元、240 元、260 元、300 元．一天内共售出 13 双，毛收入 3200 元，并已知大号的销售量为小号与加大号销售量的总和，大号的销售收入（毛收入）也为小号和加大号销售收入（毛收入）的总和，问各种型号的鞋各售出多少双？

【阅读资料】

计算机信息检索

在因特网数字化进程中，信息的存储和检索技术发展到今天，我们能在计算机上快速地检索到所要的信息，这种现代检索技术是以矩阵理论和线性代数为基础的．

当一个数据库由 n 个文件组成，有 m 个关键词要被用于检索时，把关键词按字母排序，用一个 $m \times n$ 阶矩阵 $A = (a_{ij})_{m \times n}$ 表示这个数据库．A 的列表示文件，A 的行表示关键词，A 的元素 a_{ij} 表示第 i 个关键词在第 j 个文件中出现的频率．检索时，所选择的关键词可以被表示为一个列矩阵 $X \in R^m$，X 的元素 $x_i = \begin{cases} 1, & \text{如关键词 } i \text{ 在检索中采用} \\ 0, & \text{否则} \end{cases}$，执行检索则只需简单地用矩阵乘矩阵 $A^{\mathrm{T}}X$．

下面举例说明上述思想．

如一个数据库由下列英文书组成：

B1：Application of Linear Algebra

B2：Elementary Linear Algebra

B3：Elementary Linear Algebra with Application

B4：Linear Algebra and Its Applications

B5：Linear Algebra with Applications

B6：Matrix Algebra with Applications

B7：Matrix Theory

关键词序列为：

(algebra, application, elementary, linear, matrix, theory)

因数据库共有七本书，要检索的关键词为六个，设数据库矩阵为 $A = (a_{ij})_{6 \times 7}$，其中设 $a_{ij} = \begin{cases} 1, & \text{关键词 } i \text{ 在文件 } j \text{ 中} \\ 0, & \text{否则} \end{cases}$，则

$$A = \begin{bmatrix} 1 & 1 & 1 & 1 & 1 & 1 & 0 \\ 1 & 0 & 1 & 1 & 1 & 1 & 0 \\ 0 & 1 & 1 & 0 & 0 & 0 & 0 \\ 1 & 1 & 1 & 1 & 1 & 0 & 0 \\ 0 & 0 & 0 & 0 & 0 & 1 & 1 \\ 0 & 0 & 0 & 0 & 0 & 0 & 1 \end{bmatrix}$$

其中行依次表示六个关键词 algebra，application，elementary，linear，matrix，theory，列依次表示七本书 B1，B2，B3，B4，B5，B6，B7.

如需检索的关键词为 application，linear，algebra，则记 $X = (1,1,0,1,0,0)'$，令 $Y = A'X$，计算得

$$Y = \begin{bmatrix} 1 & 1 & 1 & 1 & 1 & 1 & 0 \\ 1 & 0 & 1 & 1 & 1 & 1 & 0 \\ 0 & 1 & 1 & 0 & 0 & 0 & 0 \\ 1 & 1 & 1 & 1 & 1 & 0 & 0 \\ 0 & 0 & 0 & 0 & 0 & 1 & 1 \\ 0 & 0 & 0 & 0 & 0 & 0 & 1 \end{bmatrix}^{\mathrm{T}} \begin{bmatrix} 1 \\ 1 \\ 0 \\ 1 \\ 0 \\ 0 \end{bmatrix} = \begin{bmatrix} 3 \\ 2 \\ 3 \\ 3 \\ 3 \\ 2 \\ 0 \end{bmatrix}$$

列矩阵 Y 的第 i 个分量表示第 i 个文件，即第 i 本书名中和检索关键词匹配的数目，因为第 1,3,4,5 分量都为 3，所以第 1,3,4,5 四本书中含有所有的 3 个检索关键词，故计算机检索结果将输出这些书名.

信息加密问题

密码法是一种信息编码与解码的技巧，此法可追溯到古希腊时代，我们先把不同的数字与字母一一对应起来，比如，规定：

A	B	C	D	E	F	G	H	I	J	K	L	M	N
1	2	3	4	5	6	7	8	9	10	11	12	13	14

O	P	Q	R	S	T	U	V	W	X	Y	Z	空格
15	16	17	18	19	20	21	22	23	24	25	26	27

倘若我们现在要发送一条信息：STUDY MATH，使用上述代码，则应发送：19，20，21，4，25，27，13，1，20，8. 这种编码很容易编解，但也很容易被截获者破译. 为此，我们把这些信息分成"三个一组"而构成列矩阵（不够分时，以零补齐），即

$$X_1 = \begin{pmatrix} 19 \\ 20 \\ 21 \end{pmatrix}, \quad X_2 = \begin{pmatrix} 4 \\ 25 \\ 27 \end{pmatrix}, \quad X_3 = \begin{pmatrix} 13 \\ 1 \\ 20 \end{pmatrix}, \quad X_4 = \begin{pmatrix} 8 \\ 0 \\ 0 \end{pmatrix},$$

然后，再选择一个可逆的三阶方阵，如 $A = \begin{pmatrix} 1 & 1 & 0 \\ 0 & 1 & 1 \\ 0 & 0 & 2 \end{pmatrix}$，此方阵称为转换矩阵，定

线性代数

义线性转换：

$Y=AX$，于是上面要发送的信息变为：

$$Y_1=AX_1=\begin{pmatrix}1&1&0\\0&1&1\\0&0&2\end{pmatrix}\begin{pmatrix}19\\20\\21\end{pmatrix}=\begin{pmatrix}39\\41\\42\end{pmatrix}; \quad Y_2=AX_2=\begin{pmatrix}1&1&0\\0&1&1\\0&0&2\end{pmatrix}\begin{pmatrix}4\\25\\27\end{pmatrix}=\begin{pmatrix}29\\52\\54\end{pmatrix};$$

$$Y_3=AX_3=\begin{pmatrix}1&1&0\\0&1&1\\0&0&2\end{pmatrix}\begin{pmatrix}13\\1\\20\end{pmatrix}=\begin{pmatrix}14\\21\\40\end{pmatrix}; \quad Y_4=AX_4=\begin{pmatrix}1&1&0\\0&1&1\\0&0&2\end{pmatrix}\begin{pmatrix}8\\0\\0\end{pmatrix}=\begin{pmatrix}8\\0\\0\end{pmatrix}.$$

这样我们应发送的信息为：39，41，42，29，52，54，14，21，40，8. 使用此法，若截获者不知转换矩阵，就很难破译截获的信息.

项目问题

1. 下图给出了某城市部分单行街道的交通流量（每小时过车数量），假定：

（1）全部流入网络的流量等于全部流出网络的流量；

（2）全部流入一个节点的流量等于流出此节点的流量.

试确定该交通网络未知部分的具体流量.

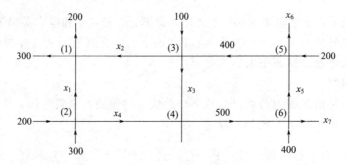

2. 根据阅读资料中信息的编译方法，如果我们从通讯处收到的信息为：31，33，50，41，29，30，20，试将它译为英文.

3. 考察微量元素磷在自然界中的转移情况. 假定磷只分布在土壤、草、牛、羊等生物体及上述系统之外（如河流）这三种自然环境里. 每经过一段时间磷在上述三种环境里的比例会发生变化，变化具有无后效性. 假设经过一定时间，土壤中的磷有 30% 被草吸收，又被牛、羊吃掉，有 20% 排至系统之外，50% 仍在土壤中；生物体中的磷有 40% 因草枯死、牛羊排泄又回到土壤中，40% 移出系统外，20% 留在生物体内；而磷一旦移出系统之外，就 100% 地不再进入系统. 假定磷在土壤、生物体、系统之外的初始比例是 0.5：0.3：0.2，试研究经过若干段时间后磷在三种环境中的转移情况.

模块二　线性规划

线性规划是 20 世纪 40 年代后期逐步完善起来的一门数学分支，它主要解决在给定资源配置与利用方式下，如何使其达到最佳效果，实现优化配置的问题．线性规划知识在各个领域都有十分重要的应用．

本模块知识脉络结构

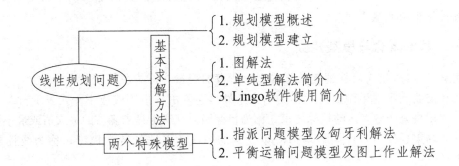

第一节　线性规划问题模型与图解法

我们先看一个实际问题．

【思考问题】

手工编织三种小工艺品，每种小工艺品的完成都需经过配料、编织两道工序．一件小工艺品配料、编织过程受到一个熟练工平均完成时间、每天的工时两因素的限制，相关条件及每件小工艺品销售利润如表 2-1．问怎样安排每天的三种小工艺品加工数量，产生的利润最大？

表 2-1

平均完成时间（小时）		工艺品类型			工时限制（小时）
		工艺品 1	工艺品 2	工艺品 3	
工序	配料	0.2	0.25	0.1	4
	编织	1.5	1.2	1.8	10
每件利润		6	9	8	

分析　这个问题的考虑因素较多，我们先将所求未知量用变量表达出来，再用数学的

"语言"来刻画．

设一名工人每天加工三种工艺品的数量分别为 x_1, x_2, x_3 件，产生的利润为 z；利润最大就是要求函数 $z = 6x_1 + 9x_2 + 8x_3$ 的最大值；

限制条件如下.

配料的用时限制：$0.2x_1 + 0.25x_2 + 0.1x_3 \leqslant 4$；

编织的用时限制：$1.5x_1 + 1.2x_2 + 1.8x_3 \leqslant 10$；

基本限制：$x_1, x_2, x_3 \geqslant 0$.

上述问题的数学描述（也称为数学模型）书面概括为

$$\max z = 6x_1 + 9x_2 + 8x_3$$

$$\mathrm{s.t} \begin{cases} 0.2x_1 + 0.25x_2 + 0.1x_3 \leqslant 4 \\ 1.5x_1 + 1.2x_2 + 1.8x_3 \leqslant 10 \\ x_1, x_2, x_3 \geqslant 0 \end{cases}$$

其中：max 表示求最大值（用 min 表示求最小值）；限制条件简记为 s.t（即 subject to 的缩写），上述类似的问题在实际中大量存在，我们先明确下列基本概念，再分析讨论模型的建立问题.

一、基本概念与模型建立

定义 （1）建立最佳配置数学模型时所设的变量，称为决策变量；

（2）需要满足的限制条件，称为约束条件（通常由一组等式或不等式表示）；

（3）用决策变量表达的目标要求，称为目标函数（通常是求函数的最大值或最小值）；

（4）约束条件、目标函数均为决策变量的一次关系式的数学模型，称为线性规划模型.

一般线性规划问题的条件、数据比较繁乱，分析概括过程不易，但大致可按下列三步来进行分析条理：

① 根据问题的讨论因素，设出决策变量；

② 由决策变量所决定要达到的目的，确定目标函数；

③ 由决策变量所受的限制，确定要满足的约束条件.

下面我们再分析一些规划问题，并讨论怎样建立规划模型.

例 1　混合配料模型

某养鸡场有 10000 只鸡，用动物饲料和谷物饲料混合喂养，每天每只鸡平均要吃混合饲料 1 斤，其中动物饲料占的比例不得少于 $\frac{1}{5}$；动物饲料 0.25 元/斤，谷物饲料 0.20 元/斤，饲料公司每天至多能供应谷物饲料 7000 斤，动物饲料和谷物饲料怎样混合配料，才能使养鸡场每天的购买饲料的成本最低（1 斤＝0.5 千克）？

解 （1）决策变量：设该养鸡场每天需动物饲料 x_1 斤，谷物饲料 x_2 斤；

（2）目标函数：求成本 $z = 0.25x_1 + 0.20x_2$ 的最小值；

（3）约束条件：总需要量：$x_1 + x_2 \geqslant 10000$；

$$动物饲料：x_1 \geqslant \frac{1}{5} \times 10000 = 2000；$$

$$谷物饲料：x_2 \leqslant 7000；$$

$$基本要求：x_1, x_2 \geqslant 0.$$

线性规划模型为：

$$\min z = 0.25x_1 + 0.20x_2$$

$$\text{s. t.} \begin{cases} x_1 + x_2 \geqslant 10000 \\ x_1 \geqslant 2000 \\ x_2 \leqslant 7000 \\ x_1, \ x_2 \geqslant 0 \end{cases}$$

例 2　运输问题模型

要从蔬菜基地甲调出蔬菜 2000 吨，从蔬菜基地乙调出蔬菜 1100 吨；分别供应 A 城 1700 吨，B 城 1100 吨，C 城 200 吨，D 城 100 吨. 单位运费（元/吨）如表 2-2，如何调运可使总运费最省？

表 2-2

单位运费(元/吨)		运入地				数量限制 (吨)
		A 城	B 城	C 城	D 城	
运出地	基地甲	21	25	7	15	2000
	基地乙	51	51	37	15	1100

解　（1）决策变量：设 $x_{11}, x_{12}, x_{13}, x_{14}$，分别表示从蔬菜基地甲调往 A，B，C，D 四城的蔬菜数量；$x_{21}, x_{22}, x_{23}, x_{24}$，分别表示从蔬菜基地乙调往 A，B，C，D 四城的蔬菜数量.

（2）目标函数：求费用 $z = 21x_{11} + 25x_{12} + 7x_{13} + 15x_{14} + 51x_{21} + 51x_{22} + 37x_{23} + 15x_{24}$ 的最小值.

（3）约束条件：蔬菜基地甲调出蔬菜限制：$x_{11} + x_{12} + x_{13} + x_{14} = 2000$；

蔬菜基地乙调出蔬菜限制：$x_{21} + x_{22} + x_{23} + x_{24} = 1100$.

A，B，C，D 四城的调入蔬菜限制分别为：

$x_{11} + x_{21} = 1700$；$x_{12} + x_{22} = 1100$；$x_{13} + x_{23} = 200$；$x_{14} + x_{24} = 100$.

基本要求：$x_{ij} \geqslant 0 \ (i = 1, 2; j = 1, 2, 3, 4)$

线性规划模型为：

$$\min z = 21x_{11} + 25x_{12} + 7x_{13} + 15x_{14} + 51x_{21} + 51x_{22} + 37x_{23} + 15x_{24}$$

$$\text{s. t.} \begin{cases} x_{11} + x_{12} + x_{13} + x_{14} = 2000 \\ x_{21} + x_{22} + x_{23} + x_{24} = 1100 \\ x_{11} + x_{21} = 1700 \\ x_{12} + x_{22} = 1100 \\ x_{13} + x_{23} = 200 \\ x_{14} + x_{24} = 100 \\ x_{ij} \geqslant 0 \ (i = 1, 2; j = 1, 2, 3, 4) \end{cases}$$

例 3　配套生产模型

某化工厂生产一种合成化工产品，该产品由三种不同的原料按 1∶1∶1 配比合成，工厂的三个车间均可生产这三种原料，各车间生产三种原料的效率（千克/小时）、工时限制（小时）如表 2-3. 各车间应如何分配各种原料的生产工时，才能使该产品的产量最大？

表 2-3

生产效率(千克/小时)		原料类型			工时限制(小时)
		原料 1	原料 2	原料 3	
车间名称	甲	10	15	5	100
	乙	15	10	5	150
	丙	20	5	10	90

解 （1）决策变量：设甲车间生产原料 1，2，3 的工时分配为：x_1，x_2，x_3；

乙车间生产原料 1，2，3 的工时分配为：x_4，x_5，x_6；

丙车间生产原料 1，2，3 的工时分配为：x_7，x_8，x_9.

（2）目标函数：因三种原料的产量分别为：$10x_1+15x_4+20x_7$，$15x_2+10x_5+5x_8$，$5x_3+5x_6+10x_9$，产品由三种原料各一份组成，目标函数是求产品产量：

$$y=3\min\{10x_1+15x_4+20x_7,\quad 15x_2+10x_5+5x_8,\quad 5x_3+5x_6+10x_9\}的最大值.$$

（3）约束条件：三个车间的工时限制构成约束条件.

甲车间的限制：$x_1+x_2+x_3\leqslant100$；

乙车间的限制：$x_4+x_5+x_6\leqslant150$；

丙车间的限制：$x_7+x_8+x_9\leqslant90$；

基本限制：$x_i\geqslant0$ $(i=1,2,\cdots,9)$.

线性规划模型为：

$$\max y=[3\min\{10x_1+15x_4+20x_7,\ 15x_2+10x_5+5x_8,\ 5x_3+5x_6+10x_9\}]$$

$$\text{s. t.}\begin{cases}x_1+x_2+x_3\leqslant100\\x_4+x_5+x_6\leqslant150\\x_7+x_8+x_9\leqslant90\\x_i\geqslant0(i=1,2,\cdots,9)\end{cases}$$

这一模型的目标函数不符合线性规划模型的一般形式要求，可以做下列改造，若将产品产量 y 也当成决策变量（目标函数另用 z 表示），该模型可化为

$$\max z=y$$

$$\text{s. t.}\begin{cases}x_1+x_2+x_3\leqslant100\\x_4+x_5+x_6\leqslant150\\x_7+x_8+x_9\leqslant90\\10x_1+15x_4+20x_7-\dfrac{1}{3}y\geqslant0\\15x_2+10x_5+5x_8-\dfrac{1}{3}y\geqslant0\\5x_3+5x_6+10x_9-\dfrac{1}{3}y\geqslant0\\y,x_i\geqslant0(i=1,2,\cdots,9)\end{cases}$$

例 4　截料模型

现有 15 米长的标准钢管若干，建筑安装需要 7 米、5 米、4 米长的三种规格的钢管分别至少为 120 根、150 根、100 根，如何截取能使 15 米长的标准钢管使用量最少？

解　前面的例子中决策变量较好确定，而该模型的决策变量却不容易确定出来. 首先应弄清楚 15 米长的标准钢管截成 7 米、5 米、4 米的所有可能截法，分析如表 2-4.

表 2-4

数量（根）		截法序号						
		1	2	3	4	5	6	7
规格	7 米	2	0	0	1	1	0	0
	5 米	0	3	0	1	0	2	1
	4 米	0	0	3	0	2	1	2
余料		1	0	3	3	0	1	2

（1）决策变量：假设采用第 i 种截法用去 15 米长的标准钢管 x_i 根（$i=1,2,\cdots,7$）.

（2）目标函数：求七种截法下总共使用的 15 米长的标准钢管数量 z 最少，就是要求下列函数的最小值：$z=x_1+x_2+x_3+x_4+x_5+x_6+x_7$.

（3）约束条件：7 米、5 米、4 米长的标准钢管分别至少：120，150，100 根，分别构成下列三个约束条件：

$$2x_1+x_4+x_5\geq120；\quad 3x_2+x_4+2x_6+x_7\geq150；\quad 3x_3+2x_5+x_6+2x_7\geq100；$$

基本要求：$x_i\in N$　（$i=1,2,\cdots,7$）；

线性规划模型为：

$$\min z=x_1+x_2+x_3+x_4+x_5+x_6+x_7$$

$$\text{s. t.}\begin{cases}2x_1+x_4+x_5\geq120\\3x_2+x_4+2x_6+x_7\geq150\\3x_3+2x_5+x_6+2x_7\geq100\\x_i\in N\quad（i=1,2,\cdots,7）\end{cases}$$

如果线性规划问题中，至少有一个变量要求必须为整数时，这样的规划模型称为整数规划模型.

由上述一些例子可以看出，实际中的线性规划问题十分广泛，能熟练建立线性规划问题模型是解决问题的基础，下面我们讨论线性规划模型的一种最简单的解法.

二、线性规划模型的图解法

线性规划问题模型建立起来后，怎样去求解呢？首先给出下面的概念.

定义　满足约束条件的决策变量取值，称为规划问题的可行解；全体可行解的集合称为可行解域；满足目标函数的可行解称为最优解；由最优解确定的目标函数值叫做的规划问题的最优值.

当一个规划问题的决策变量只有两个时，最优解可以通过作图的直观方法求出（多于两个决策变量时，因多元函数没有直观的几何图示，方法不适用）.

例 5　求解下列规划模型

$$\max z=50x+40y$$

$$\text{s. t.}\begin{cases}3x+2y\leq60\\2x+4y\leq80\\x,y\geq0\end{cases}$$

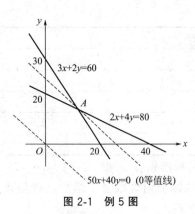

图 2-1　例 5 图

解　根据约束条件作出该模型的可行域直观图示（如图 2-1），即：x 轴、y 轴及两条约束直线围成的包含原点的凸四边形.

将目标函数变形为 $y = -\dfrac{5}{4}x + \left(\dfrac{z}{40}\right)$，它是一条斜率不变的直线，目标值 z 的变化决定了它的纵截距，同一条线上 z 值不变，称为 z 等值线. 要让 z 值最大，只需等值线的纵截距最大，这只要从"0 等值线"开始向上平移，当要移出可行域前的最后一个接触点就是最优解.

图 2-1 上的 A 点即是最优解所在的点. 解方程组 $\begin{cases} 3x+2y=60 \\ 2x+4y=80 \end{cases}$，可得 $A(10,15)$.

即 $x=10, y=15$ 为最优解，最优值为 $\max z = 50 \times 10 + 40 \times 15 = 1100$.

由上例不难看出：当等值线平行于某一约束直线时，就会有无穷多组最优解，当约束条件改为 $\begin{cases} 3x+2y \geqslant 60 \\ 2x+4y \geqslant 80 \\ \quad\ x, y \geqslant 0 \end{cases}$时，可行域是第一象限内两条约束直线上方的无界区域，目标函数将不会有最优解.

上述通过直观做出可行解域的图形，利用等值线平移，观察最优解的存在点，再求解线性规划模型最优解的方法称为线性规划模型图解法. 理论可以证明.

(1) 线性规划模型的可行解域是"凸集"，这个凸集的内部点不会存在最优解；

(2) 一个规划模型有最优解时，必至少存在一个可行域顶点是最优解.

我们以后只需找到一个这样的最优解即可，在约束方程不算多时，也可利用枚举法求出全部可行域的顶点（它可以通过求解每两个约束方程构成的方程组得到），再一一算出目标函数值判断决定.

习题 2-1

1. 一个毛纺厂生产 A，B，C 三种混纺毛料，生产每米产品需要的原料见表 2-5 所示，三种产品的利润分别为 40 元/米、28 元/米、54 元/米，每天可购进的原料分别为羊毛 8000 单位，兔毛 4000 单位，问此毛纺厂应如何安排生产能获得最大利润？

表 2-5

单位用量		混纺毛料			购料限制
		A	B	C	
原料	羊毛	3	2	4	8000
	兔毛	2	1	4	4000
利润（元）		40	28	54	

2. 某医药生产厂家，用甲、乙两种原料生产一种复合维生素胶丸，两种原料的单位有效成分、单价、每粒复合维生素胶丸最低含量要求如表 2-6，两种原料如何搭配可使每粒胶丸的成本最低？

表 2-6

含量		有效成分				原料单价(元)
		VA	VB$_1$	VB$_2$	VD	
原料	甲	0.5	1.0	0.2	0.5	0.4
	乙	0.5	0.3	0.6	0.2	0.7
每粒胶丸含量要求≥		2	3	1.4	2.2	

3. 某产品由四个 A 零件和三个 B 零件装配而成，A 和 B 两种零件由两种不同的原料制成，而这两种原料可利用数量分别是 100 单位和 200 单位，甲、乙、丙三个车间制造零件的方法各不相同，表 2-7 给出各车间每个生产班组的原料耗用量和零件产量，确定每一个车间的生产班组数使得产品配套数达到最大.

表 2-7

投入、产出量		每班给料		每班产出量(个)	
		原料 1	原料 2	零件 A	零件 B
车间	甲	8	6	7	5
	乙	5	9	6	9
	丙	3	8	8	4

4. A$_1$，A$_2$，A$_3$ 三地的某种纺织原料，需要调运给 B$_1$，B$_2$，B$_3$，B$_4$，B$_5$ 五地，供需地的数量（吨）、供需两地间的距离（千米）如表 2-8，请设计一个调拨方案，使运输的吨千米数最小.

表 2-8

供需两地距离(千米)		需求地					供应量(吨)
		B$_1$	B$_2$	B$_3$	B$_4$	B$_5$	
供应地	A$_1$	130	286	240	523	153	90
	A$_2$	64	220	74	457	309	30
	A$_3$	71	85	181	464	43	70
需求量（吨）		80	10	30	50	20	

5. 图解法解下列规划模型

(1)
$$\max z = 4x_1 + 5x_2$$
$$\text{s. t.} \begin{cases} 2x_1 + x_2 \leqslant 8 \\ x_1 + 2x_2 \leqslant 7 \\ x_2 \leqslant 3 \\ x_1, x_2 \geqslant 0 \end{cases}$$

(2)
$$\min z = 2x_1 + 3x_2$$
$$\text{s. t.} \begin{cases} x_1 - x_2 \geqslant 2 \\ -x_1 + 2x_2 \leqslant 2 \\ x_1, x_2 \geqslant 0 \end{cases}$$

第二节 线性规划模型的单纯型解法

当线性规划模型中的决策变量较多时，可行域没有直观意义，那么，怎样求决策变量多于两个时的线性规划模型的最优解呢？

一、线性规划模型的标准型

一般的线性规划模型形式多样，目标函数值有求最大、最小两种情况；约束不等式有取"≤"，"≥"，"="等多种形式，给讨论带来不便，为此，必须先规范和统一模型的形式，再进行一般性解法讨论.

本书规定：线性规划模型的标准形式是：

（1）目标函数求最小值（有的书本规定目标函数求最大值，这不影响问题的讨论）；

（2）所有决策变量都有非负限制；

（3）所有约束条件都是等式（此时，约束条件也称为约束方程）；

（4）常数项 $b_i \geqslant 0$ $(i=1,2,\cdots,m)$.

$$\min z = c_1 x_1 + c_2 x_2 + \cdots + c_n x_n$$

即：
$$\text{s. t.} \begin{cases} a_{11}x_1 + a_{12}x_2 + \cdots + a_{1n}x_n = b_1 \\ a_{21}x_1 + a_{22}x_2 + \cdots + a_{2n}x_n = b_2 \\ \qquad\qquad\cdots \\ a_{m1}x_1 + a_{m2}x_2 + \cdots + a_{mn}x_n = b_m \\ \qquad x_i \geqslant 0 \ (i=1,2,\cdots,n) \end{cases}$$

$$\min z = \sum_{j=1}^{n} c_j x_j$$

或简记为：
$$\text{s. t.} \begin{cases} \sum_{j=1}^{n} a_{ij}x_j = b_i & (i=1,2,\cdots,m) \\ \quad x_j \geqslant 0 & (j=1,2,\cdots,n) \end{cases}$$

将非标准型化为标准型的方法如下：

（1）如果目标函数是求最大值，即当 $\max z = c_1 x_1 + c_2 x_2 + \cdots + c_n x_n$ 时，令 $z = -s$，从而可将目标函数等价的化为求最小值的标准形式：$\min s = -c_1 x_1 - c_2 x_2 - \cdots - c_n x_n$；

（2）约束不等式为 $a_{i1}x_1 + a_{i2}x_2 + \cdots + a_{in}x_n \leqslant b_i$ 时，在左端加入辅助的"松弛变量" $x_{n+i}(\geqslant 0)$ 变成约束方程 $a_{i1}x_1 + a_{i2}x_2 + \cdots + a_{in}x_n + x_{n+i} = b_i$；

约束不等式为 $a_{k1}x_1 + a_{k2}x_2 + \cdots + a_{kn}x_n \geqslant b_k$ 时，在左端减去辅助的"松弛变量" $x_{n+k}(\geqslant 0)$ 变成约束方程 $a_{k1}x_1 + a_{k2}x_2 + \cdots + a_{kn}x_n - x_{n+k} = b_k$；

（3）如果变量 x_i 没有非负限制，则引入两个非负的辅助的变量 x_i'，x_i''，使 $x_i = x_i' - x_i''$，代入规划模型中，使所有变量都具有非负限制；

（4）如果约束方程的等式右边的常数项为负，就将方程两边同乘 -1 即可.

例1 将下列线性规划模型化为标准形

$$\max z = x_1 + x_2 + 2x_3 - 3x_4 \qquad\qquad \max z = -3x_1 + 4x_2 + 2x_3 + 5x_4$$

$$(1)\ \text{s. t.} \begin{cases} x_1 - x_2 + x_3 - 2x_4 \leqslant 7 \\ -2x_1 + x_2 - x_3 + x_4 \geqslant 5 \\ x_2 + x_3 - 3x_4 = 3 \\ x_1, x_2, x_4 \geqslant 0, x_3 \leqslant 0 \end{cases} \qquad (2)\ \text{s. t.} \begin{cases} 4x_1 - x_2 + 2x_3 - x_4 \leqslant 14 \\ -2x_1 + 3x_2 - x_3 + 2x_4 \geqslant 2 \\ 3x_1 + x_2 + x_3 + x_4 \leqslant -3 \\ x_1, x_2 \geqslant 0, x_4 \leqslant 0, \quad x_3 \end{cases}$$

解 （1）令目标变量 $z = -s$，在第一个约束、第二个约束中分别引入松弛变量 x_5，x_6，令决策变量 $x_3 = -x_3'$，该规划模型可化为下列标准型：

$$\min s = -x_1 - x_2 + 2x_3' + 3x_4$$

$$\text{s. t.} \begin{cases} x_1 - x_2 - x_3' - 2x_4 + x_5 = 7 \\ -2x_1 + x_2 + x_3' + x_4 - x_6 = 5 \\ x_2 - x_3' - 3x_4 \qquad = 3 \\ x_1, x_2, x_3', x_4, x_5, x_6 \geqslant 0 \end{cases}$$

(2) 令目标变量 $z=-s$，在三个约束中依次分别引入松弛变量 x_5，x_6，x_7，并令 $x_3=x_3'-x_3''$，$x_4=-x_4'$，即可得标准形如下：

$$\min s=3x_1-4x_2-2x_3'+2x_3''+5x_4'$$

$$\text{s. t.}\begin{cases} 4x_1-\ x_2+2x_3'-2x_3''+\ x_4'+x_5=14 \\ -2x_1+3x_2-\ x_3'+\ x_3''-2x_4'-x_6=2 \\ -3x_1-\ x_2-\ x_3'+\ x_3''+\ x_4'-x_7=3 \\ x_k,\ x_3',x_3'',x_4'\geqslant 0\ (k=1,2,5,6,7) \end{cases}$$

二、单纯型解法简介

一般地，对于线性规划模型的标准型：

$$\min z=c_1x_1+c_2x_2+\cdots+c_nx_n$$

$$\text{s. t.}\begin{cases} a_{11}x_1+a_{12}x_2+\cdots+a_{1n}x_n=b_1 \\ a_{21}x_1+a_{22}x_2+\cdots+a_{2n}x_n=b_2 \\ \qquad\qquad\cdots \\ a_{m1}x_1+a_{m2}x_2+\cdots+a_{mn}x_n=b_m \\ x_i\geqslant 0\quad(i=1,2,\cdots,n) \end{cases}$$

在约束方程组中约束方程个数多于决策变量个数（即 $m>n$）的情况下，根据高斯消元法可知，约束方程组要么有多余方程，要么有矛盾方程。出现多余方程时，可以删掉；出现矛盾方程时，无可行解就不必再讨论。为方便研究问题，以下讨论总假定：$m\leqslant n$，且约束方程组的系数矩阵的秩为 m；并假设线性规划模型有可行解。

若将线性规划模型的目标函数等式转置并与约束方程组一起施行同解变换（即：相应的增广矩阵实施初等行变换）将其化成下列等价的线性规划模型形式：

$$0x_1+\cdots+0x_m+\lambda_{m+1}x_{m+1}+\cdots+\lambda_nx_n=z-R_0$$

$$\text{s. t.}\begin{cases} x_1\qquad+p_{1m+1}x_{m+1}+\cdots+p_{1n}x_n=d_1 \\ \quad x_2\qquad+p_{2m+1}x_{m+1}+\cdots+p_{2n}x_n=d_2 \\ \qquad\ddots\qquad\cdots \\ \qquad x_m+p_{mm+1}x_{m+1}+\cdots+p_{mn}x_n=d_m \\ x_i\geqslant 0(i=1,2,\cdots,n) \end{cases}$$

这一等价的规划模型称为原模型的典式，其中变量 $x_1,x_2,\cdots,x_m$ 称为一组基变量，$x_{m+1},x_{m+2},\cdots,x_n$ 称为非基变量，相应的目标函数的系数 $0,\cdots,0,\lambda_{m+1},\lambda_{m+2},\cdots,\lambda_n$ 称为一组检验数。

若令非基变量均取 0，由典式的约束方程组可求得一组解：

$$(x_1,x_2,\cdots,x_m,x_{m+1},\cdots,x_n)=(d_1,d_2,\cdots,d_m,0,\cdots,0),$$

称之为一组基本解；当 $d_i\geqslant 0(i=1,2,\cdots,m)$ 时，基本解是可行解（简称为一个基可行解，它对应的就是可行域的某个顶点）。

此时，由线性规划模型的典式目标函数可知，在检验数 $\lambda_i\geqslant 0(i=1,2,\cdots,n)$ 的情况下，该基可行解使得目标函数值 $z=R_0$。

而非基变量不全为 0 的任何一组可行解，$(x_1,x_2,\cdots,x_m,x_{m+1},\cdots,x_n)=(q_1,q_2,\cdots,q_m,q_{m+1},\cdots,q_n)$ 代入典式目标函数中，使得目标函数值 $z=R_0+\lambda_{m+1}q_{m+1}+\lambda_{m+2}q_{m+2}+\cdots+\lambda_nq_n>R_0$。

以上表明在检验数 $\lambda_i \geqslant 0 (i=1,2,\cdots,n)$ 的情况下，基可行解就是最优解，$z=R_0$ 就是最优值. 寻求规划模型最优解时，只需求出一个这样的基可行解.

可确定下面的求解思路：

（1）确定标准型中一组初始基变量，将线性规划模型向典式转化；

（2）在保证 $d_i \geqslant 0(i=1,2,\cdots,m)$、检验数 $\lambda_i \geqslant 0(i=1,2,\cdots,n)$ 成立的情况下，由典式求出的初始基本解就是最优解；

（3）若检验数 $\lambda_i(i=1,2,\cdots,n)$ 中还有负数存在，就以这组初始基变量为基础，调整选择新的基变量、非基变量，直到达到可行、最优的目的.

注意：因一般规划模型的约束方程系数矩阵不进行列的对调，所以，典式约束方程组的系数矩阵的前若干列系数并不一定是单位阵的形式，但每个基变量的系数列必是单位阵的某一列；典式的目标函数中基变量的系数必须全为零；这两点在下面的讨论中要时刻明确.

以上过程可以在表格或矩阵的形式下进行操作，这就是所谓的单纯型解法思路.

我们通过具体的例子来分析.

例 2 用单纯型法求解线性规划模型

$$\min s = x_1 + x_2 - x_3 + 2x_4$$

$$\text{s.t.} \begin{cases} x_1 + x_2 = 1 \\ 2x_2 + x_4 = 3 \\ x_2 + x_3 = 2 \\ x_j \geqslant 0 (j=1,2,3,4) \end{cases}$$

解 因为模型的约束方程组：s.t. $\begin{cases} x_1 + x_2 = 1 \\ 2x_2 + x_4 = 3 \\ x_2 + x_3 = 2 \\ x_j \geqslant 0(j=1,2,3,4) \end{cases}$ ⇔ s.t. $\begin{cases} x_1 + x_2 = 1 \\ x_4 + 2x_2 = 3 \\ x_3 + x_2 = 2 \\ x_j \geqslant 0 \quad (j=1,2,3,4) \end{cases}$

所以，x_1, x_4, x_3 就是现成的初始基变量，x_2 是非基变量.

目标函数等式两边互置，并将 s 当成方程的常数项，使规划模型中的决策变量系数按所在位置写成如下的拟矩阵形式，第一行是目标函数系数行，矩阵的第二行是选取的初始基变量，其它行是约束方程系数行. 我们将这种形式称为单纯型拟矩阵.

$$\begin{pmatrix} 1 & 1 & -1 & 2 & s \\ x_1 & & x_3 & x_4 & \\ 1 & 1 & 0 & 0 & 1 \\ 0 & 2 & 0 & 1 & 3 \\ 0 & 1 & 1 & 0 & 2 \end{pmatrix}$$

因典式的目标函数中要求基变量的系数全为零，故作下列迭代：

$$\begin{pmatrix} 1 & 1 & -1 & 2 & s \\ x_1 & & x_3 & x_4 & \\ 1 & 1 & 0 & 0 & 1 \\ 0 & 2 & 0 & 1 & 3 \\ 0 & 1 & 1 & 0 & 2 \end{pmatrix} \xrightarrow[r_1+r_5]{r_1-r_3} \begin{pmatrix} 0 & 1 & 0 & 2 & s+1 \\ x_1 & & x_3 & x_4 & \\ 1 & 1 & 0 & 0 & 1 \\ 0 & 2 & 0 & 1 & 3 \\ 0 & 1 & 1 & 0 & 2 \end{pmatrix}$$

$$\xrightarrow{r_1-2r_4}\begin{pmatrix} 0 & -3 & 0 & 0 & s-5 \\ & x_1 & & x_3 & x_4 \\ 1 & 1 & 0 & 0 & 1 \\ 0 & 2 & 0 & 1 & 3 \\ 0 & 1 & 1 & 0 & 2 \end{pmatrix}$$

因检验数 $\lambda_2=-3<0$，不符合 $\lambda_i\geqslant0(i=1,2,\cdots,n)$ 的要求，需要将 λ_2 对应的变量 x_2 选进基变量，通过初等行变换使检验数 λ_2 化为 0；为保证典式的约束方程再次进行初等行变换时，等式右端常数列的取值为非负数，就需要将比值 $\theta=\min\left\{\dfrac{1}{1},\dfrac{3}{2},\dfrac{2}{1}\right\}$ 对应行处的元素化为 1（称为主元素，以中括号记），因为典式约束方程的系数列中只能有一个 $\begin{pmatrix}1\\0\\0\end{pmatrix}$ 的列，从而让原有该列对应的基变量 x_1 出基，再向目标行进行迭代：

$$\begin{pmatrix} 0 & -3 & 0 & 0 & s-5 \\ x_1 & & x_3 & x_4 \\ 1 & [1] & 0 & 0 & 1 \\ 0 & 2 & 0 & 1 & 3 \\ 0 & 1 & 1 & 0 & 2 \end{pmatrix} \xrightarrow[\substack{r_4-2r_3 \\ r_5-r_3}]{r_1+3r_3} \begin{pmatrix} 3 & 0 & 0 & 0 & s-2 \\ & x_2 & x_3 & x_4 & \\ 1 & 1 & 0 & 0 & 1 \\ -2 & 0 & 0 & 1 & 1 \\ -1 & 0 & 1 & 0 & 1 \end{pmatrix}$$

检验数已全部非负，令非基变量 $x_1=0$，得到最优基解 $(x_1,x_2,x_3,x_4)=(0,1,1,1)$，最优值 $\min s=2$.

例3 用单纯型解法求解线性规划模型

$$\min s=-x_1-x_2$$

$$\text{s. t.}\begin{cases} x_1+x_2+x_3 &=6 \\ x_1+2x_2+\quad x_4 &=8 \\ \quad x_2\quad +x_5 &=3 \\ x_i\geqslant0\quad(i=1,2,3,4,5) \end{cases}$$

解 写出单纯型拟矩阵

$$\begin{pmatrix} -1 & -1 & 0 & 0 & 0 & s \\ & & x_3 & x_4 & x_5 & \\ 1 & 1 & 1 & 0 & 0 & 6 \\ 1 & 2 & 0 & 1 & 0 & 8 \\ 0 & 1 & 0 & 0 & 1 & 3 \end{pmatrix}$$

其中检验数 λ_1 与 λ_2 均为 -1，所以 x_1,x_2 任意一个都可作为进基变量，我们讨论 x_1 进基时的情况，因为 $\theta=\min\left\{\dfrac{6}{1},\dfrac{8}{1}\right\}=6$，所以，选定主元素后，可看到 x_3 为出基变量，并进行迭代如下：

$$\begin{pmatrix} -1 & -1 & 0 & 0 & 0 & s \\ & & x_3 & x_4 & x_5 & \\ [1] & 1 & 1 & 0 & 0 & 6 \\ 1 & 2 & 0 & 1 & 0 & 8 \\ 0 & 1 & 0 & 0 & 1 & 3 \end{pmatrix} \xrightarrow[r_4-r_3]{r_1+r_3} \begin{pmatrix} 0 & 0 & 1 & 0 & 0 & s+6 \\ x_1 & & & x_4 & x_5 & \\ 1 & 1 & 1 & 0 & 0 & 6 \\ 0 & 1 & -1 & 1 & 0 & 2 \\ 0 & 1 & 0 & 0 & 1 & 3 \end{pmatrix}$$

检验数已全部非负，令非基变量 $x_2=x_3=0$，可解得最优基可行解：
$$(x_1,x_2,x_3,x_4,x_5)=(6,0,0,2,3),\ \text{最优值 min}s=-6.$$

若选择 x_2 进基，得到的是另一最优基可行解 $(x_1,x_2,x_3,x_4,x_5)=(4,2,0,0,1)$，最优值也是 min$s=-6$；这也表明该模型有无穷多组最优解（求出的两个最优基可行解，相当于可行域的一条边界上的两个顶点，这条边界上的各点均是最优解）.

例 4 用单纯型解法求解线性规划模型
$$\max z=2x_1+4x_2$$
$$\text{s. t.}\begin{cases}-x_1+x_2\leqslant3\\x_1-x_2\leqslant5\\x_1,x_2\geqslant0\end{cases}$$

解 引进松弛变量 $x_3,x_4\geqslant0$，并设 $z=-s$，将问题化为标准型：
$$\min s=-2x_1-4x_2$$
$$\text{s. t.}\begin{cases}-x_1+x_2+x_3=3\\x_1-x_2+x_4=5\\x_i\geqslant0\quad(i=1,2,3,4)\end{cases}$$

写出标准型的单纯型拟矩阵：

$$\begin{pmatrix}-2 & -4 & 0 & 0 & s\\ & & x_3 & x_4 & \\ -1 & 1 & 1 & 0 & 3\\ 1 & -1 & 0 & 1 & 5\end{pmatrix}$$

x_3,x_4 是现成的基变量，检验数 $\lambda_1=-2$，$\lambda_2=-4$ 均为负值，需重新调整基变量，对应的变量 x_1,x_2 谁先进基呢？让绝对值最大者对应的非基变量 x_2 先进基，因为它的变化使目标函数值变化较快，从而能尽快达到最优值，比值选定主元素后进行迭代：

$$\begin{pmatrix}-2 & -4 & 0 & 0 & s\\ & & x_3 & x_4 & \\ -1 & [1] & 1 & 0 & 3\\ 1 & -1 & 0 & 1 & 5\end{pmatrix}\xrightarrow[r_4+r_3]{r_1+4r_3}\begin{pmatrix}-6 & 0 & 4 & 0 & s+12\\ & x_2 & & x_4 & \\ -1 & 1 & 1 & 0 & 3\\ 0 & 0 & 1 & 1 & 8\end{pmatrix}$$

但再次迭代时，已无法选取主元素使常数列为正的情况下通过初等行变换将检验数 -6 化为 0，所以原规划模型无最优解.

例 5 用单纯型解法求解线性规划模型
$$\min z=-x_1-x_2-2x_3$$
$$\text{s. t.}\begin{cases}x_1+x_2+x_3=5\\2x_1+x_3=3\\4x_1+2x_2+3x_3=13\\x_1,x_2,x_3\geqslant0\end{cases}$$

解 写出单纯型拟矩阵

$$\begin{pmatrix}-1 & -1 & -2 & z\\ \cdots & \cdots & \cdots & \cdots\\ 1 & 1 & 1 & 5\\ 2 & 0 & 1 & 3\\ 4 & 2 & 3 & 13\end{pmatrix}$$ 其中没有现成的基变量，可利用初等行变换 r_4-2r_3，r_5-

$4r_3$，r_5-r_4，$-\dfrac{1}{2}r_4$，r_3-r_4将约束方程系数左上角化出一个单位矩阵如下：

$$\begin{pmatrix} -1 & -1 & -2 & z \\ \cdots & \cdots & \cdots & \cdots \\ 1 & 0 & \dfrac{1}{2} & \dfrac{3}{2} \\ 0 & 1 & \dfrac{1}{2} & \dfrac{7}{2} \\ 0 & 0 & 0 & 0 \end{pmatrix}$$

最后一行全为 0，表明对应的约束方程是多余的可以去掉；并且将 x_1 与 x_2 作为初始基变量. 我们再对其使用单纯型解法：

$$\begin{pmatrix} -1 & -1 & -2 & z \\ x_1 & x_2 & & \\ 1 & 0 & \dfrac{1}{2} & \dfrac{3}{2} \\ 0 & 1 & \dfrac{1}{2} & \dfrac{7}{2} \end{pmatrix} \xrightarrow[r_1+r_4]{r_1+r_3} \begin{pmatrix} 0 & 0 & -1 & z+5 \\ x_1 & x_2 & & \\ 1 & 0 & \boxed{\dfrac{1}{2}} & \dfrac{3}{2} \\ 0 & 1 & \dfrac{1}{2} & \dfrac{7}{2} \end{pmatrix}$$

$$\xrightarrow[\substack{r_4-\frac{1}{2}r_3 \\ r_1+r_3}]{2r_3} \begin{pmatrix} 2 & 0 & 0 & z+8 \\ & x_2 & x_3 & \\ 2 & 0 & 1 & 3 \\ -1 & 1 & 0 & 2 \end{pmatrix}$$

至此，检验数已全部非负，令非基变量 $x_1=0$，得到基变量 $x_2=2$，$x_3=3$.

即：$(x_1,x_2,x_3)=(0,2,3)$ 为最优解，最优值 $z=-8$.

单纯型解法主要操作过程总结如下.

(1) 初始选基　将线性规划模型标准型的各系数按位置写成单纯型拟矩阵，观察约束方程组系数的 $\begin{pmatrix} 1 \\ 0 \\ \vdots \\ 0 \end{pmatrix}$，$\begin{pmatrix} 0 \\ 1 \\ \vdots \\ 0 \end{pmatrix}$，$\cdots$，$\begin{pmatrix} 0 \\ 0 \\ \vdots \\ 1 \end{pmatrix}$ 所在列（前后次序可能调换），对应确定初始基变量；如果没有现成的，可通过初等行变换在保证常数列元素为正的情况下化出一个（最后全为 0 的行可以去掉；约束方程组系数矩阵的秩与增广矩阵的秩不等时无解，应放弃求解）.

(2) 变换检验　将基变量对应的目标函数系数通过初等行变换化为 0，观察检验数是否全部非负？若是，完成迭代检验.

(3) 换基迭代　若检验数中存在负数，将其中绝对值最大者对应的变量要首先选进基变量，比值检验寻求主元素，将主元素利用初等行变换化为 1，主元素列其它数化为 0，再将与新主元素列相同的原主元素列对应的原基变量剔除出基变量，向目标函数进行再迭代.

(4) 最优判断　不断重复上述"检验-换基-迭代"过程，在常数列各元素保持非负，最终检验数也全部非负时，令非基变量为零，得到的基可行解为最优解；当常数列各元素保持非负，而检验数不可能全部化为正数时，规划模型无最优解.

线性规划问题模型的形式、决策变量要求多种多样，比如：（1）要求决策变量取整数的整数规划模型；（2）决策变量仅允许取 0 或 1 的"0-1"规划模型等等，求解的方法、手段各不相同，但单纯型解法是基础性的解法. 其它诸如"大 M 法"、"两阶段法"、"对偶单纯型法"、"整数规划模型的分枝定界法"、"灵敏度分析"等知识极大丰富了线性规划的内容，但大都十分繁琐，不易理解，本书不再介绍. 有兴趣者可查阅线性规划的相关书籍. 我们要求只要能列出规划模型，对决策变量与约束方程较少的线性规划模型能够利用单纯型解法求得最优解即可，在后面学习了 LINGO 软件使用简介后，利用它将能非常容易的求解各种线性规划模型.

习题 2-2

1. 将下列线性规划模型标准化.

(1) $\max z = 2x_1 + x_2 - 3x_3$
s. t. $\begin{cases} x_1 + x_2 - x_3 \leqslant 4 \\ x_1 - 3x_2 - x_3 \geqslant 5 \\ 2x_2 + x_3 \geqslant 2 \\ x_i \geqslant 0 \quad (i=1,2,3) \end{cases}$

(2) $\min z = x_2 + x_3 - 2x_4$
s. t. $\begin{cases} x_1 + x_2 + x_3 + x_4 \geqslant 4 \\ x_1 - x_2 + x_3 + 2x_4 \leqslant 2 \\ 3x_1 - x_2 + x_3 \leqslant 5 \\ x_1, x_2 \geqslant 0 \quad x_3 \leqslant 0 \end{cases}$

(3) $\max z = 4x_1 - x_2 - 2x_3$
s. t. $\begin{cases} x_1 + 3x_2 - x_3 = 4 \\ x_1 + x_2 - 2x_3 \leqslant 6 \\ x_2 + 2x_3 = 3 \\ x_1, x_2 \geqslant 0 \end{cases}$

(4) $\max z = x_1 - x_2 + 6x_3$
s. t. $\begin{cases} x_1 - 5x_2 + x_3 = 2 \\ x_1 + x_2 - 2x_3 \leqslant 4 \\ x_1 - 7x_2 + x_3 \geqslant -3 \\ x_1, x_2, x_3 \geqslant 0 \end{cases}$

2. 用单纯型解法解下列线性规划模型

(1) $\min z = -x_1 + 3x_2 - x_3$
s. t. $\begin{cases} x_1 - 2x_2 + x_3 = 1 \\ x_2 - x_3 = 3 \\ x_1, x_2, x_3 \geqslant 0 \end{cases}$

(2) $\max z = 50x + 40y$
s. t. $\begin{cases} 3x + 2y \leqslant 60 \\ 2x + 4y \leqslant 80 \\ x, y \geqslant 0 \end{cases}$

(3) $\max s = x_1 + 2x_2$
s. t. $\begin{cases} x_1 + 3x_2 \leqslant 6 \\ 2x_1 - x_2 \leqslant 5 \\ x_1, x_2 \geqslant 0 \end{cases}$

(4) $\min y = x_1 + 2x_2$
s. t. $\begin{cases} x_1 + x_2 \geqslant 7 \\ 2x_1 - x_2 = 2 \\ x_1 \geqslant 0 \end{cases}$

3. （投资组合问题） 刘先生有一笔 20 万元的资金，计划进行三年的中短期投资. 现有三种投资品种：

① 每年年初投资，年末即可收回投资的本利，年利率 20%；

② 第一年年初投资，第二年年末可收回投资的本利，本利合计为投资额的 1.5 倍；

③ 第一年年初投资，第三年年末方可收回投资的本利，本利合计为投资额的 1.8

倍，但这项投资的最高限额为 5 万元.

请你为刘先生设计可获得最高回报的投资方案.

第三节　指派问题模型与解法

不同的线性优化问题概括出的规划模型，对决策变量的取值要求不尽相同，于是解法各异. 本节我们介绍实际中常常出现的一种特殊线性规划模型.

【思考问题】

设有三项任务分配给三个人去做，因能力擅长所限，每个人完成三项任务的效率各不相同，相关数据如表 2-9，怎样分配指派可使总效率最大？

分析　这个问题的最终结果是每人被指派完成一项任务，何人去做何事如何用数学"语言"表达刻画呢？

表 2-9

效率		任　务		
		A	B	C
人员	甲	10	7	5
	乙	9	8	7
	丙	8	6	4

因为一件任务对于某人来说只有"做"与"不做"两种可能，如果用 0 表示"不做"，用 1 表示"做"，那么，我们就可用变量取"0-1"表示这两种可能的结果.

设　　　　$x_{ij} = \begin{cases} 1, & \text{第 } i \text{ 人做第 } j \text{ 项任务} \\ 0, & \text{第 } i \text{ 人不做第 } j \text{ 项任务} \end{cases}$ $(i, j = 1, 2, 3)$

$x_{11} + x_{12} + x_{13} = 1$，$x_{21} + x_{22} + x_{23} = 1$，$x_{31} + x_{32} + x_{33} = 1$ 分别表示：每个人必做三项任务中的一项；

$x_{11} + x_{21} + x_{31} = 1$，$x_{12} + x_{22} + x_{32} = 1$，$x_{13} + x_{23} + x_{33} = 1$ 分别表示：三项任务中的每项必由其中的一人来做.

于是问题的规划模型为：

$$\max z = 10x_{11} + 7x_{12} + 5x_{13} + 9x_{21} + 8x_{22} + 7x_{23} + 8x_{31} + 6x_{32} + 4x_{33}$$

$$\text{s.t.} \begin{cases} x_{11} + x_{12} + x_{13} = 1 \\ x_{21} + x_{22} + x_{23} = 1 \\ x_{31} + x_{32} + x_{33} = 1 \\ x_{11} + x_{21} + x_{31} = 1 \\ x_{12} + x_{22} + x_{32} = 1 \\ x_{13} + x_{23} + x_{33} = 1 \\ x_{ij} = 0, 1 \end{cases}$$

一、指派问题模型与建立

指派问题是指：将 n 项工作（或任务、设备、资源等）分配给 n 个人（或机器、岗位、用途等），若每人（或每个待分配位置）分得一项，因各人的能力、擅长（或待分配位置完成工作的效率、成本等）不同，如何进行分配可以发挥最大效率的一类规划问题.

模块二

线性规划

由于分配完成后，结果是"分到"与"分不到"的二元形态，所以决策变量取值可通过引入下列分配特征函数：

$$x_{ij} = \begin{cases} 1, & \text{第 } i \text{ 者指派做第 } j \text{ 项任务} \\ 0, & \text{第 } i \text{ 者不指派做第 } j \text{ 项任务} \end{cases} \quad (i,j = 1,2,3,\cdots,n) \text{ 来刻画}, \; x_{ij} \text{ 因仅取}$$

0，1 两个数值，故也称为"0-1"变量.

若以 c_{ij} 表示第 i 分配者完成第 j 项任务的工作效率，则分配规划问题的一般模型为：

$$\max z = c_{11}x_{11} + c_{12}x_{12} + \cdots + c_{1n}x_{1n} +$$
$$c_{21}x_{21} + c_{22}x_{22} + \cdots + c_{2n}x_{2n} +$$
$$\cdots$$
$$c_{n1}x_{n1} + c_{n2}x_{n2} + \cdots + c_{nn}x_{nn}$$

$$\text{s.t.} \begin{cases} x_{11} + x_{12} + \cdots + x_{1n} = 1 \\ x_{21} + x_{22} + \cdots + x_{2n} = 1 \\ \cdots \\ x_{n1} + x_{n2} + \cdots + x_{nn} = 1 \\ x_{11} + x_{21} + \cdots + x_{n1} = 1 \\ x_{12} + x_{22} + \cdots + x_{n2} = 1 \\ \cdots \\ x_{1n} + x_{2n} + \cdots + x_{nn} = 1 \\ x_{ij} = 0 \text{ 或 } 1 \quad (i,j = 1,2,\cdots,n) \end{cases}$$

简记为：
$$\max z = \sum_{i=1}^{n} \sum_{j=1}^{n} c_{ij}x_{ij}$$

$$\text{s.t.} \begin{cases} x_{i1} + x_{i2} + \cdots + x_{in} = 1 & (i = 1,2,\cdots,n) \\ x_{1j} + x_{2j} + \cdots + x_{nj} = 1 & (j = 1,2,\cdots,n) \\ x_{ij} = 0 \text{ 或 } 1 & (i,j = 1,2,\cdots,n) \end{cases}$$

在指派类问题中，如果出现"人多事少"或"事多人少"时，可以通过假设存在虚拟的"人"或"事"，使得"人"与"事"多少相等，从而模型可化为一般形式，再进行讨论.

下面我们通过举例介绍指派问题模型（也称"0-1"规划问题模型）的建立.

例 1 设某单位有 4 个人，每个人都有能力去完成 4 项科研任务中的任一项，由于 4 个人的能力和经验不同，需完成各项任务的时间（小时）如表 2-10 所示，何人完成何项任务可使所需的总时间最少？

表 2-10

用时(小时)		科研项目			
		A	B	C	D
人员	甲	2	15	13	4
	乙	10	4	14	15
	丙	9	14	16	13
	丁	7	8	11	9

模型建立 设 $x_{ij} = \begin{cases} 1, & \text{第 } i \text{ 人去完成第 } j \text{ 项科研任务} \\ 0, & \text{第 } i \text{ 人不去完成第 } j \text{ 项科研任务} \end{cases} \quad (i,j = 1,2,3,4);$

$x_{i1} + x_{i2} + x_{i3} + x_{i4} = 1 \; (i=1,2,3,4)$ 分别表示第 i 人必完成四项科研任务中的一项；

$x_{1j}+x_{2j}+x_{3j}+x_{4j}=1$ $(j=1,2,3,4)$ 分别表示第 j 项科研任务必由四人中的一人来完成；

于是问题的规划模型为：

$$\min z =(2x_{11}+15x_{12}+13x_{13}+4x_{14})+(10x_{21}+4x_{22}+14x_{23}+15x_{24})+$$
$$(9x_{31}+14x_{32}+16x_{33}+13x_{34})+(7x_{41}+8x_{42}+11x_{43}+9x_{44})$$

$$\text{s. t.}\begin{cases} x_{i1}+x_{i2}+x_{i3}+x_{i4}=1 & (i=1,2,3,4) \\ x_{1j}+x_{2j}+x_{3j}+x_{4j}=1 & (j=1,2,3,4) \\ x_{ij}=0 \text{ 或 } 1 & (i,j=1,2,3,4) \end{cases}$$

例 2 某工厂订购了三台设备，分别选择安装在四个位置的三个位置上，但各位置的安装费用（百元）不同（见表 2-11），试讨论安装费用最省方案的规划模型.

表 2-11

安装费用(百元)		安装位置			
		甲	乙	丙	丁
设备	1	13	10	12	11
	2	15	40	13	20
	3	9	7	10	8

模型建立 该问题中设备少，安装位置多，设备与位置不能一一对应安装，我们虚拟一台设备（比如：将一根"木棍"当成一台设备，在各位置安装费用均为 0），上述安装费用表改写成如表 2-12.

表 2-12

安装费用(百元)		安装位置			
		甲	乙	丙	丁
设备	1	13	10	12	11
	2	15	40	13	20
	3	9	7	10	8
	4(虚拟设备)	0	0	0	0

若设 $x_{ij}=\begin{cases} 1, & \text{第 } i \text{ 台设备安装在第 } j \text{ 位置} \\ 0, & \text{第 } i \text{ 台设备不安装于第 } j \text{ 位置} \end{cases}$ $(i,j=1,2,3,4)$

容易得到下列使安装费用最省的线性规划模型：

$$\min z =(13x_{11}+10x_{12}+12x_{13}+11x_{14})+(15x_{21}+40x_{22}+13x_{23}+20x_{24})+$$
$$(9x_{31}+7x_{32}+10x_{33}+8x_{34})$$

$$\text{s. t.}\begin{cases} x_{i1}+x_{i2}+x_{i3}+x_{i4}=1 & (i=1,2,3,4) \\ x_{1j}+x_{2j}+x_{3j}+x_{4j}=1 & (j=1,2,3,4) \\ x_{ij}=0 \text{ 或 } 1 & (i,j=1,2,3,4) \end{cases}$$

虚拟设备的引入，纯属想象，它克服了"人多事少"或"人少事多"不对等而造成的决策变量设置不便，并对问题的解决不造成丝毫影响，是一种非常好的创新思维.

二、指派问题模型的匈牙利解法

指派问题模型的匈牙利解法是由匈牙利数学家 D. König 研究得出的，该方法简单直观地给出了指派问题模型的求解方法. 下面我们仅介绍匈牙利解法过程，该方法的理论依据不再介绍.

指派问题总可以化为一一指派分配，所以数据表是一个方阵，数据的含义有两种：表示"效率"或"消耗率".

匈牙利解法过程：

(1) 列消耗阵 数据表中数据是消耗率时，直接写成矩阵形式；若是效率矩阵时，可用"缩减法"将其转化成消耗矩阵（即用效率矩阵中的最大元素，在相应位置减去各元素得到矩阵的方法）.

(2) 减元简化 即将消耗矩阵的各行各列分别减去该行该列的最小元素.

(3) 覆盖0元 即用尽可能少的纵横线条覆盖所有0元素.

(4) 必要调整 当纵横覆盖线条数等于矩阵行数时暂且终止. 当纵横覆盖线条数小于矩阵行数时，将"每个没有被覆盖元素"减去"所有没有被覆盖元中的最小元素"，而"交叉覆盖元素"则加上"所有没有被覆盖元素的最小元素".

(5) 重新覆盖 重复覆盖0元素、必要调整过程，直到纵横覆盖线条数等于矩阵行数为止.

(6) 0-1 转化 将处于不同行与列的0元素改写为1，其它元素改写为0，就得到最优矩阵.

下面我们通过举例说明：

例3 用匈牙利解法求解本节【思考问题】.

解 该问题的数据表如下，显然是一个效率表.

效率		任 务		
		A	B	C
人员	甲	10	7	5
	乙	9	8	7
	丙	8	6	4

(1) 列消耗阵：$M = \begin{pmatrix} 10-10 & 10-7 & 10-5 \\ 10-9 & 10-8 & 10-7 \\ 10-8 & 10-6 & 10-4 \end{pmatrix} = \begin{pmatrix} 0 & 3 & 5 \\ 1 & 2 & 3 \\ 2 & 4 & 6 \end{pmatrix}$

(2) 减元简化：$M = \begin{pmatrix} 0 & 3 & 5 \\ 1 & 2 & 3 \\ 2 & 4 & 6 \end{pmatrix} \begin{matrix} -0 \\ -1 \\ -2 \end{matrix} \rightarrow \begin{pmatrix} 0 & 3 & 5 \\ 0 & 1 & 2 \\ 0 & 2 & 4 \end{pmatrix} \rightarrow \begin{pmatrix} 0 & 2 & 3 \\ 0 & 0 & 0 \\ 0 & 1 & 2 \end{pmatrix}$

$-0-1-2$

(3) 覆盖0元：$\begin{pmatrix} 0 & 2 & 3 \\ 0 & 0 & 0 \\ 0 & 1 & 2 \end{pmatrix}$ （纵横线条数≠行数）

(4) 必要调整：$\begin{pmatrix} 0 & 2 & 3 \\ 0 & 0 & 0 \\ 0 & 1 & 2 \end{pmatrix} \rightarrow \begin{pmatrix} 0 & 1 & 2 \\ 1 & 0 & 0 \\ 0 & 0 & 1 \end{pmatrix}$

（其中没有被覆盖的最小元素为1，将没有被覆盖元素都减1，交叉覆盖元素加1）

(5) 重新覆盖：$\begin{pmatrix} 0 & 1 & 2 \\ 1 & 0 & 0 \\ 0 & 0 & 1 \end{pmatrix}$

(6) 0-1 转化：$\begin{pmatrix} (0) & 1 & 2 \\ 1 & 0 & (0) \\ 0 & (0) & 1 \end{pmatrix} \rightarrow \begin{pmatrix} 1 & 0 & 0 \\ 0 & 0 & 1 \\ 0 & 1 & 0 \end{pmatrix} = \boldsymbol{X}_{最优}$

即得到最优解 $x_{11}=1$，$x_{23}=1$，$x_{32}=1$，最优值为 $\max z=10+7+6=23$.

结果可能还会出现最优分配矩阵不唯一，但最优值总不变的情况，表明最优解不唯一.

例 4　用匈牙利解法求解本节的例 2.

解　该问题中的数据是消耗率，故直接写出消耗矩阵，并将过程连续起来如下：

$$\boldsymbol{M}=\begin{pmatrix} 13 & 10 & 12 & 11 \\ 15 & 40 & 13 & 20 \\ 9 & 7 & 10 & 8 \\ 0 & 0 & 0 & 0 \end{pmatrix}\begin{matrix} -10 \\ -13 \\ -7 \\ -0 \end{matrix} \xrightarrow[\text{覆盖零元}]{\text{减元简化}} \begin{pmatrix} 3 & 0 & 2 & 1 \\ 2 & 27 & 0 & 7 \\ 2 & 0 & 3 & 1 \\ 0 & 0 & 0 & 0 \end{pmatrix} \xrightarrow[\text{重新覆盖}]{\text{必要调整}} \begin{pmatrix} 2 & 0 & 2 & 0 \\ 1 & 27 & 0 & 6 \\ 1 & 0 & 3 & 0 \\ 0 & 1 & 1 & 0 \end{pmatrix}$$

$$-0 \quad -0 \quad -0 \quad -0$$

$$\rightarrow \begin{cases} \begin{pmatrix} 2 & (0) & 2 & 0 \\ 1 & 27 & (0) & 6 \\ 1 & 0 & 3 & (0) \\ (0) & 1 & 1 & 0 \end{pmatrix} \\ \qquad\text{或者} \\ \begin{pmatrix} 2 & 0 & 2 & (0) \\ 1 & 27 & (0) & 6 \\ 1 & (0) & 3 & 0 \\ (0) & 1 & 1 & 0 \end{pmatrix} \end{cases} \xrightarrow{\text{0-1 转化}} \begin{cases} \begin{pmatrix} 0 & 1 & 0 & 0 \\ 0 & 0 & 1 & 0 \\ 0 & 0 & 0 & 1 \\ 1 & 0 & 0 & 0 \end{pmatrix} = \boldsymbol{X}'_{最优} \\ \qquad\text{或者} \\ \begin{pmatrix} 0 & 0 & 0 & 1 \\ 0 & 0 & 1 & 0 \\ 0 & 1 & 0 & 0 \\ 1 & 0 & 0 & 0 \end{pmatrix} = \boldsymbol{X}''_{最优} \end{cases}$$

得最优解 $x_{12}=x_{23}=x_{34}=x_{41}=1$，最优值为 $\min z=10+13+8+0=31$. 即设备 1、设备 2、设备 3、虚拟设备 4，要分别安装在位置 2、位置 3、位置 4、位置 1，最少安费为 31 百元.

或者 $x_{41}=x_{32}=x_{23}=x_{14}=1$，最优值为 $\min z=0+7+13+11=31$，即设备 1、设备 2、设备 3、虚拟设备 4，要分别安装在位置 4、位置 3、位置 2，位置 1，最少安装费为 31 百元.

虚拟设备 4 的安装相当于不安装设备.

习题 2-3

1. 有四种零件分配给四台机床加工，各机床的性能差异使加工的成本不同（见表 2-13）. 先建立数学模型，再讨论如何进行最佳的一一分配使总成本最低.

表 2-13

成本(万元)		零件			
		L_1	L_2	L_3	L_4
机床	J_1	6	2	3	1
	J_2	7	4	3	2
	J_3	8	10	7	5
	J_4	7	8	5	4

2. 某班级准备从五名游泳队员中选拔四人组成学校举行的 $4\times100\text{m}$ 混合游泳接力比赛. 五名队员的四种泳姿的百米平均成绩如表 2-14，先建立数学模型，再讨论如何选

拔队员并组成接力队最合理？

3. 现有五人竞选四个职位，每个人竞聘不同职位时的评分表如表 2-15，先建立数学模型，再讨论如何录取其中四人安排在四个职位上，使总评分值最高？

表 2-14

最好成绩		游泳队员				
		A	B	C	D	E
泳姿	蝶泳	$1'06''$	$58''$	$1'18''$	$1'10''$	$1'07''$
	仰泳	$1'16''$	$1'05''$	$1'08''$	$1'14''$	$1'12''$
	蛙泳	$1'26''$	$1'07''$	$1'30''$	$1'09''$	$1'20''$
	自由泳	$59''$	$54''$	$58''$	$58''$	$1'$

表 2-15

评分		职 位			
		A	B	C	D
人员	I	9	3	7	6
	II	8	5	6	9
	III	5	4	5	4
	IV	7	6	8	5
	V	10	5	9	8

第四节　运输问题模型与解法

在经济活动中，组织调运物资是一件十分重要的工作. 设某种物资的产地与销地各有若干个，已知各产地的可供应量、各销地的可销售量以及各产销地间的距离或运输价格，怎样规划一个最佳的调运方案，使总运输费用最小？这种问题模型也是一种特殊的规划模型，解法也很有特点.

一、运输问题模型与建立

若某物资的产地有 A_1，A_2，$\cdots$，A_m 共 m 个，可供应量分别为 $a_1, a_2, \cdots, a_m$；销地有 B_1，B_2，$\cdots$，B_n 共 n 个，可销售量分别为 $b_1, b_2, \cdots, b_n$；若 c_{ij} 为产地 A_i 到销地 B_j 的距离 （或为运输价格），一般运输问题的表格形式见表 2-16.

表 2-16

产销地距离 （或运输价格）		销　地				供应量
		B_1	B_2	$\cdots$	B_n	
产地	A_1	c_{11}	c_{12}		c_{1n}	a_1
	A_2	c_{21}	c_{22}		c_{2n}	a_2
	$\cdots$			$\cdots$		
	A_m	c_{m1}	c_{m2}		c_{mn}	a_m
需求量		b_1	b_2	$\cdots$	b_n	

若设 x_{ij} 为产地 A_i 销售到销地 B_j 的运销量，s 表示运输总费用，这类问题包括：供、需总量相等时的平衡运输规划模型，供大于求，供不应求时的非平衡运输规划模型两大类.

（1）当 $\sum_{i=1}^{m} a_i = \sum_{j=1}^{n} b_j$ 时，供需平衡，则平衡运输规划模型为：

$$\min s = \sum_{i=1}^{m} \sum_{j=1}^{n} c_{ij} x_{ij}$$

$$\text{s. t.} \begin{cases} x_{i1} + x_{i2} + \cdots + x_{in} = a_i & (i=1,2,\cdots,m) \\ x_{1j} + x_{2j} + \cdots + x_{mj} = b_j & (j=1,2,\cdots,n) \\ x_{ij} \geqslant 0 & (i,=1,2,\cdots,m;j=1,2,\cdots,n) \end{cases}$$

（2）当 $\sum_{i=1}^{m} a_i < \sum_{j=1}^{n} b_j$ 时供不应求，供不应求运输规划模型为：

$$\min s = \sum_{i=1}^{m} \sum_{j=1}^{n} c_{ij} x_{ij}$$

$$\text{s. t.} \begin{cases} x_{i1} + x_{i2} + \cdots + x_{in} = a_i & (i=1,2,\cdots,m) \\ x_{1j} + x_{2j} + \cdots + x_{mj} = b_j - y_j & (j=1,2,\cdots,n) \\ x_{ij} \geqslant 0 & (i,=1,2,\cdots,m;j=1,2,\cdots,n) \end{cases}$$

其中 y_j 为需求地 B_j 的"未知需求缺口"$(j=1,2,\cdots,n)$；

（3）当 $\sum_{i=1}^{m} a_i > \sum_{j=1}^{n} b_j$ 时供过于求，供过于求运输规划模型为：

$$\min s = \sum_{i=1}^{m} \sum_{j=1}^{n} c_{ij} x_{ij}$$

$$\text{s. t.} \begin{cases} x_{i1} + x_{i2} + \cdots + x_{in} = a_i - z_i & (i=1,2,\cdots,m) \\ x_{1j} + x_{2j} + \cdots + x_{mj} = b_j & (j=1,2,\cdots,n) \\ x_{ij} \geqslant 0 & (i=1,2,\cdots,m;j=1,2,\cdots,n) \end{cases}$$

其中 z_i 为供应地 A_i 的"未知滞销量"$(i=1,2,\cdots,m)$.

二、平衡运输问题模型解法

以下介绍求解"平衡运输规划模型"的一种简便而直观的方法——**图上作业法**. 对于非平衡运输规划模型求解不再介绍.

假设平衡运输问题中的单位运价与距离成正比，为方便讨论，我们直接将 c_{ij} 看作从产地 A_i（简称发点）到销地 B_j（简称收点）的距离（简称边长）.

1. 作图

（1）将发点图示成圆框，收点图示成方框，产地、产量与销地、销量标在框内（有时为方便简洁，产地与销地也可不标）.

（2）收点、发点间有通路时用连线相接，有运输量（称为流量）时，将距离连同流量标在连线旁，这样的图称为流向图（如图 2-2），没有标出流

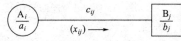

图 2-2　流向图示意

量的图称为交通图.

2. 对流与克服对流

在流向图中同一条通路上出现物资往返运输的现象称为对流现象. 比如图 2-3 中 B_1 与 B_2 间就形成对流. 产生对流时, 显然不是好的运输方案.

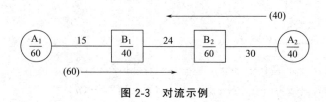

图 2-3　对流示例

克服对流的方法是在对流的边长上, "大流减小流, 剩余流量方向从大流". 上述流向图改进后如图 2-4.

图 2-4　克服对流示例

3. 迁回与克服迁回

当物资运输流向图构成封闭回路时 (简称为圈), 如图 2-5, 在该流向图中流量可以沿两条路径 c_1, c_2 运输, 两条路径中舍近求远就形成迁回.

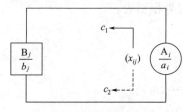

图 2-5　迁回示意图

圈上有多个收点与发点时, 有没有迁回的判断方法是: 将含有流量的逆时针边长和记成 c^+、顺时针边长和记成 c^-, 整个回路的边长和记成 c (也称为圈长), 若 $c^+ > \dfrac{c}{2}$ 或 $c^- > \dfrac{c}{2}$ 时, 运输中就含有迁回流量. 流向图中含有迁回流量当然也不是好的运输方案.

克服迁回的方法是: 将迁回边长上的最小流量作反向调整即可.

比如图 2-6 和图 2-7 所示的流向图:

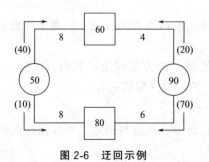

图 2-6　迁回示例

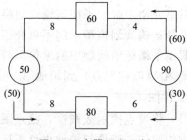

图 2-7　克服迁回示例

图 2-6 中: $c^- = 8 + 6 = 14 > 13 = \dfrac{c}{2}$, 顺时针方向上有迁回流量;

图 2-7 中：反向调整顺时针方向上的最小流量 40，使流向图不含迂回流量．

4. 最优流向图规划

可以想到，在一个完成规划的流向图中，无对流流量、无迂回流量时，即为最优流向图．通过最优流向图就可以得到最优运输方案．这种方法称为平衡运输问题的图上作业法．

当一个平衡运输问题的交通图给出后，如何规划流量，使其成为最优流向图？

无圈交通图的优化方法总结为："端点出发，逐点满足，避免对流，接点平衡"．

单圈交通图的优化方法总结为："破边成无圈，优化无圈图，合圈有迂回，反调迁小流"．

多圈交通图则可仿照单圈流向图的优化方法来做，若含圈较多时，图上作业法较繁琐，专门有一种多圈交通图的表上作业法，可参考其它书籍，此处从略．

例 1 用图上作业法使图 2-8 和图 2-9 所示交通图成为最优流向图．

(1)

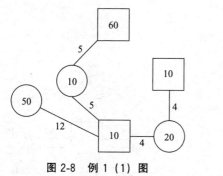

图 2-8 例 1 (1) 图

(2)

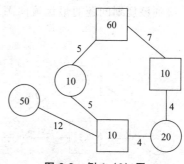

图 2-9 例 1 (2) 图

解 (1) 这是一无圈交通图，根据无圈交通图的优化方法得最优流向图，如图 2-10．

(2) 这是一个含单圈交通图，根据含单圈交通图的优化方法，先破去一边后，按无圈交通图的优化方法得到如下初始最优流向图 2-11．

合圈后又因：$c^- = 4 + 5 + 5 = 14 > \dfrac{c}{2} = \dfrac{4+5+5+7+4}{2} = 12.5$，所以含有迂回流量，反向调节小流，得最优流向图 2-12．

例 2 有 A、B 两个蔬菜公司，供应三个社区的居民日用蔬菜，A 公司每天供应量是 6 吨，B

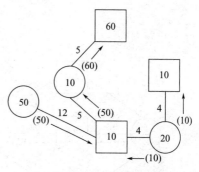

图 2-10 例 (1) 最优流向图

公司每天供应量是 10 吨；社区Ⅰ、社区Ⅱ、社区Ⅲ日需求量分别为：4.5 吨、7.5 吨、4 吨；A 公司到三个社区的单位运费分别为：1 百元/吨、0.5 百元/吨、0.6 百元/吨；B 公司到三个社区的单位运费分别为：0.4 百元/吨、0.8 百元/吨、1.5 百元/吨；问如何分配才能使运输总费用最省（本例的规划模型不必再给出，仅用图上作业法求解）？

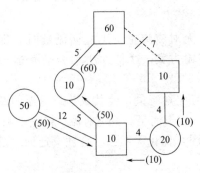

图 2-11 例 1 (2) 破边优化图

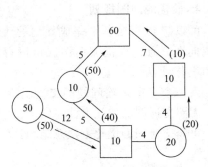

图 2-12 例 1 (2) 最优流向图

解 该问题的交通图如图 2-13，是一个含两个圈的交通图：

破掉两个圈后，按无圈交通图的优化方法规划最优流向图成为图 2-14；在合上两个圈后，上圈中没有迂回流量，但下圈中却出现顺时针迂回流量图 2-15；反向调节小流后，得到该规划问题的最优流向图（如图 2-16）.

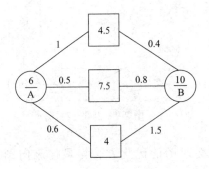

图 2-13 例 2 问题交通图

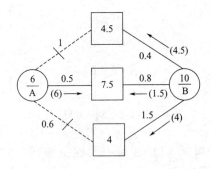

图 2-14 例 2 问题破边优化

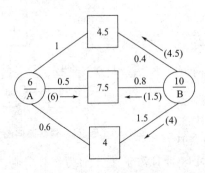

图 2-15 例 2 合圈检查迂回

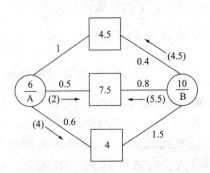

图 2-16 例 2 最优流向图

由最优流向图 2-16 可知：A 公司每天供应社区Ⅱ、社区Ⅲ分别 2 吨、4 吨；B 公司每天供应社区Ⅰ、社区Ⅱ分别 4.5 吨、5.5 吨；能使运输总费用最省。

此时，最少费用 $W_{\min} = 4 \times 0.6 + 2 \times 0.5 + 4.5 \times 0.4 + 5.5 \times 0.8 = 9.6$（百元）.

习题 2-4

1. 在例 2 的蔬菜公司与社区背景下：

(1) 若 A 公司与 B 公司每天供应量均是 8 吨，社区Ⅰ、社区Ⅱ、社区Ⅲ日需求量不变时，先建立数学模型，再用图上作业法规划最优流向图.

(2) 如果 A 公司每天供应量 6 吨，B 公司每天均有足够的供应量，社区Ⅰ、社区Ⅱ、社区Ⅲ日需求量不变时，先建立数学模型，再用图上作业法规划最优流向图（注：A 公司与 B 公司每天供应量均可能剩余）.

2. 讨论图 2-17 和图 2-18 所示交通图的最优流向图：

(1)   (2)

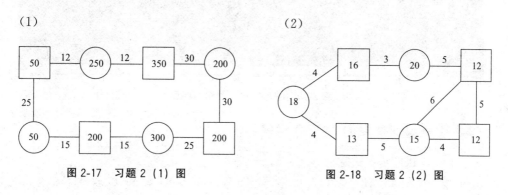

图 2-17 习题 2（1）图   图 2-18 习题 2（2）图

第五节 LINGO 软件求解规划模型简介

人们在理论上研究了许多不同的规划模型的解法，但大多数模型求解十分繁琐，尤其是在实际中，当规划问题模型的决策变量比较多或者是非线性规划问题模型，往往无法通过手工解出. 计算机技术发展到今天，规划模型的数值求解可以借助强大的软件计算功能方便的计算，LINGO 软件就是一款专门计算规划模型的工具，下面我们对其作简要介绍.

一、LINGO 软件界面

我们假定 LINGO 软件已经安装成功，并生成快捷图标：
lingo80 (2).ln k

在 windows 操作系统下，双击 LINGO 快捷图标（或者从程序中选择 LINGO 软件运行），屏幕上显示下列窗口.

图 2-19 是 LINGO 软件的用户界面，最底层的背景窗口中，自上而下是：模型名、菜单栏、工具栏、中间嵌入窗口标有 "LINGO Model-LINGO1"，就是用于直接输入规划模型的 "模型窗口"，最下面的是状态行；用户可以用选项命令决定是否需要显示 "工具栏" 与 "状态栏".

模块二

线性规划

图 2-19　LINGO 软件的用户界面

二、简单规划模型的 LINGO 程序

1. LINGO 软件基本约定

一个规划模型在"模型窗口"中怎样进行程序输入呢？LINGO 软件不需要将规划模型标准化，编程输入时，一般有下面的要求：

（1）程序输入时，以"Model："开始，以"End"结束；对于简单的模型程序，这两个语句也可省略．

（2）目标函数要写成：Max＝…；（或 Min＝…；），程序自动寻找它们将其作为目标函数，其余的行一概作为约束条件对待，所以目标函数与约束条件的输入顺序可以任意．

（3）约束条件"s.t"可删去不写，但每行（包括目标函数行、约束条件行、说明语句行等）的结尾都要用"；"隔开，否则会将多行当一行对待，只要用"；"隔开，一行中允许输入多个语句，一般是一个语句一行，安排适当缩进，增强层次感，避免混乱．

（4）程序输入中乘号为"＊"，不可省略与遗漏；"≤"号要输成"＜＝"；"≥"号要输成"＞＝"；决策变量的字母下标与字母本身大小相同，如："x_{12}"要输成"x12"．

（5）LINGO 程序对字母的大小写不予区分，但行名与变量名必须以字母开头，名称最长不能超过 32 个字符．

（6）LINGO 程序中已经默认决策变量的非负限制，所以有基本约束条件"$x_i \geqslant 0$"的规划模型，可以不输入基本约束．但若变量 x_i 是任意变量时，就需要说明语句："@free（xi）；"将其释放为自由变量．

（7）一般程序中以"@"开头的说明语句是一种函数调用记号．比如：x_1 是取整变量，则说明语句为："@Gin（x1）；"；若变量 x_1 为"0-1"变量，则说明语句为："@Bin（x1）；"．

（8）程序输入完成后，命令的执行有两种方法：① 点击文件菜单中：Solve 命令；

② 在工具栏中：点击图标：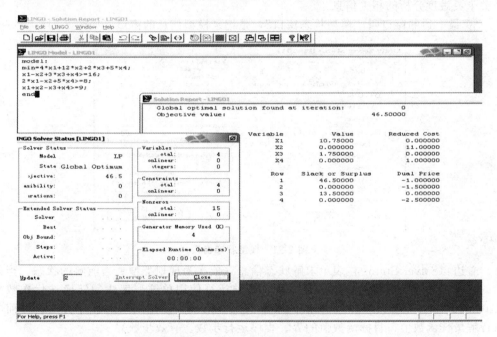.

2. LINGO 软件应用简单示例

下面我们通过举例介绍 LINGO 软件的具体应用.

例 1　利用 LINGO 程序求解下列规划模型

$$\min s = 4x_1 + 12x_2 + 2x_3 + 5x_4$$

$$\text{s. t.} \begin{cases} x_1 - x_2 + 3x_3 + x_4 \geqslant 16 \\ 2x_1 - x_2 + \qquad 5x_4 \geqslant 8 \\ x_1 + x_2 - \ x_3 + x_4 \geqslant 9 \\ x_i \geqslant 0 \quad (i = 1, 2, 3, 4) \end{cases}$$

解　该模型的 LINGO 程序输入并执行命令后的用户界面如图 2-20.

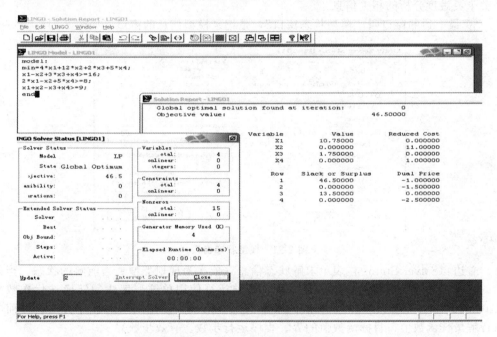

图 2-20　执行例 1 命令后的用户界面

在背景窗口中叠放着三个窗口：

① 最底层的就是"模型输入窗口"；

输入结果形式为：

 model：

  min＝4 * x1＋12 * x2＋2 * x3＋5 * x4；

  x1－x2＋3 * x3＋x4＞＝16；

  2 * x1－x2＋5 * x4＞＝8；

  x1＋x2－x3＋x4＞＝9；

 end

② 中间的窗口叫"结果报告窗口"，是模型运算结果报告单，形式为：

Global optimal solution found at iteration：   0

Objective value：   46.50000

Variable	Value	Reduced Cost
X1	10.75000	0.000000
X2	0.000000	11.00000
X3	1.750000	0.000000
X4	0.000000	1.000000

Row	Slack or Surplus	Dual Price
1	46.50000	−1.000000
2	0.000000	−1.500000
3	13.50000	0.000000
4	0.000000	−2.500000

其中最优解值为 46.5；最优解为 $(x_1, x_2, x_3, x_4) = (10.75, 0, 1.75, 0)$，其它数据是关于灵敏度分析的相关信息.

③ 最上边的窗口叫"模型状态窗口"，是记录模型信息的窗口（如图 2-21）.

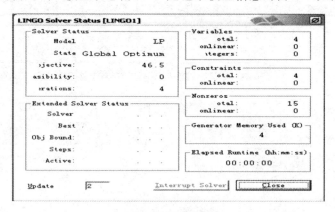

图 2-21　模型状态窗口

左边：Solver Status 栏表示求解状态信息（依次为规划类型、当前解的状态、当前解的目标函数值、当前约束不满足总量、当前运算使用单纯型解法的转换迭代次数）；Extended Solver Status 栏表示扩展的求解信息（依次为使用的求解程序方法、当前的可行解最佳函数值、目标函数值的界、程序运行步数、有效步数）.

右边：Variables 栏表示决策变量的个数（包括线性、非线性、整数变量）；Constraints 栏表示约束的数量（包括约束总数、非线性约束个数）；Nonzeros 栏表示非零系数数量（包括总数、非线性项的系数个数）；Generator Memory Used（K）栏表示内存使用量；Elapsed Runtime（hh：mm：ss）栏显示求解花费的时间.

另外，LINGO 程序具有自动检错功能，当输入出现错误时，命令执行后，会在报告窗口以符号"Λ"指出错误所在，并用数字代码指出错误类型，用户可对照错误代码，查找错误原因，以便修改.

例 2　求解第三节指派问题规划模型的例 2，三台设备，分别选择安装在四个位置的三个位置，使安装费用最省的数学模型.

$$\min z = (13x_{11} + 10x_{12} + 12x_{13} + 11x_{14}) + (15x_{21} + 40x_{22} + 13x_{23} + 20x_{24})$$
$$+ (9x_{31} + 7x_{32} + 100x_{33} + 8x_{34})$$

$$\text{s. t.} \begin{cases} x_{i1} + x_{i2} + x_{i3} + x_{i4} = 1 & (i = 1, 2, 3, 4) \\ x_{1j} + x_{2j} + x_{3j} + x_{4j} = 1 & (j = 1, 2, 3, 4) \\ x_{ij} = 0 \text{ 或 } 1 & (i, j = 1, 2, 3, 4) \end{cases}$$

解 该模型的 LINGO 程序输入时，因决策变量为"0-1"变量，所以，需要说明语句：@Bin（xij）；$i,j=1,2,3,4$. 输入后，按执行命令得到的"程序输入窗口"与"结果报告窗口"的界面（已做了适当的删节）如图 2-22.

得到最优解为 $x_{41}=x_{32}=x_{23}=x_{14}=1$，最优值为 $\min z=0+7+13+11=31$.

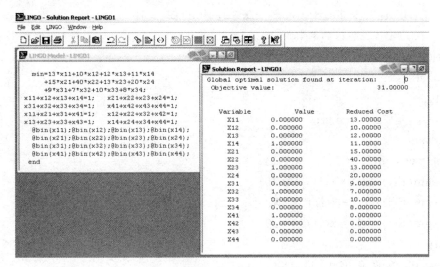

图 2-22　例 2 程序报告窗口

三、在 LINGO 程序中使用集合

1. 集合的基本用法

LINGO 程序也是一种建模语言，如何通过简便输入就能够表达含有大规模变量的目标函数和成千上万的约束条件呢？使用集合可以完成这一任务.

因为决策变量 $x_1,x_2,x_3,\cdots,x_n$ 的形式结构由两部分组成，即：x 与其下标 $1,2,3,\cdots,n$，LINGO 中将 x 称为集合 $D=\{1,2,3,\cdots,n\}$ 的属性. 而记号：$x_i,i\in D$ 中，i 称为下标码.

（1）目标函数形式较长时，常用输入语句："@SUM（集合（下标码）：属性的表达式）;"，其中@SUM 相当于"$\sum$".

（2）若干约束条件格式类同，常用循环输入语句："@FOR（集合（下标码）：属性的约束关系）;".

（3）同类变量组中，一些满足某一条件，一些不满足该条件，常用逻辑形式的过滤条件："集合（下标码）｜下标码♯GT♯1：…;"，其中"♯GT♯"含意为"＞"（greater than 的首字母缩写）.

（4）双角标变量 x_{ij} 的赋值，需要做派生的二维集合. 比如：若 $i\in A$　$j\in B$ 时，通常定义二维集合 $C(A,B):x$，编写程序的繁琐程度有时超过模型本身，我们可以通过重设模型变量，将其变为单角标变量更易于处理.

在上述集合基本概念与常用语句下，LINGO 程序输入需要分成三段.

集合段：定义需要的集合与集合属性，以"SETS:"开始，以"ENDSETS"结束.

模型段：目标函数与约束条件的输入.

数据段：输入赋值数据，以"DATA:"开始，以"ENDDATA"结束.

2. LINGO 中集合应用简例

下面我们通过具体例子来说明，希望用户认真体会.

例 3　编写下面规划模型的 LINGO 程序

$$\min z = 0.02x_1 + 0.07x_2 + 0.04x_3 + 0.03x_4 + 0.05x_5$$

$$\text{s. t.} \begin{cases} 0.3x_1 + 2x_2 + x_3 + 0.6x_4 + 1.8x_5 \geqslant 70 \\ 0.1x_1 + 0.05x_2 + 0.02x_3 + 0.2x_4 + 0.05x_5 \geqslant 3 \\ 0.05x_1 + 0.1x_2 + 0.02x_3 + 0.3x_4 + 0.08x_5 \geqslant 10 \\ x_i \geqslant 0 \quad (i=1,2,3,4,5) \end{cases}$$

LINGO 程序

```
model:
sets:
E/1,2..5/:a,b,c,d,x;
endsets
min=@sum(E(i):a(i)*x(i);););
@sum(E(i):b(i)*x(i))>=70;
@sum(E(i):c(i)*x(i))>=3;
@sum(E(i):d(i)*x(i))>=10;
data:
a=0.02,0.07,0.04,0.03,0.05;
b=0.3,2,1,0.6,1.8;
c=0.1,0.05,0.02,0.2,0.05;
d=0.05,0.1,0.02,0.3,0.08;
enddata
end
```

例 4　编写下面规划模型的 LINGO 程序

$$\max z = 26x_{11} + 30x_{12} + 40x_{13} + 21x_{21} + 25x_{22} + 55x_{23} + 18x_{31} + 40x_{32} + 35x_{33}$$

$$\text{s. t.} \begin{cases} x_{11} + x_{21} + x_{31} = 120 \\ x_{12} + x_{22} + x_{32} = 80 \\ x_{13} + x_{23} + x_{33} = 65 \\ x_{11} + x_{12} + x_{13} \leqslant 90 \\ x_{21} + x_{22} + x_{23} \leqslant 80 \\ x_{31} + x_{32} + x_{33} \leqslant 100 \\ x_{ij} \geqslant 0 \quad (i=1,2,3; j=1,2,3) \end{cases}$$

LINGO 程序

这是一个双角标决策变量规划模型，我们将这九个决策变量：

$x_{11}, x_{12}, x_{13}, x_{21}, x_{22}, x_{23}, \cdots, x_{33}$ 依次记为：$y_i(i=1,2,\cdots,9)$，模型程序可化为：

```
model:
sets:
S/1,2..9/:p,a,b,c,d,e,f,y;
endsets
min=@sum(S(i):p(i)*y(i);););
@sum(S(i):a(i)*y(i))=120;
```

@sum(S(i):b(i) * y(i))=80;

@sum(S(i):c(i) * y(i))=65;

@sum(S(i):d(i) * y(i))<=90;

@sum(S(i):e(i) * y(i))<=80;

@sum(S(i):f(i) * y(i))<=100;

data:

p=26,30,40,21,25,55,18,40,35;

a=1,0,0,1,0,0,1,0,0;

b=0,1,0,0,1,0,0,1,0;

c=0,0,1,0,0,1,0,0,1;

d=1,1,1,0,0,0,0,0,0;

e=0,0,0,1,1,1,0,0,0;

f=0,0,0,0,0,0,1,1,1;

enddata

end

例 5 一公司生产帆船，每个季度正常生产能力不超过 40 条，每条的生产费用为 400 元；若加班生产，每条的生产费用为 450 元；一个季度一条帆船的库存费用为 20 元；明年四个季度订购量分别为：40 条、60 条、75 条、25 条，今年年末库存 10 条，如何安排生产可使总费用最少？

模型建立 设 a_1, a_2, a_3, a_4 分别表示四个季度的需求量；x_1, x_2, x_3, x_4 表示正常时四个季度的生产量；y_1, y_2, y_3, y_4 为每季度加班生产量；k_1, k_2, k_3, k_4 为每季度末的库存量.

$$\min s = \sum_{i=1}^{4}(400x_i + 450y_i + 20k_i)$$

则规划模型为：

$$\text{s. t.}\begin{cases} x_i \leqslant 40 \quad i=1,2,3,4 \\ k_i = k_{i-1} + x_i + y_i - a_i \quad i=1,2,3,4 \\ k_0 = 10 \\ a_1 = 40 \\ a_2 = 60 \\ a_3 = 75 \\ a_4 = 25 \end{cases}$$

LINGO 程序

```
model:
sets:
D/1,2,3,4/:a,x,y,k;
Endsets
Data:
a=40,60,75,25;
Enddata
min=@sum(D(i):400 * x+450 * y+20 * k);
```

@For(D(i):x(i)<=40);

@For(D(i)|i#GT#1:k(i)=k(i−1)+x(i)+y(i)−a(i));

k(1)=10+x(1)+y(1)−a(1);

End

程序运行结果为：

最优解 $(x_1,x_2,x_3,x_4)=(40,40,40,25)$；$(y_1,y_2,y_3,y_4)=(0,10,35,0)$.

最优值为 $\min s=78450$（如图 2-23）.

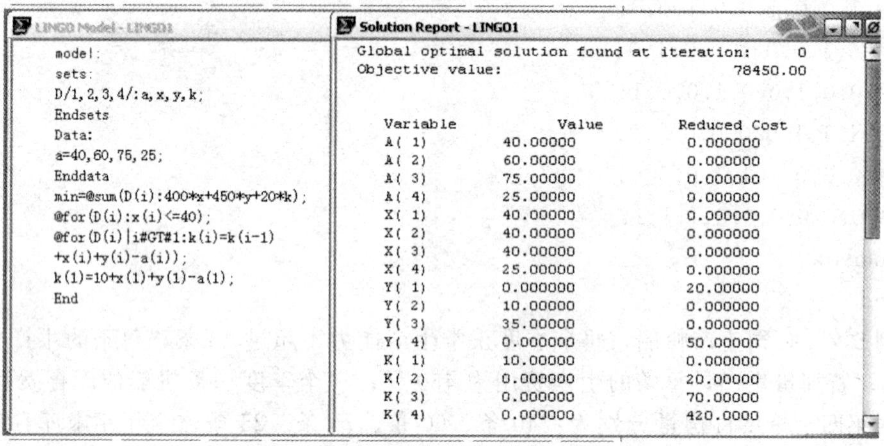

图 2-23 例 5 运行结果图

LINGO 软件的编程应用，使规划模型求解变得可行，但模型较复杂时的编程仍然很繁琐，这里仅作简要介绍，要了解更多，请参考专业书籍.

习题 2-5

1. 指出系列模型的 LINGO 程序中的错误，并修正程序.

$$\max z=5x_1+2x_2-3x_3$$

(1) 模型：$\text{s. t.}\begin{cases}x_1+5x_2+2x_3=30\\x_1-4x_2+x_3\leqslant40\\x_i\geqslant0(i=1,2,3)\end{cases}$

LINGO 程序：model：

    maxz=5 * x1+2x2−3x3，

    x1+5 * x2+2 * x3≤30，

    x1−4 * x2 + x3≤40，

    end

(2) 模型：

$$\min z=2x_1-x_2+4x_3+2x_4$$

$$\text{s. t.}\begin{cases}3x_1+x_2+x_3-x_4\geqslant10\\x_1+5x_2-2x_3+x_4\geqslant3\\x_2+2x_3-3x_4\leqslant5\\x_i\geqslant0\quad(i=1,2,3)\end{cases}$$

LINGO 程序：model：

$$\min = 2 * x1 - x2 + 4x3 + 2x4$$
$$3 * x1 + x2 + x3 - x4 >= 10$$
$$x1 + 5 * x2 - x2 + x4 >= 3$$
$$x2 + 2x3 - 3x4 <= 5.$$

End

2. 编写下列模型的 LINGO 程序.

$$\max z = x_1 + x_2 - x_3 + 5x_4$$

(1) s. t. $\begin{cases} x_1 + x_2 - 2x_3 - x_4 \leqslant 7 \\ x_1 - 3x_2 - x_3 + x_4 \geqslant 3 \\ x_2 + 2x_3 - 3x_4 \leqslant 5 \\ 1 \leqslant x_3 \leqslant 9 \\ x_i \geqslant 0 \quad (i = 1, 2, 4) \end{cases}$

$$\min z = x_{11} - 3x_{12} + x_{13} + 2x_{21} - 5x_{22} + x_{23} + 6x_{31} + 4x_{32} + 3x_{33}$$

(2) s. t. $\begin{cases} x_{11} + x_{21} + x_{31} = 14 \\ x_{12} + x_{22} + x_{32} = 8 \\ x_{13} + x_{23} + x_{33} = 6 \\ x_{11} + x_{12} + x_{13} = 9 \\ x_{21} + x_{22} + x_{23} = 38 \\ x_{31} + x_{32} + x_{33} = 54 \\ x_{ij} \geqslant 0 \quad (i = 1, 2, 3; j = 1, 2, 3) \end{cases}$

3. 一个指派问题的效率方阵如下 A, 求指派问题的最大效率, 写出规划模型, 并编写 LINGO 程序.

$$A = \begin{pmatrix} 8 & 7 & 9 & 7 & 9 \\ 8 & 9 & 6 & 8 & 6 \\ 7 & 8 & 9 & 7 & 6 \\ 7 & 9 & 7 & 6 & 5 \\ 8 & 8 & 6 & 7 & 8 \end{pmatrix}$$

4. 一商场计划采购 100 万元的货物, 拟在六种畅销货物中选择, 已知采购各种货物所需资金与销售后可获得利润如表 2-17, 采购哪几种货物利润最大?

表 2-17

货物	H1	H2	H3	H4	H5	H6
采购资金(万元)	58	20	54	42	38	13
利润(万元)	7	5	9	6	4	3

复习题二

1. 某工厂生产甲、乙两种产品, 每件的利润、所消耗的材料、工时及每天的材料限额和工时限额如表 2-18 所示, 试建立如何安排生产使每天所得的利润最大的规划模型？

表 2-18

资源消耗量		产品类型		限额
		甲	乙	
资源类型	材料	2	3	24
	工时	3	2	26
利润(元/件)		4	3	

2. 现有钢材、铝材、铜材分别 1200 吨、800 吨、650 吨，拟调往甲、乙、丙地，三地对上述物资需求量分别为：900 吨、850 吨、1000 吨，各种物资在需求地的单位可获利润如表 2-19，试制定各地的调运量计划，建立使获利最大的数学模型.

表 2-19

单位利润		需求物资		
		钢材	铝材	铜材
需求地	甲	240	300	400
	乙	210	250	520
	丙	180	400	480

3. 用单纯型型法解下列规划模型

(1)
$$\max z = x_1 + 5x_2$$
$$\text{s. t.} \begin{cases} 2x_1 + x_2 \leqslant 8 \\ x_2 \leqslant 3.5 \\ x_1 + 2x_2 \leqslant 8 \\ x_1 \geqslant 0 \end{cases}$$

(2)
$$\max z = 2x_1 + x_2$$
$$\text{s. t.} \begin{cases} x_1 + x_2 \leqslant 5 \\ x_1 - x_2 \leqslant 3 \\ x_i \geqslant 0 (i = 1, 2) \end{cases}$$

4. 将下列规划模型标准化.

(1)
$$\min z = -3x_1 + x_2$$
$$\text{s. t.} \begin{cases} -x_1 + x_2 \leqslant 2 \\ 3x_1 - x_2 \geqslant 5 \end{cases}$$

(2)
$$\min z = 6x_1 + 3x_2 + 4x_3$$
$$\text{s. t.} \begin{cases} x_1 + x_2 + x_3 = 120 \\ x_1 \geqslant 30 \\ 0 \leqslant x_2 \leqslant 50 \\ x_3 \leqslant 20 \end{cases}$$

5. 某单位要从应聘的 4 人中选择录用 3 人，安排于三个岗位，4 人在不同岗位的工作效率如表 2-20，建立规划模型并讨论如何选择录用可让效率最高？

表 2-20

效率		人 员			
		甲	乙	丙	丁
岗位	A	16	12	13	11
	B	10	13	13	12
	C	12	15	9	14

6. 图 2-24 是一个平衡运输问题的交通图，写出运费最省的数学模型，并用图上作业法讨论最优流量图.

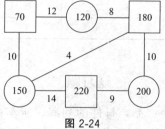

图 2-24

会议筹备中的问题

大型会议的筹备是一个十分庞杂与细致的工作，根据往届会议的相关资料记录，预测到即将召开的一次会议参会代表的住房要求信息如表 2-21.

表 2-21　与会代表住房要求信息预测数据（单位：人）

	合住 1	合住 2	合住 3	独住 1	独住 2	独住 3	合计
男	135	91	28	94	60	36	444
女	68	42	15	52	25	17	219
合计	203	133	43	146	85	53	663

表中合住 1、合住 2、合住 3、独住 1、独住 2、独住 3 指与会代表住房要求、住宿标准的不同类型，单人房间不足时，可安排独住同类型的双人间.

①～⑩号候选宾馆客房类型、可容纳人数统计如表 2-22；宾馆位置分布如图 2-25：

表 2-22　十家宾馆同类客房数量与容纳总人数统计

客房类型（间）		合住 1	合住 2	合住 3	独住 1	独住 2	独住 3	容量（人）
宾馆	①	0	50	30	0	30	20	210
	②	85	65	0	0	0	0	300
	③	50	24	0	0	0	0	175
	④	50	45	0	0	0	0	190
	⑤	70	40	0	0	0	0	220
	⑥	0	40	30	40	30	0	210
	⑦	50	0	0	40	0	30	170
	⑧	40	40	0	0	45	0	205
	⑨	0	0	60	0	0	60	180
	⑩	0	0	100	0	0	0	200

从代表住宿满意、会议便于集中管理出发，为与会代表预定客房.

分析　（1）根据表 2-21 测算需预订客房总数如表 2-23.

表 2-23　需要预订各类客房的总量（单位：间）

	合住 1	合住 2	合住 3	独住 1	独住 2	独住 3	合计
男	68	46	14	94	60	36	318
女	34	21	8	52	25	17	157
合计	102	67	22	146	85	53	475

表 2-23 中，合住的人数为单数时，房间的需求间数应为人数除 2 的整数部分加 1，对应人数修正为：

$$(102＋67＋22)×2＋146＋85＋53＝666（人）$$

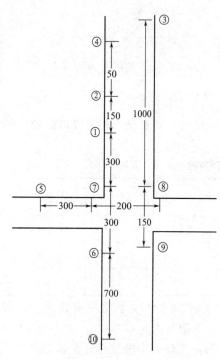

图 2-25　宾馆位置分布图

（2）会议方便集中管理，要求在十家宾馆中选出"中心宾馆"我们可以结合图 2-25 中数据，通过计算每家宾馆到各宾馆的距离之和最小者作为"中心宾馆".

可确定出⑦号宾馆为中心，它到各宾馆的距离（米）分别为：300，450，1200，950，300，300，200，350，1000；

为了方便管理及与会代表满意，所选择的宾馆距离上尽量靠近，并尽可能地满足参会代表的住宿要求.

为此引入 0-1 变量

$$u_i = \begin{cases} 1 & i \text{ 宾馆被选中} \\ 0 & i \text{ 宾馆没被选中} \end{cases} (i=1,2,\cdots,10)$$

以"中心宾馆"到要选择宾馆的距离之和 D 最小为优化目标，

建立如下规划模型：

$$\min D = 300u_1 + 450u_2 + 1200u_3 + 950u_4 + 300u_5 + 300u_6 + 200u_8 + 350u_9 + 1000u_{10}$$

$$s.t \begin{cases} 210u_1 + 300u_2 + 175u_3 + 190u_4 + 220u_5 + 210u_6 + 170u_7 + 205u_8 + 180u_9 + 200u_{10} \geqslant 666 \\ 85u_2 + 50u_3 + 50u_4 + 70u_5 + 50u_7 + 40u_8 \geqslant 168 \\ 50u_1 + 65u_2 + 24u_3 + 45u_4 + 40u_5 + 40u_6 + 40u_8 \geqslant 67 \\ 30u_1 + 30u_6 + 60u_9 + 100u_{10} \geqslant 25 \\ 40u_6 + 40u_7 \geqslant 80 \\ 30u_1 + 30u_6 + 45u_8 \geqslant 85 \\ 20u_1 + 30u_7 + 60u_9 \geqslant 50 \\ u_i = 0,1 \end{cases}$$

其中约束条件分别为：所选宾馆容纳总人数大于等于 666 人；合住 1 房间的总数大于等于 168（因为独住 1 的房间需求 146 间，但房源仅 80 间，需 66 间合住 1 房源补充，与合住 1 的 102 间需求总计 168 间）；合住 2 房间的总数大于等于 67；合住 3 房间的总数大于等于 25（为减少宾馆数量，结合表 2-22，将独住 3 由需求的 53 间调整为 50 间，相应的合住 3 从需求的 22 间调整为 25 间）；独住 1 房间的总数大于等于 80；独住 2 房间的总数大于等于 85；独住 3 房间的总数大于等于 50.

通过 LINGO 程序对上述模型进行运算，结果为：

Global optimal solution found at iteration:　　　　　　0

Objective value:　　　　　　　　　　1250.000

Variable	Value	Reduced Cost
U1	1.000000	300.0000
U2	1.000000	450.0000
U3	0.000000	1200.000

U4	0.000000	950.0000
U5	0.000000	300.0000
U6	1.000000	300.0000
U7	1.000000	0.000000
U8	1.000000	200.0000
U9	0.000000	350.0000
U10	0.000000	1000.000

即所选宾馆为：①，②，⑥，⑦，⑧号（见表 2-24）.

表 2-24 所选宾馆房间统计表（单位：间）

类型	①	②	⑥	⑦	⑧	合计
合住 1＋独住 1		85＋0	0＋40	50＋40	40＋0	175＋80
合住 2＋独住 2	50＋30	65＋0	40＋30		40＋45	195＋105
合住 3＋独住 3	30＋20		30＋0	0＋30		60＋50
合计	80＋50	150＋0	70＋70	50＋70	80＋45	430＋235

依据预测到会人数 666 人的住房要求，围绕 7 号宾馆由近到远安排，需预订的房间统计如表 2-25.

表 2-25 预订宾馆房间统计表（单位：间）

宾馆		①		②		⑥		⑦		⑧		合计
		合	独	合	独	合	独	合	独	合	独	
客房类型	合住、独住 1			12	66		40	50	40	40		248 间
	合住、独住 2			30		27	10			40	45	152 间
	合住、独住 3			20		22	3		30			75 间
总房数		50	12	66	49	53	50	70	80	45		475 间
总人数		50		90		151		170		205		666 人

注：表 2-25 中有下划线的数字表示独住该类双人房间的个数. 666 人全部按要求预订客房.

项目问题

1.（广告宣传问题） 一种商品投放市场时，广告的宣传对商品的促销具有重要的意义和作用，一种家用电器投放市场时的广告宣传要求及相关数据如表 2-26，普通人群的数量越多，潜在的顾客就越多. 请设计广告宣传的最佳方式.

表 2-26

数量		广告形式				总限量
		电视普通时段	电视黄金时段	无线广播	报纸杂志	
	一次费用（千元）	8	15	4	2	≤120
类型	家庭主妇（万人）	12	20	6	10	≥300
	普通人群（万人）	50	120	15	35	
	次数要求（次）	≥3	≥2	2～5	3～5	

2.（农场经营问题） 某农场有 $100km^2$ 土地及 15000 元资金可用于发展生产，农场劳动力情况为秋冬季 3500 人日，春夏季 4000 人日，如劳动力用不了时可外出打工，春夏季收入为 2.1/人日，秋冬季收入为 1.8/人日，该农场种植三种作物：大豆、玉米、小麦，并饲养奶牛和鸡. 种植植物时不需要专门投资，而饲养动物时每头奶牛投资 400 元，每只鸡投资 3 元. 养奶牛时每头需拨出 $1.5km^2$ 土地种饲料，并占用人工秋冬季为100 人日，春夏季为 50 人日，年净收入为 400 元/头. 养鸡时不占用土地，需人工为每

只鸡秋冬季 0.6 人日，春夏季为 0.3 人日，年净收入为 2 元/只. 农场现有鸡舍允许最多养 3000 只鸡，牛栏允许最多养 32 头奶牛. 三种作物每年需要的人工及收入情况如表 2-27，请设计该农场的经营方案，使年收入最大（建立模型，并用 LINGO 软件求解）.

表 2-27

	大豆	玉米	小麦
秋冬季需人日数	20	35	10
春夏季需人日数	50	75	40
年净收入（元/km²）	175	300	120

模块三　级数与拉普拉斯变换

无穷级数是表示数和函数、研究函数性质以及进行数值计算的有力工具，内容包括：数项级数、幂级数以及傅里叶级数．拉普拉斯变换是解常系数线性微分方程的一种较为有效的工具，在自动控制系统的分析与综合运用中起着重要的作用．

本模块知识脉络结构

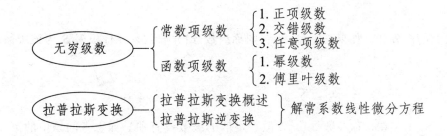

第一节　常数项级数

一、常数项级数及其敛散性

1. 基本概念

【思考问题】

有没有可能把一串无限延伸下去的实数加起来呢？有时答案是明显的"不能"：

$$1+2+3+4+5+6+7+8+9+10+11+12+13+14+15+16+\cdots$$

这些数越来越大，看不到尽头，和也是如此．如果数越来越小，也许求和会显得较为合理：

$$\frac{1}{2}+\frac{1}{4}+\frac{1}{8}+\frac{1}{16}+\frac{1}{32}+\frac{1}{64}+\frac{1}{128}+\frac{1}{256}+\frac{1}{512}+\frac{1}{1024}+\frac{1}{2048}+\cdots$$

这有差别吗？有，我们可以把和看成一个图（图3-1），这个图将使差别非常清楚．

右边正方形是怎样构造出来的？我们从一个空正方形开始，它表示 1. 然后我们填上一半，留下另一半是空的．

下一步，空的一半再分成两个四分之一，把其中一个填上．然后，空的四分之一再分成两个八分之一，把其中之一填上．这个过程能够永远进行下去，永远……永远．当然，得有一点儿想象力．

不管你把多少片填进正方形里，你总不能完全填上，因此，这个正方形确实不会溢出来；另外，填进去足够多片，可以确实地越来越接近我们所希望完全填成的"1"这个正方形，因此，我们有理由相信这一串数的和是 1. 这串数是一个十分简单的范例，第一个数是二分之一，后面的每一个数是前一个数的一半．

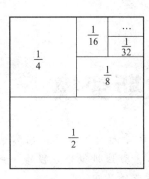

图 3-1 思考问题图

那么，对于一般情况，无穷多个数在满足什么条件下，相加之后仍是一个数呢？如果这个问题解决了，我们就可以将一个不能用十进制表示的数值转化为无限个简单数之和，并应用于计算 $e^x, \ln x, \sin x, \cos x, \tan x, \cot x, \arcsin x, \sqrt[n]{x}$ 等函数值，从而为计算函数值提供一种有效的途径. 为了解决这个问题，我们先讨论常数项级数的概念和性质.

定义 给定一个数列 $u_1, u_2, \cdots, u_n, \cdots$，则和式

$$u_1 + u_2 + \cdots + u_n + \cdots = \sum_{n=1}^{\infty} u_n \tag{1}$$

称为常数项无穷级数，简称为数项级数或级数. 其中第 n 项 u_n 称为级数（1）的通项或一般项，级数（1）的前 n 项和 $S_n = \sum_{i=1}^{n} u_i = u_1 + u_2 + \cdots + u_n$ $\qquad$ (2)

称为级数的部分和. 如果 $\lim\limits_{n\to\infty} S_n = S$，则称级数（1）收敛，并称极限 S 为该级数的和，记为

$$S = \sum_{n=1}^{\infty} u_n = u_1 + u_2 + \cdots + u_n + \cdots \tag{3}$$

如果 $\lim\limits_{n\to\infty} S_n$ 不存在，称级数（1）发散. 发散的级数没有和. 如思考问题中的第二个级数收敛，其和为 1；而思考问题中的第一个级数发散，没有和.

记 $\qquad r_n = S - S_n = u_{n+1} + u_{n+2} + u_{n+3} + \cdots \tag{4}$

称为级数的余项，$|r_n|$ 是用部分和 S_n 代替级数（1）的和 S 所产生的误差（或称为截断误差）.

2. 重要级数

下面两个级数非常重要，以后经常用此结论判断数项级数的敛散性.

等比级数（几何级数）

$$\sum_{n=1}^{\infty} aq^{n-1} = a + aq + aq^2 + \cdots + aq^{n-1} + \cdots \tag{5}$$

称为等比级数（几何级数），其中 $a \neq 0, q$ 是级数（5）的公比.

当 $|q| < 1$ 时，级数（5）收敛，其和为 $\dfrac{a}{1-q}$；当 $|q| \geqslant 1$ 时，级数（5）发散.

证明 如果 $q \neq 1$，则部分和

$$S_n = a + aq + aq^2 + \cdots + aq^{n-1} = \frac{a(1-q^n)}{1-q}$$

当 $|q| < 1$ 时，因 $\lim\limits_{n\to\infty} S_n = \dfrac{a}{1-q}$，故级数收敛，其和为 $\dfrac{a}{1-q}$.

当 $|q| > 1$ 时，因 $\lim\limits_{n\to\infty} S_n = \infty$ 故级数发散.

当 $q = 1$ 时，因 $S_n = na \to \infty$ 故级数发散.

当 $q = -1$ 时，因 $S_{2n} = 0, S_{2n+1} = a$，$\lim\limits_{n\to\infty} S_n$ 不存在，故级数发散.

综上所述，当 $|q| < 1$ 时，级数（5）收敛，其和为 $\dfrac{a}{1-q}$；当 $|q| \geqslant 1$ 时，级数（5）发

散．

p-级数

$$\sum_{n=1}^{\infty}\frac{1}{n^p}=1+\frac{1}{2^p}+\frac{1}{3^p}+\cdots+\frac{1}{n^p}+\cdots \tag{6}$$

称为 p-级数，当 $p>1$ 时，级数（6）收敛；当 $p\leqslant1$ 时，级数（6）发散．

例1 判别下列级数的敛散性．

（1）$\dfrac{3}{2}+\dfrac{3}{2^2}+\dfrac{3}{2^3}+\cdots+\dfrac{3}{2^n}+\cdots$；

（2）$-3+9-27+\cdots+(-3)^n+\cdots$；

（3）$1+\dfrac{1}{2}+\dfrac{1}{3}+\cdots+\dfrac{1}{n}+\cdots$ （调和级数）；

（4）$1+\dfrac{1}{2\sqrt{2}}+\dfrac{1}{3\sqrt{3}}+\cdots+\dfrac{1}{n\sqrt{n}}+\cdots$．

解 （1）因所给级数是公比 $q=\dfrac{1}{2}$ 的等比级数，且 $|q|=\dfrac{1}{2}<1$，由第一个重要级

数知，该级数收敛，且其和为 $\dfrac{\dfrac{3}{2}}{1-\dfrac{1}{2}}=3$．

（2）因所给级数是公比 $q=-3$ 的等比级数，且 $|q|=3>1$，由第一个重要级数

知，该级数发散．

（3）因所给级数是 p-级数，且 $p=1\leqslant1$，由第二个重要级数知，该级数发散．

（4）因所给级数的通项是 $u_n=\dfrac{1}{n\sqrt{n}}=\dfrac{1}{n^{3/2}}$，即为 p-级数，且 $p=\dfrac{3}{2}>1$，由第二个

重要级数知，该级数收敛．

3. 基本性质

根据级数收敛和发散的定义，可得下面级数的四个基本性质．

性质1 设 k 为非零常数，则 $\displaystyle\sum_{n=1}^{\infty}u_n$ 与 $\displaystyle\sum_{n=1}^{\infty}ku_n$ 同时收敛或同时发散；且当 $\displaystyle\sum_{n=1}^{\infty}u_n$ 收

敛时，

$$\sum_{n=1}^{\infty}ku_n=k\sum_{n=1}^{\infty}u_n.$$

性质2 若两个级数 $\displaystyle\sum_{n=1}^{\infty}u_n$ 和 $\displaystyle\sum_{n=1}^{\infty}v_n$ 同时收敛，则 $\displaystyle\sum_{n=1}^{\infty}(u_n\pm v_n)$ 收敛，

且 $$\sum_{n=1}^{\infty}(u_n\pm v_n)=\sum_{n=1}^{\infty}u_n\pm\sum_{n=1}^{\infty}v_n.$$

性质3 在级数中去掉或加上或改变有限项，不会改变级数的收敛性．

性质4 级数 $\displaystyle\sum_{n=1}^{\infty}u_n$ 收敛的必要条件是 $\displaystyle\lim_{n\to\infty}u_n=0$．即，若 $\displaystyle\lim_{n\to\infty}u_n\neq0$，则

$\displaystyle\sum_{n=1}^{\infty}u_n$ 发散．

例2 判别下列级数的敛散性.

(1) $\sum_{n=1}^{\infty}\left(\frac{1}{2^n}+\frac{5}{3^n}\right)$；　(2) $\sum_{n=1}^{\infty}\frac{1}{10n^2}$；　(3) $\sum_{n=1}^{\infty}\frac{1}{n+3}$；　(4) $\sum_{n=1}^{\infty}n\ln\left(\frac{n+1}{n}\right)$.

解　(1) 因 $\sum_{n=1}^{\infty}\frac{1}{2^n}$ 和 $\sum_{n=1}^{\infty}\frac{5}{3^n}$ 分别是公比 $q_1=\frac{1}{2}$ 和 $q_2=\frac{1}{3}$ 的等比级数，且

$|q_1|=\frac{1}{2}<1$ 和 $|q_2|=\frac{1}{3}<1$，由第一个重要级数知，这两个级数都收敛，再由性质2

知，$\sum_{n=1}^{\infty}\left(\frac{1}{2^n}+\frac{5}{3^n}\right)$ 收敛.

(2) 因 $\sum_{n=1}^{\infty}\frac{1}{n^2}$ 是 $p=2$ 的 p-级数，由第二个重要级数知，该级数收敛，再由性质1

知，$\sum_{n=1}^{\infty}\frac{1}{10n^2}$ 收敛.

(3) 因 $\sum_{n=1}^{\infty}\frac{1}{n+3}=\frac{1}{4}+\frac{1}{5}+\cdots+\frac{1}{n}+\cdots$ 为 $\sum_{n=1}^{\infty}\frac{1}{n}$ 去掉前三项所得，且 $\sum_{n=1}^{\infty}\frac{1}{n}$ 发

散，再由性质3知，$\sum_{n=1}^{\infty}\frac{1}{n+3}$ 发散.

(4) 因 $\lim_{n\to\infty}u_n=\lim_{n\to\infty}n\ln\left(\frac{n+1}{n}\right)=\lim_{n\to\infty}\ln\left(1+\frac{1}{n}\right)^n=1\neq0$，所以由收敛的必要条件

知，$\sum_{n=1}^{\infty}n\ln\left(\frac{n+1}{n}\right)$ 发散.

二、数项级数审敛法

1. 正项级数审敛法

前面例子中出现较多的级数是每一项都是非负数，称为正项级数. 许多级数的敛散性问题，例如，判别任意项级数是否收敛，求级数的收敛区间等都归结为正项级数的敛散性问题，下面我们直接给出正项级数审敛方法.

比较审敛法　若 $\sum_{n=1}^{\infty}u_n$ 和 $\sum_{n=1}^{\infty}v_n$ 都是正项级数，如果 $\lim_{n\to\infty}\frac{u_n}{v_n}=l\,(0<l<+\infty)$ ，

则 $\sum_{n=1}^{\infty}u_n$ 和 $\sum_{n=1}^{\infty}v_n$ 同时收敛或同时发散.

说明：利用比较审敛法判别正项级数的敛散性之前，应该对所给正项级数的敛散性有个初步的估计，同时记住两个重要级数的结论.

例3　判别下列级数的敛散性.

(1) $\sum_{n=1}^{\infty}\frac{1+n}{1+n^2}$；　(2) $\sum_{n=1}^{\infty}\frac{1}{n(n+1)}$；　(3) $\sum_{n=1}^{\infty}\sin\frac{\pi}{5^n}$.

解　(1) 当 n 充分大时，$u_n=\frac{1+n}{1+n^2}\approx\frac{n}{n^2}=\frac{1}{n}=v_n$，因为 $\lim_{n\to\infty}\frac{u_n}{v_n}=\lim_{n\to\infty}\frac{\frac{1+n}{1+n^2}}{\frac{1}{n}}=1$

而 $\sum_{n=1}^{\infty}v_n=\sum_{n=1}^{\infty}\frac{1}{n}$ 是 $p=1\leqslant1$ 的 p-级数发散，根据比较审敛法知，$\sum_{n=1}^{\infty}\frac{1+n}{1+n^2}$ 发散；

（2）当 n 充分大时，$u_n = \dfrac{1}{n(n+1)} \approx \dfrac{1}{n^2} = v_n$，因为 $\lim\limits_{n \to \infty} \dfrac{u_n}{v_n} = \lim\limits_{n \to \infty} \dfrac{\dfrac{1}{n(n+1)}}{\dfrac{1}{n^2}} = 1$

而 $\sum\limits_{n=1}^{\infty} v_n = \sum\limits_{n=1}^{\infty} \dfrac{1}{n^2}$ 是 $p=2>1$ 的 p- 级数收敛，根据比较审敛法知，$\sum\limits_{n=1}^{\infty} \dfrac{1}{n(n+1)}$ 收敛；

（3）当 n 充分大时，$u_n = \sin\dfrac{\pi}{5^n} \approx \dfrac{\pi}{5^n} = v_n$，因为 $\lim\limits_{n \to \infty} \dfrac{u_n}{v_n} = \lim\limits_{n \to \infty} \dfrac{\sin\dfrac{\pi}{5^n}}{\dfrac{\pi}{5^n}} = 1$，而 $\sum\limits_{n=1}^{\infty} v_n =$

$\sum\limits_{n=1}^{\infty} \dfrac{\pi}{5^n}$ 是 公比 $q = \dfrac{1}{5}$ 的等比级数，且 $|q| = \dfrac{1}{5} < 1$，$\sum\limits_{n=1}^{\infty} \dfrac{\pi}{5^n}$ 收敛，根据比较审敛法知，

$\sum\limits_{n=1}^{\infty} \sin\dfrac{\pi}{5^n}$ 收敛.

比较审敛法是判别正项级数敛散性的基本方法，但是要找到一个已知敛散性的适当级数作比较，有时较困难. 下面再介绍一种较方便的比值审敛法.

比值审敛法 若正项级数 $\sum\limits_{n=1}^{\infty} u_n$ 的后项与前项比值的极限为 ρ，即 $\lim\limits_{n \to \infty} \dfrac{u_{n+1}}{u_n} = \rho$

则（1）当 $\rho < 1$ 时，$\sum\limits_{n=1}^{\infty} u_n$ 收敛；

（2）当 $\rho > 1 (\rho = +\infty)$ 时，$\sum\limits_{n=1}^{\infty} u_n$ 发散；

（3）当 $\rho = 1$ 时，$\sum\limits_{n=1}^{\infty} u_n$ 可能收敛也可能发散.

说明：遇到 $\rho = 1$ 时，需使用其它方法判别级数的敛散性.

例 4 判别下列级数的敛散性.

（1）$\sum\limits_{n=1}^{\infty} \dfrac{n}{2^{n-1}}$；   （2）$\sum\limits_{n=1}^{\infty} \dfrac{3^n n!}{n^n}$.

解 （1）因为 $u_n = \dfrac{n}{2^{n-1}}$，$\lim\limits_{n \to \infty} \dfrac{u_{n+1}}{u_n} = \lim\limits_{n \to \infty} \dfrac{n+1}{2^n} \cdot \dfrac{2^{n-1}}{n} = \lim\limits_{n \to \infty} \dfrac{n+1}{2n} = \dfrac{1}{2} < 1$，所以该

级数收敛.

（2）因为 $u_n = \dfrac{3^n n!}{n^n}$，$\lim\limits_{n \to \infty} \dfrac{u_{n+1}}{u_n} = \lim\limits_{n \to \infty} \dfrac{3^{n+1}(n+1)!}{(n+1)^{n+1}} \cdot \dfrac{n^n}{3^n n!} = \lim\limits_{n \to \infty} 3\left(\dfrac{n}{n+1}\right)^n =$

$3 \lim\limits_{n \to \infty} \left(1 + \dfrac{1}{n}\right)^{-n} = \dfrac{3}{e} > 1$，故该级数发散.

2. 交错级数的审敛法

如果级数中的各项是正负交错的，称为交错级数，一般形式为

$$\sum\limits_{n=1}^{\infty} (-1)^{n-1} a_n = a_1 - a_2 + a_3 - a_4 + \cdots + (-1)^{n-1} a_n + \cdots \quad (a_n > 0) \quad (7)$$

交错级数审敛法 若交错级数（7）满足条件：（1）$a_n \geqslant a_{n+1}$；（2）$\lim\limits_{n \to \infty} a_n = 0$.

则级数（7）收敛，其和 $S \leqslant a_1$，且余项的绝对值 $|r_n| \leqslant a_{n+1}$.

例 5 证明交错 p- 级数

$$\sum_{n=1}^{\infty}(-1)^{n-1}\frac{1}{n^p}=1-\frac{1}{2^p}+\frac{1}{3^p}-\frac{1}{4^p}+\cdots+(-1)^{n-1}\frac{1}{n^p}+\cdots \tag{8}$$

当 $p>0$ 时，级数收敛；$p \leqslant 0$ 时级数发散.

证明 此处 $a_n=\frac{1}{n^p}$，当 $p>0$ 时，$n^p<(n+1)^p$，从而有 $a_n=\frac{1}{n^p}>\frac{1}{(n+1)^p}=$

a_{n+1}，又 $\lim\limits_{n\to\infty}a_n=\lim\limits_{n\to\infty}\frac{1}{n^p}=0$ 由交错级数审敛法知级数（8）收敛. 当 $p=0$ 时，（8）成

为 $1-1+1-1+1-1+\cdots$ 发散. 当 $p<0$，$\lim\limits_{n\to\infty}(-1)^n\frac{1}{n^p}\neq 0$，由级数收敛的必要条件

知级数发散.

3. 任意项级数的审敛法

如果级数中各项有正有负，称该级数为任意项级数. 对于这种级数敛散性的判断，

有一个结论很有用，那就是：如果 $\sum\limits_{n=1}^{\infty}|u_n|$ 收敛，则 $\sum\limits_{n=1}^{\infty}u_n$ 必收敛，称 $\sum\limits_{n=1}^{\infty}u_n$ 绝对收

敛；如果 $\sum\limits_{n=1}^{\infty}|u_n|$ 发散，而 $\sum\limits_{n=1}^{\infty}u_n$ 收敛，称 $\sum\limits_{n=1}^{\infty}u_n$ 条件收敛.

它的直观性是显而易见的，因为一个级数中把每一项都变成正数后 $\sum\limits_{n=1}^{\infty}|u_n|$ 收敛，

即有和，那么该级数中有正有负加在一起一定有和，即 $\sum\limits_{n=1}^{\infty}u_n$ 必收敛.

值得注意的问题是：如果 $\sum\limits_{n=1}^{\infty}|u_n|$ 发散，我们不能断定 $\sum\limits_{n=1}^{\infty}u_n$ 也发散. 但是如用

比值法判定级数发散，则我们可以判定 $\sum\limits_{n=1}^{\infty}u_n$ 必发散. 这是因为，此时 $|u_n|$ 不趋向于

零，从而 u_n 也不趋向于零，因此 $\sum\limits_{n=1}^{\infty}u_n$ 也是发散的.

例 6 判别 $\sum\limits_{n=1}^{\infty}(-1)^{n-1}2^n\sin\frac{1}{3^n}$ 的敛散性.

解 因为 $|u_n|=2^n\sin\frac{1}{3^n}\approx\left(\frac{2}{3}\right)^n$（$n$ 充分大时），$\lim\limits_{n\to\infty}\dfrac{2^n\sin\dfrac{1}{3^n}}{\left(\dfrac{2}{3}\right)^n}=1$，而 $\sum\limits_{n=1}^{\infty}\left(\frac{2}{3}\right)^n$

是公比 $q=\frac{2}{3}$ 的等比级数收敛，由正项级数比较审敛法知 $\sum\limits_{n=1}^{\infty}2^n\sin\frac{1}{3^n}$ 收敛，再由上面

的结论可知 $\sum\limits_{n=1}^{\infty}(-1)^{n-1}2^n\sin\frac{1}{3^n}$ 收敛，且为绝对收敛.

判定数项级数的敛散性一般采取如下步骤.

（1）若级数中通项极限易求，当 $\lim\limits_{n\to\infty}u_n\neq 0$ 时，$\sum\limits_{n=1}^{\infty}u_n$ 发散；当 $\lim\limits_{n\to\infty}u_n=0$ 时该级

数的敛散性还需进一步判别.

(2) 观察 $\sum_{n=1}^{\infty} u_n$ 是否可用两个重要级数,交错 p- 级数和级数的性质判别其敛散性.

(3) 若 $\sum_{n=1}^{\infty} u_n$ 是正项级数,通项 u_n 中含 a^n 或 n^n 或 $n!$ 或 n 项乘积,利用比值法判别其敛散性.当比值 $\rho = 1$ 时用其它方法.

(4) 观察正项级数是否与两个重要级数接近,如在形式上接近则利用比较法判别其敛散性.

(5) 对于任意项级数,先判别 $\sum_{n=1}^{\infty} |u_n|$ 是否收敛,这时归为正项级数的敛散性.若发散用比值法得出的,则也发散,否则改用其它方法.

(6) 如果任意项级数不是绝对收敛,检验它是否是交错级数 $\sum_{n=1}^{\infty} (-1)^{n-1} a_n$ $(a_n > 0)$,是否满足交错级数审敛法的条件,若不满足,根据级数收敛与发散的定义判定.

习题 3-1

1. 填空题:

(1) 级数 $\sum_{n=1}^{\infty} \dfrac{n + (-1)^n}{n}$ 的前五项为 _____ ;

(2) 若 $a_n = \dfrac{1}{(2n-1)(2n+1)}$,则 $\sum_{n=1}^{5} a_n =$ _____ ;

(3) 若级数为 $\dfrac{2}{1} + \sqrt{\dfrac{3}{2}} + \sqrt[3]{\dfrac{4}{3}} + \sqrt[4]{\dfrac{5}{4}} + \cdots$,则 $a_n =$ _____ ;

(4) 若级数为 $\dfrac{a^2}{3} - \dfrac{a^3}{5} + \dfrac{a^4}{7} - \dfrac{a^5}{9} + \cdots$ 则 $a_n =$ _____ ;

(5) 等比级数 $\sum_{n=0}^{\infty} aq^n$,当_____时收敛;当_____时发散 ;

(6) p- 级数当_____时收敛,当_____时发散;

(7) 若正项级数 $\sum_{n=1}^{\infty} u_n$ 的后项与前项之比值的根 等于 ρ ,则当_____时级数收敛;_____时级数发散;_____时级数可能收敛也可能发散.

2. 由定义判别级数 $\dfrac{1}{1 \cdot 3} + \dfrac{1}{3 \cdot 5} + \dfrac{1}{5 \cdot 7} + \cdots + \dfrac{1}{(2n-1)(2n+1)} + \cdots$ 的敛散性.

3. 根据两个重要级数和级数的性质判别下列级数的敛散性:

(1) $\dfrac{1}{3} + \dfrac{1}{6} + \dfrac{1}{9} + \cdots + \dfrac{1}{3n} + \cdots$;　　(2) $\left(\dfrac{1}{2} + \dfrac{1}{3}\right) + \left(\dfrac{1}{2^2} + \dfrac{1}{3^2}\right) + \left(\dfrac{1}{2^3} + \dfrac{1}{3^3}\right) + \cdots$;

(3) $\sqrt{\dfrac{1}{3}} + \sqrt{\dfrac{2}{5}} + \sqrt{\dfrac{3}{7}} + \sqrt{\dfrac{4}{9}} + \cdots$;　(4) $1 + \dfrac{1}{2^3} + \dfrac{1}{3^3} + \dfrac{1}{4^3} + \cdots$.

4. 用比较审敛法判别下列级数的敛散性：

(1) $1 + \dfrac{1+2}{1+2^2} + \dfrac{1+3}{1+3^2} + \cdots + \dfrac{1+n}{1+n^2} + \cdots$ ；

(2) $\dfrac{1}{2 \cdot 5} + \dfrac{1}{3 \cdot 6} + \dfrac{1}{4 \cdot 7} + \cdots + \dfrac{1}{(n+1)(n+4)} + \cdots$ ；

(3) $\displaystyle\sum_{n=1}^{\infty} \dfrac{1}{1+a^n}$ $(a > 0)$ ．

5. 用比值审敛法判别下列级数的敛散性：

(1) $\dfrac{3}{1 \cdot 2} + \dfrac{3^2}{2 \cdot 2^2} + \dfrac{3^3}{3 \cdot 2^3} + \cdots + \dfrac{3^n}{n \cdot 2^n} + \cdots$ ；

(2) $\sin \dfrac{\pi}{2} + 2^2 \sin \dfrac{\pi}{2^2} + 3^2 \sin \dfrac{\pi}{2^3} + \cdots + n^2 \sin \dfrac{\pi}{2^n} + \cdots$ ；

(3) $\displaystyle\sum_{n=1}^{\infty} \dfrac{2^n \cdot n!}{n^n}$ ．

6. 判别下列级数的敛散性：

(1) $\sqrt{2} + \sqrt{\dfrac{3}{2}} + \cdots + \sqrt{\dfrac{n+1}{n}} + \cdots$ ；　(2) $\displaystyle\sum_{n=1}^{\infty} \dfrac{2^n}{1+3^n}$ ；

(3) $\displaystyle\sum_{n=1}^{\infty} \dfrac{4 \cdot 7 \cdot 10 \cdot \cdots \cdot (3n+1)}{2 \cdot 6 \cdot 10 \cdot \cdots \cdot (4n-2)}$ ．

7. 判别下列级数是否收敛？如果是收敛的，是绝对收敛还是条件收敛？

(1) $1 - \dfrac{1}{\sqrt{2}} + \dfrac{1}{\sqrt{3}} - \dfrac{1}{\sqrt{4}} + \cdots$ ；　　　　(2) $\dfrac{1}{\ln 2} - \dfrac{1}{\ln 3} + \dfrac{1}{\ln 4} - \dfrac{1}{\ln 5} + \cdots$ ；

(3) $\displaystyle\sum_{n=1}^{\infty} (-1)^{n-1} \dfrac{n}{3^n}$ ．

第二节　幂　级　数

一、函数项级数的概念

【思考问题】

如何使用 π, e 等无理数的近似值；有些函数的原函数不能用初等函数表示，如 $e^{-x^2}, \dfrac{\sin x}{x}, \dfrac{1}{\ln x}$ ，如何计算相应的定积分；在常数项级数收敛的情况下如何求和？

为解决这些问题，我们就需要研究各项都是定义在某个区间 I 上的函数级数，称这种级数为函数项级数．一般形式为

$$\sum_{n=1}^{\infty} u_n(x) = u_1(x) + u_2(x) + \cdots + u_n(x) + \cdots \tag{1}$$

函数项级数有以下基本概念．

① 对于区间 I 内的一定点 x_0 ，若数项级数 $\displaystyle\sum_{n=1}^{\infty} u_n(x_0)$ 收敛，则称 x_0 为函数项级数（1）的收敛点．若数项级数 $\displaystyle\sum_{n=1}^{\infty} u_n(x_0)$ 发散，则称 x_0 为函数项级数（1）的发散

点.函数项级数（1）的所有收敛点的全体称为它的收敛域，所有发散点的全体称为它的发散域.

② 在收敛域上，函数项级数（1）的和是 x 的函数 $S(x)$，称其为函数项级数（1）的和函数，并写成 $S(x)=\sum\limits_{n=1}^{\infty}u_n(x)$，$S(x)$ 的定义域，就是级数的收敛域，函数项级数（1）的前 n 项的部分和记作 $S_n(x)$，即 $S_n(x)=u_1(x)+u_2(x)+\cdots+u_n(x)$，在收敛域上有 $\lim\limits_{n\to\infty}S_n(x)=S(x)$.

③ 函数项级数（1）的和函数 $S(x)$ 与它的部分和 $S_n(x)$ 的差

$$r_n(x)=S(x)-S_n(x)=u_{n+1}(x)+u_{n+2}(x)+u_{n+3}(x)+\cdots$$

叫做函数项级数（1）的余项.在收敛域上，有 $\lim\limits_{n\to\infty}r_n(x)=0.$

二、幂级数及其收敛性

1. 幂级数的概念

形如

$$\sum_{n=0}^{\infty}a_nx^n=a_0+a_1x+a_2x^2+\cdots+a_nx^n+\cdots \tag{2}$$

的级数，称为幂级数，其中 $a_n(n=0,1,2,\cdots)$ 称为幂级数的系数.

幂级数还可以是以下形式

$$\sum_{n=0}^{\infty}a_n(x-x_0)^n=a_0+a_1(x-x_0)+a_2(x-x_0)^2+\cdots+a_n(x-x_0)^n+\cdots \tag{3}$$

在式（3）中，只要作代换 $t=x-x_0$，就可把它化为式（2）的形式，所以，我们重点讨论级数（2）就可以了.

2. 幂级数的收敛性

现在我们来讨论，对于一个给定的幂级数 $\sum\limits_{n=0}^{\infty}a_nx^n$，如何求出它的收敛域，先看下面的例子.

例 1 求幂级数 $\sum\limits_{n=0}^{\infty}x^n$ 的和函数和收敛域.

解 因幂级数 $\sum\limits_{n=0}^{\infty}x^n=1+x+x^2+\cdots+x^n+\cdots$ 是等比级数，当 $|x|<1$ 时收敛，和函数为 $S(x)=\dfrac{1}{1-x}$ $(-1<x<1)$，即 $\sum\limits_{n=0}^{\infty}x^n=\dfrac{1}{1-x}$ $(-1<x<1)$；当 $|x|\geqslant 1$ 时，级数发散，因此 $\sum\limits_{n=0}^{\infty}x^n$ 的收敛域为 $(-1,1)$.

从例 1 看出 $\sum\limits_{n=0}^{\infty}x^n$ 的收敛域是关于原点对称的一个区间，1 恰好是收敛域长度 2 的 $\dfrac{1}{2}$，通常叫做 $\sum\limits_{n=0}^{\infty}x^n$ 的收敛半径.对于一般的幂级数有下面结论.

定理 1 若幂级数 $\sum\limits_{n=0}^{\infty}a_nx^n$ $(a_n\neq 0,n=0,1,2,\cdots)$ 当 $x=x_0(x_0\neq 0)$ 时收敛，则

适合不等式 $|x| < |x_0|$ 的一切 x 使该幂级数绝对收敛，反之，若幂级数 $\sum\limits_{n=0}^{\infty} a_n x^n$ 当 $x = x_0$ 时发散，则适合不等式 $|x| > |x_0|$ 的一切 x 使该幂级数发散.

定理 2 若幂级数 $\sum\limits_{n=0}^{\infty} a_n x^n \ (a_n \neq 0, n = 0, 1, 2, \cdots)$ 的系数满足 $\lim\limits_{n \to \infty} \left| \dfrac{a_n}{a_{n+1}} \right| = R$，则 R 是该级数的收敛半径.

(1) 如果 $R = 0$，则该级数的收敛域为 $\{0\}$.

(2) 如果 $R = +\infty$，则该级数的收敛域为区间 $(-\infty, +\infty)$.

(3) 如果 $0 < R < +\infty$，则该级数的收敛域可能是区间 $(-R, R)$，$[-R, R)$，$(-R, R]$ 或 $[-R, R]$（其中 $x = \pm R$ 的敛散性可由数项级数敛散性判定），称这种区间为幂级数的收敛区间.

例 2 求下列幂级数的收敛半径. 收敛域.

(1) $\sum\limits_{n=0}^{\infty} \dfrac{x^n}{n!}$；　　(2) $\sum\limits_{n=1}^{\infty} n! \, x^n$；　　(3) $\sum\limits_{n=1}^{\infty} (-1)^n \dfrac{x^n}{n \cdot 3^n}$.

解 （1）因为该级数的系数 $a_n = \dfrac{1}{n!}$，所以收敛半径

$$R = \lim_{n \to \infty} \left| \frac{a_n}{a_{n+1}} \right| = \lim_{n \to \infty} \frac{\dfrac{1}{n!}}{\dfrac{1}{(n+1)!}} = \lim_{n \to \infty} \frac{(n+1)!}{n!} = +\infty$$

所以该级数的收敛域为区间 $(-\infty, +\infty)$.

（2）因为该级数的系数 $a_n = n!$，所以收敛半径

$$R = \lim_{n \to \infty} \left| \frac{a_n}{a_{n+1}} \right| = \lim_{n \to \infty} \frac{n!}{(n+1)!} = 0$$

所以，该级数仅在 $x = 0$ 收敛，故该级数的收敛域为 $\{0\}$.

（3）因为该级数的系数 $a_n = (-1)^n \dfrac{1}{n \cdot 3^n}$，所以收敛半径

$$R = \lim_{n \to \infty} \left| \frac{a_n}{a_{n+1}} \right| = \lim_{n \to \infty} \left| \frac{\dfrac{(-1)^n}{n \cdot 3^n}}{\dfrac{(-1)^{n+1}}{(n+1) \cdot 3^{n+1}}} \right| = 3 \lim_{n \to \infty} \frac{(n+1)}{n} = 3$$

当 $x = 3$ 时，幂级数成为 $p = 1 > 0$ 的交错 p- 级数 $\sum\limits_{n=1}^{\infty} (-1)^n \dfrac{1}{n}$，它是收敛的.

当 $x = -3$ 时，幂级数成为 $p = 1 \leqslant 1$ 的 p- 级数 $\sum\limits_{n=1}^{\infty} \dfrac{1}{n}$，它是发散的.

因此，该级数的收敛域为区间 $(-3, 3]$.

例 3 求幂级数 $\sum\limits_{n=1}^{\infty} (-1)^{n-1} \dfrac{n \cdot x^{2n}}{4^n}$ 的收敛域.

解 该级数中缺少奇次幂的项，定理 2 不能应用，需进行转化令 $t = x^2$ 上述级数成为

$$\sum_{n=1}^{\infty} (-1)^{n-1} \frac{n \cdot t^n}{4^n}$$

这个级数的收敛半径 $R' = \lim\limits_{n \to \infty} \left| \dfrac{a_n}{a_{n+1}} \right| = \lim\limits_{n \to \infty} \left| \dfrac{\dfrac{(-1)^{n-1} n}{4^n}}{\dfrac{(-1)^n (n+1)}{4^{n+1}}} \right| = 4 \lim\limits_{n \to \infty} \dfrac{n}{n+1} = 4$

于是，由 $t = x^2$ 得原幂级数收敛半径 $R = \sqrt{R'} = 2.$

当 $x = \pm 2$ 时，原幂级数成为 $\sum\limits_{n=1}^{\infty} (-1)^{n-1} n$，它是发散的，故原幂级数的收敛域为 $(-2, 2)$.

例 4 求幂级数 $\sum\limits_{n=1}^{\infty} (-1)^n \dfrac{(x-3)^n}{n}$ 的收敛域.

解 令 $t = x - 3$，原级数成为 $\sum\limits_{n=1}^{\infty} (-1)^n \dfrac{t^n}{n}$，

$$R' = \lim\limits_{n \to \infty} \left| \dfrac{a_n}{a_{n+1}} \right| = \lim\limits_{n \to \infty} \left| \dfrac{(-1)^n \dfrac{1}{n}}{(-1)^{n+1} \dfrac{1}{n+1}} \right| = 1$$

当 $t = -1$ 时，$\sum\limits_{n=1}^{\infty} (-1)^n \dfrac{t^n}{n}$ 成为 $\sum\limits_{n=1}^{\infty} \dfrac{1}{n}$ 是发散的.

当 $t = 1$ 时，$\sum\limits_{n=1}^{\infty} (-1)^n \dfrac{t^n}{n}$ 成为 $\sum\limits_{n=1}^{\infty} (-1)^n \dfrac{1}{n}$ 是收敛的. 从而 $\sum\limits_{n=1}^{\infty} (-1)^n \dfrac{t^n}{n}$ 的收敛域为 $-1 < t \leqslant 1$，由 $t = x - 3$ 得 $-1 < x - 3 \leqslant 1$，即 $2 < x \leqslant 4$，所以原级数的收敛域为区间 $(2, 4]$.

3. 幂级数的运算性质

性质 1 两个幂级数在它们收敛区间的公共部分内可以进行加、减运算，即

$$\sum\limits_{n=0}^{\infty} a_n x^n \pm \sum\limits_{n=0}^{\infty} b_n x^n = \sum\limits_{n=0}^{\infty} (a_n \pm b_n) x^n$$

性质 2 幂级数 $\sum\limits_{n=0}^{\infty} a_n x^n$ 的收敛半径为 R，则在收敛区间 $(-R, R)$ 内，其和函数 $S(x)$ 可导，可积，并且有逐项积分公式

$$\int_0^x S(x) \, \mathrm{d}x = \int_0^x \left(\sum\limits_{n=0}^{\infty} a_n x^n \right) \mathrm{d}x = \sum\limits_{n=0}^{\infty} \int_0^x a_n x^n \, \mathrm{d}x = \sum\limits_{n=0}^{\infty} \dfrac{a_n}{n+1} x^{n+1}, \ x \in (-R, R)$$

逐项求导公式

$$S' = \left(\sum\limits_{n=0}^{\infty} a_n x^n \right)' = \sum\limits_{n=0}^{\infty} (a_n x^n)' = \sum\limits_{n=1}^{\infty} n a_n x^{n-1}, \ x \in (-R, R)$$

逐项积分或逐项求导后，所得到幂级数和原幂级数有相同的收敛半径 R，但在 $x = \pm R$ 处，它们的收敛性可能发生变化.

例 5 求下列幂级数的和函数.

(1) $\sum\limits_{n=0}^{\infty} (-1)^n \dfrac{x^{n+1}}{n+1}$；　　　　　　(2) $\sum\limits_{n=1}^{\infty} n x^{n-1}$.

解 根据幂级数 $\sum\limits_{n=0}^{\infty} x^n = \dfrac{1}{1-x}$，$(-1 < x < 1)$，利用逐项积分公式和逐项求导公

式求之．

（1）设所求和函数为 $S(x)$，对 $S(x)=\sum_{n=0}^{\infty}(-1)^n\dfrac{x^{n+1}}{n+1}$ 两边求导，得

$$S'(x)=\left(\sum_{n=0}^{\infty}(-1)^n\frac{x^{n+1}}{n+1}\right)'=\sum_{n=0}^{\infty}(-1)^n\frac{(x^{n+1})'}{n+1}=\sum_{n=0}^{\infty}(-1)^n x^n$$

$$=\frac{1}{1+x}\quad(-1<x<1)$$

对上式两边积分，得 $\displaystyle\int_0^x S'(x)\mathrm{d}x=\int_0^x\frac{1}{1+x}\mathrm{d}x=\ln(1+x)$，

$$S(x)=S(0)+\ln(1+x)=\ln(1+x)，\quad 即$$

$$\sum_{n=0}^{\infty}(-1)^n\frac{x^{n+1}}{n+1}=\ln(1+x)$$

当 $x=-1$ 时，$S(x)=\ln(1+x)$ 无定义；

当 $x=1$ 时，$S(x)=\ln2$，且 $\displaystyle\sum_{n=0}^{\infty}(-1)^n\frac{x^{n+1}}{n+1}=\sum_{n=0}^{\infty}(-1)^n\frac{1}{n+1}$ 收敛．收敛域为

$(-1,1]$，故 $\displaystyle\sum_{n=0}^{\infty}(-1)^n\frac{x^{n+1}}{n+1}=\ln(1+x)\quad(-1<x\leqslant1)$．

（2）设所求和函数为 $S(x)$，对 $S(x)=\sum_{n=1}^{\infty}nx^{n-1}$ 两边积分，得

$$\int_0^x S(x)\mathrm{d}x=\int_0^x\sum_{n=1}^{\infty}nx^{n-1}\mathrm{d}x=\sum_{n=1}^{\infty}x^n=\frac{x}{1-x}\quad(-1<x<1)$$

对上式两边求导，得 $S(x)=\left(\displaystyle\int_0^x S(x)\mathrm{d}x\right)'=\left(\dfrac{x}{1-x}\right)'=\dfrac{1}{(1-x)^2}\quad(-1<x<1)$

当 $x=1$ 时，$S(x)=\dfrac{1}{(1-x)^2}$ 无定义；当 $x=-1$ 时，$S(x)=\displaystyle\sum_{n=1}^{\infty}nx^{n-1}=$

$\displaystyle\sum_{n=1}^{\infty}(-1)^{n-1}n$ 发散．因此 $\displaystyle\sum_{n=1}^{\infty}nx^{n-1}$ 的收敛域为 $(-1,1)$，故 $\displaystyle\sum_{n=1}^{\infty}nx^{n-1}=$

$\dfrac{1}{(1-x)^2}\quad(-1<x<1)$．

三、函数展开成幂级数

对于给定的函数 $f(x)$，是否能找到这样一个幂级数，它在某区间内收敛，且其和恰好就是给定的函数，如能找到这样的幂级数，我们就说，函数在该区间内能展开成幂级数，或简单地说函数能展开成幂级数，而该级数在收敛区间内就表达了函数，幂级数是最简单，最重要的函数项级数之一．幂级数之所以重要是因为幂级数的部分和是多项式．如果一个函数可以展开成幂级数，则该幂级数就可以用多项式近似表达（或称作"逼近"）．为此，我们先介绍下面级数．

1. 麦克劳林级数

若 $f(x)$ 在点 $x=0$ 的某邻域内具有各阶导数 $f'(x),f''(x),\cdots,f^{(n)}(x),\cdots$，则幂级数

$$f(0) + f'(0)x + \frac{f''(0)}{2!}x^2 + \cdots + \frac{f^{(n)}(0)}{n!}x^n + \cdots \qquad (4)$$

称为函数 $f(x)$ 的麦克劳林级数，显然，当 $x = 0$ 时，$f(x)$ 的麦克劳林级数（4）收敛于 $f(0)$，除了 $x = 0$ 外，$f(x)$ 的麦克劳林级数（4）在什么条件下收敛于 $f(x)$ 的问题有如下定理.

定理 3 设 $f(x)$ 在点 $x = 0$ 的某邻域 $U(0)$ 内具有各阶导数，则 $f(x)$ 在该邻域内能展开成麦克劳林级数（4）的充要条件是

$$\lim_{n \to \infty} r_n(x) = \lim_{n \to \infty} \left\{ f(x) - \left[f(0) + f'(0)x + \frac{f''(0)}{2!}x^2 + \cdots \frac{f^{(n)}(0)}{n!}x^n \right] \right\}$$

$$= \lim_{n \to \infty} \frac{f^{(n+1)}(\xi)}{(n+1)!}x^{n+1} = 0, \ (\xi \text{ 在 } 0 \text{ 与 } x \text{ 之间}) , \ x \in U(0) .$$

把一个函数 $f(x)$ 展开成麦克劳林级数，也可说成把 $f(x)$ 展开成幂级数.

根据定理 3，可得出下面几个重要的初等函数的幂级数展开式，可作为公式使用.

(1) $\dfrac{1}{1-x} = 1 + x + x^2 + \cdots + x^n + \cdots, \ x \in (-1, 1)$;

(2) $\mathrm{e}^x = 1 + x + \dfrac{x^2}{2!} + \dfrac{x^3}{3!} + \cdots + \dfrac{x^n}{n!} + \cdots, x \in (-\infty, +\infty)$;

(3) $\sin x = x - \dfrac{x^3}{3!} + \dfrac{x^5}{5!} - \cdots + (-1)^n \dfrac{x^{2n+1}}{(2n+1)!} + \cdots, \ x \in (-\infty, +\infty)$;

(4) $\cos x = 1 - \dfrac{x^2}{2!} + \dfrac{x^4}{4!} - \cdots + (-1)^n \dfrac{x^{2n}}{(2n)!} + \cdots, \ x \in (-\infty, +\infty)$;

(5) $\ln(1+x) = x - \dfrac{x^2}{2} + \dfrac{x^3}{3} - \cdots + (-1)^n \dfrac{x^{n+1}}{n+1} + \cdots, \ x \in (-1, 1]$;

(6) $(1+x)^\alpha = 1 + \alpha x + \dfrac{\alpha(\alpha-1)}{2!}x^2 + \cdots + \dfrac{\alpha(\alpha-1)(\alpha-2)\cdots(\alpha-n+1)}{n!}$

$x^n + \cdots, \ x \in (-1, 1)$（在 $x = \pm 1$ 时，要根据 α 的不同单独讨论，当 $\alpha > -1$ 时，$x = 1$ 处成立；当 $\alpha > 0$ 时，$x = -1$ 处也成立）.

例 6 将下列函数展开成幂级数.

(1) $\dfrac{1}{1+x^2}$; (2) $\ln(1-x)$; (3) $\cos^2 x$; (4) $f(x) = \displaystyle\int_0^x \mathrm{e}^{-x^2} \mathrm{d}x$.

解 (1) 在公式（1）中把 x 换成 $-x^2$，得

$$\frac{1}{1+x^2} = \frac{1}{1-(-x^2)} = 1 + (-x^2) + (-x^2)^2 + \cdots (-x^2)^n + \cdots$$

$$= 1 - x^2 + x^4 - x^6 + \cdots + (-1)^n x^{2n} + \cdots, \quad x \in (-1, 1) ;$$

(2) 在公式（5）中把 x 换成 $-x$，得

$$\ln(1-x) = \ln[1 + (-x)] = -x - \frac{x^2}{2} - \frac{x^3}{3} - \cdots - \frac{x^{n+1}}{n+1} + \cdots, \quad x \in [-1, 1) ;$$

(3) $\cos^2 x = \dfrac{1+\cos 2x}{2} = \dfrac{1}{2} + \dfrac{1}{2}\left[1 - \dfrac{(2x)^2}{2!} + \dfrac{(2x)^4}{4!} - \cdots + (-1)^n \dfrac{(2x)^{2n}}{(2n)!} + \cdots \right]$

$$= 1 - \frac{2^2}{2 \cdot 2!}x^2 + \frac{2^4}{2 \cdot 4!}x^4 - \cdots + (-1)^n \frac{2^{2n}}{2 \cdot (2n)!}x^{2n} + \cdots, x \in$$

$$(-\infty, +\infty) ;$$

模块三 级数与拉普拉斯变换

(4) $e^{-x^2} = 1 - x^2 + \dfrac{x^4}{2!} - \dfrac{x^6}{3!} + \cdots + \dfrac{(-1)^n x^{2n}}{n!} + \cdots, \quad x \in (-\infty, +\infty),$

$$f(x) = \int_0^x e^{-x^2} dx = \int_0^x (1 - x^2 + \dfrac{x^4}{2!} - \dfrac{x^6}{3!} + \cdots + \dfrac{(-1)^n x^{2n}}{n!} + \cdots) dx$$

$$= x - \dfrac{x^3}{3 \cdot 1!} + \dfrac{x^5}{5 \cdot 2!} - \dfrac{x^7}{7 \cdot 3!} + \cdots + \dfrac{(-1)^n x^{2n+1}}{(2n+1) \cdot n!} + \cdots, \quad x \in$$
$(-\infty, +\infty).$

2. 泰勒级数

在麦克劳林级数中 $x = 0$ 推广到 $x = x_0$，则得

$$f(x) = f(x_0) + f'(x_0)(x - x_0) + \dfrac{f''(x_0)}{2!}(x - x_0)^2 + \cdots + \dfrac{f^{(n)}(x_0)}{n!}(x - x_0)^n + \cdots,$$
$$x \in (x_0 - R, x_0 + R) \qquad (5)$$

式（5）称为 $f(x)$ 的泰勒展开式，右边的幂级数称为泰勒级数．

例 7　将 $f(x) = \dfrac{1}{x}$ 在 $x = 1$ 处展开成泰勒级数．

解　因为　$\dfrac{1}{1+t} = 1 - t + t^2 - t^3 + \cdots + (-1)^n t^n + \cdots, \quad t \in (-1, 1)$

所以　$f(x) = \dfrac{1}{x} = \dfrac{1}{1 + (x-1)}$

$$= 1 - (x-1) + (x-1)^2 - (x-1)^3 + \cdots + (-1)^n (x-1)^n + \cdots, \quad x \in (0, 2).$$

四、函数的幂级数展开式在近似计算上的应用举例

有了函数的幂级数展开式，我们就可以利用它来进行近似计算，即在展开式成立的区间内，函数值可以利用这个级数的部分和按规定的精度要求近似地计算出来．

例 8　计算 π 的近似值．

解　取 $f(x) = \arctan x$，其麦克劳林级数

$$\arctan x = \int_0^x \dfrac{dt}{1 + t^2} = \int_0^x [1 - t^2 + t^4 - t^6 + \cdots + (-1)^n t^{2n} + \cdots] dt$$

$$= x - \dfrac{x^3}{3} + \dfrac{x^5}{5} - \cdots + (-1)^n \dfrac{x^{2n+1}}{2n+1} + \cdots \quad (-1 \leqslant x \leqslant 1)$$

若令 $x = 1$，有

$$\dfrac{\pi}{4} = 1 - \dfrac{1}{3} + \dfrac{1}{5} - \cdots + \dfrac{(-1)^n}{2n+1} + \cdots,$$

$$\pi = 4\left(1 - \dfrac{1}{3} + \dfrac{1}{5} - \cdots + \dfrac{(-1)^n}{2n+1} + \cdots\right).$$

由于误差 $|r_n| \leqslant \dfrac{1}{2n+1}$，如果要精确到 10^{-5}，就要计算近 5 万项，这当然不太适宜．因此，作近似计算时还要考虑收敛速度问题，亦即要选择部分和接近其和数的速度要快的级数．对于函数 $\arctan x$ 的展开式而言，当 $|x|$ 越小收敛越快，恰恰在端点

$x = \pm 1$ 处收敛最慢. 现若取 $x = \dfrac{\sqrt{3}}{3}$ ，这时 $\arctan \dfrac{\sqrt{3}}{3} = \dfrac{\pi}{6}$ ，则得 π 的展开式

$$\frac{\pi}{6} = \frac{1}{\sqrt{3}} - \frac{1}{3} \cdot \frac{1}{(\sqrt{3})^3} + \frac{1}{5} \cdot \frac{1}{(\sqrt{3})^5} - \frac{1}{7} \cdot \frac{1}{(\sqrt{3})^7} + \cdots$$

$$\pi = 2\sqrt{3}\left(1 - \frac{1}{3} \cdot \frac{1}{3} + \frac{1}{5} \cdot \frac{1}{3^2} - \frac{1}{7} \cdot \frac{1}{3^3} + \cdots\right).$$

显然，这个级数收敛速度稍快些. 例如，在这个展开式中取 9 项，就有

$$\pi \approx 2\sqrt{3}\left(1 - \frac{1}{3} \cdot \frac{1}{3} + \frac{1}{5} \cdot \frac{1}{3^2} - \frac{1}{7} \cdot \frac{1}{3^3} + \cdots + \frac{1}{17} \cdot \frac{1}{3^8}\right)$$

$$\approx 2 \times 1.732051 \times (1 - 0.111111 + 0.022222 - 0.005291 + 0.001372 -$$

$$0.000374 + 0.000106 - 0.000030 + 0.000009)$$

$$\approx 3.14160$$

所产生的误差
$$|r_9| = \frac{2\sqrt{3}}{19 \cdot 3^9} \approx 0.0000093 < 10^{-5}.$$

例 9 求积分 $\displaystyle\int_0^1 e^{-x^2}\,\mathrm{d}x$ 的近似值，误差不超过 10^{-3} .

解 根据例 6 （4）知

$$\int_0^x e^{-x^2}\,\mathrm{d}x = x - \frac{x^3}{3 \cdot 1!} + \frac{x^5}{5 \cdot 2!} - \frac{x^7}{7 \cdot 3!} + \cdots + \frac{(-1)^n x^{2n+1}}{(2n+1) \cdot n!} + \cdots, \ x \in (-\infty, +\infty)$$

因为 $x = 1$ 在 $(-\infty, +\infty)$ 内，将 $x = 1$ 代入上式，得

$$\int_0^1 e^{-x^2}\,\mathrm{d}x = 1 - \frac{1}{3 \cdot 1!} + \frac{1}{5 \cdot 2!} - \frac{1}{7 \cdot 3!} + \cdots + \frac{(-1)^n}{(2n+1) \cdot n!} + \cdots \qquad (6)$$

取前 n 项和作为近似值时，根据交错级数收敛性，误差估计公式可得

$$|r_n| \leqslant a_{n+1} = \frac{1}{(2n+1)n!} < 10^{-3}, \ n = 5 \ \text{时}, \ |r_5| \leqslant a_6 = \frac{1}{11 \times 5!} = \frac{1}{1320} < 10^{-3}$$

所以只要 $n \geqslant 5$ 即可，现在式（6）中取前五项，得到

$$\int_0^1 e^{-x^2}\,\mathrm{d}x \approx 1 - \frac{1}{3 \cdot 1!} + \frac{1}{5 \cdot 2!} - \frac{1}{7 \cdot 3!} + \frac{1}{9 \cdot 4!}$$

$$\approx 1 - 0.3333 + 0.1 - 0.0238 + 0.0046 = 0.7475 \approx 0.748.$$

例 10 利用公式（3）取前两项计算 $\sin 18°$ 的近似值，并估计误差.

解 因为 $\quad \sin x = x - \dfrac{x^3}{3!} + \dfrac{x^5}{5!} - \cdots + (-1)^n \dfrac{x^{2n+1}}{(2n+1)!} + \cdots, \ x \in$

$(-\infty, +\infty)$

且 $x = 18° = \dfrac{\pi}{180} \times 18 = \dfrac{\pi}{10}$ ，代入上式，得

$$\sin \frac{\pi}{10} = \frac{\pi}{10} - \frac{1}{3!}\left(\frac{\pi}{10}\right)^3 + \frac{1}{5!}\left(\frac{\pi}{10}\right)^5 - \cdots + (-1)^n \frac{1}{(2n+1)!}\left(\frac{\pi}{10}\right)^{2n+1} + \cdots$$

由于上述级数为交错级数，取前两项作为 $\sin \dfrac{\pi}{10}$ 的近似值，其误差（又叫截断误差）为

$$|r_2| \leqslant a_3 = \frac{1}{5!}\left(\frac{\pi}{10}\right)^5 < \frac{1}{120} \times 0 \cdot 32^5 \approx 0.00003 < 10^{-4}$$

$$\sin\frac{\pi}{10} \approx \frac{\pi}{10} - \frac{1}{3!}\left(\frac{\pi}{10}\right)^3 \approx 0.31416 - 0.00517 = 0.30899 \approx 0.3090.$$

上式右边的各项化成小数时，又会产生"四舍五入"而引起的误差（叫舍入误差），为了使舍入误差与截断误差之和不超过 10^{-4}，通常要算到小数五位.

习题 3-2

1. 选择题：

(1) 若幂级数 $\sum\limits_{n=1}^{\infty} a_n x^n$ 的收敛半径为 R，则幂级数 $\sum\limits_{n=1}^{\infty} a_n(x-2)^n$ 的收敛开区间为（ ）.

A. $(-R, R)$ B. $(1-R, 1+R)$ C. $(-\infty, +\infty)$ D. $(2-R, 2+R)$

(2) 若幂级数 $\sum\limits_{n=1}^{\infty} a_n(x-1)^n$ 在 $x=-1$ 收敛，该级数在点 $x=2$ 处（ ）.

A. 条件收敛   B. 绝对收敛   C. 发散   D. 敛散性不确定.

2. 求下列幂级数的收敛区间.

(1) $\dfrac{x}{2} + \dfrac{x^2}{2 \cdot 4} + \cdots + \dfrac{x^n}{2 \cdot 4 \cdot \cdots \cdot (2n)} + \cdots$；

(2) $\dfrac{2}{2}x + \dfrac{2^2}{5}x^2 + \cdots + \dfrac{2^n}{n^2+1}x^n + \cdots$；

(3) $(x-2) + \dfrac{(x-2)^2}{2} + \dfrac{(x-2)^3}{3} + \cdots + \dfrac{(x-2)^n}{n} + \cdots$；

(4) $\sum\limits_{n=1}^{\infty} \dfrac{2n-1}{2^n}x^{2n-2}$.

3. 将下列函数展开成 x 的幂级数，并求展开式成立的区间

(1) a^x；   (2) $x\ln(1+x)$；

(3) $\sin^2 x$；   (4) $\dfrac{x^2}{1-x}$；

(5) $\dfrac{1}{\sqrt{1+x^2}}$；   (6) $\ln\dfrac{1+x}{1-x}$.

4. 将函数 $f(x) = \dfrac{1}{2-x}$ 展开成 $(x-1)$ 的幂级数.

5. 将函数 $f(x) = \dfrac{1}{x^2+3x+2}$ 展开成 $(x+4)$ 的幂级数.

6. 利用函数 $\ln\dfrac{1+x}{1-x}$ 的幂级数展开式计算 ln2 的近似值（精确到 0.0001）.

7. 利用公式（4）取前两项计算 $\cos 2°$ 的近似值，并估计误差.

8. 利用被积函数的幂级数展开式求定积分 $\int_0^{\frac{1}{2}} \dfrac{\arctan x}{x} \mathrm{d}x$（精确到 0.001）的近似值.

第三节　傅里叶（Fourier）级数

【思考问题】

心脏的跳动、肺的运动、给我们居室提供动力的电流、电子信号技术中常见的方波、锯齿形波和三角波以及由空气分子的周期性振动产生的声波等等都属于周期现象，它们的合成与分解都大量用到三角级数. 自然界的许多现象都具有周期性或重复性，因此用周期函数来逼近它们就极具意义.

形如

$$\frac{a_0}{2} + \sum_{n=1}^{\infty}\left(a_n \cos\frac{n\pi x}{l} + b_n \sin\frac{n\pi x}{l}\right) \tag{1}$$

的级数称为三角级数，其中 $a_0, a_n, b_n\,(n=1,2,3,\cdots)$ 都是常数，常数 $l>0$.

一、周期函数展开成傅里叶级数

定义　对于周期为 $2l(l>0)$ 的函数 $f(x)$，如果能展开成三角级数，其系数由下式给出：

$$a_n = \frac{1}{l}\int_{-l}^{l} f(x)\cos\frac{n\pi x}{l}\mathrm{d}x, (n=0,1,2,\cdots)$$
$$b_n = \frac{1}{l}\int_{-l}^{l} f(x)\sin\frac{n\pi x}{l}\mathrm{d}x, \ (n=1,2,\cdots) \tag{2}$$

它对应的级数是：

$$\frac{a_0}{2} + \sum_{n=1}^{\infty}\left(a_n \cos\frac{n\pi x}{l} + b_n \sin\frac{n\pi x}{l}\right) \tag{3}$$

这个级数（3）叫 $f(x)$ 的傅里叶级数，$a_0, a_n, b_n\,(n=1,2,3,\cdots)$ 称为函数 $f(x)$ 的傅里叶系数.

现在的问题是：一个定义在 $(-\infty, +\infty)$ 上周期为 $2l$ 的函数 $f(x)$，它的傅里叶级数是否一定收敛？下面的定理给出了我们答案.

收敛定理　设 $f(x)$ 是周期为 $2l$ 的周期函数，如果 $f(x)$ 在一个周期 $[-l, l]$ 上连续或只有有限个第一类间断点，并且至多只有有限个极值点，则 $f(x)$ 的傅里叶级数（3）收敛，并且：

（1）当 x 是 $f(x)$ 的连续点时，级数（3）收敛于 $f(x)$；

（2）当 x 是 $f(x)$ 的间断点时，级数（3）收敛于 $\dfrac{1}{2}[f(x-0)+f(x+0)]$.

即：

$$\frac{a_0}{2} + \sum_{n=1}^{\infty}\left(a_n \cos\frac{n\pi x}{l} + b_n \sin\frac{n\pi x}{l}\right) = \begin{cases} f(x), & \text{（当 } x \text{ 是 } f(x) \text{ 的连续点时）} \\ \dfrac{f(x-0)+f(x+0)}{2}, & \text{（当 } x \text{ 是 } f(x) \text{ 的间断点时）} \end{cases}$$

$$\tag{4}$$

通常在实际应用中，所遇到的周期函数都能满足上述条件，因而它的傅里叶级数除间断点外都能收敛到 $f(x)$，这时也称函数可以展成傅里叶级数.

在以上条件下，根据定理可以得到以下结论.

（1）如果 $f(x)$ 是偶函数，则 $f(x)\cos\dfrac{n\pi x}{l}$ 是偶函数，$f(x)\sin\dfrac{n\pi x}{l}$ 是奇函数，从而函数 $f(x)$ 的傅里叶系数为

$$b_n = 0, \qquad\qquad (n=1,2,\cdots)$$
$$a_n = \frac{2}{l}\int_0^l f(x)\cos\frac{n\pi x}{l}\mathrm{d}x, \ (n=0,1,2,\cdots) \tag{5}$$

于是函数的傅里叶级数为傅里叶余弦级数，即

$$\frac{a_0}{2}+\sum_{n=1}^{\infty}a_n\cos\frac{n\pi x}{l} = \begin{cases} f(x) & （当\ x\ 是\ f(x)\ 的连续点时）\\ \dfrac{f(x-0)+f(x+0)}{2} & （当\ x\ 是\ f(x)\ 的间断点时）\end{cases} \tag{6}$$

（2）如果 $f(x)$ 是奇函数，则 $f(x)\cos\dfrac{n\pi x}{l}$ 是奇函数，$f(x)\sin\dfrac{n\pi x}{l}$ 是偶函数，从而函数 $f(x)$ 的傅里叶系数为

$$a_n = 0, \qquad\qquad (n=0,1,2,\cdots)$$
$$b_n = \frac{2}{l}\int_0^l f(x)\sin\frac{n\pi x}{l}\mathrm{d}x, \qquad (n=1,2,\cdots) \tag{7}$$

于是函数的傅里叶级数为傅里叶正弦级数，即

$$\sum_{n=1}^{\infty}b_n\sin\frac{n\pi x}{l} = \begin{cases} f(x), & （当\ x\ 是\ f(x)\ 的连续点时）\\ \dfrac{f(x-0)+f(x+0)}{2}, & （当\ x\ 是\ f(x)\ 的间断点时）\end{cases} \tag{8}$$

（3）如果 $l=\pi$，即 $f(x)$ 是周期为 2π 的周期函数，则函数 $f(x)$ 的傅里叶系数为

$$a_0 = \frac{1}{\pi}\int_{-\pi}^{\pi} f(x)\mathrm{d}x$$
$$a_n = \frac{1}{\pi}\int_{-\pi}^{\pi} f(x)\cos nx\,\mathrm{d}x, \ (n=1,2,\cdots) \tag{9}$$
$$b_n = \frac{1}{\pi}\int_{-\pi}^{\pi} f(x)\sin nx\,\mathrm{d}x, \ (n=1,2,\cdots)$$

于是，函数的傅里叶级数为

$$\frac{a_0}{2}+\sum_{n=1}^{\infty}(a_n\cos nx + b_n\sin nx) = \begin{cases} f(x), & （当\ x\ 是\ f(x)\ 的连续点时）\\ \dfrac{f(x-0)+f(x+0)}{2} & （当\ x\ 是\ f(x)\ 的间断点时）\end{cases} \tag{10}$$

例 1 设 $f(x)$ 是周期为 6 的周期函数，它在 $[-3,3)$ 上的表达式为

$$f(x) = \begin{cases} 0, & -3\leqslant x < 0 \\ 5, & 0\leqslant x < 3 \end{cases}，\text{将}\ f(x)\ \text{展开成傅里叶级数.}$$

解 作函数 $f(x)$ 的图形，由图 3-2 可见所给函数满足收敛定理的条件，它在点 x

$=0,\pm3,\pm6,\cdots$ 处不连续，在其它点处连续，从而由收敛定理知道 $f(x)$ 的傅里叶级数收敛，并且当点 $x=0,\pm3,\pm6,\cdots$ 时收敛于

$$\frac{1}{2}[f(x-0)+f(x+0)]=\frac{1}{2}(0+5)=\frac{5}{2}$$

当 $x\ne0,\pm3,\pm6,\cdots$，且 $-\infty<x<\infty$ 时，级数收敛于 $f(x)$. 将 $l=3$ 代入式（2），得 $f(x)$ 的傅里叶系数为

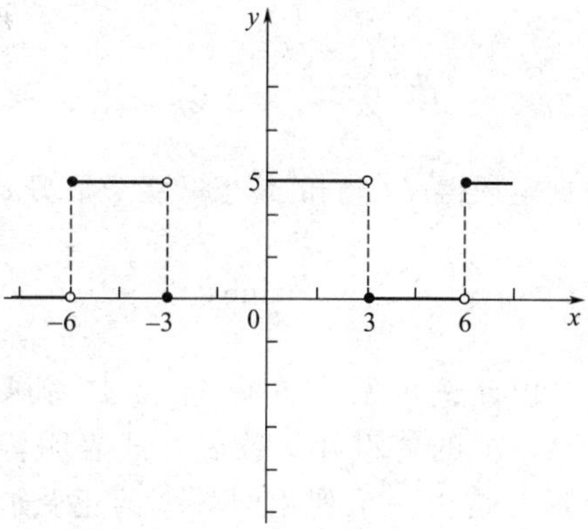

$$a_0=\frac{1}{3}\int_{-3}^0 0\,\mathrm{d}x+\frac{1}{3}\int_0^3 5\,\mathrm{d}x=5$$

$$a_n=\frac{1}{3}\int_0^3 5\cos\frac{n\pi x}{3}\mathrm{d}x$$

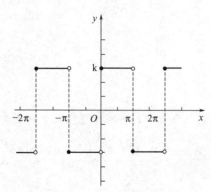

图 3-2　例 1 图

$$=\frac{5}{n\pi}\left[\sin\frac{n\pi x}{3}\right]_0^3=0\quad(n=1,2,\cdots)$$

$$b_n=\frac{1}{3}\int_0^3 5\sin\frac{n\pi x}{3}\mathrm{d}x=-\frac{5}{n\pi}\left[\cos\frac{n\pi x}{3}\right]_0^3$$

$$=\frac{5}{n\pi}(1-\cos n\pi)=\begin{cases}\dfrac{10}{n\pi},&(n=1,3,5,\cdots)\\[2mm]0,&(n=2,4,6,\cdots)\end{cases}$$

根据定理得 $f(x)$ 的傅里叶级数展开式

$$f(x)=\frac{5}{2}+\frac{10}{\pi}\left(\sin\frac{\pi x}{3}+\frac{1}{3}\sin\frac{3\pi x}{3}+\frac{1}{5}\sin\frac{5\pi x}{3}+\cdots\right)$$

$$(-\infty<x<+\infty,x\ne0,\pm3,\pm6,\cdots)$$

例 2　设周期为 2π，幅值 $E=k(k>0)$，时间为 x 的矩形波的波函数 $f(x)$ 在一个周期 $[-\pi,\pi)$ 上的表达式为

$$f(x)=\begin{cases}-k,&-\pi\le x<0\\k,&0\le x<\pi\end{cases}\quad(k>0)，将$$

$f(x)$ 展开为傅里叶级数，并说明其意义.

图 3-3　矩形波图

解　作函数 $f(x)$ 的图形，由图 3-3 可见所给函数满足收敛定理的条件，它在点 $x=n\pi(n=0,\pm1,\pm2,\cdots)$ 处不连续，在其它点处连续，从而由收敛定理知道 $f(x)$ 的傅里叶级数收敛，并且当 $x=n\pi$ 时级数收敛于

$$\frac{1}{2}[f(x-0)+f(x+0)]=\frac{1}{2}(-k+k)=0$$

当 $x\ne n\pi(n=0,\pm1,\pm2,\cdots)$ 时，级数收敛于 $f(x)$.

因为 $l=\pi$ 且 $f(x)$ 是奇函数，代入式（7），得 $f(x)$ 的傅里叶系数为

$$a_n=0,\quad(n=0,1,2,\cdots)$$

$$b_n=\frac{2}{\pi}\int_0^\pi f(x)\sin nx\,\mathrm{d}x=\frac{2}{\pi}\int_0^\pi k\sin nx\,\mathrm{d}x=\frac{2k}{\pi}\left[-\frac{\cos nx}{n}\right]_0^\pi=\frac{2k}{n\pi}(1-\cos n\pi)$$

$$= \frac{2k}{n\pi}(1 - (-1)^n) = \begin{cases} \dfrac{4k}{n\pi}, & (n = 1,3,5,\cdots) \\ 0, & (n = 2,4,6,\cdots) \end{cases}$$

根据定理得 $f(x)$ 的傅里叶级数展开式

$$f(x) = \frac{2k}{\pi}\left(\sin x + \frac{1}{3}\sin 3x + \frac{1}{5}\sin 5x + \cdots\right), (-\infty < x < +\infty; x \neq 0, \pm\pi, \pm 2\pi, \cdots).$$

由此例可见，如果 $f(x)$ 是奇函数，则 $f(x)$ 的傅里叶级数是正弦级数．上面的 $f(x)$ 的傅里叶级数展开式表明：周期为 2π，幅值 $E = k (k > 0)$，时间为 x 的矩形波是由一系列不同频率的正弦波叠加而成的，这些正弦波的频率依次是基波频率的奇数倍．

例 3　一个交变电压 $E\sin\omega t$（t 表示时间）．经整流后把负压"削去"就得到图 3-4 所示的周期波形，称为半波整流．求由图所示的半波整流函数 $f(t)$ 的傅里叶级数．

解　由图 3-4 所示的半波整流函数 $f(t)$ 是周期为 $\dfrac{2\pi}{\omega}$ 的周期函数，它在 $\left(-\dfrac{\pi}{\omega}, \dfrac{\pi}{\omega}\right]$ 上的表达式为

$$f(t) = \begin{cases} E\sin\omega t & \left(0 \leqslant t \leqslant \dfrac{\pi}{\omega}\right) \\ 0 & \left(-\dfrac{\pi}{\omega} < t < 0\right) \end{cases}$$

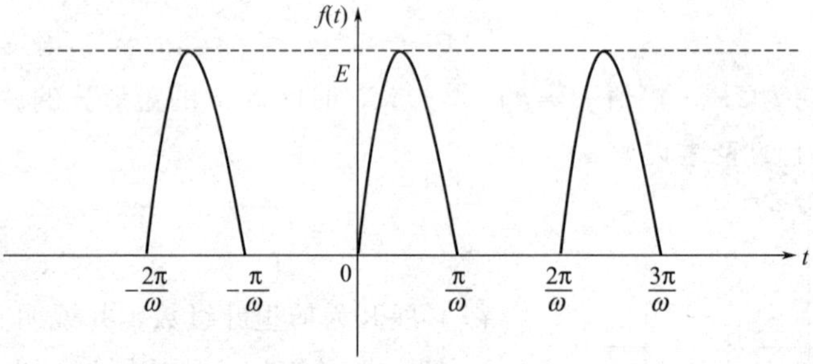

图 3-4　半波整流图

由图 3-4 可见所给函数 $f(t)$ 满足收敛定理的条件，且在 $(-\infty, +\infty)$ 内连续．因此，$f(t)$ 的傅里叶级数在 $(-\infty, +\infty)$ 内收敛于 $f(t)$．将 $l = \dfrac{\pi}{\omega}$ 代入式（2），计算傅里叶系数如下

$$a_0 = \frac{1}{\dfrac{\pi}{\omega}}\int_{-\frac{\pi}{\omega}}^{\frac{\pi}{\omega}} f(t)\,\mathrm{d}t = \frac{\omega}{\pi}\int_0^{\frac{\pi}{\omega}} E\sin\omega t\,\mathrm{d}t = \frac{2E}{\pi}$$

$$a_n = \frac{1}{\dfrac{\pi}{\omega}}\int_{-\frac{\pi}{\omega}}^{\frac{\pi}{\omega}} f(t)\cos\frac{n\pi t}{\dfrac{\pi}{\omega}}\,\mathrm{d}t = \frac{\omega}{\pi}\int_0^{\frac{\pi}{\omega}} E\sin\omega t\cos\omega nt\,\mathrm{d}t$$

$$= \frac{\omega E}{2\pi} \int_0^{\frac{\pi}{\omega}} \left[\sin(n+1)\omega t - \sin(n-1)\omega t \right] dt$$

$$= \frac{\omega E}{2\pi} \left[-\frac{\cos(n+1)\omega t}{(n+1)\omega} + \frac{\cos(n-1)\omega t}{(n-1)\omega} \right]_0^{\frac{\pi}{\omega}} \quad (n \neq 1)$$

$$= -\frac{E[1+(-1)^n]}{\pi(n^2-1)} = \begin{cases} -\dfrac{2E}{\pi[(2m)^2-1]} & (n=2m, m=1,2,\cdots) \\ 0 & (n=2m+1, m=1,2,\cdots) \end{cases}$$

$$a_1 = \frac{1}{\frac{\pi}{\omega}} \int_{-\frac{\pi}{\omega}}^{\frac{\pi}{\omega}} f(t) \cos \frac{\pi t}{\frac{\pi}{\omega}} dt = \frac{\omega}{\pi} \int_0^{\frac{\pi}{\omega}} E \sin\omega t \cos\omega t \, dt$$

$$= \frac{\omega E}{2\pi} \int_0^{\frac{\pi}{\omega}} \left[\sin 2\omega t \right] dt = \frac{\omega E}{2\pi} \left[-\frac{\cos 2\omega t}{2\omega} \right]_0^{\frac{\pi}{\omega}} = 0$$

同理可得 $b_1 = \dfrac{E}{2}, b_n = 0 \ (n \neq 1)$ ，根据定理得半波整流函数 $f(t)$ 的傅里叶级数为

$$f(t) = \frac{E}{\pi} + \frac{E}{2} \sin\omega t - \sum_{n=1}^{\infty} \frac{E[1+(-1)^n] \cos n\omega t}{\pi(n^2-1)}$$

$$= \frac{E}{\pi} + \frac{E}{2} \sin\omega t - \frac{2E}{\pi} \sum_{m=1}^{\infty} \frac{\cos 2m\omega t}{4m^2-1}, \quad (-\infty < t < +\infty).$$

二、有限区间上的函数展开成傅里叶级数

在实际问题中（如波动问题、热传导问题、扩散问题等），需要讨论一种定义在一个有限区间上的非周期函数展开为傅里叶级数．下面分两种区间 $[-l, l]$ 和 $[0, l]$ 讨论．

1. $[-l, l]$ 上的函数展开成傅里叶级数

当区间为 $[-l, l]$ 时，在区间 $[-l, l]$ 外补充 $f(x)$ 的定义，使它拓展成一个周期为 $2l$ 的周期函数 $F(x)$，这种拓展函数定义域的方法称为周期延拓，只需要将式（4）限制在 $[-l, l]$ 上即可．

例4 将函数 $f(x) = x^2$ 在 $[-1, 1]$ 上展开成傅里叶级数．

解 将函数 $f(x) = x^2$ 进行周期延拓，作出函数 $f(x)$ 的图形（见图3-5），由图可知所给函数 $f(x)$ 在 $[-1, 1]$ 上满足收敛定理的条件，并且拓展为周期函数时，在 $(-\infty, +\infty)$ 内连续，因此，拓展的周期函数的傅里叶级数在 $[-1, 1]$ 上收敛于 $f(x)$．

因为 $f(x) = x^2$ 是偶函数，$l = 1$，所以

$$b_n = 0 \quad (n = 1, 2, \cdots)$$

$$a_0 = \frac{2}{l} \int_0^l f(x) dx = \frac{2}{1} \int_0^1 x^2 dx = \frac{2}{3}$$

$$a_n = \frac{2}{l} \int_0^l f(x) \cos \frac{n\pi x}{l} dx = 2 \int_0^1 x^2 \cos n\pi x \, dx = \frac{2}{n\pi} \int_0^l x^2 d(\sin n\pi x)$$

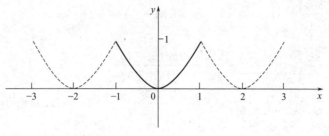

图 3-5 例 4 图

$$= \frac{2}{n\pi}\left[x^2\sin n\pi x\,\Big|_0^1 + \frac{2}{n\pi}\int_0^l x\,\mathrm{d}(\cos n\pi x)\right]$$

$$= \frac{4}{n^2\pi^2}\left[x\cos n\pi x\,\Big|_0^1 - \frac{1}{n\pi}\sin n\pi x\,\Big|_0^1\right] = \frac{4(-1)^n}{n^2\pi^2}$$

所以，$f(x)$ 在 $[-1,1]$ 上的傅里叶级数展开式为

$$f(x) = \frac{1}{3} + \frac{4}{\pi^2}\sum\frac{(-1)^n}{n^2}\cos n\pi x \quad (-1\leqslant x\leqslant 1).$$

2. $[0,l]$ 上的函数展开成傅里叶级数

当区间为 $[0,l]$，根据需要将函数展开为正弦级数时，对 $f(x)$ 奇延拓.
令

$$F(x) = \begin{cases} f(x), & 0 < x \leqslant l \\ 0, & x = 0 \\ -f(-x), & -l \leqslant x < 0 \end{cases}$$

则 $F(x)$ 是定义在 $[-l,l]$ 上的奇函数，将 $F(x)$ 在 $[-l,l]$ 上展开成傅里叶级数，所得级数必是正弦级数. 再限制 x 在 $[0,l]$ 上，就得到 $f(x)$ 的正弦级数展开式.

当区间为 $[0,l]$，根据需要将函数展开为余弦级数时，对 $f(x)$ 偶延拓.
令

$$F(x) = \begin{cases} f(x), & 0 \leqslant x \leqslant l \\ f(-x), & -l \leqslant x < 0 \end{cases}$$

则 $F(x)$ 是定义在 $[-l,l]$ 上的偶函数，将 $F(x)$ 在 $[-l,l]$ 上展开成傅里叶级数，所得级数必是余弦级数. 再限制 x 在 $[0,l]$ 上，就得到 $f(x)$ 的余弦级数展开式.

例 5 将函数 $f(x) = x + 1(0 \leqslant x \leqslant \pi)$ 分别展开成正弦级数和余弦级数.

解 先将函数 $f(x)$ 展开成正弦级数. 为此，对 $f(x)$ 进行奇延拓（如图 3-6），此时

$$b_n = \frac{2}{\pi}\int_0^\pi f(x)\sin n x\,\mathrm{d}x = \frac{2}{\pi}\int_0^1 (x+1)\sin n x\,\mathrm{d}x$$

$$= \frac{2}{\pi}\left[-\frac{x\cos n x}{n} + \frac{\sin n x}{n^2} - \frac{\cos n x}{n}\right]_0^\pi$$

$$= \frac{2}{n\pi}(1 - \pi\cos n\pi - \cos n\pi)$$

$$= \begin{cases} \dfrac{2}{\pi} \cdot \dfrac{\pi+2}{n}, & (n=1,3,5,\cdots) \\ -\dfrac{2}{n}, & (n=2,4,6,\cdots) \end{cases}$$

所以，$f(x)$ 的正弦级数为．

$$f(x) = x + 1 = \frac{2}{\pi}\left[(\pi+2)\sin x - \frac{\pi}{2}\sin 2x + \frac{\pi+2}{3}\sin 3x - \frac{\pi}{4}\sin 4x + \cdots\right] \quad (0 <$$

$x < \pi)$. 在端点 $x=0, x=\pi$ 处，级数的和为 0，它不代表 $x+1$ 在 $x=0, x=\pi$ 处的值．

再展开成余弦级数．对 $f(x)$ 进行偶延拓（如图 3-7），此时

$$a_0 = \frac{2}{\pi}\int_0^\pi (x+1)\mathrm{d}x = \pi + 2$$

$$a_n = \frac{2}{\pi}\int_0^\pi (x+1)\cos nx\,\mathrm{d}x$$

$$= \frac{2}{\pi}\left[\frac{x\sin nx}{n} + \frac{\cos nx}{n^2} + \frac{\sin nx}{n}\right]_0^\pi$$

$$= \frac{2}{n^2\pi}(\cos n\pi - 1) = \begin{cases} 0, & (n=2,4,6,\cdots) \\ -\dfrac{4}{n^2\pi}, & (n=1,3,5,\cdots) \end{cases}.$$

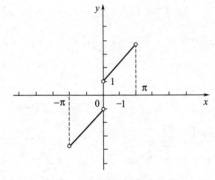

图 3-6　例 5 函数奇延拓图

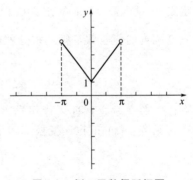

图 3-7　例 5 函数偶延拓图

所以，$f(x)$ 的余弦级数为

$$f(x) = x + 1 = \frac{\pi}{2} + 1 - \frac{4}{\pi}\left(\cos x + \frac{1}{3^2}\cos 3x + \frac{1}{5^2}\cos 5x + \cdots\right), \quad (0 \leqslant x \leqslant \pi).$$

习题 3-3

1. 设周期为 2π 的周期函数 $f(x)$ 在 $[-\pi, \pi)$ 上的表达式为 $f(x) = \begin{cases} \pi + x, & -\pi \leqslant x < 0 \\ \pi - x, & 0 \leqslant x < \pi \end{cases}$. 试将其展开成傅里叶级数．

2. 设周期为 2π 的周期函数 $f(x)$ 在 $[-\pi, \pi)$ 上的表达式为 $f(x) = x$，试将其展开

成傅里叶级数.

3. 设周期为 4 的周期函数 $f(x)$ 在 $[-2,2)$ 上的表达式为 $f(x)=\begin{cases} 0, & -2 \leqslant x < 0 \\ A, & 0 \leqslant x < 2 \end{cases}$. 试将其展开成傅里叶级数.

4. 将函数 $f(x)=|x|\ (-1 \leqslant x \leqslant 1)$ 展开成傅里叶级数.

5. 将函数 $f(x)=x\ (0 \leqslant x \leqslant \pi)$ 分别展开成正弦级数和余弦级数.

第四节　拉普拉斯变换

从本节开始,将简单介绍拉普拉斯变换(以下简称拉氏变换)的基本概念、主要性质、逆变换,以及它在解常系数线性微分方程中的应用.

在代数中,直接计算 $N=6.28 \times \sqrt[3]{\dfrac{3451}{8.7} \times 5^2} \times \pi^{\frac{2}{3}}$ 是很复杂的,而引用对数后,可先把上式变换为 $\ln N = \ln 6.28 + \dfrac{1}{3}(\ln 3451 - \ln 8.7 + 2\ln 5) + \dfrac{2}{3}\ln\pi$,然后通过查对数表和反对数表,就可算得原来要求的数 N.

这是一种把复杂运算转化为简单运算的做法,而拉氏变换则是另一种化繁为简的做法.

一、拉氏变换的基本概念.

定义　设函数 $f(t)$ 的定义域为 $[0,+\infty)$,若广义积分 $\displaystyle\int_0^{+\infty} f(t)\,\mathrm{e}^{-pt}\,\mathrm{d}t$ 对于 p 在某一范围内的值收敛,则此积分就确定了一个参数为 p 的函数,记为 $F(p)$,即

$$F(p)=\int_0^{+\infty} f(t)\,\mathrm{e}^{-pt}\,\mathrm{d}t \tag{1}$$

函数 $F(p)$ 称为 $f(t)$ 的拉普拉斯(Laplace)变换(或称为 $f(t)$ 的象函数),公式(1)称为函数 $f(t)$ 的拉氏变换式,记为 $L[f(t)]$,即

$$F(p)=L[f(t)]$$

称 $f(t)$ 为 $F(p)$ 拉氏逆变换(或 $F(p)$ 的象原函数),记为 $L^{-1}[F(p)]$,即

$$f(t)=L^{-1}[F(p)]$$

说明:(1)在定义中,只要求 p 为实数,$f(t)$ 在 $t \geqslant 0$ 时有定义,这符合工程技术实际问题的要求,$t=0$ 常常称为初始时刻. 为了我们能更方便地利用拉氏变换,以后总假定在 $t<0$ 时,$f(t)\equiv 0$.

(2)拉氏变换是将给定的函数通过广义积分转换成一个新的函数,它是一种积分变换. 一般来说,在科学技术中遇到的函数,它的拉氏变换总是存在的,p 的取值范围称为拉氏变换的存在区域,常写在拉氏变换式后面.

例 1　求指数函数 $f(t)=\mathrm{e}^{at}\ (t \geqslant 0, a$ 是常数$)$ 的拉氏变换.

解　根据公式(1),有

$$L[\mathrm{e}^{at}]=\int_0^{+\infty} \mathrm{e}^{at}\,\mathrm{e}^{-pt}\,\mathrm{d}t=\int_0^{+\infty} \mathrm{e}^{-(p-a)t}\,\mathrm{d}t=\frac{1}{p-a},\quad (p>a)$$

在自动控制系统中，经常会用到下面两个函数.

1. 单位阶梯函数

单位阶梯函数（图 3-8），表示式为

$$u(t) = \begin{cases} 0 & t < 0, \\ 1 & t \geqslant 0. \end{cases}$$

它有两个作用：

（1）调节作用

在工程技术实际问题中，讨论一个系统的运动状态，常将初始时刻定为 $t=0$，有时讨论初始时刻为 $t=a$，这时的函数记为 $f(t-a)$，$a > 0$. 当 $t < a$ 时，$f(t-a) \equiv 0$，为了突出这一点，我们也将这个函数写成 $u(t-a)f(t-a)$.

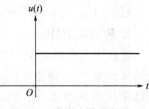

图 3-8　单位阶梯函数图

（2）化分段函数成一个表示式

先看一个简单例子

例 2　若 $f(t) = \begin{cases} 0 & t < 0 \\ c_1 & 0 \leqslant t < t_1 \\ c_2 & t_1 \leqslant t \end{cases}$，求证：$f(t) = c_1 u(t) + (c_2 - c_1) u(t - t_1)$.

证明　因 $u(t) = \begin{cases} 0 & t < 0 \\ 1 & 0 \leqslant t \end{cases}$，故 $c_1 u(t) = \begin{cases} 0 & t < 0 \\ c_1 & 0 \leqslant t \end{cases} = \begin{cases} 0 & t < 0 \\ c_1 & 0 \leqslant t < t_1 \\ c_1 & t_1 \leqslant t \end{cases}$.

$u(t-t_1) = \begin{cases} 0 & t < t_1 \\ 1 & t_1 \leqslant t \end{cases}$，$(c_2 - c_1) u(t - t_1) = \begin{cases} 0 & t < t_1 \\ c_2 - c_1 & t_1 \leqslant t \end{cases} = \begin{cases} 0 & t < 0 \\ 0 & 0 \leqslant t < t_1 \\ c_2 - c_1 & t_1 \leqslant t \end{cases}$

所以 $c_1 u(t) + (c_2 - c_1) u(t - t_1) = \begin{cases} 0 & t < 0 \\ c_1 & 0 \leqslant t < t_1 \\ c_2 & t_1 < t \end{cases} = f(t)$.

对于一般情形有下面的结论.

设 $0 < t_1 < t_2 < \cdots < t_{n-1}$，$f_i(t)$ $(i = 1, 2, \cdots, n)$ 是初等函数的表示式，

$$f(t) = \begin{cases} 0 & t < 0 \\ f_1(t) & 0 \leqslant t < t_1 \\ f_2(t) & t_1 \leqslant t < t_2 \\ \vdots & \vdots \\ f_n(t) & t_{n-1} \leqslant t \end{cases} \tag{2}$$

则

$$f(t) = [f_1(t) - 0] u(t - 0) + [f_2(t) - f_1(t)] u(t - t_1) +$$
$$[f_3(t) - f_2(t)] u(t - t_2) + \cdots + [f_n(t) - f_{n-1}(t)] u(t - t_{n-1}).$$

模块三　级数与拉普拉斯变换

例 3 已知分段函数 $f(t) = \begin{cases} 2 & 0 \leqslant t < 1 \\ t & 1 \leqslant t < \pi \\ \sin t & \pi \leqslant t \end{cases}$ 试利用单位阶梯函数将 $f(t)$ 合写成一个式子.

解 由式（2）有 $f(t) = 2u(t) + [t - 2]u(t - 1) + [\sin t - t]u(t - \pi)$.

2. 狄拉克函数

在许多实际问题中，常会遇到一种集中在短时间内作用的量. 例如，一个质量为 m 的物体以速度 v_0 撞击一固定的钢板，于是在时间 $[0, \varepsilon]$（ε 是一个很小的正数）内，物体受到的速度由 v_0 变成 0，根据物理学中动量定律，这时钢板受到的冲击力为 $F(t) = \dfrac{mv_0}{\varepsilon}$，所以，作用时间越短（即 ε 的值越小），冲击力就越大，因而，钢板受的冲击力作为时间 t 的函数，并可近似地表示为

$$F_\varepsilon(t) = \begin{cases} \dfrac{mv_0}{\varepsilon} & t \in [0, \varepsilon] \\ 0 & t \notin [0, \varepsilon] \end{cases}, \quad \lim_{\varepsilon \to 0} F_\varepsilon(t) = \begin{cases} \infty & t = 0 \\ 0 & t \neq 0 \end{cases}$$

可以看出，对于极限函数 $\lim\limits_{\varepsilon \to 0} F_\varepsilon(t)$，不能用我们学过的通常的函数来表示它，对于具有这种特性的式子，给出下面的定义.

定义 设

$$\delta_\varepsilon(t) = \begin{cases} \dfrac{1}{\varepsilon} & t \in [0, \varepsilon] \\ 0 & t \notin [0, \varepsilon] \end{cases}, \quad \delta(t) = \lim_{\varepsilon \to 0} \delta_\varepsilon(t) = \begin{cases} \infty & t = 0 \\ 0 & t \neq 0 \end{cases}$$

称为狄拉克函数（Dirac），简称为 δ 函数.

工程上，将 δ 函数称为单位脉冲函数，如图 3-9 所示，在实际问题中，将 δ 函数用一个长度为 1 的有向线段来表示，这个线段的长度称为 δ 函数的强度，如图 3-10 所示.

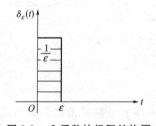

图 3-9 **δ** 函数的极限结构图

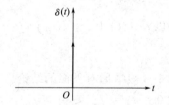

图 3-10 脉冲函数的强度图

又因为 $\displaystyle\int_{-\infty}^{+\infty} \delta_\varepsilon(t)\,\mathrm{d}t = \int_{-\infty}^{0} 0\mathrm{d}t + \int_{o}^{\varepsilon} \dfrac{1}{\varepsilon}\mathrm{d}t + \int_{\varepsilon}^{+\infty} 0\mathrm{d}t = 1$ 所以，我们规定 $\displaystyle\int_{-\infty}^{+\infty} \delta(t)\,\mathrm{d}t = 1$.

狄拉克函数 $\delta(t)$ 有下面的结论：

若 $g(t)$ 是 $(-\infty, +\infty)$ 上的一个连续函数，有 $\displaystyle\int_{-\infty}^{+\infty} g(t)\delta(t)\,\mathrm{d}t = g(0)$.

例 4 求单位阶梯函数 $u(t)$ 的拉氏变换.

解 $L[u(t)] = \displaystyle\int_{0}^{+\infty} u(t)\mathrm{e}^{-pt}\,\mathrm{d}t = \int_{0}^{+\infty} 1 \cdot \mathrm{e}^{-pt}\,\mathrm{d}t = \left[-\dfrac{1}{p}\mathrm{e}^{-pt}\right]_{0}^{+\infty} = \dfrac{1}{p}$, $(p > 0)$.

例 5 求狄拉克函数 $\delta(t)$ 的拉氏变换.

解 因为 $t < 0$ 时,$\delta(t) = 0$,$g(t) = e^{-pt}$,由拉氏变换的定义和上面的结论有

$$L[\delta(t)] = \int_0^{+\infty} \delta(t) e^{-pt} dt = \int_{-\infty}^{+\infty} e^{-pt} \delta(t) dt = e^{-p \cdot 0} = 1.$$

二、拉氏变换的性质

从上面的几个例子可以看出,为了求一些函数的象函数,如果直接根据拉氏变换的定义去求,就必须计算一些广义积分,一般来说,广义积分的计算比较复杂,为此,现将拉氏变换的性质和在实际应用中常用的一些函数的拉氏变换公式分别列于表 3-1 和表 3-2 中.

表 3-1　拉氏变换的性质

序号	性　质	设 $L[f(t)] = F(p)$,$L[g(t)] = G(p)$
1	线性性质	$L[\alpha f(t) + \beta g(t)] = \alpha L[f(t)] + \beta L[g(t)] = \alpha F(p) + \beta G(p)$
2	平移性质	$L[e^{at} f(t)] = F(p - a)$
3	延滞性质	$L[u(t-a) f(t-a)] = e^{-ap} F(p)$,$(a > 0)$
4	微分性质	设 $f(t)$ 在 $[0, +\infty)$ 上连续,$f'(t)$ 为分段连续,则 $L[f'(t)] = pF(p) - f(0)$ $L[f''(t)] = p^2 F(p) - [pf(0) + f'(0)]$
5	积分性质	设 $f(t)$ 连续,且 $p \neq 0$,则 $L\left[\int_0^t f(x) dx\right] = \dfrac{1}{p} L[f(t)] = \dfrac{1}{p} F(p)$

表 3-2　常用函数的拉氏变换公式

序号	$f(t)$	$F(p)$	序号	$f(t)$	$F(p)$
1	$\delta(t)$	1	4	e^{at}	$\dfrac{1}{p-a}$
2	$u(t)$	$\dfrac{1}{p}$	5	$\sin\omega t$	$\dfrac{\omega}{p^2 + \omega^2}$
3	$t^n (n = 1, 2, \cdots)$	$\dfrac{n!}{p^{n+1}}$	6	$\cos\omega t$	$\dfrac{p}{p^2 + \omega^2}$

说明: 利用平移性质,$e^{at} f(t)$ 的象函数可以由 $f(t)$ 的象函数平移得到.

在延滞性质中,函数 $u(t-a) f(t-a)$ 表示函数 $f(t)$ 在时间上滞后 a 个单位.

利用微分性质,可将函数的微分运算化为乘法运算,这是拉氏变换的第一个特点.

利用积分性质,可将函数的积分运算化为除法运算,这是拉氏变换的第二个特点,正是因为以上两个特点,拉氏变换才有了重要的应用.

例 6 利用拉氏变换的性质证明公式

$(1) L[t^n] = \dfrac{n!}{p^{n+1}}$;　$(2) L[\sin\omega t] = \dfrac{\omega}{p^2 + \omega^2}$;　$(3) L[\cos\omega t] = \dfrac{p}{p^2 + \omega^2}$.

证明 (1) 因为 $t = \int_0^t 1 dx$,所以根据积分性质有 $L[t] = \dfrac{1}{p} L[1] = \dfrac{1}{p^2}$

同理

$$t^2 = \int_0^t 2x \, dx, \text{ 则 } L[t^2] = \frac{1}{p} L[2t] = \frac{2}{p^3}$$

$$t^3 = \int_0^t 3x^2 \, dx, \quad \text{则 } L[t^3] = \frac{1}{p} L[3t^2] = \frac{3!}{p^4}$$

$$\cdots$$

$$t^n = \int_0^t nx^{n-1} \, dx, \quad \text{则 } L[t^n] = \frac{1}{p} L[nt^{n-1}] = \frac{n!}{p^{n+1}}.$$

(2) 设 $f(t)=\sin\omega t$ ，则 $f(0)=0$ ；

$\quad f'(t)=\omega\cos\omega t$ ，   则 $f'(0)=\omega$ ， $f''(t)=-\omega^2\sin\omega t$ ．

由表 3-1 中线性性质，有 $L[f''(t)]=L[-\omega^2\sin\omega t]=-\omega^2 L[\sin\omega t]$

由表 3-1 中微分性质，有 $L[f''(t)]=p^2 L[f(t)]-[pf(0)+f'(0)]=p^2 L[\sin\omega t]-\omega$

所以 $-\omega^2 L[\sin\omega t]=p^2 L[\sin\omega t]-\omega$

由此解得 $L[\sin\omega t]=\dfrac{\omega}{p^2+\omega^2}$ ．

(3) 因为 $\cos\omega t=\left(\dfrac{1}{\omega}\sin\omega t\right)'$ ，由表 3-1 中微分性质，有

$$L[\cos\omega t]=\frac{1}{\omega}L[(\sin\omega t)']=\frac{p}{\omega}L[\sin\omega t]-\left[\frac{1}{\omega}\sin\omega t\right]_{t=0}=\frac{p}{\omega}\frac{\omega}{p^2+\omega^2}=\frac{p}{p^2+\omega^2}$$ ．

例 7   利用拉氏变换的性质和公式求下列函数的拉氏变换．

(1) $L[1-\mathrm{e}^{-at}]$ ；   (2) $L[\mathrm{e}^{at}\sin\omega t]$ ；   (3) $L[u(t-a)]$ ；

(4) $L\left[\cos\left(t-\dfrac{\pi}{3}\right)u\left(t-\dfrac{\pi}{3}\right)\right]$ ．

解   (1) 由表 3-1 中线性性质和表 3-2 中公式 2、公式 4，有 $L[1-\mathrm{e}^{-at}]=L[1]-$

$L[\mathrm{e}^{-at}]=\dfrac{1}{p}-\dfrac{1}{p+a}=\dfrac{a}{p(p+a)}$ ；

(2) 由表 3-1 中平移性质和表 3-2 中公式 5，有 $L[\mathrm{e}^{at}\sin\omega t]=F(p-a)=$

$\dfrac{\omega}{(p-a)^2+\omega^2}$ ；

(3) 由表 3-1 中延滞性质和表 3-2 中公式 2，有 $L[u(t-a)]=\mathrm{e}^{-ap}F(p)=$

$\mathrm{e}^{-ap}\dfrac{1}{p}$ ；

(4) 由表 3-1 中延滞性质和表 3-2 中公式 6，有 $L\left[\cos\left(t-\dfrac{\pi}{3}\right)u\left(t-\dfrac{\pi}{3}\right)\right]=$

$\mathrm{e}^{-\frac{\pi}{3}p}F(p)=\mathrm{e}^{-\frac{\pi}{3}p}\dfrac{p}{p^2+1}$ ．

例 8   已知 $f(t)=\begin{cases}\sin t & 0\leqslant t<\pi \\ t & \pi\leqslant t\end{cases}$ ，求 $L[f(t)]$ ．

解   先利用单位阶梯函数 $u(t)$ 将 $f(t)$ 合写成一个式子

$\quad f(t)=\sin t\, u(t)+(t-\sin t)u(t-\pi)$

$\qquad =\sin t\, u(t)+[\pi+(t-\pi)+\sin(t-\pi)]u(t-\pi)$

所以 $L[f(t)]=L[\sin t\, u(t)]+L\{[\pi+(t-\pi)+\sin(t-\pi)]u(t-\pi)\}$

$\qquad =\dfrac{1}{p^2+1}+\mathrm{e}^{-\pi p}\left(\dfrac{\pi}{p}+\dfrac{1}{p^2}+\dfrac{1}{p^2+1}\right)$ ．

习题 3-4

求下列函数的拉氏变换．

1. $3\mathrm{e}^{-2t}$ ； 2. t^2+2t-5 ； 3. $\sin 2t+5\cos 5t$ ； 4. $\sin t\cos t$ ； 5. $\sin(\omega t+\varphi)$ ；

6. $\cos(\omega t+\varphi)$ ； 7. $1-\mathrm{e}^{-at}$ ； 8. $\mathrm{e}^{2t}\sin 5t$ ； 9. $\mathrm{e}^{-at}\cos\omega t$ ；

10. $\sin\left(t - \dfrac{\pi}{4}\right)u\left(t - \dfrac{\pi}{4}\right)$;

11. $f(t) = \begin{cases} 2 & 0 \leqslant t < 1 \\ t & 1 \leqslant t < \pi \\ \sin t & \pi \leqslant t \end{cases}$;

12. $f(t) = \begin{cases} \cos t & 0 \leqslant t < \pi \\ t & \pi \leqslant t \end{cases}$.

第五节　拉氏变换的逆变换及其应用

一、拉氏变换的逆变换

前面我们讨论了由已知函数求它的象函数的问题. 现在我们要讨论拉氏逆变化, 即由象函数求它的相应的象原函数的问题. 对于较简单的象函数可以直接从拉氏变换表中查得, 但在应用拉氏变换表求逆变换时, 一般来说, 要结合使用拉氏变换的性质. 为此, 在这里再把在逆变换中常用的拉氏变换的性质用逆变换的形式列出, 见表 3-3（更多的拉氏变换及其逆变换可查阅附录 Ⅰ）.

表 3-3　拉氏逆变换性质

序号	性质	设 $L^{-1}[F(p)] = f(t), L^{-1}[G(p)] = g(t)$
1	线性性质	$L^{-1}[\alpha F(p) + \beta G(p)] = \alpha L^{-1}[F(p)] + \beta L^{-1}[G(p)] = \alpha f(t) + \beta g(t)$
2	平移性质	$L^{-1}[F(p-a)] = \mathrm{e}^{at} L^{-1}[F(p)] = \mathrm{e}^{at} f(t)$
3	延滞性质	$L^{-1}[\mathrm{e}^{-ap}F(p)] = f(t-a)u(t-a)\,,(a > 0)$

下面举例说明求拉氏变换的逆变换的方法.

例 1　求下列象函数的拉氏逆变换

(1) $F(p) = \dfrac{3}{p+2}$;　　　(2) $F(p) = \dfrac{3p+2}{p^2}$;　　　(3) $F(p) = \dfrac{4p-5}{p^2+4}$;

(4) $F(p) = \dfrac{2p+4}{p^2 - 2p + 5}$.

解　(1) 在表 3-2 公式 4 中将 $a = -2$ 代入, 得

$$f(t) = L^{-1}\left[\frac{3}{p+2}\right] = 3\mathrm{e}^{-2t};$$

(2) 由表 3-3 中性质 1 及表 3-2 的公式 2 和公式 3, 得

$$f(t) = L^{-1}\left[\frac{3p+2}{p^2}\right] = 3L^{-1}\left[\frac{1}{p}\right] + 2L^{-1}\left[\frac{1}{p^2}\right] = 3 + 2t;$$

(3) 由表 3-3 中性质 1 及表 3-2 的公式 5 和公式 6, 得

$$f(t) = L^{-1}\left[\frac{4p-5}{p^2+4}\right] = 4L^{-1}\left[\frac{p}{p^2+2^2}\right] - \frac{5}{2}L^{-1}\left[\frac{2}{p^2+2^2}\right]$$

$$= 4\cos 2t - \frac{5}{2}\sin 2t;$$

(4) 由表 3-3 中性质 1、性质 2 及表 3-2 的公式 5 和公式 6, 得

$$f(t) = L^{-1}\left[\frac{2p+4}{p^2-2p+5}\right] = L^{-1}\left[\frac{2(p-1)+6}{(p-1)^2+2^2}\right]$$

$$= 2L^{-1}\left[\frac{(p-1)}{(p-1)^2+2^2}\right] + 3L^{-1}\left[\frac{2}{(p-1)^2+2^2}\right]$$

$$= 2e^t L^{-1}\left[\frac{p}{p^2+2^2}\right] + 3e^t L^{-1}\left[\frac{2}{p^2+2^2}\right]$$

$$= 2e^t \cos 2t + 3e^t \sin 2t = e^t(2\cos 2t + 3\sin 2t).$$

通过上面的例子看出：求象函数的拉氏逆变换的初等方法是，如果象函数能在常用函数的拉氏变换公式中查到，则其象原函数也可以直接查得，如果象函数不能由表中查到，则需要以表中公式为"模型"，经过适当变换，结合性质去凑得象原函数.

有时需要对所给的象函数分解为部分分式，然后再利用拉式逆变换表求出象原函数.

例2 求下列象函数的拉氏逆变换.

(1) $F(p) = \dfrac{p}{p^2-5p+4}$；   (2) $F(p) = \dfrac{2p^2-5p-5}{(p^2-3p+2)(p+1)}$.

解 先将 $F(p)$ 分解为两个最简分式之和，再用性质和公式求象函数的拉氏逆变换.

(1) $F(p) = \dfrac{p}{p^2-5p+4} = \dfrac{p}{(p-4)(p-1)} = \dfrac{A}{p-4} + \dfrac{B}{p-1}$

去分母 得 $p = A(p-1) + B(p-4)$

令 $p=1, p=4$，得 $A = \dfrac{4}{3}, B = -\dfrac{1}{3}$，$F(p) = \dfrac{4}{3(p-4)} - \dfrac{1}{3(p-1)}$

所以 $L^{-1}[F(p)] = \dfrac{4}{3}L^{-1}\left[\dfrac{1}{p-4}\right] - \dfrac{1}{3}L^{-1}\left[\dfrac{1}{p-1}\right] = \dfrac{4}{3}e^{4t} - \dfrac{1}{3}e^t$；

(2) $F(p) = \dfrac{2p^2-5p-5}{(p^2-3p+2)(p+1)} = \dfrac{2p^2-5p-5}{(p+1)(p-2)(p-1)} = \dfrac{A}{p+1} + \dfrac{B}{p-1} + \dfrac{C}{p-2}$

去分母 得 $2p^2-5p-5 = A(p-1)(p-2) + B(p+1)(p-2) + C(p+1)(p-1)$ 令

$p=-1, p=1, p=2$ 得 $A=\dfrac{1}{3}, B=4, C=-\dfrac{7}{3}$，$F(p) = \dfrac{\frac{1}{3}}{p+1} + \dfrac{4}{p-1} + \dfrac{-\frac{7}{3}}{p-2}$

所以 $L^{-1}[F(p)] = \dfrac{1}{3}L^{-1}\left[\dfrac{1}{p+1}\right] + 4L^{-1}\left[\dfrac{1}{p-1}\right] - \dfrac{7}{3}L^{-1}\left[\dfrac{1}{p-2}\right] = \dfrac{1}{3}e^{-t} + 4e^t - \dfrac{7}{3}e^{2t}$.

二、拉氏变换的应用举例

下面举例说明拉氏变换在解常微分方程中的应用.

例3 求微分方程 $x'(t) - 8x(t) = 0$ 满足初始条件 $x(0) = 5$ 的解.

解 第一步 对方程两边取拉氏变换，并设 $L[x(t)] = X(p)$：

$$L[x'(t) - 8x(t)] = L[0],$$

$$L[x'(t)] - 8L[x(t)] = 0,$$

$$pX(p) - x(0) - 8X(p) = 0,$$

将初始条件 $x(0) = 5$ 代入上式，得 $(p-8)X(p) = 5.$

这样，原来的微分方程经过拉氏变换后，就得到一个象函数的代数方程；

第二步 解出 $X(p)$： $X(p) = \dfrac{5}{p-8}$；

第三步 求象函数的拉氏逆变换：$x(t) = L^{-1}[X(p)] = L^{-1}\left[\dfrac{5}{p-8}\right] = 5\mathrm{e}^{8t}$.

这样就得到了微分方程的解.

由例 3 可知，用拉氏变换解常系数线性微分方程的方法的运算过程如下.

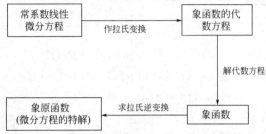

例 4 求微分方程 $y''(t) - 3y'(t) + 2y(t) = 2\mathrm{e}^{-t}$ 满足初始条件 $y(0) = 2, y'(0) = -1$ 的解.

解 对方程两边取拉氏变换，并设 $L[y(t)] = Y(p) = Y$，则得

$$[p^2 Y - py(0) - y'(0)] - 3[pY - y(0)] + 2Y = \frac{2}{p+1},$$

将初始条件 $y(0) = 2, y'(0) = -1$ 代入上式，得 Y 的代数方程

$$(p^2 - 3p + 2)Y = \frac{2}{p+1} + 2p - 7 \ , \ \text{即} \ (p^2 - 3p + 2)Y = \frac{2p^2 - 5p - 5}{p+1},$$

解出 Y，得 $Y = \dfrac{2p^2 - 5p - 5}{(p^2 - 3p + 2)(p+1)}$，由例 2（2）的结果可知

$$y(t) = L^{-1}[Y] = L^{-1}\left[\frac{2p^2 - 5p - 5}{(p^2 - 3p + 2)(p+1)}\right] = \frac{1}{3}\mathrm{e}^{-t} + 4\mathrm{e}^t - \frac{7}{3}\mathrm{e}^{2t}.$$

用拉氏变换还可以解常系数线性微分方程组.

例 5 求微分方程组

$$\begin{cases} x'' \ + 2y = 0 \\ y' + x + y = 0 \end{cases}$$

满足初始条件 $x(0) = 0, x'(0) = 1, y(0) = 1$ 的特解.

解 设 $L[x(t)] = X(p) = X, L[y(t)] = Y(p) = Y$ 对方程组取拉氏变换，得到

$$\begin{cases} [p^2 X - px(0) - x'(0)] + 2Y = 0 \\ [pY - y(0)] + X + Y = 0 \end{cases}$$

将初始条件 $x(0) = 0, x'(0) = 1, y(0) = 1$ 代入上式，得 X，Y 的代数方程组

$$\begin{cases} p^2 X - 1 + 2Y = 0 \\ pY - 1 + X + Y = 0 \end{cases}$$

由此解得

$$\begin{cases} X(p) = \dfrac{1}{p^2 + 2p + 2} \\ Y(p) = \dfrac{p+1}{p^2 + 2p + 2} \end{cases}$$

再取拉氏逆变换，得满足初始条件的特解为

$$\begin{cases} x(t) = L^{-1}[X(p)] = L^{-1}\left[\dfrac{1}{(p+1)^2 + 1}\right] = \mathrm{e}^{-t}\sin t \\ y(t) = L^{-1}[Y(P)] = L^{-1}\left[\dfrac{p+1}{(p+1)^2 + 1}\right] = \mathrm{e}^{-t}\cos t \end{cases}$$

例6 在如图 3-11 所示的电路中，设输入电压为

$$u_0(t) = \begin{cases} 1 & 0 \leqslant t < T \\ 0 & T \leqslant t \end{cases}$$

求输出电压 $u_R(t)$（电容 C 在 $t = 0$ 时不带电）.

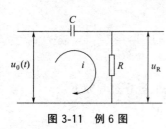

图 3-11 例 6 图

解 设电路中的电流为 $i(t)$，由电学知识可得关于 $i(t)$ 的微分方程组为

$$\begin{cases} Ri(t) + \dfrac{1}{c} \displaystyle\int_0^t i(t)\mathrm{d}t = u_0(t) \\ u_R(t) = Ri(t) \end{cases}$$

对所列方程组作拉氏变换，设 $L[i(t)] = I(p); L[u_R(t)] = U_R(p)$，又因为

$$u_0(t) = u(t) - u(t - T)$$

这里 $u(t)$ 是单位阶梯函数，所以有

$$L[u_0(t)] = L[u(t)] - L[u(t - T)]$$

$$= \frac{1}{p} - \frac{\mathrm{e}^{-Tp}}{p} = \frac{1}{p}(1 - \mathrm{e}^{-Tp})$$

对方程组两边取拉氏变换得到

$$RI(p) + \frac{1}{pC}I(p) = \frac{1}{p}(1 - \mathrm{e}^{-Tp}),$$

$$U_R(p) = RI(p).$$

由上式解得

$$\begin{cases} I(p) = \dfrac{C(1 - \mathrm{e}^{-Tp})}{RCp + 1} \\ U_R(p) = \dfrac{RC(1 - \mathrm{e}^{-Tp})}{RCp + 1} = \dfrac{RC}{RCp + 1} - \dfrac{RC\mathrm{e}^{-Tp}}{RCp + 1} \end{cases}$$

求拉氏逆变换可得

$$u_R(t) = L^{-1}[U_R(p)] = L^{-1}\left[\frac{RC}{RCp + 1} - \frac{RC\mathrm{e}^{-Tp}}{RCp + 1}\right]$$

$$= L^{-1}\left[\frac{1}{p + \dfrac{1}{RC}} - \frac{\mathrm{e}^{-Tp}}{p + \dfrac{1}{RC}}\right] = \mathrm{e}^{-\frac{t}{RC}} - u(t - T)\mathrm{e}^{-\frac{t-T}{RC}}$$

输入和输出的电压与时间的关系分别如图 3-12 和图 3-13 所示.

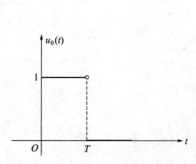

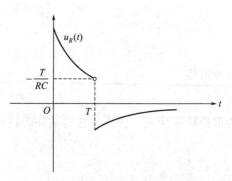

图 3-12 例 6 输入电压与时间关系图　　　　图 3-13 例 6 输出电压与时间关系图

例7　在图 3-14 的电路中，已知输入电压 $u_0 = u_0(t)$，求当开关 K 闭合后自感中的电流 $i_1(t)$（设 $i_1(0) = 0, u_0(0) = 0$）.

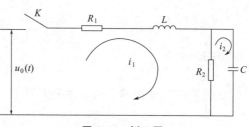

图 3-14　例 7 图

解　按回路电流法，分别列出两个回路中的电流 i_1 与 i_2 所满足的微分方程

$$\begin{cases} (R_1 + R_2)i_1 + L\dfrac{\mathrm{d}i}{\mathrm{d}t} - R_2 i_2 = u_0(t) \\ -R_2 i_1 + R_2 i_2 + \dfrac{1}{C}\displaystyle\int_0^t i_2 \mathrm{d}t = 0 \end{cases}$$

设　$L[i_1(t)] = I_1(p) = I_1$,　$L[i_2(t)] = I_2(p) = I_2$,　$L[u_0(t)] = U_0(p)$.

对方程组取拉氏变换，得到

$$\begin{cases} (R_1 + R_2)I_1 + Lp I_1 - R_2 I_2 = U_0 \\ -R_2 I_1 + R_2 I_2 + \dfrac{1}{pC}I_2 = 0 \end{cases}$$

有此解得

$$I_1(p) = \frac{\left(R_2 + \dfrac{1}{pC}\right)}{(Lp + R_1 + R_2)\left(R_2 + \dfrac{1}{pC}\right) - R_2^2} \cdot U_0(p)$$

$$= \frac{R_2 pC + 1}{(Lp + R_1 + R_2)(R_2 pC + 1) - R_2^2 pC} \cdot U_0(p)$$

在上式中，当 $R_1, R_2, L, C, u_0(t)$ 为已知时，经过拉氏逆变换可求得 $i_1(t)$.

在上式中，令

$$W(p) = \frac{R_2 pC + 1}{(Lp + R_1 + R_2)(R_2 pC + 1) - R_2^2 pC},$$

则有

$$I_1(p) = W(p)U_0(p).$$

该式反映了输入电压的象函数与输出电流的象函数之间有一个线性关系，在工程问题中将 $W(p)$ 称为网络的传输函数.

习题 3-5

1. 求下列象函数的拉氏逆变换：

(1) $F(p) = \dfrac{2}{p-6}$；　　　　(2) $F(p) = \dfrac{1}{5p+2}$；　　　　(3) $F(p) = \dfrac{3p}{p^2+9}$；

(4) $F(p) = \dfrac{1}{4p^2+9}$；　　　(5) $F(p) = \dfrac{2p-8}{p^2+36}$；　　　(6) $F(p) = \dfrac{p}{(p+3)(p+5)}$；

级数与拉普拉斯变换

(7) $F(p) = \dfrac{1}{p(p+1)(p+2)}$;　　　　　(8) $F(p) = \dfrac{3}{p^2 + 4p + 13}$;

(9) $F(p) = \dfrac{p}{p+5}$;　　　　　(10) $F(p) = \dfrac{(p+1)^2}{p^5}$.

2. 利用拉氏变换解下列常微分方程：

(1) $\dfrac{\mathrm{d}i}{\mathrm{d}t} + 5i = 10\mathrm{e}^{-3t}, i(0) = 0$;　　　　　(2) $\dfrac{\mathrm{d}^2 y}{\mathrm{d}t^2} + 4y = 0, y(0) = 0, y'(0) = 2$;

(3) $y''(t) - 3y'(t) + 2y(t) = 4, y(0) = 0, y'(0) = 1$;

(4) $\begin{cases} x' + x - y = \mathrm{e}^t, \\ y' + 3x - 2y = 2\mathrm{e}^t, \end{cases}$ 　　$x(0) = y(0) = 1$.

3. 在 RL 串联电路中，当 $t = 0$ 时，将开关闭合，接上直流电源，求电路中的电流 $i(t)$.

复习题三

1. 选择题：

(1) 级数 $\displaystyle\sum_{n=1}^{\infty} \left(\dfrac{1}{n}\right)^2$ 是（　　）.

A. 幂级数　　B. p- 级数　　C. 等比级数　　　　D. 调和级数

(2) 若 $\displaystyle\lim_{n \to \infty} u_n = 0$, 则级数 $\displaystyle\sum_{n=1}^{\infty} u_n$（　　）.

A. 一定收敛　　B. 一定发散　　C. 一定条件收敛　　D. 可能收敛也可能发散

(3) 当下列条件（　　）成立时，级数 $\displaystyle\sum_{n=1}^{\infty} \dfrac{1}{q^n}$ 收敛.

A. $q < 1$　　　B. $|q| < 1$　　C. $q > -1$　　　　D. $|q| > 1$

(4) 若 p 满足条件（　　），则级数 $\displaystyle\sum_{n=1}^{\infty} \dfrac{1}{n^{p-1}}$ 一定收敛.

A. $p < 1$　　　B. $p > 1$　　　C. $p > 2$　　　　D. $1 < p < 2$

(5) 下列级数中，收敛的是（　　）.

A. $\displaystyle\sum_{n=1}^{\infty} \dfrac{1}{n}$　　B. $\displaystyle\sum_{n=1}^{\infty} \dfrac{1}{n\sqrt{n}}$　　C. $\displaystyle\sum_{n=1}^{\infty} \dfrac{1}{\sqrt[3]{n^2}}$　　　　D. $\displaystyle\sum_{n=1}^{\infty} (-1)^n$

(6) 下列级数中，收敛的是（　　）.

A. $\displaystyle\sum_{n=1}^{\infty} \left(\dfrac{5}{4}\right)^{n-1}$　　B. $\displaystyle\sum_{n=1}^{\infty} \left(\dfrac{4}{5}\right)^{n-1}$　　C. $\displaystyle\sum_{n=1}^{\infty} (-1)^{n-1} \left(\dfrac{5}{4}\right)^{n-1}$　　D. $\displaystyle\sum_{n=1}^{\infty} \left(\dfrac{5}{4} + \dfrac{4}{5}\right)^{n-1}$

(7) 设 a 为非零常数，则当（　　）时，级数 $\displaystyle\sum_{n=1}^{\infty} \dfrac{a}{r^n}$ 收敛.

A. $r < 1$　　　B. $|r| \leqslant 1$　　C. $|r| < |a|$　　　D. $|r| > 1$

(8) 幂级数 $\displaystyle\sum_{n=1}^{\infty} (-1)^{n-1} \dfrac{(x-1)^n}{n}$ 的收敛区间是（　　）.

A. $(0, 2]$　　　B. $[0, 2)$　　　C. $(0, 2)$　　　　D. $[0, 2]$

(9) 若幂级数 $\sum\limits_{n=0}^{\infty} a_n x^n$ 的收敛半径为 $R_1 : 0 < R_1 < +\infty$；幂级数 $\sum\limits_{n=0}^{\infty} b_n x^n$ 的收敛半径

为 $R_2 : 0 < R_2 < +\infty$，则幂级数 $\sum\limits_{n=0}^{\infty} (a_n + b_n) x^n$ 的收敛半径至少为（　　　）．

A. $R_1 + R_2$　　B. $R_1 \cdot R_2$　　C. $\max\{R_1, R_2\}$　　D. $\min\{R_1, R_2\}$

(10) 当 $k > 0$ 时，级数 $\sum\limits_{n=1}^{\infty} (-1)^n \dfrac{k+n}{n^2}$ 是（　　　）．

A. 条件收敛　B. 绝对收敛　C. 发散　　　　　D. 敛散性与 k 值有关

2. 填空题：

(1) 设级数 $\sum\limits_{n=1}^{\infty} u_n$ 收敛，且其和为 S，又 $k \neq 0$，则级数 $\sum\limits_{n=1}^{\infty} k u_n =$ ＿＿＿＿＿＿．

(2) 若 $\lim\limits_{n \to \infty} u_n \neq 0$，则级数 $\sum\limits_{n=1}^{\infty} u_n$ 必定 ＿＿＿＿＿＿．

(3) 级数 $\sum\limits_{n=1}^{\infty} \dfrac{(-1)^n}{n^p}$ 当 ＿＿＿＿＿＿ 时绝对收敛，当 ＿＿＿＿＿＿ 时条件收敛，当 ＿＿＿＿＿＿ 时发散．

(4) $\sum\limits_{n=1}^{\infty} \left(\dfrac{3}{4} \right)^n =$ ＿＿＿＿＿＿．

(5) 在函数 $f(x)$ 的泰勒级数中，$(x - x_0)^5$ 的系数是 ＿＿＿＿＿＿．

3. 判别下列级数的敛散性：

(1) $\sum\limits_{n=1}^{\infty} \dfrac{1}{n(n+2)}$；　(2) $\sum\limits_{n=1}^{\infty} \dfrac{1}{n^2 - 4n + 6}$；　　　(3) $\sum\limits_{n=1}^{\infty} \dfrac{a^n}{n^p} (a > 0, p > 0)$；

(4) $\sum\limits_{n=1}^{\infty} \dfrac{3n-5}{7n+8}$；　(5) $\sum\limits_{n=1}^{\infty} \dfrac{2 \cdot 5 \cdot \cdots \cdot (3n-1)}{1 \cdot 5 \cdot \cdots \cdot (4n-3)}$；　(6) $\sum\limits_{n=1}^{\infty} \dfrac{n \cos^2 \dfrac{n\pi}{3}}{2^n}$．

4. 判别下列级数是否收敛？如果是收敛的，是绝对收敛还是条件收敛？

(1) $1 - \dfrac{1}{\sqrt[4]{2}} + \dfrac{1}{\sqrt[4]{3}} - \dfrac{1}{\sqrt[4]{4}} + \cdots$；　　　(2) $\sum\limits_{n=1}^{\infty} (-1)^{n-1} \left(1 - \cos \dfrac{1}{n} \right)$．

5. 把下列函数展开为傅里叶级数

(1) 设 $f(x)$ 是周期为 2 的函数，它在 $[-1, 1)$ 上的表示式为

$$f(x) = \begin{cases} 0, & -1 \leqslant x < 0 \\ A, & 0 \leqslant x < 1 \end{cases}, \text{ 其中 } A \text{ 为不等于零的常数．}$$

(2) 设 $f(x)$ 是周期为 2π 的函数，它在 $[-\pi, \pi)$ 上的表示式为

$$f(x) = \begin{cases} 0, & -\pi \leqslant x < 0 \\ x, & 0 \leqslant x < \pi \end{cases}$$

6. 求下列函数的拉氏变换

(1) $f(t) = 2t - 5\sin 3t + 7 - e^{2t}$；　　　(2) $f(t) = \begin{cases} 1, & 0 \leqslant t < \pi \\ \cos t, & t \geqslant \pi \end{cases}$．

7. 求下列函数的拉氏逆变换

(1) $F(p) = \dfrac{1}{p(p-1)}$；   (2) $F(p) = \dfrac{1}{p^2+16}$；   (3) $F(p) = \dfrac{p}{p^2+16}$.

8. 用拉氏变换解下列微分方程

(1) $y''(t) + \omega^2 y(t) = 0, y(0) = 0, y'(0) = \omega$；

(2) $\begin{cases} x'' + y' + 3x = \cos 2t, x(0) = \dfrac{1}{5}, x'(0) = 0 \\ y'' - 4x' + 3y = \sin 2t, y(0) = 0, y'(0) = \dfrac{6}{5} \end{cases}$.

【阅读资料】

蠕虫问题

1867 年，德国数学家施瓦茨（1843—1921）在讲授无穷级数时最早提出了蠕虫问题：一条蠕虫以每秒 1 厘米的速度在一根长 1 米的橡皮绳上从一端向另一端爬行，而橡皮绳每秒钟伸长 1 米，问这条虫子能否爬到橡皮绳的另一端？

为了增加爬行的难度，我们把施瓦茨原问题中的橡皮绳长与绳伸长都改为 100 米，于是得到如下问题：一条蠕虫沿着一条长 100 米的橡皮绳以每秒 1 厘米的速度由一端向另一端爬行．在 1 秒钟之后，橡皮绳像橡皮筋一样拉长为 200 米，再过秒 1 钟后，它又拉长为 300 米，如此下去，每当蠕虫爬完 1 秒钟后，橡皮绳就拉长 100 米．

当然了，这个问题是纯数学化的，即我们假定绳子、蠕虫都是理想化的：橡皮绳可任意拉长，而不知疲倦也会死的蠕虫会一直往前爬．另外，橡皮绳的伸长被认为是均匀的，这意味着在绳子拉长时，蠕虫的位置会相应均匀向前挪动．现在问，如此下去，蠕虫能否最终爬到橡皮绳的另一端？

凭直觉，很多人会认为蠕虫爬行的那点可怜的路程远远赶不上橡皮绳的不断拉长，然而这一问题的结论却是：蠕虫真的能爬到绳的另一端．奇怪吗？

下面我们就来探讨一下其中的奥妙．

分析　在第 1 秒钟，蠕虫爬行了 1 厘米，绳长此时是 100 米，因此 1 秒后，蠕虫爬到绳子的 $\dfrac{1}{10000}$ 处．此时，橡皮绳开始拉长 100 米．因为绳子是在均匀拉长，相应的，绳子上的蠕虫均匀向前挪动了，因此它的进程仍位于绳子拉长后的 $\dfrac{1}{10000}$ 处．

在第 2 秒中，蠕虫继续爬行 1 厘米，绳长此时已是 200 米，因此 2 秒后，蠕虫在前面的基础上（即位于绳子 $\dfrac{1}{10000}$ 处），又爬行了绳长的 $\dfrac{1}{20000}$．于是，蠕虫的进程到了绳子的 $\dfrac{1}{10000} + \dfrac{1}{20000}$ 处，此时，橡皮绳又开始拉长 100 米．与上面解释的道理相同，绳子拉长后，蠕虫的进程仍位于绳子 $\dfrac{1}{10000} + \dfrac{1}{20000}$ 处．

在第 3 秒中，蠕虫又爬行 1 厘米，绳长此时已是 300 米，因此 3 秒后，蠕虫在前面的基础上 $\left(\text{即位于绳子} \dfrac{1}{10000} + \dfrac{1}{20000} \text{处}\right)$，又爬行了绳长的 $\dfrac{1}{30000}$．于是，蠕虫的进程到

了绳子的 $\dfrac{1}{10000}+\dfrac{1}{20000}+\dfrac{1}{30000}$ 处．此时，橡皮绳又开始拉长 100 米．同样的道理，绳子拉长后，蠕虫的进程仍位于绳子 $\dfrac{1}{10000}+\dfrac{1}{20000}+\dfrac{1}{30000}$ 处．

以此类推，在第 n 秒后，蠕虫的进程将位于绳子的

$$\dfrac{1}{10000}+\dfrac{1}{20000}+\dfrac{1}{30000}+\cdots+\dfrac{1}{10000n}=\dfrac{1}{10000}\left(1+\dfrac{1}{2}+\dfrac{1}{3}+\cdots+\dfrac{1}{n}\right)\text{处．}$$

蠕虫能否爬到绳子的另一端，就要看 $\dfrac{1}{10000}\left(1+\dfrac{1}{2}+\dfrac{1}{3}+\cdots+\dfrac{1}{n}\right)$ 能否达到 1，或者说 $1+\dfrac{1}{2}+\dfrac{1}{3}+\cdots+\dfrac{1}{n}$ 能否达到 10000．

$1+\dfrac{1}{2}+\dfrac{1}{3}+\cdots+\dfrac{1}{n}+\cdots$ 正是数学中最著名的发散级数，它之所以著名，其中一方面原因正在于，随着每一项的减小，它初看上去似乎能等于一个有限和，但中世纪的奥雷姆（约 1320—1382）就已经证明了这个级数的和为无穷，因而发散．后来，约翰·伯努利又独立地给出另一种证明．这个级数的真正精彩之处在于它的发散速度极慢．比如，要达到 10，就必须加到 12367 项，而要加到 100，得加 1.5×10^{43} 项．要加到 1000，一共得加 1.1×10^{434} 项，然而，不管它增长得多么缓慢，证明了它发散，就意味着它的和可以超过任何有限值，自然也会超过 10000 了．而此时蠕虫就能到达橡皮绳的另一端了．如果算一下的话，可以求得蠕虫为实现自己的目标需要爬行的秒数近似等于 e^{10000}，这个时间比已知的宇宙年龄还要远久得多！当然了，正如我们已经提到的，这只是一个理想化的纯数学问题．

实际上，不管这个问题的参数，即橡皮绳的长度是否更长，蠕虫爬行的速度是否更慢及这根橡皮绳每单位时间拉长更多，都没有关系，因为调和级数发散，所以蠕虫总是能在有限的时间内到达终点．

由此可以明白，这一问题的关键之处仍在于：调和级数发散的性质．正是利用这一点，理论上蠕虫才可以爬到另一端．

项目问题

1. 蠕虫问题

在前面的阅读资料中，如果改变橡皮绳拉长的方式，情况就可能会发生变化．比如，若橡皮绳每秒钟拉长一倍，那么蠕虫就真的离终点越来越远，而不能到达终点了．请你说明理由．

2. 分牛问题

传说古印度有一位老人，临终前留下遗嘱：把 19 头牛分给 3 个儿子．老大分总数的 $\dfrac{1}{2}$，老二分总数的 $\dfrac{1}{4}$，老三分总数的 $\dfrac{1}{5}$．老人死后，3 兄弟为分牛一事绞尽脑汁，无计可施．一位牵牛的智叟路过，询问之下知事原委，说："把我牵的牛添进去分吧．"

添上智叟的牛，现在共有 20 头牛．按去世老人的要求，老大分总数的 $\dfrac{1}{2}$，得 10 头；老二分总数的 $\dfrac{1}{4}$，得 5 头；老三分总数的 $\dfrac{1}{5}$，得 4 头．分完了，恰好还剩下智叟的

那头牛，智叟把自己的牛牵回．

真是绝妙的办法，一个难题通过"借"，如此轻松巧妙地解决了．事实上，除了"借"的办法外，我们还可以用其它方法找到分牛的方案．

直接利用比例.

按遗嘱，3兄弟所获牛数的比为 $\frac{1}{2} : \frac{1}{4} : \frac{1}{5} = 10 : 5 : 4$，只要按这个比将19整分，那么结果必然皆大欢喜，这提供了分牛的另一解答．

老大分得：$19 \times \dfrac{10}{10+5+4} = 10$ 头，

老二分得：$19 \times \dfrac{5}{10+5+4} = 5$ 头，

老三分得：$19 \times \dfrac{4}{10+5+4} = 4$ 头．

然而，许多人会对上面的分牛方案心存疑惑：19 的 $\frac{1}{2}$ 怎么会是 10，19 的 $\frac{1}{4}$ 怎么会是 5，19 的 $\frac{1}{5}$ 怎么会是 4？如果算一下，会觉得三兄弟按此方法每人得到的似乎都比应得的要多一点．这是怎么一回事？请你来解释一下．

模块四 概 率 论

自然界的现象大体上可分为两类：一类是事先可以预见的所谓确定性现象；另一类则是事先不可预见的所谓随机现象．当在相同条件下进行大量次的观察实践时，这种随机现象会呈现出某种规律，称之为统计规律．概率论正是从数量侧面研究随机现象的内在统计规律性的数学学科．在工农业生产和科学技术研究上有着广泛的应用．

本模块主要讲述概率论的基本概念和计算方法，即随机事件和概率、随机变量及其分布和数字特征．

本模块知识脉络结构

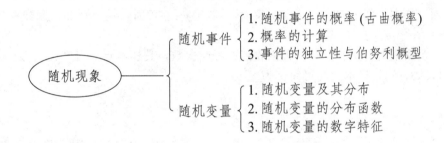

第一节 随机事件

本节将通过典型而简单的实例介绍有关事件的基本概念与运算，以期深入体会概率的思想方法及特色．

一、随机现象与随机试验

在自然界和人类社会生活中普遍存在着两类现象：一类是在一定的条件下必然出现的现象，称为确定性现象（或必然现象）．

例如：（1）在标准大气压下，水加热到100℃，必然会沸腾；

（2）导体通电后，必然会发热；

（3）异性电荷相互吸引，同性电荷相互排斥；

等等都是确定性现象，这类现象广泛存在于客观世界的各个领域．

另一类则是在一定条件下我们事先无法准确地预知其结果的现象，称为随机现象（或偶然现象）．

例如：（4）某一时间某种股票的价格是多少？

（5）出差他乡，偶遇故知，机会有多大？

（6）有奖储蓄，恰中头奖，机会有多大？

等等这些都是随机现象．研究随机现象，就必须进行大量的观察或实验，以便从中

模块
四

概
率
论

发现其规律性，为方便起见，我们把观察或实验统称为试验．一个试验 E，如果具有以下特征：

① 试验可以在相同的条件下重复进行；

② 试验的所有可能结果在试验之前是可知的；

③ 每次试验总是恰好出现所有可能结果中的一个，但在一次试验之前却不能肯定到底会出现哪一个结果．

则称该试验 E 为随机试验，简称试验．在大量的重复试验中随机现象所呈现出的固有的规律性，称为统计规律性．

二、样本空间

尽管一个随机试验将要出现的结果是不确定的，但其所有可能结果是明确的，我们把随机试验的每一种可能的结果（不能再分解）称为一个样本点，记为 ω_1，$\omega_2, \cdots$．它们的全体称为样本空间，记为 Ω，即 $\Omega = \{\omega_1, \omega_2, \cdots\}$．事实上样本空间就是样本点的一个集合．

例如：（1）在抛掷一枚硬币观察其出现正面或反面的试验中，有两个样本点：正面、反面，样本空间为 $\Omega = \{$正面，反面$\}$，若记 $\omega_1 =$ 正面，$\omega_2 =$ 反面。则样本空间可记为 $\Omega = \{\omega_1, \omega_2\}$．

（2）观察某电话交换台在一天内收到的呼叫次数，其样本点有可数无穷多个：i 次 $(i = 0, 1, 2, 3, \cdots)$，样本空间可简记为

$$\Omega = \{0, 1, 2, 3, \cdots\}．$$

（3）在一批灯泡中任意抽取一个，测试其寿命，其样本点也有无穷多个（且不可数）：t 小时，$0 \leqslant t < +\infty$，样本空间可简记为

$$\Omega = \{t \mid 0 \leqslant t < +\infty\} = [0, +\infty)．$$

（4）设随机试验为从装有三个白球（记号为 1, 2, 3）与两个黑球（记号为 4, 5）的袋中任取两球．

① 观察取出的两个球的颜色，则样本点为 ω_{00}（两个白球），ω_{11}（两个黑球），ω_{01}（一白一黑），于是样本空间为

$$\Omega = \{\omega_{00}, \omega_{11}, \omega_{01}\}；$$

② 观察取出的两球的号码，则样本点为 ω_{ij}（取出第 i 号与第 j 号球），$1 \leqslant i < j \leqslant 5$．于是样本空间共有 $C_5^2 = 10$ 个样本点，样本空间为

$$\Omega = \{\omega_{ij} \mid 1 \leqslant i < j \leqslant 5\}．$$

注：此例说明，对于同一个随机试验，试验的样本点与样本空间是根据观察的内容来确定的．

三、随机事件

考察一个随机现象，就必须对它的各种可能的结果作进一步的剖析，我们称随机试

验的所有可能的结果为事件．事件又可分为以下三类．

（1）必然事件：在每次试验中都必然会发生的事件，用 Ω 表示．

例如：在抛掷一枚骰子试验中，"出现的点数小于 7" 就是一个必然事件．

（2）不可能事件：在任何一次试验中都不可能发生的事件，用 $\varPhi$ 表示．

例如：在上述试验中，"出现的点数是 7" 就是一个不可能事件．

（3）随机事件：在一次试验中可能发生也可能不发生的事件，用 $A,B,C,\cdots$ 表示．

例如：在上述试验中，"出现的点数小于 5"，"出现的点数是奇数"，"出现的点数是 2" 等等都是随机事件．

注： 尽管必然事件和不可能事件不具有随机性，但为了今后讨论问题方便，我们把必然事件和不可能事件看作随机事件的两个特殊事件，这样我们所研究的事件均指随机事件，随机事件简称事件．

所有随机事件以它所包含的样本点的多少，又可分为基本事件和复合事件．我们称仅含一个样本点的事件为基本事件，而含有两个或两个以上样本点的事件为复合事件，例如，上述试验中，"出现的点数是 2" 是基本事件，"出现的点数小于 5" 和 "出现的点数是奇数"，是复合事件．

任何一个随机事件都是由若干个基本事件（样本点）组成的集合，或者说任何随机事件都是样本空间的一个子集．我们说某事件 A 发生，是指该事件所包含的所有样本点中某一个样本点在随机试验中出现，例如抛掷骰子试验中，若 "在一次试验中出现的点数是 1"，则事件 "出现奇数点" 就发生，若 "在一次试验中出现的点数是 3"，则事件 "出现奇数点" 也发生．今后为书写方便，事件可以用集合的符号来表示．如：上述抛掷骰子试验中，样本空间可表示为 $\Omega=\{1,2,3,4,5,6\}$，事件 A "出现的点数是 1" 可记为 $A=\{1\}$，而事件 B "出现奇数点" 可记为 $B=\{1,3,5\}$，事件 C "出现的点数是小于 5 的偶数" 可记为 $C=\{2,4\}$．

四、事件间的关系与事件的运算

1. 事件间的关系与事件的运算

（1）事件的包含关系

如果事件 A 发生必然导致事件 B 发生，即 A 中的每一个样本点都包含在 B 中，则称事件 B 包含事件 A，记为 $A\subset B$．可表示为图 4-1．

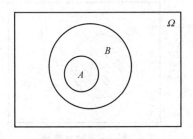

图 4-1　事件的包含关系

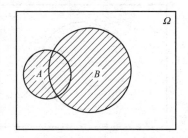

图 4-2　和事件

（2）事件的相等

若 $A\subset B$ 且 $B\subset A$，则称事件 A 与事件 B 相等，记为 $A=B$．

（3）和事件（并）

模块四

概率论

事件 $A \cup B = \{x \mid x \in A$ 或 $x \in B\}$ 称为事件 A 与事件 B 的和事件,当且仅当 A,B 中至少有一个发生时,事件 $A \cup B$(也记作 $A + B$)发生,可表示为图 4-2.

类似地,称 $\bigcup\limits_{k=1}^{n} A_k$ 为 n 个事件 $A_1, A_2, \cdots, A_n$ 的和事件;称 $\bigcup\limits_{k=1}^{\infty} A_k$ 为可列个事件 A_1,$A_2, \cdots$ 的和事件.

（4）积事件（交）

事件 $A \cap B = \{x \mid x \in A$ 且 $x \in B\}$ 称为事件 A 与事件 B 的积事件.仅当 A, B 同时发生时,事件 $A \cap B$ 发生.$A \cap B$ 也记作 AB,可表示为图 4-3.

类似地,称 $\bigcap\limits_{k=1}^{n} A_k$ 为 n 个事件 $A_1, A_2, \cdots, A_n$ 的积事件;称 $\bigcap\limits_{k=1}^{\infty} A_k$ 为可列个事件 A_1,$A_2, \cdots$ 的积事件.

（5）差事件

事件 $A - B = \{x \mid x \in A$ 且 $x \notin B\}$ 称为事件 A 与事件 B 的差事件,当且仅当 A 发生、B 不发生时,事件 $A - B$ 发生,可表示为图 4-4.

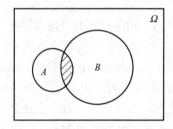

图 4-3 积事件

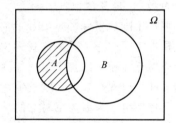

图 4-4 差事件

（6）互不相容事件

若 $A \cap B = \varnothing$,事件 A 与事件 B 是互不相容事件（或互斥事件）,其含义是:事件 A 与事件 B 不能同时发生,可表示为图 4-5.

（7）对立事件（逆事件）

若 $A \cup B = \Omega$ 且 $A \cap B = \varnothing$,则称事件 A 与事件 B 互为对立事件（或称互为逆事件）.其含义是:对每次试验而言,事件 A 与事件 B 中必有一个发生,且仅有一个发生.事件 A 的对立事件记为 $\bar{A}$,于是有 $\bar{A} = \Omega - A$,可表示为图 4-6.

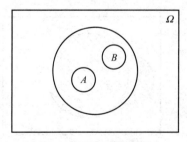

图 4-5 互不相容事件

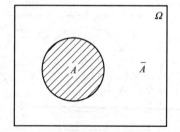

图 4-6 对立事件

（8）完备事件组

设 $A_1, A_2, \cdots, A_n, \cdots$ 是有限或可数个事件,若满足:

① $A_i \cap A_j = \Phi$,$i = 1, 2, \cdots, i \neq j$;

② $\bigcup\limits_i A_i = \Omega.$

则称 $A_1, A_2, \cdots, A_n, \cdots$ 是一个完备事件组.

显然，$\overline{A}$ 与 A 构成一个完备事件组.

注：互不相容事件与互逆事件既有联系又有区别，首先互逆事件只涉及两个事件，而互不相容事件可涉及 n（$n \geqslant 2$）个事件，两个事件互逆必互不相容；反之，不一定成立.

由集合的运算律，容易得出事件间的运算律.

2. 事件间的运算规律

(1) 交换律：$A \cup B = B \cup A$，$A \cap B = B \cap A$；

(2) 结合律：$(A \cup B) \cup C = A \cup (B \cup C)$，

$\qquad\qquad (A \cap B) \cap C = A \cap (B \cap C)$；

(3) 分配律：$(A \cup B) \cap C = (A \cap C) \cup (B \cap C)$，

$\qquad\qquad (A \cap B) \cup C = (A \cup C) \cap (B \cup C)$；

(4) 自反律：$\overline{\overline{A}} = A$；

(5) 摩根律：$\overline{A \cup B} = \overline{A} \cap \overline{B}$，$\qquad \overline{A \cap B} = \overline{A} \cup \overline{B}$.

例1 设 A, B, C 为同一试验的三个事件，试用事件间运算关系表示下列事件.

(1) A, B, C 至少有一个发生；

(2) A, B, C 最多有一个发生；

(3) A, B, C 至少有两个发生；

(4) A, B, C 不多于两个发生；

(5) A, B, C 中恰有一个发生；

(6) A, B, C 同时发生；

(7) A 发生且 B, C 最多有一个发生；

(8) A 不发生且 B, C 同时发生.

解 (1) A, B, C 至少有一个发生为 $A \cup B \cup C$.

(2) A, B, C 最多有一个发生的含义为 A, B, C 只有一个发生或都不发生，即 $A\overline{B}\overline{C}$ $\cup \overline{A}B\overline{C} \cup \overline{A}\,\overline{B}C \cup \overline{A}\,\overline{B}\,\overline{C}$（至少有两个发生的对立事件）.

(3) A, B, C 至少有两个发生的含义为 A, B, C 或有两个同时发生，或三个同时发生，即 $AB\overline{C} \cup A\overline{B}C \cup \overline{A}BC \cup ABC$ 或 $AB \cup AC \cup BC$.

(4) A, B, C 不多于两个发生的含义为 A, B, C 或有两个同时，或有一个发生或三个事件都不发生，即 $AB\overline{C} \cup A\overline{B}C \cup \overline{A}BC \cup A\overline{B}\,\overline{C} \cup \overline{A}B\overline{C} \cup \overline{A}\,\overline{B}C \cup \overline{A}\,\overline{B}\,\overline{C}$ 或因为 A，B, C 不多于两个发生的逆事件为 ABC，所以，也可表示为 $\overline{ABC}$ 或表示为 $\overline{A} \cup \overline{B} \cup \overline{C}$（至少有一个不发生）.

(5) A, B, C 中恰有一个发生可表示为 $A\overline{B}\,\overline{C} \cup \overline{A}B\overline{C} \cup \overline{A}\,\overline{B}C$.

(6) A, B, C 同时发生可表示为 ABC.

(7) A 发生且 B, C 最多有一个发生可表示为 $AB\overline{C} \cup A\overline{B}C \cup A\overline{B}\,\overline{C}$.

(8) A 不发生且 B, C 同时发生可表示为 $\overline{A}BC$.

例2 指出下列事件的对立事件.

(1) 投掷一枚硬币，$A = $ "出现正面"；

（2）在含有 3 件次品的 100 件产品中任取 5 件，$B=$"至少有一件次品"；

（3）甲、乙两人进行乒乓球比赛，$C=$"甲胜"；

（4）甲、乙两人进行象棋比赛，$D=$"甲胜".

解 （1）$\overline{A}=$"出现反面"；

（2）$\overline{B}=$"全是正品"；

（3）$\overline{C}=$"乙胜"；

（4）$\overline{D}=$"甲不胜"$=$"乙胜或和棋".

习题 4-1

1. 下列哪些现象属于随机现象.

（1）一批新产品投入市场，是畅销还是滞销；

（2）30 能被 5 整除；

（3）从 1 到 100 中任取 1 个数能否被 5 整除；

（4）明天降雨.

2. 写出下列随机试验构成的样本空间 Ω.

（1）一箱中有红、白、红三个球，从中拿出一个球；

（2）从甲、乙、丙、丁 4 位学生中推选 2 位，参加数学竞赛，其中一位参加省级竞赛，另一位参加全国竞赛.

3. 写出下列随机试验的样本空间.

（1）10 件产品中有 3 件是正品，每次从其中取一件（不放回），直到将 3 件正品都取出，记录抽取的次数；

（2）同时掷二颗骰子，记录二颗骰子点数之和.

4. 判断下列说法是否正确.

（1）如果事件 A 与 B 互不相容，则 A 与 B 互为对立事件；

（2）如果 A 与 B 互不相容，B 与 C 互不相容，则 A 与 C 互不相容；

（3）"事件 A 与 B 中至少有一个发生"的对立事件是"A 与 B 都不发生".

5. 设事件 A，B，C 分别表示甲、乙、丙 3 人某项测试合格. 试用 A，B，C 表示下列事件.

（1）3 人均合格；

（2）3 人至少有 1 人合格；

（3）3 人中恰有 1 人合格；

（4）3 人至多有 1 人不合格.

6. 甲、乙、丙三人进行射击训练，事件 A 表示"甲射中目标"，事件 B 表示"乙射中目标"，事件 C 表示"丙射中目标"，试用适当的语言阐述下述事件.

（1）$A\cap B\cap C$；　　（2）$A\cup B\cup C$；　　（3）$\overline{A}$.

7. 已知 A，B 是样本空间中的两事件，且
$\Omega=\{1,2,3,4,5,6,7,8\}$，$A=\{2,4,6,8\}$，$B=\{2,3,4,5,6,7\}$，

试求：（1）$\overline{AB}$；（2）$\overline{A}+B$；（3）$A-B$；（4）$\overline{\overline{A}\ \overline{B}}$.

8. 已知 A，B 是样本空间 Ω 中的两事件，且

$$\Omega=\{x\,|\,2<x<9\},\ A=\{x\,|\,4\leqslant x<6\},\ B=\{x\,|\,3<x\leqslant7\},$$

试求：(1) $\overline{AB}$；(2) $\overline{A}+B$；(3) $A-B$；(4) $\overline{\overline{A}\,\overline{B}}$.

第二节　随机事件的概率

一个随机事件，在每次试验中，可能发生也可能不发生，表现出很大的偶然性．但随机事件在相同的条件下进行大量重复试验，又会呈现一定的规律性，它告诉我们：随机事件在每次试验中发生的可能性的大小是有规律的，是可以度量的．为此，本节首先学习频率的概念，它描述了事件发生的频繁程度，进而引出表示事件在一次试验中发生的可能性的大小的数——概率．

【思考问题】

历史上，有人做过抛掷硬币的试验，结果如表 4-1 所示：

表 4-1

试验者	投掷次数 n	"正面向上"次数 m	试验者	投掷次数 n	"正面向上"次数 m
蒲丰	4040	2048	皮尔逊	24000	12012
皮尔逊	12000	6019	维尼	30000	14994

问：正面向上的频繁程度如何刻画呢？

分析：正面向上的频繁程度可以用正面向上的次数 m 与投掷总次数 n 的比来刻画，很容易可以算出这个比值依次为 0.5096，0.5016，0.5005，0.4998，仔细观察，不难发现，随着抛掷次数的增加，这个比值总是围绕在一个确定的常数 0.5 作幅度越来越小的摆动，即正面向上的频繁程度逐渐稳定在 0.5 附近．

再如，著名的数学家拉普拉斯利用 10 年的时间对伦敦、圣彼得堡，柏林等地的婴儿出生规律做了详细的统计研究，结果惊人的发现男婴出生数与婴儿总出生数的比值总是摆动在 $\dfrac{22}{43}$ 这一数值左右．事实上，多年来人们对不同国家不同地区进行着男女出生率的调查中也发现，男孩出生的频繁程度总是在 $\dfrac{22}{43}$ 这个常数附近摆动，这就是下面要给大家介绍的频率的概念。

一、频率

定义 1　在相同的条件下，进行 n 次试验，其中事件 A 发生的次数 m 与试验总次数 n 的比值 $\dfrac{m}{n}$ 称为事件 A 发生的频率，记为 $f_n(A)$．即

$$f_n(A)=\frac{m}{n}=\frac{\text{事件 }A\text{ 发生的次数}}{\text{试验总次数}}$$

可见，频率描述了事件 A 发生的频繁程度．频率越大，说明事件 A 发生就越频繁，也意味着事件 A 在一次试验中发生的可能性也就越大，反之亦然．这个规律就是频率的稳定性．

由频率的定义可知，频率具有以下性质：

① $0\leqslant f_n(A)\leqslant1$；

模块四　概率论

② $f_n(\Omega)=1$;

③ $f_n(\Phi)=0$.

对于随机试验,就某一次具体的试验而言,其结果带有很大的偶然性,似乎没有规律可言,但大量的重复试验证实结果会呈现出一定的规律性,即"频率的稳定性",这一频率的稳定性就是我们通常所说的统计规律性,可以用它来表示事件 A 发生的可能性的大小.

二、概率的统计定义

定义 2 当随机试验次数 n 增大时,事件 A 发生的频率 $f_n(A)$ 将稳定于某一常数 p,则称该常数 p 为事件 A 发生的概率,记为 $P(A)=p$.

此定义称为概率的统计定义,这个定义没有具体给出求概率的方法,因此不能根据此定义确切求出事件的概率,但定义具有广泛的应用价值,它的重要性不容忽视,它给出了一种近似估算概率的方法,即通过大量的重复试验得到事件发生的频率,然后将频率作为概率的近似值,从而得到所要的概率.有时试验次数不是很大时,也可以这样使用.

例 从某鱼池中取 100 条鱼,做上记号后再放回该鱼池中,现从该池中任意提来 40 条鱼,发现其中两条有记号,问池内大约有多少条鱼?

解 设该池内有 n 条鱼,则从池中捉到一条有记号的鱼的可能性为 $\dfrac{100}{n}$,它近似于捉到有记号的鱼的频率为 $\dfrac{2}{40}$,

即: $\dfrac{100}{n}\approx\dfrac{2}{40}$,

解之得 $n\approx 2000$,

故池内大约有 2000 条鱼.

可见概率的统计定义在实际中有着广泛的应用.

三、概率的性质

由概率的统计定义可知,概率具有下面基本性质:

性质 1 对任一事件 A 有 $0\leqslant P(A)\leqslant 1$;

性质 2 $P(\Omega)=1$;

性质 3 $P(\Phi)=0$.

注:由上面可知,不可能事件的概率为 0,那么反过来概率为 0 的事件是否一定是不可能事件呢?回答是否定的.因为事件的概率为 0 仅仅说明事件出现的频率稳定于 0,而频率不一定就等于 0.例如,陨石击毁房屋的概率等于 0,但"陨石击毁房屋"不一定是不可能事件.

小概率事件:若某事件 A 的概率 $P(A)$ 与 0 非常接近,则事件 A 在大量的重复试验中出现的频率非常小,我们称事件 A 为小概率事件,小概率事件虽然不是不可能事件,但在一次试验中它几乎不会出现.

四、等可能概型 (古典概型)

如果一个随机试验,满足下列两个特征:

① 有限性：每次试验只有有限个可能的结果，即组成试验的基本事件总数有限；

② 等可能性：每一个结果在一次试验中发生的可能性相等．

则称该试验模型为等可能概型（又称古典概型）．它是概率论发展中最早的、最重要的研究对象，而且在实际应用中也是最常用的一种概率模型．

下面我们来讨论古典概型中随机事件的概率的计算公式．

定义 3 设某一试验 E 其样本空间 Ω 中共有 n 个基本事件，事件 A 包含 m 个基本事件，则事件 A 的概率为

$$P(A)=\frac{m}{n}=\frac{\text{事件 } A \text{ 包含的基本事件数}}{\Omega \text{ 中基本事件总数}}$$

上述定义称为概率的古典定义．

注：概率的古典定义给出了一种无需试验直接计算概率的方法，可借助于排列组合这个工具来完成，解题的关键是搞清样本空间中基本事件的总数以及事件 A 包含的基本事件的个数．

例 1 掷一颗均匀的骰子，设事件 A 表示结果为"四点或五点"，事件 B 表示结果为"偶数点"，求 $P(A)$，$P(B)$．

解 设 $A_1=\{1\}, A_2=\{2\}, \cdots, A_6=\{6\}$ 分别表示所掷结果为"一点"、"两点"、$\cdots$、"六点"事件，则样本空间：$\Omega=\{1,2,3,4,5,6\}$．

A_1，A_2，A_3，A_4，A_5，A_6 是样本空间中的所有样本点，且它们发生的可能性相同，即概率相同，$P(A_1)=P(A_2)=P(A_3)=P(A_4)=P(A_5)=P(A_6)=\frac{1}{6}$．

又设 $A=\{4,5\}, B=\{2,4,6\}$，

则 $$P(A)=\frac{2}{6}=\frac{1}{3}, \quad P(B)=\frac{3}{6}=\frac{1}{2}.$$

例 2 将一颗均匀的骰子连掷两次，

求（1）两次出现的点数之和等于 7 的概率；

（2）至少出现一次 6 点的概率．

解 设 ω_{ij} 表示第一次出现 i 点，第二次出现 j 点的基本事件（或用 (i,j) 表示），则样本空间 $\Omega=\{\omega_{11}, \omega_{12}, \cdots, \omega_{66}\}$，样本空间中基本事件的总数为 36．

又设 A 表示出现的点数之和为 7 的事件，

B 表示两次至少出现一次 6 点的事件，

则 $$A=\{\omega_{16}, \omega_{61}, \omega_{25}, \omega_{52}, \omega_{34}, \omega_{43}\},$$

$$B=\{\omega_{16}, \omega_{26}, \cdots, \omega_{66}, \omega_{61}, \omega_{62}, \cdots, \omega_{65}\},$$

且 $$P(A)=\frac{6}{36}=\frac{1}{6},$$

$$P(B)=\frac{11}{36}.$$

例 3 袋中有 7 个白球，3 个红球，从中任取 3 个，求恰好都是白球的概率？

解 袋中共有 10 个球，从中任取 3 个共有 C_{10}^3 种取法，故样本空间中基本事件的

总数 $n = C_{10}^3$.

要使取出的 3 个球恰好都是白球，必须从 7 个白球中取，共有 C_7^3 种取法，若设 $A = \{$取到的 3 个球恰好都是白球$\}$，则事件 A 包含的基本事件数为 $m = C_7^3$. 根据古典概型计算公式得

$$P(A) = \frac{m}{n} = \frac{C_7^3}{C_{10}^3} = \frac{\dfrac{7 \times 6 \times 5}{3!}}{\dfrac{10 \times 9 \times 8}{3!}} = \frac{7}{24}.$$

例 4 三封信随机的投入四个信筒，求第二个信筒恰好投入一封信的概率?

解 设 $A = \{$第二个信筒恰好只投入一封信$\}$，

则样本空间中基本事件的总数 $n = 4^3$，

事件 A 包含的基本事件总数是 $C_3^1 \cdot 3^2 = 27$，

所以
$$P(A) = \frac{27}{4^3} \approx 0.42.$$

古典概型具有以下性质.

性质 4 两个互不相容事件 A 与 B 的并的概率等于这两个事件的概率的和，即

$$P(A+B) = P(A) + P(B).$$

性质 5 n 个互不相容事件 A_1，A_2，$\cdots$，A_n 的并的概率等于这 n 个事件的概率的和，即

$$P(A_1, A_2 + \cdots + A_n) = P(A_1) + P(A_2) + \cdots + P(A_n).$$

推论 对立事件的概率的和等于 1，即

$$P(A) + P(\overline{A}) = 1 (也可写成 P(A) = 1 - P(\overline{A})).$$

注：就古典概型情况很容易证明上述定理及推论（证明略）.

例 5 一盒电子元件共有 50 个，其中 45 个是合格品，5 个是次品，从这盒电子元件中任取 3 个，求其中有次品的概率.

解一 设事件 A 表示"取出的 3 个电子元件中有次品"，事件 A_i 表示"取出的 3 个电子元件中恰有 i 个次品"（$i = 1, 2, 3$），显然，事件 A_1，A_2，A_3 是互不相容的，且有 $A = A_1 + A_2 + A_3$.

由概率的古典定义得

$$P(A_1) = \frac{C_5^1 C_{45}^2}{C_{50}^3} \approx 0.2526,$$

$$P(A_2) = \frac{C_5^2 C_{45}^1}{C_{50}^3} \approx 0.023,$$

$$P(A_3) = \frac{C_5^3}{C_{50}^3} \approx 0.0005.$$

再由性质 5 得

$$P(A) = P(A_1 + A_2 + A_3) = P(A_1) + P(A_2) + P(A_3) \approx 0.276.$$

解二 事件 A 的对立事件 $\overline{A}$ 表示"取出的 3 个电子元件中没有次品"，显然

$$P(\overline{A}) = \frac{C_{45}^3}{C_{50}^3} \approx 0.724$$

由推论得

$$P(A)=1-P(\overline{A})\approx 0.276.$$

例 6 某班有学生 35 名，其中女生 14 名，拟组建 1 个由 5 名学生参加的班委会，试求该班委会中至少有 1 名女生的概率？

解 设 $A=\{$班委会中至少有 1 名女生$\}$，

$A_i=\{$班委会中恰有 i 名女生$\}$，$i=1,2,3,4,5$

由事件的意义知 $A=A_1+A_2+A_3+A_4+A_5$.

又考虑到 A_1，A_2，A_3，A_4，A_5 的两两互不相容. 故有

$$P(A)=P(A_1)+P(A_2)+P(A_3)+P(A_4)+P(A_5),$$

其中 $P(A_i)=C_{13}^{i}C_{22}^{5-i}/C_{35}^{5}$，$i=1,2,3,4,5$. 由此可得

$$P(A)=0.2929+0.3700+0.2035+0.0485+0.0040=0.9189.$$

性质 6 任意两个事件 A 与 B 的并的概率等于这两个事件的概率的和减去这两个事件的交的概率. 即：

$$P(A\bigcup B)=P(A)+P(B)-P(AB).$$

例 7 某中学二年级各班男生与女生人数统计如表 4-2.

表 4-2

人数		班级			总计
		一班	二班	三班	
性别	男	30	20	25	75
	女	22	31	25	78
总计		52	51	50	153

现从中随机地抽取 1 人，问该学生是一班或是女生的概率是多少？

解 设 $A=\{$该学生是一班学生$\}$，

$B=\{$该学生是女生$\}$，

则：

$$P(A)=\frac{52}{153},$$

$$P(B)=\frac{78}{153},$$

$$P(AB)=\frac{22}{153}.$$

于是

$$P(A\bigcup B)=P(A)+P(B)-P(AB)$$
$$=\frac{52}{153}+\frac{78}{153}-\frac{22}{153}\approx 0.706.$$

即该学生是一班或是女生的概率为 0.706.

例 8　甲乙两炮同时向一架敌机射击，已知甲炮的击中率是 0.5，乙炮的击中率是 0.6，甲乙两炮都击中的概率是 0.3，求飞机被击中的概率是多少？

解　$A =$ ｛甲炮击中敌机｝；$B =$ ｛乙炮击中敌机｝，

$AB =$ ｛甲乙两炮同时击中敌机｝；$A \cup B =$ ｛敌机被击中｝．

所以　$P(A) = 0.5$，$P(B) = 0.6$，$P(AB) = 0.3$，

根据性质 6 得：

$$P(A \cup B) = P(A) + P(B) - P(AB) = 0.5 + 0.6 - 0.3 = 0.8.$$

即飞机被击中的概率是 0.8.

习题 4-2

1. 阐述事件的概率和频率这两个概念的联系和区别？

2. 用 1,2,3,4,5 这五个数字排成三位数，求组成没有相同数字的三位数的概率？

3. 一部四卷的文集，按任意顺序放到书架上，求各卷自左向右或自右向左的卷号顺序恰好为 1,2,3,4 的概率？

4. 今有男女学生各四位，令其排成一横队，试求下列事件的概率：

（1）四位女生始终保持紧邻；

（2）男女学生分别保持紧邻；

（3）男女学生恰好相间隔开。

5. 某种产品共有 30 件，内含正品 23 件，次品 7 件，从中任取 5 件，试求被取得 5 件中恰有 2 件是次品的概率？

6.15 个灯泡中有 3 个灯泡是坏的，任取 4 个，求其中：

（1）恰好有 2 个是坏的概率；

（2）4 个全是好的概率。

7. 从一批由 37 件正品，3 件次品组成的产品中，任取 3 件产品．

求：（1）3 件中恰有 1 件次品的概率；

（2）3 件中全是次品的概率；

（3）3 件中全是正品的概率；

（4）3 件中至少有 1 件次品的概率；

（5）3 件中至少有 2 件次品的概率．

8. 向指定的目标射三枪，以 A_1，A_2，A_3 分别表示事件"第一、二、三枪击中目标"，试用 A_1，A_2，A_3 表示以下各事件：

（1）只击中第一枪；（2）只击中一枪；（3）三枪都未击中；（4）至少击中一枪．

第三节　概率的计算

在概率计算中，常常会遇到这样的情况，在某一事件已经发生的条件下，求另一事件发生的概率．

【思考问题】

一批同型号产品由甲、乙两厂生产，产品结构如表 4-3.

表 4-3

数量		等级		合计
		合格品	次品	
厂别	甲厂	485	15	500
	乙厂	568	32	600
合计		1053	47	1100

从这批产品中随机的取一件，问这件产品的次品率是多少？假如知道取出的产品是甲厂生产的，那么这件产品的次品率又是多少？

分析 设 $A=\{$次品$\}$，$B=\{$甲厂生产的产品$\}$，由于甲乙两厂共有产品 1100 件，其中次品有 $15+32=47$ 件，所以随机地任取一件，这件产品是次品的概率应该是 $\frac{47}{1100}=4.3\%$，即：$P(A)\approx0.043$；若已知这件产品来源于甲厂，那么甲厂 500 件产品中共有 15 件次品，所以这件产品是次品的概率为 $\frac{15}{500}=3\%$，也就是说在知道取出的产品是甲厂生产的前提条件下，那么这件产品的次品率为 0.03，这样看来，这两种概率是不一样的.

一、条件概率的定义

定义 设 A，B 是两个事件，且 $P(B)>0$，则称 $P(A\mid B)=\dfrac{P(AB)}{P(B)}$ 为在事件 B 发生的条件下，事件 A 发生的**条件概率**. 相仿有 $P(B\mid A)=\dfrac{P(AB)}{P(A)}$ 的定义.

例 1 设某种动物由出生算起活到 20 岁以上的概率为 0.8，活到 25 岁以上的概率为 0.4，如果一只动物现在已经 20 岁，问他能活到 25 岁的概率为多少？

解 设 $A=\{$活到 20 岁$\}$，$B=\{$活到 25 岁$\}$，
则 $P(A)=0.8$，$P(B)=0.4$，
因为 $B\subset A$，所以 $P(AB)=P(B)=0.4$，
从而有
$$P(B\mid A)=\frac{P(AB)}{P(A)}=\frac{0.4}{0.8}=0.5.$$

例 2 某人外出旅游两天，需知道两天的天气情况，据预报，第一天下雨的概率为 0.6，第二天下雨的概率为 0.3，两天都下雨的概率为 0.1，求第一天下雨时，第二天不下雨的概率.

解 设 $A=\{$第一天下雨$\}$，$B=\{$第二天下雨$\}$，
则 $P(A)=0.6$，$P(B)=0.3$，$P(AB)=0.1$，
那么所求的概率为

$$P(\overline{B}\mid A)=\frac{P(A\overline{B})}{P(A)}=\frac{P(A)-P(AB)}{P(A)}=\frac{0.6-0.1}{0.6}=\frac{5}{6}.$$

二、乘法公式

由条件概率的定义立即可以得到：

$$P(AB)=P(A\mid B)P(B),\ (P(B)>0) \tag{1}$$

模块四 概率论

或 $$P(AB)=P(B|A)P(A),(P(A)>0) \tag{2}$$

这两个式子都称为概率的乘法公式,利用它们可计算出两个事件同时发生的概率.

例3 甲乙两厂共同生产 1000 个零件,其中 450 个是甲厂生产的,而在这 450 个零件中,有 380 个是标准件,现从这 1000 个零件中任取一个,问这个零件是甲厂生产的标准件的概率是多少?

解 设 $A=\{$零件是甲厂生产的$\}$,

$\qquad B=\{$零件为标准件$\}$,

则由题意知

$$P(A)=\frac{450}{1000},$$

$$P(B|A)=\frac{380}{450},$$

则 $$P(AB)=P(B|A)P(A)=\frac{380}{450} \cdot \frac{450}{1000}=0.38.$$

注:乘法公式还可以推广到多个事件发生的情况,例如,设 A,B,C 为三个事件,且 $P(AB)>0$,则有 $P(ABC)=P(C|AB)P(B|A)P(A)$,

在这里,注意到由假设 $P(AB)>0$ 可推得 $P(A) \geqslant P(AB)>0$.

一般地,设 $A_1,A_2,\cdots,A_n$ 为 n 个事件,$n \geqslant 2$,且 $P(A_1A_2 \cdots A_{n-1})>0$,则有: $P(A_1A_2 \cdots A_n)=P(A_n|A_1A_2 \cdots A_{n-1})P(A_{n-1}|A_1A_2 \cdots A_{n-2}) \cdots P(A_2|A_1)P(A_1)$.

例4 某人忘记了电话号码的最后一个数字,因而随意拨号.

(1) 求拨号不超过 3 次而拨通电话的概率;

(2) 若已知电话号码的最后一位数字为奇数,求拨号不超过 3 次而拨通电话的概率.

解 (1) 设 $A=\{$拨号不超过 3 次而拨通电话$\}$,

$\qquad A_i=\{$第 i 次拨号时拨通电话$\}$,$i=1,2,3.$

则: $$A=A_1+\overline{A_1}A_2+\overline{A_1}\,\overline{A_2}A_3,$$

且 $A_1,\overline{A_1}A_2,\overline{A_1}\,\overline{A_2}A_3$ 互不相容,

所以

$$P(A)=P(A_1+\overline{A_1}A_2+\overline{A_1}\,\overline{A_2}A_3)=P(A_1)+P(\overline{A_1}A_2)+P(\overline{A_1}\,\overline{A_2}A_3)$$
$$=P(A_1)+P(\overline{A_1})P(A_2|\overline{A_1})+P(\overline{A_1})P(\overline{A_2}|\overline{A_1})P(A_3|\overline{A_1}\,\overline{A_2}),$$

由于 $$P(A_1)=\frac{1}{10},P(A_2|\overline{A_1})=\frac{1}{9},P(A_3|\overline{A_1}\overline{A_2})=\frac{1}{8},$$

所以 $$P(A)=\frac{1}{10}+\frac{9}{10} \cdot \frac{1}{9}+\frac{9}{10} \cdot \frac{8}{9} \cdot \frac{1}{8}=\frac{3}{10}.$$

(2) 若已知电话号码的最后一个数字为奇数,

则 $$P(A_1)=\frac{1}{5},P(A_2|\overline{A_1})=\frac{1}{4},P(A_3|\overline{A_1}\,\overline{A_2})=\frac{1}{3},$$

所以 $$P(A)=\frac{1}{5}+\frac{4}{5} \cdot \frac{1}{4}+\frac{4}{5} \cdot \frac{3}{4} \cdot \frac{1}{3}=\frac{3}{5}.$$

三、全概率公式

全概率公式是概率论中非常重要的一个基本公式，它将计算一个复杂事件的概率问题，转化为在不同情况或不同原因下发生的简单事件的概率的求和问题.

定理 1 设 A_1，A_2，$\cdots$，A_n 是一完备事件组，那么对任一事件 B 均有

$$P(B) = P(A_1)P(B \mid A_1) + P(A_2)P(B \mid A_2) + \cdots + P(A_n)P(B \mid A_n)$$

$$= \sum_{i=1}^{n} P(A_i)P(B \mid A_i)$$

此公式称为全概率公式（见图 4-7）.

特别地，对立事件 A 与 $\overline{A}$ 构成完备事件组，对任意事件 B，由全概率公式可知

$$P(B) = P(A)P(B \mid A) + P(\overline{A})P(B \mid \overline{A}).$$

注：运用全概率公式的关键是找出一个完备事件组.

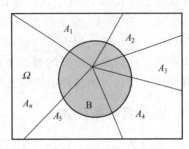

图 4-7 全概率

例 5 某工厂有四条流水线生产同一种产品，该四条流水线生产的产量分别占总产量的 15%，20%，30% 和 35%，又知这四条流水线的不合格率依次为 0.05，0.04，0.03 和 0.02，现在从出厂的产品中任取一件，问恰好抽到不合格产品的概率是多少？

解 设 $B = \{$抽到不合格产品$\}$，

$A_i = \{$抽到第 i 条流水线的产品$\}$，$i = 1$，2，3，4.

由题意知 $P(A_1) = 0.15, P(A_2) = 0.20, P(A_3) = 0.30, P(A_4) = 0.35$，

$P(B \mid A_1) = 0.05, P(B \mid A_2) = 0.04, P(B \mid A_3) = 0.03, P(B \mid A_4) = 0.02$，

由全概率公式可得

$$P(B) = \sum_{i=1}^{4} P(A_i)P(B \mid A_i)$$

$$= 0.15 \times 0.05 + 0.20 \times 0.04 + 0.30 \times 0.03 + 0.35 \times 0.02$$

$$= 0.0315.$$

即抽到不合格产品的概率是 0.0315.

例 6 两台车床加工同样的零件，第一台加工后的废品率为 0.03，第二台加工后的废品率为 0.02，加工出来的零件放在一起，已知这批加工后的零件由第一台车床加工的占 $\frac{2}{3}$，由第二台车床加工的占 $\frac{1}{3}$，求从这批零件中任取一件是合格品的概率？

解 设 $B = \{$抽到合格品$\}$，

$A_i = \{$第 i 台车床加工的$\}$，$i = 1$，2.

则：

$$P(A_1) = \frac{2}{3}, P(A_2) = \frac{1}{3}，$$

$$P(B \mid A_1) = 0.97, P(B \mid A_2) = 0.98，$$

由全概率公式得：

$$P(B)=P(A_1)P(B|A_1)+P(A_2)P(B|A_2)=\frac{2}{3}\times 0.97+\frac{1}{3}\times 0.98=0.973.$$

前面研究了与一个完备事件组 A_1，$A_2\cdots A_n$ 有关的任一事件 B 的概率，即全概率公式，

$$P(B)=\sum_{i=1}^{n}P(A_i)P(B\mid A_i).$$

但在统计决策中，往往把完备事件组 A_1，$A_2\cdots A_n$ 看作导致试验结果的各种原因，概率 $P(A_i)$ 反映了各种原因 A_1，A_2，$\cdots$，A_n 发生的可能性的大小，一般称为先验概率，在求出了事件 B 的概率后，往往还需要研究在事件 B 已经发生的条件下，各种原因 A_1，A_2，$\cdots$，A_n 哪个对事件 B 的影响最大，即求概率 $P(A_i|B)$，一般称 $P(A_i|B)$ 为后验概率，即：回头对以前的各种原因 A_1，A_2，$\cdots$，A_n 发生的可能性大小的又一次研究，然后综合所有的概率 $P(A_i|B)$ 就会有进一步的结论．这种方法在统计推断中称为贝叶斯法．由条件概率定义及乘法公式、全概率公式可推出下面的公式．

四、贝叶斯公式

定理 2 设 A_i，A_2，$\cdots$，A_n 构成一个完备事件组，那么对任意事件 $B(P(B)>0)$ 有

$$P(A_j\mid B)=\frac{P(A_j)P(B\mid A_j)}{\sum\limits_{i=1}^{n}P(A_i)P(B\mid A_i)},\ j=1,\ 2,\ \cdots,\ n.$$

此公式称为贝叶斯公式，也称逆全概率公式．

例 7 设某厂甲、乙、丙三个车间生产同一种产品，产量依次占全厂的 45%，35%，20%，且各车间的次品率依次为 4%，2%，5%，现从待出厂的产品中检查出一个次品，试问该产品由哪个车间生产的可能性最大？

解 设
$$B=\{产品为次品\}$$
$$A_1=\{甲车间生产的产品\}$$
$$A_2=\{乙车间生产的产品\}$$
$$A_3=\{丙车间生产的产品\}$$

则
$$P(A_1)=0.45,P(A_2)=0.35,P(A_3)=0.20,$$
$$P(B|A_1)=0.04,P(B|A_2)=0.02,P(B|A_3)=0.05,$$

由贝叶斯公式得 $\quad P(A_1|B)=\dfrac{P(A_1)P(B\mid A_1)}{P(B)}=\dfrac{P(A_1)P(B\mid A_1)}{\sum\limits_{i=1}^{3}P(A_i)P(B\mid A_i)}=0.514,$

$$P(A_2|B)=\frac{P(A_2)P(B\mid A_2)}{P(B)}=\frac{P(A_2)P(B\mid A_2)}{\sum\limits_{i=1}^{3}P(A_i)P(B\mid A_i)}=0.200,$$

$$P(A_3|B)=\frac{P(A_3)P(B\mid A_3)}{P(B)}=\frac{P(A_3)P(B\mid A_3)}{\sum\limits_{i=1}^{3}P(A_i)P(B\mid A_i)}=0.286.$$

由上述结论可知由甲车间生产的可能性最大.

例 8 已知某高射炮对敌机进行射击，其击中敌机发动机、机舱以及其它部位的概率分别为 0.10，0.08，0.39，又若击中上述部位而使飞机坠落的概率分别是 0.95，0.89，0.51，现在该炮任意发射一炮弹，求：

(1) 飞机坠落的概率；

(2) 现已知飞机被击落，求炮弹击中敌机发动机的概率.

解 设

$$A_1 = \{炮弹击中发动机\},$$
$$A_2 = \{炮弹击中机舱\},$$
$$A_3 = \{炮弹击中其它部位\},$$
$$A_4 = \{炮弹没有击中飞机\},$$
$$B = \{飞机坠落\}.$$

由题意知

$$A_i A_j = \Phi \ (i \neq j),$$

且

$$\Omega = A_1 \cup A_2 \cup A_3 \cup A_4,$$

$$P(A_1) = 0.10, P(A_2) = 0.08, P(A_3) = 0.39, P(A_4) = 0.43,$$

且

$$P(B|A_1) = 0.95, P(B|A_2) = 0.89,$$

$$P(B|A_3) = 0.51, P(B|A_4) = 0,$$

(1) 由全概率公式得

$$P(B) = P(A_1)P(B|A_1) + P(A_2)P(B|A_2) + P(A_3)P(B|A_3) + P(A_4)P(B|A_4)$$
$$= 0.10 \times 0.95 + 0.08 \times 0.89 + 0.39 \times 0.51 + 0.43 \times 0$$
$$= 0.3651;$$

(2) 由贝叶斯公式得

$$P(A_1|B) = \frac{P(A_1 B)}{P(B)} = \frac{P(A_1)P(B|A_1)}{P(B)} = \frac{0.10 \times 0.95}{0.3651} \approx 0.2602.$$

习题 4-3

1. 对于概率 $P(A)$，$P(AB)$，$P(A+B)$，$P(A)+P(B)$，按从左至右、由小到大的要求重新给出排序，并简要说明依据.

2. 某设备由甲乙两个部件组成，当超载负荷时，各自出故障的概率分别是 0.90 和 0.85，同时出故障的概率是 0.80，求超载负荷时至少有一个部件出故障的概率？

3. 一袋中装有 5 只乒乓球，其中 3 只新球，2 只旧球，每次从中任取一只，无放回地取两次，求：(1) 第一次取到新球的概率？(2) 第一次和第二次都取到新球的概率？

4. 设一批产品分别由四个工厂生产，且各厂的产量分别占 20%，26%，30%，24%，各厂产品的正品率分别为 90%，98%，92%，95%。现从这批产品中随机抽取一件，求取出的产品为次品的概率？

5. 设一批产品分别由甲、乙、丙 3 个工厂生产，产量分别占 30%，45%，25%，且各厂的次品率依次为 3%，2%，4%。现在从这批产品中任意抽取一件检查为次品，试问该产品由哪个工厂生产的可能性最大.

6. 已知事件 A，B，C，其中 $P(A)=0.3$，$P(B)=0.8$，$P(C)=0.6$，$P(AB)=0.2$，$P(AC)=0$，$P(BC)=0.6$，求：(1) $P(A\cup B)$；(2) $P(A\overline{B})$；(3) $P(A\cup B\cup C)$.

7. 甲、乙两人参加面试抽签，每人的试题通过不放回抽签的方式确定，假设被抽的 10 个试题签中有 3 个难题签，按甲先乙后的次序每人抽一个签．求甲、乙两人都抽到难题签的概率以及两人各抽到难题签的概率是多少？

8. 袋中有 3 个红球和 2 个白球，

(1) 第一次从袋中任取一球，随即放回，第二次再任取一球，求两次都是红球的概率；

(2) 第一次从袋中任取一球，不放回，第二次再任取一球，求两次都是红球的概率。

第四节　事件的独立性与伯努利概型

通过上节内容的学习，我们知道了，一般情况下，

$$P(A)\neq P(A\mid B), P(B)\neq P(B\mid A),$$

即事件 A，B 中某个事件的发生对另一个事件发生的概率是有影响的，但这种现象并不是绝对的，在许多实际问题中，常会遇到两个事件中任何一个事件的发生都不会对另一个事件发生的概率产生影响，即：$P(A)=P(A\mid B),P(B)=P(B\mid A)$ 成立．

这样乘法公式可写成 $P(AB)=P(A)P(B\mid A)=P(B)P(A\mid B)=P(A)P(B)$，由此引出了事件的相互独立性问题．

一、两个事件的独立性

定义 1　若两个事件 A，B 满足 $P(AB)=P(A)P(B)$ 则称事件相互独立．

注：两个事件的相互独立与互不相容是完全不同的两个概念，它们分别从两个不同的角度表述了两个事件间的某种联系，相互独立性是指在一次试验中一个事件的发生对另一个事件的发生没有影响，而互不相容指的是在一次试验中这两个事件不能同时发生，所以互不相容未必相互独立，相互独立也未必互不相容．

定理 1　两个事件 A 与 B 相互独立的充分必要条件是 $P(AB)=P(A)\cdot P(B)$.

定理 2　若事件 A 与 B 相互独立，则事件 A 与 $\overline{B}$，$\overline{A}$ 与 B，$\overline{A}$ 与 $\overline{B}$ 也相互独立．

证明：因为　　　　　　$A=A(B\cup\overline{B})=AB\cup A\overline{B}$，

$$P(A)=P(AB\cup A\overline{B})=P(AB)+P(A\overline{B})=P(A)P(B)+P(A\overline{B}),$$

$$P(A\overline{B})=P(A)-P(A)P(B)=P(A)(1-P(B))=P(A)P(\overline{B}),$$

所以，A 与 $\overline{B}$ 相互独立．

相仿很容易推出 $\overline{A}$ 与 B，$\overline{A}$ 与 $\overline{B}$ 也相互独立．

例 1　从一副不含大小王的扑克牌中任取一张，记 $A=\{$抽到 K$\}$，$B=\{$抽到黑色牌$\}$，问事件 A，B 是否独立？

解一　利用定义去判断．

因为　　　　　　　　　　　　　$P(A)=\dfrac{4}{52}=\dfrac{1}{13}$，

$$P(B)=\frac{26}{52}=\frac{1}{2},$$

$$P(AB)=\frac{2}{52}=\frac{1}{26},$$

所以 $P(AB)=P(A)P(B)$，事件 A，B 相互独立．

解二 利用条件概率来判断

因为 $P(A)=\frac{4}{52}=\frac{1}{13}$，$P(A|B)=\frac{2}{26}=\frac{1}{13}$，

所以 $P(A)=P(A|B)$，事件相互独立．

注：判断事件的独立性，可利用定义或通过计算条件概率来判断，但在实际中，常常根据实际意义去判断两事件是否独立．

例 2 甲乙两战士打靶，甲的命中率为 0.9，乙的命中率为 0.85，两人同时射击同一目标，各打一枪，求目标被击中的概率．

解 设 $A=\{$甲击中目标$\}$，

$B=\{$乙击中目标$\}$，

显然，甲是否击中并不影响乙的击中，因而 A，B 是相互独立的，于是有：

$$P(A\bigcup B)=P(A)+P(B)-P(AB)=P(A)+P(B)-P(A)P(B)$$
$$=0.9+0.85-0.9\times0.85=0.985.$$

二、有限个事件的独立性

定义 2 设 A，B，C 为三个事件，若满足等式

$$\begin{cases}P(AB)=P(A)P(B)\\P(AC)=P(A)P(C)\\P(BC)=P(B)P(C)\\P(ABC)=P(A)P(B)P(C)\end{cases}$$

则称事件 A，B，C 相互独立．

一般地设 A_1，A_2，$\cdots$，A_n 是 $n(n\geq2)$ 个事件，如果对于其中任意 2 个，任意 3 个，$\cdots$，任意 n 个事件的积事件的概率，都等于各事件概率之积，则称事件 A_1，A_2，$\cdots$，A_n 相互独立．由定义可以得到以下两点结论．

① 若事件 A_1，A_2，$\cdots$，$A_n(n\geq2)$ 相互独立，则其中任意 $k(2\leq k\leq n)$ 个事件也是相互独立的．

② 若事件 A_1，A_2，$\cdots$，$A_n(n\geq2)$ 相互独立，则将 A_1，A_2，$\cdots$，A_n 中任意多个事件换成它们的对立事件，所得的 n 个事件仍相互独立．

例 3 加工某机械零件需要两道工序，第一道工序的废品率为 0.015，第二道工序的废品率为 0.02，假设两道工序出废品与否是相互独立的，求产品的合格率．

解 设 $A_1=\{$第一道工序合格$\}$，

$A_2=\{$第二道工序合格$\}$，

$A=\{$产品合格$\}$，

则 $A=A_1A_2$，由题意，A_1 与 A_2 相互独立，

所以 $\quad P(A)=P(A_1A_2)=P(A_1)P(A_2)=(1-P(\overline{A_1}))(1-P(\overline{A_2}))$

$$=(1-0.015)(1-0.02)=0.965=96.5\%,$$

即产品的合格率为 96.5%.

例 4 某一型号的高射炮,每一门炮(发射一发)击中飞机的概率是 0.6,现若干门炮同时发射(每炮射一发),问:欲以 99% 的把握击中来犯的一架敌机,至少需要配置几门高射炮?

解 设至少配置 n 门炮才能以 99% 的把握击中敌机,

并记: $A_i=\{$第 i 门炮击中敌机$\}$, $(i=1,2,\cdots,n)$,

$A=\{$敌机被击中$\}$.

那么 $A=A_1\cup A_2\cup\cdots\cup A_n$,

现在要找 n,使 $P(A)=P(A_1\cup A_2\cup\cdots\cup A_n)\geqslant 0.99$ (＊)

而 $P(A_1\cup A_2\cup\cdots\cup A_n)$ 不便计算,于是由摩根律可得:

$$\overline{A}=\overline{A_1\cup A_2\cup\cdots\cup A_n}=\overline{A_1}\ \overline{A_2}\cdots\overline{A_n},$$

且 $\overline{A_1}$,$\overline{A_2}$,$\cdots$,$\overline{A_n}$ 是相互独立的(因为 A_1,A_2,$\cdots$,A_n 相互独立),

所以 $P(\overline{A})=P(\overline{A_1}\ \overline{A_2}\cdots\overline{A_n})=P(\overline{A_1})P(\overline{A_2})\cdots P(\overline{A_n})$,

由题意知道 $P(A_1)=P(A_2)=\cdots=P(A_n)=0.6$,

故 $P(\overline{A_1})=P(\overline{A_2})=\cdots=P(\overline{A_n})=1-0.6=0.4$,

从而 $P(\overline{A})=0.4^n$,

这样式(＊)可写为 $1-(0.4)^n\geqslant 0.99$,$(0.4)^n\leqslant 0.01$,

即: $n\geqslant 5.026$.

故至少需要配六门炮方能以 99% 以上的把握击中敌机.

三、伯努利概型

定义 3 如果一个随机试验只有两种可能的结果,即:事件 A 发生或事件 A 不发生,则称这样的试验为伯努利试验,记 $P(A)=p$,$P(\overline{A})=q$(其中 $0<p<1$, $p+q=1$).

注: 伯努利试验只有两种试验结果,通常我们也形象地把这两种试验结果称为成功与失败,在实际中应用非常广泛,如掷一枚硬币,只有出现"正面"(可以叫成功)和出现"反面"(可以叫做失败)两种结果,就是一个典型的伯努利试验.又如,产品的抽样检查,结果不是抽到合格品,就是抽到次品,也是伯努利试验.再如:掷一颗骰子,本来有 6 种结果,即出现 1,2,3,4,5,6 点,但若只考虑出现的是"奇数点"还是"偶数点",那么就可以看成伯努利试验.还有,在许多实际问题中,有些试验虽然不是伯努利试验,但仍然可以按照伯努利试验来处理,如检验电子管的寿命,其结果可能是大于 0 的任一数值,即结果有无穷多种,但有时可以根据需要确定一个界限,比如寿命大于 500 小时的作为合格品,其余作为次品,这样电子管的寿命试验就可视为伯努利试验.总之,伯努利试验看起来虽然简单,但却是一个很重要的数学模型.对伯努利试验引出下面的定义.

定义 4 将伯努利试验在相同的条件下独立地重复进行 n 次,称这一串重复的独立试验为 n 重伯努利试验,简称为伯努利概型.

注: 在概率论发展初期,研究最多的概率模型,除了古典概型,就是伯努利概型.

是一种在实际问题中有着广泛应用的、重要的数学模型，其特点是：事件 A 在每次试验中发生的概率均为 P，且不受其它各次试验中 A 是否发生的影响．

对于伯努利概型，我们关心的是在 n 次试验中事件 A 恰好发生 k 次的概率，看下面的例子．

例5　某人对同一目标进行三次独立射击，设每次命中率均为 0.8，求三次射击恰好命中两次的概率．

解　由于三次射击是独立的，每次射击都只有命中和不命中两个结果，且命中率均为 0.8，所以，这是一个典型的三重伯努利试验．

设 $\qquad A=\{三次射击恰好命中两次\}$，

$$A_i=\{第 i 次命中\}, \quad i=1,2,3,$$

则事件 A 包含 $C_3^2=3$ 个基本事件，

$A_1 A_2 \overline{A_3}$（表示第 1，2 次命中，第 3 次未命中）；

$A_1 \overline{A_2} A_3$（表示第 1，3 次命中，第 2 次未命中）；

$\overline{A_1} A_2 A_3$（表示第 2，3 次命中，第 1 次未命中）．

即：$A=A_1 A_2 \overline{A_3}+A_1 \overline{A_2} A_3+\overline{A_1} A_2 A_3$（三次射击是独立的），

所以　$P(A)=P(A_1 A_2 \overline{A_3})+P(A_1 \overline{A_2} A_3)+P(\overline{A_1} A_2 \overline{A_3})$

$\qquad =P(A_1)P(A_2)P(\overline{A_3})+P(A_1)P(\overline{A_2})P(A_3)+P(\overline{A_1})P(A_2)$
$\qquad P(A_3)$

$\qquad =0.8 \times 0.8 \times (1-0.8)+0.8 \times (1-0.8) \times 0.8+(1-0.8) \times 0.8$
$\qquad \times 0.8$

$\qquad =3 \cdot (0.8)^2 \cdot (1-0.8)=C_3^2 \cdot (0.8)^2 \cdot 0.2=0.384.$

将此例推广到一般情形，可得下面的定理．

定理3　在 n 重伯努利试验中，若设在每次试验中，事件 A 发生的概率均为 $P(0<p<1)$，则 n 次重复试验中，事件 A 恰好发生 k 次的概率为 $C_n^k p^k (1-p)^{n-k}$ $(k=0,1,2,\cdots,n)$．

习题 4-4

1. 对同一靶子进行三次独立射击，第一、第二、第三次击中的概率分别为 $p_1=0.4$，$p_2=0.5$，$p_3=0.7$．求：

(1) 三次射击恰有一次击中的概率？

(2) 三次射击至少有一次击中的概率？

2. 已知某车间有 7 台车床，它们能否正常工作是互不干扰的，设每台车床正常工作的概率为 0.81，试求至少有 2 台车床能正常工作的概率？

3. 设某型号的高射击炮对正在行进中的飞机射击，其命中率为 0.002，如果 2500 门同型号的高射炮独立地同时各射击一次，试求飞机被击中的概率？

4. 三个人独立地破译一个密码，若他们能译出的概

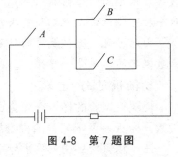

图 4-8　第 7 题图

率分别为 $\frac{1}{3}$，$\frac{1}{4}$，$\frac{1}{5}$，问此密码能被译出的概率是多少？

5. 对同一目标进行 5 次独立射击，若每发子弹击中目标的概率为 $\frac{4}{5}$，求恰好有两发子弹击中目标的概率？

6. 甲、乙、丙三人同时独立地对飞机进行射击，三人击中目标的概率分别为 0.4，0.5，0.7. 飞机被一人击中而被击落的概率为 0.2，被二人击中而被击落的概率为 0.6，若三人都击中，飞机必定被击落. 求飞机被击落的概率？

7. 已知开关电路按图 4-8 方式组合，字母 A，B，C 分别表示相应开关不闭合的事件，开关闭合与否相互独立，且不闭合的概率依次是 0.3，0.2，0.4，试求电路通畅的概率.

第五节　随机变量及其分布

随机变量是概率论中最基本的概念之一，它是将随机试验基本结果数值化的对应产物，它的引入使得概率论从事件及其概率的研究扩大到随机变量及其概率分布的研究，并使我们能够用熟知的微积分等数学工具研究随机现象的统计规律性.

一、随机变量

为了全面地研究随机试验的结果，揭示随机现象的统计规律性，我们将随机试验的结果与实数对应起来，也就是将随机试验的结果数值化.

【思考问题】

（1）一次射击命中的环数，试验结果有多少？

抛掷一颗骰子，观察其出现的点数，试验结果又有多少？

（2）抛掷一枚硬币，试验试验结果有几种？

一批产品随机抽取一件进行检查（若产品分合格和不合格），结果有几种？

分析　这是我们经常遇到的随机试验，在（1）中，一次射击命中的环数可能有 11 中，可分别用数 0，1，2，…，10 来表示，抛掷一颗骰子，结果会出现的点数有 6 种，可分别用数 1，2，3，4，5，6 来表示，这种试验的特点是结果本身就由数来表示，在（2）中，抛掷一枚硬币结果有两种，即"正面向上"和"反面向上"，一批产品抽样检查，结果也有两种，即"合格品"和"不合格品"，在这些随机试验中，试验结果乍看起来与数值无关，但我们仍可以使它们数值化，即指定一个数来表示之. 比如：我们就规定用实数 1 表示"正面向上"，而"反面向上"我们规定用实数 0 表示，同样，用实数 1 表示抽到"合格品"，而"不合格品"我们规定用实数 0 表示，这样的话，试验的每一种可能结果，就都与实数对应起来了.

由此可见，随机试验的结果和实数之间可以建立一个对应关系，这与我们以前学的函数概念的本质是一样的，这就引入了随机变量的概念.

1. 随机变量的定义

设随机试验的样本空间为 $\Omega = \{\omega\}$，$X = X(\omega)$ 是定义在样本空间 Ω 上的实值单值函数，称 $X = X(\omega)$ 为随机变量. 图 4-9 画出了样本点 ω 与实数 $X(\omega)$ 对应的示意图.

注：随机变量用大写字母 X，Y，Z，W…表示，但有时也用希腊字母 ξ，η 表示.

随机变量的取值随试验的结果而定，在试验之前，只知道它可能取值的范围，而不能预先肯定它将取哪个值，但因试验结果的出现具有一定的概率，所以，随机变量的取值也有一定的概率，即随机变量取值的统计规律．这是随机变量与普通函数的本质差异．

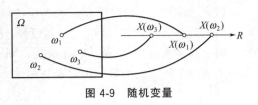

图 4-9　随机变量

2. 随机变量的类型

随机变量按其取值特点，可以分为两类：离散型随机变量和非离散型随机变量．如果随机变量的一切可能取值，都可以按某种顺序一一列举出来，则称它为离散型随机变量，否则称为非离散型随机变量．在非离散型随机变量中最重要的是连续型随机变量，今后我们主要讨论离散型随机变量和连续型随机变量．

二、离散型随机变量及其分布律

1. 离散型随机变量及其分布律

定义 1　如果随机变量 X 仅取有限个或可列无穷个值，则称 X 为一个离散型随机变量．

定义 2　设离散型随机变量 X 可能取的值为 x_1，x_2，$\cdots$，$x_n\cdots$，且 X 取这些值的概率为 $P\{X=x_i\}=p_i(i=1,2,\cdots,n,\cdots)$，则上式称为离散型随机变量 X 的概率分布律，简称分布律．

概率分布律也可以表示为下面的表格形式．

X	x_1	x_2	$\cdots$	x_n	$\cdots$
P	p_1	p_2	$\cdots$	p_n	$\cdots$

容易知道，离散型随机变量的概率分布律具有以下两个性质．

① 非负性．$p_i \geqslant 0,(i=1,2,\cdots,n,\cdots)$．

② 完备性．$\sum_i p_i = 1$．

反之，任意一个满足上述两条性质的数列，均可作为某一离散型随机变量的分布律．

例 1　某一批产品的废品率为 6%，从中任取一个进行检验，用随机变量 X 来描述这一试验，并写出 X 的概率分布律．

解　此试验的结果只有两个，废品和合格品，若设随机变量 X 表示废品的个数，则显然 X 只有两个取值 0 和 1．

若"$X=0$"，说明被抽得产品是合格品，而由题意知该产品的合格率为 $1-6\%=94\%$，从而：$P\{X=0\}=0.94$．

同理，若"$X=1$"，说明被抽到的产品就是废品，而这批产品的废品率为 6%，所以：$P\{X=1\}=0.06$．

这样，这个离散型随机变量 X 的概率分布律如下表．

X	0	1
P	0.94	0.06

或：$P\{X=k\}=(0.06)^k(1-0.06)^{1-k}=(0.06)^k(0.94)^{1-k},(k=0.1)$．

例2 袋中有1个白球和3个黑球，每次从其中任取一球，观察其颜色后，不再放回，然后再从其中任取一球，直到取到白球为止，求抽取次数的概率分布律.

解 设随机变量 X 表示取球次数，则 X 的可能值为 1，2，3，4.

当 $X=1$ 时，说明第一次就取到白球，其概率为

$$P\{X=1\}=\frac{1}{4};$$

当 $X=2$ 时，说明第一次取到的是黑球，而第二次才取到白球，其概率为

$$P\{X=2\}=\frac{3}{4} \cdot \frac{1}{3}=\frac{1}{4};$$

当 $X=3$ 时，说明前两次都取到黑球，而第三次才取到白球，其概率为

$$P\{X=3\}=\frac{3}{4} \cdot \frac{2}{3} \cdot \frac{1}{2}=\frac{1}{4};$$

当 $X=4$ 时，说明前三次取到的都是黑球，而第四次取到白球，其概率为

$$P\{X=4\}=\frac{3}{4} \cdot \frac{2}{3} \cdot \frac{1}{2} \cdot \frac{1}{1}=\frac{1}{4}.$$

从而随机变量 X 的概率分布律为

X	1	2	3	4
P	$\frac{1}{4}$	$\frac{1}{4}$	$\frac{1}{4}$	$\frac{1}{4}$

例3 若将例2中的条件"观察颜色后不再放回"改为"观察其颜色后放回"，试求取球次数的概率分布律.

解 设随机变量 X 表示取球次数，"放回"和"不放回"的试验结果有着本质的区别，"不放回"试验，随机变量 X 的取值是有限个实数（整数），而"放回"试验如果每次取出的球都是黑球，则试验将无限次地继续下去，即无限次地取球，那么，随机变量 X 的取值就可能是一切正整数，为方便起见我们设第 k 次取到白球，则前 $k-1$ 次取到的都是黑球，其中 $k=1，2，3，\cdots，n，\cdots$ 这样可得

$$P\{X=k\}=\underbrace{\frac{3}{4} \cdot \frac{3}{4} \cdots \frac{3}{4}}_{k-1} \cdot \frac{1}{4}=\frac{1}{4} \cdot \left(\frac{3}{4}\right)^{k-1}, k=1,2,\cdots,n,\cdots.$$

从而得 X 的概率分布律如下表.

X	1	2	3	...	n	...
P	$\frac{1}{4}$	$\frac{1}{4} \cdot \frac{3}{4}$	$\frac{1}{4} \cdot \left(\frac{3}{4}\right)^2$	...	$\frac{1}{4} \cdot \left(\frac{3}{4}\right)^{n-1}$	...

2. 几种常见的离散型分布

（1）两点分布（0-1分布）

定义3 设随机变量 X 只可能取 0 与 1 两个值，它的分布律是

$$P\{X=k\}=p^k(1-p)^{1-k}, k=0,1,(0<p<1).$$

则称 X 服从两点分布（0-1分布）.

0-1分布的分布律也可写成下表形式.

X	0	1
P	$1-p$	p

对于一个随机试验，若它的样本空间只包含两个元素，即 $\Omega = \{\omega_1, \omega_2\}$，则总能在 Ω 上定义一个服从 0-1 分布的随机变量

$$X = X(\omega) = \begin{cases} 0, & \omega = \omega_1 \\ 1, & \omega = \omega_2 \end{cases}$$

来描述这个随机试验的结果，如例 1.

（2）二项分布

定义 4   如果一个随机变量 X 的分布律为

$$P\{X=k\} = C_n^k p^k (1-p)^{n-k}, (k=0,1,2,\cdots,n),$$

则称 X 服从参数为 $n, p(0<p<1)$ 的二项分布，记为 $X \sim B(n, p)$.

显然当 $n=1$ 时，二项分布就是两点分布.

例 4   某工厂生产的螺丝的次品率为 0.05，设每个螺丝是否为次品是相互独立的，这个工厂将 10 个螺丝包成一包出售，并保证若发现一包内多于一个次品，即可退货，求某包螺丝次品个数 X 的分布率和售出的螺丝的退货率.

解   根据题意对 10 个一包的螺丝进行检验，显然有 $X \sim B$（10，0.05），其概率函数为

$$P\{X=k\} = C_{10}^k (0.05)^k (0.95)^{10-k}, (k=0,1,\cdots,10).$$

设 $A = \{$该包螺丝被退回工厂$\}$，则

$$P(A) = P\{X>1\} = 1 - P\{X \leqslant 1\} = 1 - \sum_{k=0}^{1} P\{X=k\}$$

$$= 1 - \sum_{k=0}^{1} C_{10}^k (0.05)^k (0.95)^{10-k}$$

$$= 1 - 0.9139 = 0.0861 \approx 0.09, 即退货率为 9\%.$$

（3）泊松分布

定义 5   如果随机变量 X 的分布律是

$$P\{X=k\} = \frac{\lambda^k}{k!} e^{-\lambda}, (k=0,1,2,\cdots),$$

则称 X 服从参数为 $\lambda(\lambda>0)$ 的泊松(poisson)分布，记为 $X \sim P(\lambda)$.

泊松分布有着广泛的应用，例如：某段时间内电话机接到的呼唤次数，一段时间内到某公交车站候车的乘客数，某一页书上印刷错误的个数，单位时间内纺纱机的断头数等，都可以用泊松分布来描述，泊松分布也是概率论中的一种重要分布.

例 5   某一城市每天发生火灾的次数 X 服从参数 $\lambda=0.8$ 的泊松分布，求该城市一天内发生 3 次或 3 次以上火灾的概率.

解   设随机变量 X 表示每天发生火灾的次数，则 $X \sim P(0.8)$.

那么：$P\{X \geqslant 3\} = 1 - P\{X<3\}$

$$= 1 - (P\{X=0\} + P\{X=1\} + P\{X=2\})$$

$$= 1 - e^{-0.8} \frac{0.8^0}{0!} - e^{-0.8} \frac{0.8^1}{1!} - e^{-0.8} \frac{0.8^2}{2!}$$

$$=1-\mathrm{e}^{-0.8}\left(\frac{0.8^0}{0!}+\frac{0.8^1}{1!}+\frac{0.8^2}{2!}\right)\approx 0.0474.$$

（4）二项分布的泊松近似

对于二项分布 $B(n,p)$，当试验次数 n 很大时，计算其概率很麻烦，可以证明，当 n 很大时，p 很小时，有下面的二项分布的泊松近似公式.

$$C_n^k p^k (1-p)^{n-k}\approx \frac{\lambda^k}{k!}\mathrm{e}^{-\lambda},\text{其中}\lambda=np.$$

在实际计算中，当 $n\geq 10$，$p\leq 0.1$ 时，就可以用上述的近似公式.

例 6 假定同型号的纺织机工作是相互独立的，发生故障的概率都是 0.01，（1）若由 1 人负责维修 20 台纺织机；（2）若由 3 人负责维修 80 台纺织机，试分别求纺织机发生故障而需要等待维修的概率（假定一台纺织机的故障可由 1 个人来处理）.

解 设 X 表示同一时间内纺织机发生故障的台数，由题意，观察纺织机是否发生故障的试验显然为伯努利试验，故 X 服从二项分布，且 n 都比较大，p 比较小，则

（1）$X\sim B(20,0.01)$，此时 $n=20$，$p=0.01$，$\lambda=np=0.2$. 所求的概率为

$$P\{X>1\}=1-P\{X\leq 1\}=1-P\{X=0\}-P\{X=1\}$$
$$=1-C_{20}^0(0.01)^0(0.99)^{20}-C_{20}^1(0.01)^1(0.99)^{19}$$
$$\approx 1-\frac{\mathrm{e}^{-0.2}(0.2)^0}{0!}-\frac{\mathrm{e}^{-0.2}(0.2)^1}{1!}=1-\mathrm{e}^{-0.2}-0.2\times\mathrm{e}^{-0.2}\approx 0.0175.$$

（2）$X\sim B(80,0.01)$，此时，$n=80$，$p=0.01$，$\lambda=np=0.8$. 所求概率为

$$P\{X>3\}=1-P\{X\leq 3\}=1-\sum_{k=0}^{3}\frac{(0.8)^k\mathrm{e}^{0.8}}{k!}\approx 0.0091.$$

由 0.0091＜0.0175，说明后一种方案不但每人平均维修的纺织机台数有所增加，而且发生故障需等待维修的概率还大大减小，因此后者的管理经济效益显然好些.

三、连续型随机变量及其概率密度

1. 连续型随机变量及其概率密度函数

定义 6 如果随机变量 X 的取值范围是某个实数区间 I（有界或无界），且存在非负函数 $f(x)$ 使得对于区间 I 上任意实数 a，b（设 $a<b$）均有

$$P\{a<X\leq b\}=\int_a^b f(x)\mathrm{d}x.$$

则称 X 为连续型随机变量，函数 $f(x)$ 称为连续型随机变量 X 的概率密度函数（简称概率密度），概率密度函数的图像称为密度曲线.

注：① 由定积分的几何意义可知，连续型随机变量在某一区间 $(a,b]$ 上取值的概率 $P\{a<X\leq b\}$，就等于其概率密度函数在该区间上的定积分，也就是该区间上的密度曲线与轴所围成的曲边梯形的面积（图 4-10）.

② 连续型随机变量 X 取某一实数值的概率为零，即：$P\{X=c\}=0$（由定积分的性质不难推得）.

③ $P\{a<X\leq b\}=P\{a<X<b\}=P\{a\leq X<b\}=P\{a\leq X\leq b\}$，即连续型随机变量在任意区间上取值的概率与端点无关.

另：概率密度函数 $f(x)$ 还具有以下两条性质：

（1）非负性. $f(x)\geq 0$；

（2）完备性 . $\int_{-\infty}^{+\infty} f(x) \mathrm{d}x = 1$.

注：概率密度函数的非负性告诉我们，概率密度曲线在直角坐标系中 x 轴的上方，完备性告诉我们，概率密度函数在整个区间上的定积分的值为 1，即密度曲线与 x 轴围成的曲边梯形的面积为 1（图 4-11）.

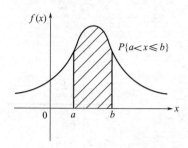

图 4-10　连续型随机变量的概率　　　　　图 4-11　完备性

例 7　某台机器在发生故障前正常运行的时间（单位：小时）是一个连续型随机变量，其概率密度为

$$f(x) = \begin{cases} \lambda e^{-\frac{x}{100}}, & (x \geqslant 0) \\ 0, & (x < 0) \end{cases}$$

问：这台机器在发生故障前能正常运行 50 至 150 小时的概率是多少？运行时间少于 100 小时的概率又是多少？

解　由于 $\int_{-\infty}^{+\infty} f(x) \mathrm{d}x = 1$，

所以

$$\int_{-\infty}^{+\infty} f(x) \mathrm{d}x = \int_{-\infty}^{0} f(x) \mathrm{d}x + \int_{0}^{+\infty} f(x) \mathrm{d}x$$

$$= \int_{0}^{+\infty} \lambda e^{-\frac{x}{100}} \mathrm{d}x = \lambda \int_{0}^{+\infty} e^{-\frac{x}{100}} \mathrm{d}x$$

$$= \lambda \cdot (-100 e^{-\frac{x}{100}}) \Big|_{0}^{+\infty} = 100\lambda = 1.$$

从而，$\lambda = \dfrac{1}{100}$.

因此，机器在发生故障前能正常运行 $50 \sim 150$ 的概率为

$$P\{50 \leqslant X \leqslant 150\} = \int_{50}^{150} \frac{1}{100} e^{-\frac{x}{100}} \mathrm{d}x = -e^{-\frac{x}{100}} \Big|_{50}^{150} = e^{-\frac{1}{2}} - e^{-\frac{3}{2}} \approx 0.384.$$

类似地有

$$P\{X < 100\} = \int_{0}^{100} \frac{1}{100} e^{-\frac{x}{100}} \mathrm{d}x = -e^{-\frac{x}{100}} \Big|_{0}^{100} = 1 - \frac{1}{e} \approx 0.633.$$

例 8　设 X 的概率密度函数为 $f(x) = \begin{cases} Ax^2, & 0 < x < 1 \\ 0, & \text{其它} \end{cases}$

（1）试确定常数 A；

（2）求 $P\{-1 < X < 0.5\}$.

解 (1) 由 $\int_{-\infty}^{+\infty} f(x) \mathrm{d}x = 1$，得，$\int_0^1 Ax^2 \mathrm{d}x = 1$，所以，$A = 3$；

(2) $P\{-1 < X < 0.5\} = \int_{-1}^{0.5} f(x) \mathrm{d}x = \int_0^{0.5} 3x^2 \mathrm{d}x = 0.125.$

2. 几种常见的连续型随机变量的分布

（1）均匀分布

定义 7 如果随机变量 X 的概率密度为

$$f(x) = \begin{cases} \dfrac{1}{b-a}, & (a \leqslant x \leqslant b) \\ 0, & \text{其它} \end{cases}$$

则称 X 服从在区间 $[a,b]$ 上的**均匀分布**，记为 $X \sim U$ $(a，b)$.

均匀分布的密度曲线如图 4-12 所示.

如果 X 服从 $[a,b]$ 上的均匀分布，那么对于 $[a,b]$ 上任意两数 c，d（设 $c \leqslant d$），有

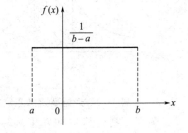

图 4-12　均匀分布

$$P\{c \leqslant X \leqslant d\} = \int_c^d f(x) \mathrm{d}x = \frac{d-c}{b-a}.$$

上式说明，X 在 $[a,b]$ 上任意小区间上取值的概率与该小区间的长度成正比，而与该小区间的位置无关，这就是均匀分布的概率意义.

均匀分布是常见的一种连续型分布，例如：乘客在公共汽车站的候车时间，近似计算中的舍入误差等都服从均匀分布.

例 9 有一同学乘出租汽车从学校到火车站赶乘火车，火车是 18：30 开车，出租车从学校开出的时间是 18：00，若出租车从学校到火车站所用的时间 $X \sim U(15,30)$，且从下出租车到上火车还需 9 分钟，问此人能赶上火车的概率是多少？

解 若要赶上火车，则出租车行驶的时间最多只能有 21 分钟，由已知得 X 的概率密度函数为

$$f(x) = \begin{cases} \dfrac{1}{15}, & 15 \leqslant x \leqslant 30 \\ 0, & \text{其它} \end{cases}$$

所以：

$$P\{X \leqslant 21\} = \int_{-\infty}^{21} f(x) \mathrm{d}x = \int_{15}^{21} \frac{1}{15} \mathrm{d}x = \frac{2}{5}.$$

即：此人能赶上火车的概率只有 40%.

（2）指数分布

定义 8 如果随机变量 X 的概率密度函数为

$$f(x) = \begin{cases} \lambda \mathrm{e}^{-\lambda x}, & x > 0 \\ 0, & x \leqslant 0 \end{cases}$$

其中 $\lambda > 0$，则称 X 服从参数为 λ 的指数分布. 指数分布的密度曲线如图 4-13 所示.

指数分布是一种应用广泛的连续型分布. 例如：电子元件的使用寿命，动植物的寿命，电话问题中的通话时间，都认为是服从指数分布的.

例 10　假定打一次电话所用的时间 X（单位：分钟）服从参数 $\lambda = \dfrac{1}{10}$ 的指数分布，试求：在排队打电话的人中，后一个人等待前一个人的时间①超过 10 分钟、②10～20 分钟之间的概率.

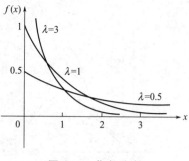

图 4-13　指数分布

解　由题意知 X 的概率密度函数为

$$f(x) = \begin{cases} \dfrac{1}{10}\mathrm{e}^{-\frac{1}{10}x}, & x > 0 \\ 0, & x \leqslant 0 \end{cases}$$

从而所求的概率

$$P\{X > 10\} = \int_{10}^{+\infty} \dfrac{1}{10}\mathrm{e}^{-\frac{x}{10}}\,\mathrm{d}x = \mathrm{e}^{-1} \approx 0.368\,;$$

$$P\{10 \leqslant X \leqslant 20\} = \int_{10}^{20} \dfrac{1}{10}\mathrm{e}^{-\frac{x}{10}}\,\mathrm{d}x = \mathrm{e}^{-1} - \mathrm{e}^{-2} \approx 0.233\,.$$

（3）正态分布

定义 9　如果随机变量的概率密度函数为

$$f(x) = \dfrac{1}{\sqrt{2\pi}\,\sigma}\mathrm{e}^{-\frac{(x-\mu)^2}{2\sigma^2}}, \quad (-\infty < x < +\infty).$$

其中，μ,σ 为常数，并且 $\sigma > 0$，则称随机变量 X 服从参数为 μ,σ 的正态分布，记为 $X \sim N(\mu,\sigma^2)$. 正态分布的密度曲线如图 4-14 所示.

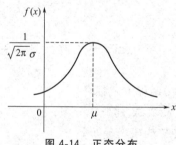

图 4-14　正态分布

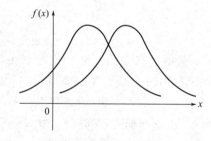

图 4-15　σ 不变的正态分布

正态分布的图像特征如下.

① 密度曲线关于 $x = \mu$ 对称；

② 曲线在 $x = \mu$ 处达到最大值 $f(x) = \dfrac{1}{\sqrt{2\pi}\,\sigma}$；

③ 在 $x = \mu \pm \sigma$ 处有拐点；

④ 当 $x \to +\infty$ 时，$f(x) \to 0$，即曲线以 x 轴为渐近线；

⑤ 参数 μ 和 σ 决定曲线的位置和形状，若 σ 不变，μ 变，则曲线的形状不变，而只改变曲线在坐标系中的位置，如图 4-15 所示.

即图像沿 x 轴平移，可由一个图像得到另一个图像. 若 μ 不变，σ 变，则曲线的位置不变，只改变曲线的形状，σ 越大，曲线越平坦，σ 越小，曲线越陡峭（或越瘦）. 如图 4-16 所示.

特别地，当 $\mu = 0$，$\sigma = 1$ 时，称随机变量 X 服从标准正态分布，即 $X \sim N(0,1)$. 密度函数为

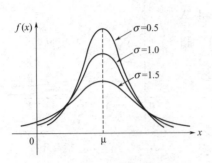

图 4-16 μ 不变的正态分布

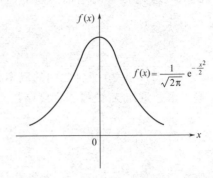

图 4-17 标准正态分布

$$f(x)=\frac{1}{\sqrt{2\pi}}\mathrm{e}^{-\frac{x^2}{2}},(-\infty<x<+\infty).$$

曲线形状如图 4-17 所示.

标准正态分布是最简单的正态分布,同时也是最重要的正态分布.

正态分布是概率论中最重要的一个分布,在实践中有着广泛的应用. 例如:元件的尺寸,测量的误差,某地区成年男子的身高体重,农作物的产量,炮弹的着落点等等都服从或近似服从正态分布.

注:有关正态分布的概率计算问题我们将在下一节讨论.

习题 4-5

1. 某射手有 5 颗子弹,连续射击直到击中或用完子弹为止,每次射击击中率为 0.9,求耗用的子弹数 X 的概率分布.

2. 已知一批产品共 20 个,其中有 4 个次品,按两种方式抽样,

(1) 不放回抽样,抽取 6 个产品,求抽得的次品数 X 的概率分布;

(2) 放回抽样,抽取 6 个产品,求抽得次品数 Y 的概率分布.

3. 某工厂有同类设备 400 台,每台发生故障的概率为 0.02,试求同时发生故障的设备超过 1 台的概率?

4. 一个合订本 100 页,如果每页上印刷错误的数目服从参数 $\lambda=2$ 的泊松分布,计算该合订本中各页的印刷错误的数目都不超过 4 个的概率.

5. 已知随机变量 X 只能取 -1,0,1,2 四个数,相应的概率依次为 $\dfrac{1}{2c}$,$\dfrac{3}{4c}$,$\dfrac{5}{8c}$,$\dfrac{7}{16c}$,确定常数 c 并求概率 $P\{0<X\leqslant 1\}$.

6. 一袋中装了 6 张卡片,分别标有数字 0,0,1,1,1,2,从这个袋中有放回地任取 5 次,每次取一张,求取得的卡片上的数字恰有两次是 0 的概率.

7. 一批产品的废品率 $P=0.1$,进行 20 次重复抽样,求出现废品的频率不大于 0.15 的概率.

8. 设 ξ 为连续型随机变量,其概率密度函数为,$f(x)=k\left(1-\dfrac{|x|}{2}\right)$,$|x|\leqslant 2$,

试求待定系数 k，并求概率 $P\{-0.5\leqslant\xi\leqslant0.5\}$．

9. 设随机变量 X 的概率密度函数为 $f(x)=\begin{cases}\dfrac{A}{\sqrt{1-x^2}}, & |x|<1\\[2mm] 0, & |x|\geqslant1\end{cases}$

(1) 求系数 A？

(2) 求 X 落在 $\left(-\dfrac{1}{2},\dfrac{1}{2}\right)$ 内的概率？

10. 某种晶体管的使用寿命 $X(\mathrm{h})$ 的概率密度函数为 $f(x)=\begin{cases}\dfrac{100}{x^2}, & x\geqslant100,\\[2mm] 0, & x<100\end{cases}$ 求

在 150h 内：

(1) 3 只晶体管中没有一只损坏的概率？

(2) 3 只晶体管中只有一只损坏的概率？

(3) 3 只晶体管中全损坏的概率？

第六节　随机变量的分布函数

离散型随机变量概率的规律性集中体现在它的分布律上，而连续型随机变量概率的规律性集中体现在它的密度函数上，为了从数学上能统一地对这两类随机变量的概率分布进行更进一步的研究．我们引出随机变量的分布函数的概念．

一、分布函数的概念及其性质

定义　设 X 是一个随机变量，x 是任意实数，则事件 $\{X\leqslant x\}$ 的概率 $P\{X\leqslant x\}$ 称为随机变量 X 的**分布函数**，记为 $F(x)$．即：$F(x)=P\{X\leqslant x\},(-\infty<x<+\infty)$．

由分布函数的定义可知：

(1) 若 X 是离散型随机变量，

则：
$$F(x)=P\{X\leqslant x\}=\sum_{x_i\leqslant x}P\{X=x_i\}=\sum_{x_i\leqslant x}P_i;$$

(2) 若 X 是连续型随机变量，

则
$$F(x)=P\{X\leqslant x\}=\int_{-\infty}^{x}f(t)\mathrm{d}t.$$

其中分布函数 $F(x)$ 与密度函数 $f(x)$ 的关系为：$F'(x)=f(x)$．

分布函数的性质如下．

① 分布函数 $F(x)$ 的定义域为 R，$0\leqslant F(x)\leqslant1$；

② $F(x)$ 是单调不减函数，

即，若 $x_1<x_2$，则 $F(x_1)\leqslant F(x_2)$，

事实上，事件 $\{X\leqslant x_2\}$ 包含事件 $\{X\leqslant x_1\}$；

③ $\lim\limits_{x\to+\infty}F(x)=1,\ \lim\limits_{x\to-\infty}F(x)=0$；

④ $P\{a<X\leqslant b\}=P\{X\leqslant b\}-P\{X\leqslant a\}=F(b)-F(a)$，

特别有 $P\{X>a\}=1-P\{X\leqslant a\}=1-F(a)$；

⑤ 右连续性，即：$\lim\limits_{x\to x_0^+}F(x)=F(x_0)$．

注：求随机变量 X 在任意区间 $(a,b]$ 内的概率均可通过分布函数求得，这样，分布函数不仅能充分刻画随机变量的概率分布情况，而且还将求概率问题转化为函数问题，为我们提供了一个更为广阔的研究空间.

例1 设离散型随机变量 X 的概率分布律如下表.

X	0	1	2	3
P	0.2	0.3	0.1	0.4

求：$F(x)$.

解 当 $x<0$ 时，由于 $\{X\leqslant x\}=\Phi$，得 $F(x)=P\{X\leqslant x\}=0$，

当 $0\leqslant x<1$ 时，$F(x)=P\{X\leqslant x\}=P\{X=0\}=0.2$，

当 $1\leqslant x<2$ 时，$F(x)=P\{X=0\}+P\{X=1\}=0.2+0.3=0.5$，

当 $2\leqslant x<3$ 时，$F(x)=P\{X=0\}+P\{X=1\}+P\{X=2\}=0.2+0.3+0.1=0.6$，

当 $x\geqslant3$ 时，$F(x)=P\{X=0\}+P\{X=1\}+P\{X=2\}+P\{X=3\}=0.2+0.3+0.1+0.4=1.$ 所以

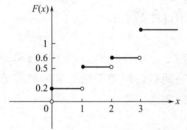

图 4-18 例 1 图

$$F(x)=\begin{cases}0, & x<0\\ 0.2, & 0\leqslant x<1\\ 0.5, & 1\leqslant x<2\\ 0.6, & 2\leqslant x<3\\ 1, & x\geqslant3\end{cases}$$

从图 4-18 可看出，离散型随机变量 X 的分布函数 $F(x)$ 是一个分段函数，其图形为阶梯状，且右连续，并在 $x=0$，1，2，3，处有跳跃，其跳跃度分别是 X 取 0，1，2，3 时的概率.

例2 设随机变量 X 的密度函数为 $f(x)=\begin{cases}\dfrac{1}{8}, & -3\leqslant x<5\\ 0, & 其它\end{cases}$

（1）求 X 的分布函数 $F(x)$；

（2）绘出 $F(x)$ 的图像.

解 （1）根据 $F(x)=\int_{-\infty}^{x}f(x)\mathrm{d}x$，有

当 $x<-3$ 时，$F(x)=0$；

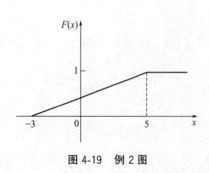

图 4-19 例 2 图

当 $-3\leqslant x<5$ 时，$F(x)=\int_{-3}^{x}\dfrac{1}{8}\mathrm{d}x=\dfrac{x+3}{8}$；

当 $x\geqslant5$ 时，$F(x)=\int_{-3}^{5}\dfrac{1}{8}\mathrm{d}x=1.$

由此得

$$F(x)=\begin{cases}0, & x<-3\\ \dfrac{x+3}{8}, & -3\leqslant x<5\\ 1, & x\geqslant5\end{cases}$$

（2）$F(x)$ 的图像如图 4-19 所示.

由图 4-19 可以看出，连续型随机变量的分布函数 $F(x)$ 是一条值域在 $[0,1]$ 上的连续曲线.

二、正态分布的概率计算

1. 标准正态分布的概率计算

若记标准正态分布的分布函数为 $\Phi(x)$，

即：
$$\Phi(x) = \int_{-\infty}^{x} \frac{1}{\sqrt{2\pi}} e^{-\frac{t^2}{2}} dt，$$

则标准正态分布也有相应的概率计算公式.

① $\Phi(-x) = 1 - \Phi(x), (x > 0)$；

② $P\{a < X < b\} = P\{a \leqslant X < b\} = P\{a \leqslant X \leqslant b\} = P\{a < X \leqslant b\} = \Phi(b) - \Phi(a)$；

③ $P\{X < b\} = P\{X \leqslant b\} = \Phi(b)$；

④ $P\{X \geqslant a\} = P\{X > a\} = 1 - \Phi(a)$；

⑤ $P\{|X| < k\} = P\{-k < X < k\} = \Phi(k) - \Phi(-k) = 2\Phi(k) - 1$.

为了便于计算，本书附录给出了 $\Phi(x)$ 的数值表，称为标准正态分布表（见附表 II 1）.

标准正态分布表的使用说明如下.

① 表中的取值范围为 $[0, 3.09]$，对于此范围内的 x 值可直接查表求得.

如：$\Phi(1) = 0.8413, \Phi(2) = 0.9772, \Phi(1.85) = 0.9678, \Phi(2.46) = 0.9931.$

② 对于 $x > 3.09$ 的情况，可取 $\Phi(x) \approx 1$.

③ 对于 $x < 0$ 的情况，则用公式：$\Phi(-x) = 1 - \Phi(x)$ 及查表确定其值.

例 3 设随机变量 $X \sim N(0, 1)$，求下列概率.

(1) $P\{1 < X < 2\}$；

(2) $P\{|X| < 1.5\}$；

(3) $P\{X \leqslant -1\}$；

(4) $P\{|X| > 2.3\}$.

解 因为 $X \sim N(0, 1)$

所以 $P\{1 < X < 2\} = P\{X < 2\} - P\{X < 1\} = \Phi(2) - \Phi(1) = 0.9772 - 0.8413 = 0.1359$；

$P\{|X| < 1.5\} = 2\Phi(1.5) - 1 = 2 \times 0.9332 - 1 = 0.8664$；

$P\{X \leqslant -1\} = \Phi(-1) = 1 - \Phi(1) = 1 - 0.8413 = 0.1587$；

$P\{|X| > 2.3\} = P\{X > 2.3\} + P\{X < -2.3\} = 1 - P\{X < 2.3\} + \Phi(-2.3)$

$= 1 - P\{X < 2.3\} + 1 - P\{X < 2.3\} = 2 - 2P\{X < 2.3\} = 2 - 2\Phi(2.3)$

$= 2(1 - \Phi(2.3)) = 2(1 - 0.9893) = 0.0214.$

2. 一般正态分布的概率计算

基本思路：通过线性变换（变量替换）化非标准正态分布为标准正态分布，然后进行运算.

设 $X \sim N(\mu, \sigma)$，则 X 的分布函数为

$$F(x) = \int_{-\infty}^{x} \frac{1}{\sqrt{2\pi}\sigma} e^{-\frac{(t-\mu)^2}{2\sigma^2}} dt,$$

那么 $P\{a < x \leqslant b\} = \int_{a}^{b} \frac{1}{\sqrt{2\pi}\sigma} e^{-\frac{(x-\mu)^2}{2\sigma^2}} dx \xlongequal{\diamondsuit \frac{x-\mu}{\sigma}=t} \int_{\frac{a-\mu}{\sigma}}^{\frac{b-\mu}{\sigma}} \frac{1}{\sqrt{2\pi}\sigma} e^{-\frac{t^2}{2}} \cdot \sigma \cdot dt$

$$= \int_{\frac{a-\mu}{\sigma}}^{\frac{b-\mu}{\sigma}} \frac{1}{\sqrt{2\pi}} e^{-\frac{t^2}{2}} dt = \Phi\left(\frac{b-\mu}{\sigma}\right) - \Phi\left(\frac{a-\mu}{\sigma}\right)$$

$$= F(b) - F(a).$$

从而：非标准正态分布的 $F(b)$ = 标准正态分布的 $\Phi\left(\frac{b-\mu}{\sigma}\right)$，

非标准正态分布的 $F(a)$ = 标准正态分布的 $\Phi\left(\frac{a-\mu}{\sigma}\right)$.

推广到一般情形：

非标准正态分布的分布函数 $F(x)$ = 标准正态分布的分布函数 $\Phi\left(\frac{x-\mu}{\sigma}\right)$.

例 4　设 $X \sim N(1.5, 2^2)$，计算 $P\{-4 < x < 3.5\}$.

解　$P\{-4 < X < 3.5\} = F(3.5) - F(-4) = \Phi\left(\frac{3.5-1.5}{2}\right) - \Phi\left(\frac{-4-1.5}{2}\right)$

$$= \Phi(1) - \Phi(-2.75) = \Phi(1) - 1 + \Phi(2.75)$$

$$= 0.8413 - 1 + 0.9970 = 0.8383.$$

例 5　假设某地区成年男性的身高（单位：cm）$X \sim N(170, 7.69^2)$，求该地区成年男性的身高超过 175cm 的概率.

解　由题意 $X \sim N(170, 7.69^2)$，

$$P\{X > 175\} = 1 - P\{X \leqslant 175\} = 1 - F(175) = 1 - \Phi\left(\frac{175-170}{7.69}\right)$$

$$= 1 - \Phi(0.65) = 1 - 0.7422 = 0.2578.$$

故该地区成年男性身高超过 175cm 的概率为 0.2578.

例 6　参加录用公务员考试的考生为 2000 名，拟录取前 200 名，已知考试成绩 $X \sim N(400, 100^2)$，问录取分数线应该定为多少分？

解　设录取分数线定为 t 分，

由题意知：$P\{X \geqslant t\} = \dfrac{200}{2000} = 0.1$，

即：$1 - P\{X < t\} = 0.1$，

$$1 - F(t) = 0.1,$$

$$1 - \Phi\left(\frac{t-400}{100}\right) = 0.1,$$

从而：

$$\Phi\left(\frac{t-400}{100}\right) = 0.9,$$

查标准正态分布表得：$\dfrac{t-400}{100}=1.29$，

解得：$t=529$.

故录取分数线应为 529 分.

三、随机变量函数的分布

在许多实际问题中，不仅要研究随机变量，而且还要研究随机变量的函数，这是因为，在某些试验中，我们所能关心的随机变量不能通过直接观测得到，然而，它却是另一个或几个能直接观测到的随机变量的函数，例如，我们在研究某种圆轴的横截面积 $A=\dfrac{1}{4}\pi d^2$（d 为截面直径）时，能直接测到圆轴截面直径 d 这个随机变量，而随机变量 A 是 d 的函数. 这类问题既普遍又重要，本节通过例子说明如何由已知的随机变量 X 的概率分布，求出它的函数 $Y=f(x)$ 的概率分布.

例 7 设离散型随机变量 X 具有以下的概率分布律，试求 $Y=(X-1)^2$ 的概率分布律.

X	-1	0	1	2
P	0.2	0.3	0.1	0.4

解 因为 $Y=(X-1)^2$，

当 X 取 $-1,0,1,2$ 时，Y 所有可能的取值为 $0,1,4$.

由于：

$$P\{Y=0\}=P\{(X-1)^2=0\}=P\{X=1\}=0.1；$$

$$P\{Y=1\}=P\{(X-1)^2=1\}=P\{X=0\}+P\{X=2\}=0.3+0.4=0.7；$$

$$P\{Y=4\}=P\{(X-1)^2=4\}=P\{X=-1\}=0.2.$$

从而得 Y 的分布律为

Y	0	1	4
P	0.1	0.7	0.2

例 8 设连续型随机变量 X 具有概率密度

$$f_X(x)=\begin{cases}\dfrac{x}{8}, & 0<x<4 \\ 0, & \text{其它}\end{cases}$$

求随机变量 $Y=2X+8$ 的概率密度.

解 分别记随机变量 X、Y 的分布函数为 $F_X(x)$ 和 $F_Y(y)$，下面首先要求 $F_Y(y)$，

$$F_Y(y)=P\{Y\leqslant y\}=P\{(2X+8)\leqslant y\}=P\left\{X\leqslant\dfrac{y-8}{2}\right\}=F_X\left(\dfrac{y-8}{2}\right)$$

将 $F_Y(y)$ 关于 y 求导，得 $Y=2X+8$ 的概率密度为

$$f_Y(y) = F_X'\left(\frac{y-8}{2}\right) \cdot \left(\frac{y-8}{2}\right)' = f_X\left(\frac{y-8}{2}\right) \cdot \frac{1}{2}$$

$$= \begin{cases} \dfrac{1}{8} \cdot \left(\dfrac{y-8}{2}\right) \cdot \dfrac{1}{2}, & 0 < \dfrac{y-8}{2} < 4 \\ 0, & \text{其它} \end{cases}$$

$$= \begin{cases} \dfrac{y-8}{32}, & 8 < y < 16 \\ 0, & \text{其它} \end{cases}.$$

习题 4-6

1. 设随机变量 X 的概率密度为 $f(x) = \begin{cases} \dfrac{1}{\pi\sqrt{1-x^2}}, & |x| < 1 \\ 0, & |x| \geqslant 1 \end{cases}$，求 X 的分布函数.

2. 设随机变量 X 的分布函数为 $F(x) = \begin{cases} 0, & x < 1 \\ \ln x, & 1 \leqslant x \leqslant e \\ 1, & x > e \end{cases}$

求：(1) $P\{X < 2\}$；(2) $P\{2 < X < \dfrac{5}{2}\}$.

3. 设随机变量 X 的概率密度为 $f(x) = \begin{cases} 2x, & -2 \leqslant x \leqslant 1 \\ 0, & \text{其它} \end{cases}$

求下列随机变量函数的概率密度. (1) $Y_1 = 2X$；(2) $Y_2 = 1 - X$.

4. 已知某市的开发区，按设计每天用电量最多为 100 万 kw·h. 日耗电率（实际用电量对 100 万千瓦时之比）X 是一个具有密度函数

$$f(x) = \begin{cases} 12x(1-x)^2, & 0 < x < 1 \\ 0, & \text{其它} \end{cases}$$

的随机变量，如今若每天电厂供电 80 万千瓦时，试求电量不够的概率.

5. 设随机变量 X 的密度函数为 $f(x) = Ae^{-|x|}$，$(-\infty < x < +\infty)$，求

(1) 系数 A；

(2) $P\{0 < X < 1\}$；

(3) 分布函数 $F(x)$.

6. 已知随机变量 X 有概率密度

$$f(x) = \begin{cases} k(x-2), & 2 < x < 3 \\ 0, & \text{其它} \end{cases}$$

试求 (1) 待定系数 k；(2) 分布函数并图示；(3) $P\{0.8 < X < 2.8\}$.

7. 设随机变量 X 服从标准正态分布 $N(0,1)$，求概率 $P\{X \leqslant 2.3\}$，$P\{|X| \leqslant 2\}$，$P\{0.5 < X \leqslant 3.5\}$，$P\{0.5 < X \leqslant 3.5\}$.

8. 已知随机变量 X 有如下概率分布律

X	-2	0	1	2	5
P	0.3	0.2	0.25	0.1	0.15

试求：（1）$Y=2-3X$；（2）$Y=1+X^2$ 的概率分布律.

第七节　随机变量的数字特征

前面我们讨论了随机变量的分布函数，看到分布函数能完整地描述随机变量的统计规律性，但在实际问题中，分布函数比较难求，而事实上，有些问题也不需要全面地考察随机变量的变化情况，因此，并不需要求出它的分布函数，而只需要知道随机变量的某些特征就够了. 例如：研究某班某门课程成绩如何时，我们关心的是这个班这门课程的平均成绩，以及每个学生的成绩与平均成绩的偏离程度. 又如：某厂生产的某种电子产品，我们关心的是这些电子产品的平均使用寿命. 从上面例子可以看到，与随机变量有关的某些数值，虽然不能完整地描述随机变量，但却能描述随机变量的某些方面的重要特征，这些数字特征在理论和实践上都具有重要的意义. 本节将介绍随机变量常用的两个数字特征：数学期望和方差.

一、随机变量的数学期望

【思考问题】

甲、乙两人练习射击打靶，命中的环数分别记为 X 和 Y，X 和 Y 的分布律分别为表 1 和表 2，试评定他们射击技术的优劣.

表 1

X	0	5	6	7	8	9	10
P	0.02	0.04	0.05	0.09	0.1	0.2	0.5

表 2

Y	0	5	6	7	8	9	10
P	0.01	0.01	0.08	0.15	0.35	0.35	0.05

分析　为了评价甲、乙技术的优劣，我们来求随机变量 X 和 Y 的平均值，其中甲平均命中环数为：

$0\times0.02+5\times0.04+6\times0.05+7\times0.09+8\times0.01+9\times0.02+10\times0.5=8.73.$

乙平均命中环数为：

$0\times0.01+5\times0.01+6\times0.08+7\times0.15+8\times0.35+9\times0.35+10\times0.05=8.03.$

从平均命中环数来看，甲的射击水平比乙的高. 研究这类问题我们引入下面的概念.

1. 离散型随机变量的数学期望

定义 1　设离散型随机变量 X 的分布律为

$$P\{X=x_i\}=p_i,\ i=1,2,\cdots.$$

若级数 $\sum\limits_{i=1}^{\infty} x_i p_i$ 绝对收敛，则称级数 $\sum\limits_{i=1}^{\infty} x_i p_i$ 的和为随机变量 X 的**数学期望**（或均

值），记为 $E(X)$．即 $E(X) = \sum\limits_{i=1}^{\infty} x_i p_i$．

例 1 甲、乙两人加工同一种零件，设 X,Y 分别是甲乙两人一天中产生的废品件数，X,Y 的分布律如下，已知两人的产量相同，试问谁的技术较高？

X	0	1	2	3
p_i	0.35	0.30	0.15	0.20

Y	0	1	2	3
p_i	0.30	0.35	0.25	0.10

解 分别计算 X,Y 的数学期望，得到 $E(X) = 0 \times 0.35 + 1 \times 0.30 + 2 \times 0.15 + 3 \times 0.20 = 1.20$（件/天）；

$$E(Y) = 0 \times 0.30 + 1 \times 0.35 + 2 \times 0.25 + 3 \times 0.10 = 1.15 \text{（件/天）}.$$

计算结果表明，乙出废品的平均值较小，所以乙的技术较高．

本例中，$E(X) = 1.20$（件/天）在一次试验中是得不到的，任何一天出现的废品数都不会是 1.20 件，只有经过大量的试验才有"期望"得到这个平均值，这就是"数学期望"名称的由来．

下面是几种常见的离散型随机变量的数学期望．

（1）0-1 分布

设 X 服从 0-1 分布，其分布律为

$$P\{X=0\} = q, P\{X=1\} = p, p+q=1,$$

由定义可得

$$E(X) = 1 \cdot p + 0 \cdot q = p.$$

所以 0-1 分布的数学期望为 $E(X) = p$，即 $X=1$ 时的概率．

（2）二项分布

设随机变量 X 服从二项分布 $B(n,p)$，即

$$P\{X=k\} = C_n^k p^k q^{n-k}, (k=0,1,2,\cdots,n)$$

有定义可得

$$E(X) = \sum_{k=0}^{n} k C_n^k p^k q^{n-k} = \sum_{k=1}^{n} \frac{k \cdot n!}{k!(n-k)!} p^k q^{n-k}$$

$$= np \sum_{k=1}^{n} \frac{(n-1)!}{(k-1)![(n-1)-(k-1)]!} p^{k-1} q^{(n-1)-(k-1)},$$

令

$$m = k-1,$$

$$E(X) = np \sum_{m=0}^{n-1} \frac{(n-1)!}{m![(n-1)-m]!} p^m q^{(n-1)-m} = np(p+q)^{n-1} = np,$$

故

$$E(X) = np,$$

即二项分布的参数 n 与 p 的乘积为其数学期望．

（3）泊松分布

设随机变量 X 服从参数为 λ 的泊松分布，即

$$P\{X=k\}=\frac{\lambda^k}{k!}\mathrm{e}^{-\lambda},(\lambda>0,k=0,1,2,\cdots)$$

由定义得 $\qquad E(X)=\sum_{k=0}^{\infty}k\frac{\lambda^k}{k!}\mathrm{e}^{-\lambda}=\lambda\mathrm{e}^{-\lambda}\sum_{k=0}^{\infty}\frac{\lambda^{k-1}}{(k-1)!}$,

令 $\qquad\qquad\qquad m=k-1,$

则 $\qquad E(X)=\lambda\mathrm{e}^{-\lambda}\sum_{m=0}^{\infty}\frac{\lambda^m}{m!}=\lambda\mathrm{e}^{-\lambda}\mathrm{e}^{\lambda}=\lambda$,

故 $E(X)=\lambda$ ，即泊松分布的参数 λ 为其数学期望.

2. 连续型随机变量的数学期望

定义 2 设连续型随机变量 X 的概率密度函数为 $f(x)$ ，若积分 $\int_{-\infty}^{\infty}xf(x)\mathrm{d}x$ 收敛，则称 $\int_{-\infty}^{+\infty}xf(x)\mathrm{d}x$ 为 X 的数学期望，简称期望或均值，记作 $E(X)$.

例 2 设随机变量 X 的概率密度为

$$f(x)=\begin{cases}1+x, & -1\leqslant x\leqslant0 \\ 1-x, & 0<x\leqslant1 \\ 0, & \text{其它}\end{cases}$$

求：随机变量 X 的数学期望.

解 由连续型随机变量的数学期望定义可得

$$E(X)=\int_{-\infty}^{+\infty}xf(x)\mathrm{d}x=\int_{-1}^{0}x(1+x)\mathrm{d}x+\int_{0}^{1}x(1-x)\mathrm{d}x=0.$$

下面是几种常见的连续型随机变量的数学期望.

（1）均匀分布

设随机变量 X 服从 $[a,b]$ 区间上的均匀分布，其密度函数为

$$f(x)=\begin{cases}\dfrac{1}{b-a}, & a\leqslant x\leqslant b \\ 0, & \text{其它}\end{cases}$$

由定义可得

$$E(X)=\int_{a}^{b}x\frac{1}{b-a}\mathrm{d}x=\frac{1}{2}(a+b) ,$$

故 $\qquad\qquad\qquad E(X)=\frac{1}{2}(a+b).$

它恰好是区间 $[a,b]$ 的中点，这与数学期望的意义是相符的.

（2）指数分布

设随机变量 X 服从参数为 $\lambda>0$ 的指数分布，即概率密度函数为

$$f(x)=\begin{cases}\lambda\mathrm{e}^{-\lambda x}, & x\geqslant0 \\ 0, & x<0\end{cases}$$

由定义可得

$$E(X)=\int_{0}^{+\infty}x\lambda\mathrm{e}^{-\lambda x}\mathrm{d}x=-\int_{0}^{+\infty}x\mathrm{d}(\mathrm{e}^{-\lambda x})=-\left(x\mathrm{e}^{-\lambda x}\Big|_{0}^{+\infty}-\int_{0}^{+\infty}\mathrm{e}^{-\lambda x}\mathrm{d}x\right)$$

$$= -xe^{-\lambda x}\Big|_0^{+\infty} - \frac{1}{\lambda}e^{-\lambda x}\Big|_0^{+\infty} = \frac{1}{\lambda},$$

故 $$E(X) = \frac{1}{\lambda}.$$

即指数分布的数学期望为其参数 λ 的倒数.

（3）正态分布

设随机变量 $X \sim N(\mu, \sigma^2)$，则由定义可得

$$E(X) = \frac{1}{\sqrt{2\pi}\sigma} \int_{-\infty}^{+\infty} x e^{-\frac{1}{2\sigma^2}(x-\mu)^2} dx,$$

令 $t = x - \mu$，得

$$E(X) = \frac{1}{\sqrt{2\pi}\sigma} \int_{-\infty}^{+\infty} (t+\mu) e^{-\frac{t^2}{2\sigma^2}} dt$$

$$= \frac{1}{\sqrt{2\pi}\sigma} \int_{-\infty}^{+\infty} t e^{-\frac{t^2}{2\sigma^2}} dt + \mu \frac{1}{\sqrt{2\pi}\sigma} \int_{-\infty}^{+\infty} e^{-\frac{t^2}{2\sigma^2}} dt$$

$$= \mu,$$

故 $$E(X) = \mu.$$

即正态分布的参数 μ 正好就是它的数学期望.

3. 随机变量函数的数学期望

设 X 为一随机变量，则 $Y = g(X)$ 也是随机变量，称为随机变量 X 的函数，下面研究 $Y = g(X)$ 的数学期望. 从理论上讲，可以通过 X 的分布求出 $g(X)$ 的分布，然后再按定义求出 $Y = g(X)$ 的数学期望 $E[g(X)]$，但这种求法一般比较复杂，事实上可由下面定理来计算.

定理 1 设 X 是一个随机变量，$Y = g(X)$，且 $E(Y)$ 存在，则有

（1）若 X 为离散型随机变量，其概率分布为

$$P\{X = x_i\} = p_i, \quad i = 1, 2, \cdots$$

那么 $Y = g(X)$ 的数学期望为

$$E(Y) = E[g(X)] = \sum_{i=1}^{\infty} g(x_i)p_i.$$

（2）若 X 为连续型随机变量，其概率密度为 $f(x)$，那么 $Y = g(X)$ 的数学期望为

$$E(Y) = E[g(X)] = \int_{-\infty}^{+\infty} g(x)f(x)dx.$$

注：定理的重要性在于，求 $E[g(X)]$ 时，不必知道 $g(X)$ 的分布，只需要知道 X 的分布就可以了，这样就给求随机变量的函数的数学期望带来了很大的方便.

例 3 设随机变量 X 的概率密度分布为

X	-1	0	1	2
P	$\frac{1}{9}$	$\frac{1}{3}$	$\frac{2}{9}$	$\frac{1}{3}$

求：$E(X)$，$E(X^2)$，$E\left[\sin\left(\frac{\pi}{2}X\right)\right]$.

解 $E(X) = (-1) \cdot \frac{1}{9} + 0 \cdot \frac{1}{3} + 1 \cdot \frac{2}{9} + 2 \cdot \frac{1}{3} = \frac{7}{9}$；

$$E(X^2) = (-1)^2 \cdot \frac{1}{9} + 0^2 \cdot \frac{1}{3} + 1^2 \cdot \frac{2}{9} + 2^2 \cdot \frac{1}{3} = \frac{5}{3};$$

$$E\left[\sin\left(\frac{\pi}{2}X\right)\right] = \left[\sin\left(-\frac{\pi}{2}\right)\right] \cdot \frac{1}{9} + (\sin 0) \cdot \frac{1}{3} + \left(\sin\frac{\pi}{2}\right) \cdot \frac{2}{9} + (\sin\pi) \cdot \frac{1}{3}$$
$$= \frac{1}{9}.$$

例 4 设随机变量 $X \sim N(0,1)$，求 $E(X^2)$.

解 因为 $X \sim N(0,1)$，所以其概率密度函数为

$$f(x) = \frac{1}{\sqrt{2\pi}} e^{-\frac{x^2}{2}}, \quad (-\infty < x < +\infty)$$

于是 $E(X^2) = \displaystyle\int_{-\infty}^{+\infty} x^2 f(x)\,dx = \int_{-\infty}^{+\infty} x^2 \frac{1}{\sqrt{2\pi}} e^{-\frac{x^2}{2}}\,dx$

$$= -\frac{1}{\sqrt{2\pi}} \int_{-\infty}^{+\infty} x\,d(e^{-\frac{x^2}{2}}) = -\frac{1}{\sqrt{2\pi}} \left(x e^{-\frac{x^2}{2}} \Big|_{-\infty}^{+\infty} - \int_{-\infty}^{+\infty} e^{-\frac{x^2}{2}}\,dx \right)$$

$$= -\frac{1}{\sqrt{2\pi}} \left(0 - \int_{-\infty}^{+\infty} e^{-\frac{x^2}{2}}\,dx \right) = \frac{1}{\sqrt{2\pi}} \int_{-\infty}^{+\infty} e^{-\frac{x^2}{2}}\,dx = 1.$$

4. 数学期望的性质

性质 1 若 C 是常数，则 $E(C) = C$；

性质 2 若 k 是常数，则 $E(kX) = kE(X)$；

性质 3 $E(X_1 + X_2) = E(X_1) + E(X_2)$；

性质 4 设 X，Y 相互独立，则 $E(XY) = E(X)E(Y)$.

注：性质 3 和性质 4 可以推广到任意有限个随机变量的情形.

例 5 已知 $X \sim N(1,2)$，$Y \sim B\left(12, \frac{1}{4}\right)$，$X$ 与 Y 相互独立，

求：$E(2X + 3Y - 5)$.

解 因为 $X \sim N(1,2)$，$Y \sim B\left(12, \frac{1}{4}\right)$，

所以 $\qquad\qquad E(X) = 1, \quad E(Y) = 12 \cdot \frac{1}{4} = 3$，

从而 $\qquad\qquad E(2X + 3Y - 5) = 2E(X) + 3E(Y) - E(5)$
$$= 2 \cdot 1 + 3 \cdot 3 - 5 = 6.$$

二、方差

前面我们学习了随机变量的数学期望，它体现了随机变量取值的平均水平，是随机变量的一个重要数字特征. 但是在很多时候，我们不仅要考察随机变量 X 的均值，而且常常要考察 X 的取值与其数学期望之间的离散程度，那么怎样去度量这个离散程度呢？容易看到，$E\{|X - E(X)|\}$ 这个量可以度量随机变量 X 与其数学期望 $E(X)$ 的离散程度，但由于上式带有绝对值，运算上不方便，所以，为运算方便起见，通常用 $E\{[X - E(X)]^2\}$ 来度量 X 与 $E(X)$ 的离散程度，这就是本节要学习的方差.

1. 方差的定义

定义 3 设 X 是一个随机变量，若 $E\{[X - E(X)]^2\}$ 存在，则称它为 X 的方差，

记为

$$D(X) = E\{[X - E(X)]^2\}$$

方差的算术平方根 $\sqrt{D(X)}$ 称为标准差或均方差.

若 X 为离散型随机变量, 其概率分布为

$$P\{X = x_i\} = p_i, \quad i = 1, 2, \cdots$$

则

$$D(X) = \sum_i [x_i - E(X)]^2 p_i,$$

若 X 为连续型随机变量, 其概率密度函数为 $f(x)$,

则

$$D(X) = \int_{-\infty}^{+\infty} [x - E(X)]^2 f(x) \mathrm{d}x.$$

由方差的定义和数学期望的性质还可推出下面的定理:

定理 2 $D(X) = E(X^2) - [E(X)]^2$.

证明: 由于

$$
\begin{aligned}
D(X) &= E\{[X - E(X)]^2\} \\
&= E\{X^2 - 2XE(X) + [E(X)]^2\} \\
&= E(X^2) - E[2XE(X)] + E\{[E(X)]^2\} \\
&= E(X^2) - 2E(X)E(X) + [E(X)]^2 \\
&= E(X^2) - [E(X)]^2.
\end{aligned}
$$

所以

$$D(X) = E(X^2) - [E(X)]^2.$$

注: 这个定理在实际中经常使用.

例 6 设随机变量 X 的概率密度为

$$f(x) = \begin{cases} 1 + x, & -1 \leqslant x \leqslant 0 \\ 1 - x, & 0 < x \leqslant 1 \\ 0, & 其它 \end{cases}$$

求 随机变量 X 的方差.

解 由例 2 可知 $E(X) = 0$,

$$E(X^2) = \int_{-\infty}^{+\infty} x^2 f(x) \mathrm{d}x = \int_{-1}^{0} x^2 (1+x) \mathrm{d}x + \int_{0}^{1} x^2 (1-x) \mathrm{d}x = \frac{1}{6},$$

所以

$$D(X) = E(X) - [E(X)]^2 = \frac{1}{6} - 0^2 = \frac{1}{6}.$$

2. 常见分布的方差

(1) 0-1 分布

若 X 服从 0-1 分布, 则 $E(X) = p$

而

$$E(X^2) = 1^2 \cdot p + 0^2 \cdot (1-p) = p,$$

于是

$$D(X) = E(X^2) - [E(X)]^2 = p - p^2 = p(1-p) = pq,$$

即

$$D(X) = pq.$$

(2) 二项分布

若 X 服从二项分布 $B(n, p)$, 不妨设 $n \geqslant 2$, 则 $E(X) = np$,

而

$$E(X^2) = \sum_{k=0}^{n} k^2 C_n^k p^k q^{n-k} = \sum_{k=0}^{n} [k(k-1) + k] C_n^k p^k q^{n-k}$$

$$= \sum_{k=0}^{n} k(k-1) \frac{n!}{k!(n-k)!} p^k q^{n-k} + \sum_{k=0}^{n} k C_n^k p^k q^{n-k}$$

$$= \sum_{k=2}^{n} \frac{n!}{k!(n-k)!} p^k q^{n-k} + E(X) ,$$

令
$$m = k-2 ,$$

$$E(X^2) = n(n-1) p^2 \sum_{m=0}^{n-2} \frac{(n-2)!}{m!(n-2-m)!} p^m q^{(n-2)-m} + E(X)$$

$$= n(n-1) p^2 + np ,$$

于是

$$D(X) = E(X^2) - [E(X)]^2 = n(n-1) p^2 + np - n^2 p^2 = npq ,$$

即
$$D(X) = npq .$$

显然 $n=1$ 时，二项分布就是两点分布，此公式依然成立.

(3) 泊松分布

若 X 服从泊松分布，即 $X \sim P(\lambda)$，则 $E(X) = \lambda$，

而
$$E(X^2) = \sum_{k=0}^{\infty} k^2 \frac{\lambda^k}{k!} e^{-\lambda} = \lambda \sum_{k=1}^{\infty} [(k-1)+1] \frac{\lambda^{k-1}}{(k-1)!} e^{-\lambda}$$

$$= \lambda^2 e^{-\lambda} \sum_{k=2}^{\infty} \frac{\lambda^{k-2}}{(k-2)!} + \lambda e^{-\lambda} \sum_{k=1}^{\infty} \frac{\lambda^{k-1}}{(k-1)!} e^{-\lambda}$$

$$= \lambda^2 + \lambda$$

于是
$$D(X) = E(X^2) - [E(X)]^2 = \lambda^2 + \lambda - \lambda^2 = \lambda ,$$

即
$$D(X) = \lambda .$$

(4) 均匀分布

若随机变量 X 服从 $[a,b]$ 区间上的均匀分布，则 $E(X) = \frac{1}{2}(a+b)$，

而
$$E(X^2) = \frac{1}{b-a} \int_a^b x^2 \mathrm{d}x = \frac{b^3-a^3}{3(b-a)} = \frac{1}{3}(b^2+ab+a^2) ,$$

于是
$$D(X) = E(X^2) - [E(X)]^2$$

$$= \frac{1}{3}(b^2+ab+a^2) - \frac{1}{4}(b^2+ab+a^2)$$

$$= \frac{(b-a)^2}{12} .$$

即
$$D(X) = \frac{(b-a)^2}{12} .$$

(5) 指数分布

若随机变量 X 服从参数为 $\lambda > 0$ 的指数分布，则 $E(X) = \frac{1}{\lambda}$，

而
$$E(X^2) = \int_0^{+\infty} x^2 \lambda e^{-\lambda x} \mathrm{d}x$$

$$= -\int_0^{+\infty} x^2 \mathrm{d}(e^{-\lambda x})$$

$$= \frac{2}{\lambda^2}$$

于是
$$D(X)=E(X^2)-[E(X)]^2$$
$$=\frac{2}{\lambda^2}-\frac{1}{\lambda^2}=\frac{1}{\lambda^2}.$$

即
$$D(X)=\frac{1}{\lambda^2}$$

(6) 正态分布

若随机变量 $X \sim N(\mu,\sigma^2)$，则 $E(X)=\mu$，

下面用定义来求方差得

$$D(X)=\frac{1}{\sqrt{2\pi}\sigma}\int_{-\infty}^{+\infty}(x-\mu)^2 e^{-\frac{1}{2\sigma^2}(x-\mu)^2}\mathrm{d}x,$$

若令
$$t=\frac{x-\mu}{\sigma},$$

$$D(X)=\frac{\sigma^2}{\sqrt{2\pi}}\int_{-\infty}^{+\infty}t^2 e^{-\frac{t^2}{2}}\mathrm{d}t$$

$$=-\frac{\sigma^2}{\sqrt{2\pi}}t e^{-\frac{t^2}{2}}\Big|_{-\infty}^{+\infty}+\frac{\sigma^2}{\sqrt{2\pi}}\int_{-\infty}^{+\infty}e^{-\frac{t^2}{2}}\mathrm{d}t$$

$$=\sigma^2.$$

于是
$$D(X)=\sigma^2.$$

从上面的结果可以看出，正态分布 $N(\mu,\sigma^2)$ 中的两个参数 μ 和 σ 的统计意义：μ 是数学期望值，而 σ^2 是方差，方差 σ^2 越大，随机变量 X 的取值越分散，方差 σ^2 越小，随机变量 X 的取值越集中.

3. 方差的性质

性质 1 若 C 是常数，则 $D(C)=0$.

性质 2 若 k 是常数，则 $D(kX)=k^2 D(X)$.

性质 3 设 X，Y 相互独立，则 $D(X\pm Y)=D(X)+D(Y)$.

例 7 设 $X \sim N(1,2)$，Y 服从区间 $[10,22]$ 上的均匀分布，X 与 Y 相互独立.

求 $\qquad E(X-2Y+3)$ 及 $D(X-2Y+3)$.

解 因为 $X \sim N(1,2)$，Y 服从区间 $[10,22]$ 上的均匀分布，且 X 与 Y 相互独立，

所以
$$E(X)=1,\quad D(X)=2,$$
$$E(Y)=16,\quad D(Y)=12,$$

从而
$$E(X-2Y+3)=E(X)-2E(Y)+E(3)$$
$$=1-2\cdot 16+3=-28.$$
$$D(X-2Y+3)=D(X)+2^2 D(Y)+D(3)$$
$$=2+4\cdot 12+0=50.$$

例 8 设 X 服从二项分布 $B\left(4,\frac{1}{6}\right)$，$Y$ 服从参数为 $\lambda=2$ 的指数分布，X 与 Y 相互独立，求 $E(2X-4Y+1)$ 及 $D(2X-4Y+1)$.

解 因为 X 服从二项分布 $B\left(4,\frac{1}{6}\right)$，$Y$ 服从参数为 $\lambda=2$ 的指数分布，

所以 $\qquad E(X)=\frac{2}{3},\quad D(X)=4\cdot\frac{1}{6}\cdot\frac{5}{6}=\frac{5}{9},$

$$E(Y) = \frac{1}{2}, \quad D(Y) = \frac{1}{4},$$

又 X 与 Y 相互独立，

从而
$$E(2X - 4Y - 1) = 2E(X) - 4E(Y) + E(1)$$
$$= 2 \cdot \frac{2}{3} - 4 \cdot \frac{1}{2} + 1 = \frac{1}{3}.$$
$$D(2X - 4Y + 1) = 2^2 D(X) + 4^2 D(Y) + D(1)$$
$$= 4 \cdot \frac{5}{9} + 16 \cdot \frac{1}{4} + 0 = \frac{56}{9}.$$

三、常见分布的概率函数与数字特征汇总表

分布类型	分布律或概率密度	数学期望	方差	参数范围
两点分布 $X \sim b(1, p)$	$P(X=1) = p$ $P(X=0) = q$	p	pq	$0 < p < 1$ $p + q = 1$
二项分布 $X \sim B(n, p)$	$P(X=k) = p_k = C_n^k p^k q^{n-k}$ $(k = 0, 1, 2, \cdots, n)$ 为自然数	np	npq	$0 < p < 1$ $p + q = 1$
泊松分布 $X \sim P(\lambda)$	$P(X=k) = p_k = \dfrac{\lambda^k}{k!} e^{-\lambda}$ $(k = 0, 1, 2, \cdots)$	λ	λ	$\lambda > 0$
均匀分布 $X \sim U(a, b)$	$f(x) = \begin{cases} \dfrac{1}{b-a}, & a < x < b \\ 0, & \text{其它} \end{cases}$	$\dfrac{a+b}{2}$	$\dfrac{(b-a)^2}{12}$	$a < b$
指数分布 $X \sim E(\lambda)$	$f(x) = \begin{cases} \lambda e^{-\lambda x}, & x \geq 0, \\ 0, & x < 0. \end{cases}$	$\dfrac{1}{\lambda}$	$\dfrac{1}{\lambda^2}$	$\lambda > 0$
正态分布 $X \sim N(\mu, \sigma^2)$	$f(x) = \dfrac{1}{\sqrt{2\pi}\sigma} e^{-\frac{(x-\mu)^2}{2\sigma^2}}$	μ	σ^2	μ 任意 $\sigma > 0$

习题 4-7

1. 已知一批产品，经检验分为优等品、一等品、二等品、三等品及等外品 5 种，其构成比例依次是 0.2，0.5，0.15，0.10，0.05，按优质优价的市场规律，每类新产品的售价分别为 9 元、7.1 元、5.4 元、3 元、2 元．试求这批产品的平均售价．

2. 已知随机变量 X 的分布律为

X	0	1	2	3
P	0.2	a	0.1	b

$E(X) = 1.9$，求 a，b.

3. 从学校乘汽车到火车站途中有三个交通岗，假设在各个交通岗遇到红灯的事件是相互独立的，并且概率都是 $\dfrac{2}{5}$. 设 X 为途中遇到红灯的次数，求随机变量 X 的数学期望．

4. 设随机变量 X_1，X_2，X_3 相互独立，其中 X_1 在 $[0, 6]$ 上服从均匀分布，X_2

模块四
概率论

服从正态分布 $N(0,2^2)$，X_3 服从参数为 $\lambda=3$ 的泊松分布，记 $Y=X_1-2X_2+3X_3$，求 $D(Y)$.

5. 设随机变量 X 的数学期望为 $E(X)$，方差为 $D(X)>0$，引入新的随机变量 X^*（称为标准化随机变量），$X^*=\dfrac{X-E(X)}{\sqrt{D(X)}}$. 证明：$E(X^*)=0,D(X^*)=1$.

6. 盒中有 7 个球，其中 4 个白球，3 个黑球，从中任取 3 个球，求抽到白球数 X 的数学期望 $E(X)$ 和方差 $D(X)$.

7. 设 X_1，X_2，X_3 相互独立，且都服从参数 $\lambda=3$ 的泊松分布，令 $Y=\dfrac{1}{3}(X_1+X_2+X_3)$，则 $E(Y^2)$ 是多少？

8. 已知随机变量有如下概率分布律

X	-1	0	1	5
P	0.2	0.3	0.1	0.4

试求 $E(X)$，$E(2-3X)$.

9. 已知随机变量 X 的密度函数为

$$f(x)=\begin{cases} ax^2+bx+c, & 0<x<1 \\ 0, & \text{其它} \end{cases}$$

并且 $E(X)=0.5$，$D(X)=0.15$，求系数 a,b,c.

10. 一个口袋中盛有 6 个球，其中 3 个球上各刻有 1 个点，2 个球上各刻有 2 个点，另有 1 个球上刻有 3 个点，今从中任取 3 球，以 X 表示被取球上的点数和，试求 $E(X)$，$D(X)$.

11. 证明：当 $C=E(X)$ 时，$E(X-C)^2$ 的值最小，最小值为 $D(X)$.

复习题四

1. 选择题

(1) 有 55 个由两个不同的英语字母组成的单字，那么，从 26 个英语字母中任取两个不同的字母来排列，能排成上述单字中某一个的概率为（　　）.

A. $\dfrac{1}{13}$　　　　B. $\dfrac{11}{130}$　　　　C. $\dfrac{11}{65}$　　　　D. $\dfrac{2}{65}$

(2) 某事件的概率是 0.2，如果试验 5 次，则（　　）.

A. 一定会出现 1 次　　　　　　　　B. 一定出现 5 次

C. 至少出现 1 次　　　　　　　　　D. 出现的次数不确定

(3) 随机猜测"选择题"的答案，每道题猜对的概率为 0.25，则 4 道选择题相互独立地猜对 2 道及 2 道以上的概率约为（　　）.

A. 0.1　　　　B. 0.3　　　　C. 0.5　　　　D. 0.7

(4) A,B 为两事件，若 $A\subset B,P(B)>0$，则 $P(A|B)$ 与 $P(A)$ 比较应满足（　　）.

A. $P(A|B)\leqslant P(A)$　　　　　　B. $P(A|B)=P(A)$

C. $P(A|B)\geqslant P(A)$　　　　　　D. 无确定的大小关系

(5) 离散型随机变量 X 的分布律为 $P\{X=k\}=ak(k=1,2,3,4)$，则 $a=$（   ）.

A. 0.05　　　　　B. 0.1　　　　　C. 0.2　　　　　D. 0.25

(6) 设 $F(x)=P\{X\leqslant x\}$ 是连续型随机变量 X 的分布函数，则下列结论中不正确的是（   ）.

A. $F(x)$ 是不减函数　　　　　　B. $F(x)$ 是减函数

C. $F(x)$ 是右连续函数　　　　　D. $F(-\infty)=0,F(+\infty)=1$

(7) 设离散型随机变量 X 的分布函数为

$$F(x)=\begin{cases}0, & x<-1\\ 0.3, & -1\leqslant x<0\\ 0.4, & 0\leqslant x<3\\ 1, & x\geqslant3\end{cases}，则 X 的方差 D(X)=（   ）.$$

A. 1　　　　　B. 2　　　　　C. 3　　　　　D. 3.45

(8) 随机变量 X 服从区间 $[a,b]$ 上的均匀分布是指（   ）.

A. X 的取值是个常数

B. X 取区间 $[a,b]$ 上任何值的概率都等于同一个正常数

C. X 落在区间 $[a,b]$ 的任何子区间内的概率都相同

D. X 落在区间 $[a,b]$ 的任何子区间内的概率都与子区间的长度成比例

2. 填空题

(1) 有 50 个产品，其中 46 个正品，现从中抽取 5 次，每次任取 1 个（取后放回）产品，则取到的 5 个产品都是正品的概率为_____.

(2) 一射手对同一目标独立地进行四次射击，若至少命中一次的概率为 $\dfrac{15}{16}$，则该射手的命中率为_____.

(3) 设随机变量 X 服从参数为 λ 的泊松分布，若 $P\{X=1\}=P\{X=3\}$，则 $E(X)$ =_____，$D(X)=$_____.

(4) 若随机变量 X 在 $[2,6]$ 上服从均匀分布，则 $E(X)=$_____，$D(X)=$_____，$E(-2X+3)=$_____，$D(-2X+3)=$_____.

(5) 设随机变量 $X\sim N(\mu,4)$，且已知 $E(X^2)=5$，则 $\mu=$_____，X 的概率密度为_____.

3. 从 5 双不同的鞋子中任取 4 只，问这 4 只鞋子中至少有两只配成一双的概率是多少？

4. (1) 已知 $P(\overline{A})=0.3,P(B)=0.4,P(A\overline{B})=0.5$，求条件概率 $P(B|A\cup\overline{B})$；

(2) 已知 $P(A)=\dfrac{1}{4},P(B|A)=\dfrac{1}{3},P(A|B)=\dfrac{1}{2}$，试求 $P(A\cup B)$.

5. 已知男子有 5% 是色盲患者，女子有 0.25% 是色盲患者，今从男女人数相等的人群中随机地挑选一人，恰好是色盲者，问此人是男性的概率是多少？

6. 根据报导美国人血型的分布近似地为：A 型为 37%，O 型为 44%，B 型为 13%，AB 型为 6%，夫妻拥有的血型是相互独立的.

(1) B 型的人只有输入 B，O 两种血型才安全，若妻为 B 型，夫为何种血型未知，求夫是妻的安全输血者的概率；

(2) 随机地取一对夫妇，求妻为 B 型夫为 A 型的概率；

(3) 随机地取一对夫妇，求其中一人为 A 型，另一人为 B 型的概率；

(4) 随机地取一对夫妇，求其中至少有一人是 O 型的概率.

7. 设事件 A,B 的概率均大于零，说明以下的叙述（1）必然对，（2）必然错，（3）可能对，并说明理由.

(1) 若 A 与 B 互不相容，则它们相互独立；

(2) 若 A 与 B 相互独立，则它们互不相容；

(3) $P(A)=P(B)=0.6$，则 A,B 互不相容；

(4) $P(A)=P(B)=0.6$，且 A,B 相互独立.

8. 某人到某地参加一个会议，他坐火车、轮船、汽车、飞机的概率分别为 0.3，0.2，0.1，0.4，如果他坐火车，迟到的概率为 0.25；坐轮船，迟到的概率为 0.3；坐汽车，迟到的概率为 0.1；坐飞机不会迟到，则他迟到的概率是多少？若已知他迟到了，能否推测他可能是乘坐什么交通工具来的？

9. 设 A,B,C 为三个随机事件，且 $P(A)=P(B)=P(C)=\dfrac{1}{4}$，$P(AB)=P(BC)=\dfrac{1}{16}$，$P(AC)=0$，求：

(1) A,B,C 中至少有一个发生的概率；

(2) A,B,C 全不发生的概率.

10. 盒中有编号为 1,2,3,4 的 4 只球，随机地自盒中取一只球，事件 A 为"取得的是 1 号或 2 号球"，事件 B 为"取得的是 1 号或 3 号球"，事件 C 为"取得的是 1 号或 4 号球"，验证：

$$P(AB)=P(A)P(B),P(AC)=P(A)P(C),P(BC)=P(B)P(C)$$

但

$$P(ABC)\neq P(A)P(B)P(C)$$

即事件 A,B,C 两两独立，但 A,B,C 不是相互独立的.

11. 设在 15 只同类型的零件中有 2 只次品，在其中取 3 次，每次任取 1 只，作不放回抽样，以 X 表示取出的次品的只数.

(1) 求 X 的分布律；

(2) 画出分布律的图形.

12. 确定下列随机变量 X 的概率密度中的待定系数 k：

(1) $X\sim f(x)=kx^{-3}$，$x>1$；

(2) $X\sim f(x)=\begin{cases} kx\mathrm{e}^{-\frac{x^2}{6}}, & x>0 \\ 0, & x\leqslant 0 \end{cases}$.

13. 某公共汽车站从上午 7 时起，每 15 分钟来一班车，即：7：00，7：15，7：30，7：45 等时刻有汽车到达此站，如果乘客到达此站时间 X 是 7：00 到 7：30 之间的均匀随机变量，试求他候车时间少于 5 分钟的概率.

14. 某元件的寿命 X 服从指数分布，已知其参数 $\lambda=\dfrac{1}{1000}$，求 3 个这样的元件使用 1000 小时，至少已有一个损坏的概率.

15. 设 X 在 $[0,5]$ 上服从均匀分布，求方程 $4x^2+4Xx+X+2=0$ 有实根的概率.

16. 设随机变量 X 的分布律为

X	-2	-1	0	1	3
P	$\frac{1}{5}$	$\frac{1}{6}$	$\frac{1}{5}$	$\frac{1}{15}$	$\frac{11}{30}$

求 $Y=X^2$ 的分布律.

17. 某产品的次品率为 0.1，检验员每天检验 4 次，每次随机地取 10 件产品进行检验，如发现其中的次品数多于 1，就去调整设备. 以 X 表示一天中调整设备的次数，试求 $E(X)$（设调整设备与是否为次品是相互独立的）.

18. 一工厂生产的某种设备的寿命 X（以年计）服从指数分布，概率密度为

$$f(x)=\begin{cases}\dfrac{1}{4}e^{-\frac{x}{4}}, & x>0 \\ 0, & x\leqslant 0\end{cases}$$

工厂规定，出售的设备若在售出一年之内损坏可予以调换. 若工厂售出一台设备盈利 100 元，调换一台设备厂方需花费 300 元. 试求厂方出售一台设备净盈利的数学期望.

【阅读资料】

1. 肇事逃逸的车

一辆出租车涉及一起夜间肇事逃逸事故. 先给出如下资料.

① 在这个城市里，只有"绿色"和"蓝色"两家出租汽车公司运营，并且 85% 的出租汽车是"绿色"，15% 的出租车是"蓝色".

② 一位目击者认定这辆出租汽车是"蓝色". 法庭在与出事当夜相同的环境下测试了目击者的可信度，并得出结论，在 80% 的时间里，目击者能正确识别两种颜色中的每一种，在 20% 的时间里不能.

问：与该事故有牵连的出租汽车是"蓝色"的概率是多少？

上述问题是心理学家丹尼尔·卡内曼和艾莫斯·特弗斯基在一项研究中向许多试验者提出的，结果他们得到的一个有代表性的答案是：大约 80%. 但这是错误的，正确答案是大约 41%. 实际上，肇事逃逸的出租车是"绿色"的可能性更大. 请解释一下其中的道理.

分析：为了说明简便，我们假设城市中有 100 辆出租车，按照第一条资料，其中有绿色车 85 辆，蓝色车 15 辆. 由第二条资料，在 85 辆绿色车中，目击者能正确识别为绿色车的有 $85\times80\%=68$ 辆，而他将错误地把 $85\times20\%=17$ 辆绿色车识别为蓝色.

同样的，在 15 辆蓝色车中，他能正确识别为蓝色车的有 $15\times80\%=12$ 辆，而他将错误地把 $15\times20\%=3$ 辆蓝色车识别为绿色车.

因此，目击者将把 100 辆车中的 29(17+12) 辆识别为蓝色，然而在这些车中真正是蓝色的只有 12 辆，所以目击者判断准确的可能性只有 $\frac{12}{29}=41\%$. 也就是说，根据目击者的证词，与该事故有牵连的出租汽车是"蓝色"的概率大约是 41%，不到一半.

这是否意味着目击者的证词没有意义呢？不是．毕竟，如果没有目击的话，出租汽车是"蓝色"的概率仅为 15%，正是目击者的证词使这个概率升到约 41%——它不过是没有像许多人错误估计的那么高罢了．

人们在肇事逃逸问题上之所以犯错误，是因为他们把这个城市中出租汽车的基本比率看做非主要的因素，而不是看做起作用的或引起某种结果的因素．大多数人在估计目击者的陈述时，似乎过高估计了目击者准确报告这一特殊肇事逃逸时间的可能性，而过低估计了更为一般的这个城市中出租汽车的基本比率，因为基本比率信息看来不太特殊，而这种对基本比率的忽视，使人们得出了错误的推断．

2. 免费摸奖

在人来人往的路旁，有人摆摊玩这样的把戏：首先在众目睽睽之下将写有 $1,2,3,4,5,6$ 的六个乒乓球放进一个空盒里，盒子仅有一个拳头大小的开口，然后让过路人从中有放回地摸两次球（摸出第一个记下数字后放回盒中，再摸第二个）．如果两球数字之和大于 10(11 和 12) 就能得到一瓶名牌酒（价值 50 元）；如果数字之和大于 8(9 和 10) 就可得到一包香烟（价值 3 元），否则（和小于等于 8）就必须付 20 元购买一瓶洗发水（当然是劣质产品）．对于这种把戏，大多数人不屑一顾，也有一些人在免费的诱惑下去碰碰运气．你能用一个简单的数字让人们抵御这种诱惑吗？

分析：两个球上的数字之和是随机数，将其记成随机变量 X，因所有等可能的情况有 $6 \times 6 = 36$ 种，用如 $(2,3)$ 这样的符号表示第一次摸到数 2，第二次摸到数 3，则 X 取不同值的情况为

$\{X=2\}$:(1,1)
$\{X=3\}$:(1,2)(2,1)
$\{X=4\}$:(1,3)(2,2)(3,1)
$\{X=5\}$:(1,4)(2,3)(3,2)(4,1)
$\{X=6\}$:(1,5)(2,4)(3,3)(4,2)(5,1)
$\{X=7\}$:(1,6)(2,5)(3,4)(4,3)(5,2)(6,1)
$\{X=8\}$:(2,6)(3,5)(4,4)(5,3)(6,2)
$\{X=9\}$:(3,6)(4,5)(5,4)(6,3)
$\{X=10\}$:(4,6)(5,5)(6,4)
$\{X=11\}$:(5,6)(6,5)
$\{X=12\}$:(6,6)

故 X 的概率分布率为

X	2	3	4	5	6	7	8	9	10	11	12
P	$\frac{1}{36}$	$\frac{2}{36}$	$\frac{3}{36}$	$\frac{4}{36}$	$\frac{5}{36}$	$\frac{6}{36}$	$\frac{5}{36}$	$\frac{4}{36}$	$\frac{3}{36}$	$\frac{2}{36}$	$\frac{1}{36}$

考虑本问题中"摸奖"的结果，每种"奖品"都对应着同等价值的金额，考虑到洗发水是劣质产品，至多价值 2 元，这样就可将"摸奖"进行量化描述．

"摸奖"的结果	$\{X=11,12\}$	$\{X=9,10\}$	$\{X \leqslant 8\}$
相应的概率	$\frac{3}{36}$	$\frac{7}{36}$	$\frac{26}{36}$
所获得奖金	50 元	3 元	-18 元

可计算摸奖一次的期望收益为

$$50 \times \frac{3}{36} + 3 \times \frac{7}{36} + (-18) \times \frac{26}{36} = -8.25 (元)$$

结论表明，每参加一次这种所谓的"免费摸奖"，您实际上平均要付出 8.25 元．如果您用买到的劣质洗发水洗头，闹出了皮肤病可就更惨了．

项目问题

1. 抽签先后无所谓

在生活中，人们经常会使用抽签来决定一些事情．但也许有人会对抽签的顺序是否会影响到抽签的结果表示怀疑．比如现在需要从 10 张签纸中抽取 1 张有记号的签条，抽中者可获奖．甲、乙、丙三人为抽签的顺序问题产生了如下讨论．

甲：先抽的人要比后抽的人抽到的机会大．因为第一人抽的时候，无论如果，做记号的签纸还在；假如这张纸被第一个人抽取了，那后面的人就根本不用抽了．

乙：这不一定．我觉得后抽的人抽到得可能性更大．因为 10 张中做记号的签条只有一张，所以第一个抽到的可能性是 $\frac{1}{10}$，由于 $\frac{1}{10}$ 的概率很小，所以第一个人一般是难以抽到的．但对第二个人来说，这时只剩下 9 张签纸，其中包含了一张做有记号的，因此他抽到的可能性是 $\frac{1}{9}$．这比第一个人抽到的可能性要大些．如果前 9 个人都没有抽到的话，那么最后一个人抽到有记号签纸可就是必然的了．

丙：所有人抽到有记号签的机会是一样的．可以这样想：10 个人一个接一个地抽，抽到什么签假定大家暂时都不看，或者即便看了也不声张，那么每个人拿到有记号签的可能性有多大呢？自然都是 $\frac{1}{10}$．现在大家再去看自己抽的是什么签，这对抽签顺序及抽到签的内容自然没有影响．这也就是说，他们抽到有记号签的可能性都是 $\frac{1}{10}$．

抽签先后对抽中的结果是否有影响呢？甲、乙、丙三人的说法谁的有道理呢？

2. 球类比赛

甲乙两人进行乒乓球比赛，每局甲胜的概率为 $p\left(p \geqslant \frac{1}{2}\right)$，问对甲而言，采用三局两胜制有利，还是采用五局三胜制有利．设各局胜负相互独立．

模块五　数理统计

　　数理统计是以概率论为理论基础，根据试验或观察得到的数据来研究随机现象，对研究对象的客观规律性作出合理的估计和判断．也就是说，数理统计是从局部观察资料的统计特性来推断随机现象整体统计特性的一门学科，它在生产、科学研究和社会生活中有着广泛的应用．本模块主要介绍数理统计的基本概念、参数估计和假设检验的基本知识以及线性回归分析和方差分析等内容．

本模块知识脉络结构

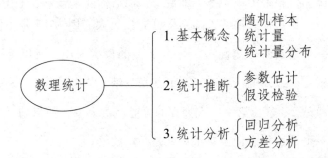

第一节　数理统计的基本概念

一、总体和样本

【思考问题】

　　在实际中我们是如何考察某企业生产的彩色电视机显像管的平均使用寿命？如何考察某厂生产的一批灯泡的质量？

　　分析　由于检测显像管和灯泡的寿命是具有破坏性的，因此只能从所有产品中抽取一部分进行寿命测试，然后再根据这部分显像管的寿命数据，对所有显像管的平均使用寿命进行推断．

　　数理统计是从局部观测资料的统计特性，来推断随机现象整体统计特性的一门科学，其方法是：从所有研究的对象中，抽取一小部分进行试验，然后进行分析和研究，根据这一小部分所显示的统计特性，来推断总体的统计特性．

　　在数理统计中，我们把研究对象的全体称为**总体**，把构成总体的每一个对象称为**个体**；总体中所含个体的个数称为**总体的容量**，容量为有限的称为有限总体，容量为无限的称为无限总体；从总体中抽出的一部分个体称为样本，样本中所含个体的个数称为**样本容量**．

例如，研究某厂生产的一批灯泡的质量时，这批灯泡就构成了一个总体，其中每一只灯泡就是一个个体；从该批灯泡中抽取 10 个进行检验，则这 10 个灯泡就构成了容量为 10 的样本.

定义 1 设总体 X 是具有分布函数 $F(x)$ 的随机变量，若 $X_1, X_2, \cdots, X_n$ 是与 X 具有同一分布函数 $F(x)$ 且相互独立的随机变量，则称 $X_1, X_2, \cdots, X_n$ 为从总体 X 中得到的容量为 n 的**简单随机样本**，简称为**样本**.

抽取一个容量为 n 的样本 $X_1, X_2, \cdots, X_n$，相当于对 X 作 n 次独立的观测，n 次观测一经完成，就得到一组具体的实数 $x_1, x_2, \cdots, x_n$，它们依次为随机变量 $X_1, X_2, \cdots, X_n$ 的观测值，成为样本值. 在实际使用时，经常把样本 $X_1, X_2, \cdots, X_n$ 和样本值 $x_1, x_2, \cdots, x_n$ 同等看待.

由定义可知，简单随机样本具有代表性和独立性. 如果 $X_1, X_2, \cdots, X_n$ 为来自总体的一个样本，那么

(1) $X_1, X_2, \cdots, X_n$ 与总体 X 具有相同的分布；

(2) $X_1, X_2, \cdots, X_n$ 是相互独立的随机变量.

也可以将样本看成一个随机变量，写成 $(X_1, X_2, \cdots, X_n)$，此时样本值相应地写成 $(x_1, x_2, \cdots, x_n)$，若 $(x_1, x_2, \cdots, x_n)$ 与 $(y_1, y_2, \cdots, y_n)$ 都是相应于样本 $(X_1, X_2, \cdots, X_n)$ 的样本值，一般来说它们是不同的.

二、统计量

样本虽然代表和反映总体，但实际抽取的样本所含有总体的信息往往比较分散，需要对样本进行必要的提炼和加工，将其中我们关心的信息集中起来，即针对不同的问题构造不同的样本函数，利用这些函数进行统计推断.

定义 2 设 $X_1, X_2, \cdots, X_n$ 是来自总体 X 的一个样本，$g(X_1, X_2, \cdots, X_n)$ 是 $X_1, X_2, \cdots, X_n$ 的函数，若函数 $g(X_1, X_2, \cdots, X_n)$ 中不包含未知参数，则称 $g(X_1, X_2, \cdots, X_n)$ 是一个**统计量**.

因为 $X_1, X_2, \cdots, X_n$ 都是随机变量，而统计量 $g(X_1, X_2, \cdots, X_n)$ 是随机变量的函数，因此统计量也是一个随机变量. 设 $x_1, x_2, \cdots, x_n$ 是相应于样本 $X_1, X_2, \cdots, X_n$ 的样本值，则称 $g(x_1, x_2, \cdots, x_n)$ 是 $g(X_1, X_2, \cdots, X_n)$ 的观测值.

下面介绍几个常用的统计量，设 $X_1, X_2, \cdots, X_n$ 是来自总体 X 的一个样本，$x_1, x_2, \cdots, x_n$ 是样本的观测值.

1. 样本均值

$$\overline{X} = \frac{1}{n} \sum_{i=1}^{n} X_i$$

其观测值为

$$\overline{x} = \frac{1}{n} \sum_{i=1}^{n} x_i$$

它反映了样本值分布的集中位置，代表样本取值的平均水平.

2. 样本方差

$$S^2 = \frac{1}{n-1} \sum_{i=1}^{n} (X_i - \overline{X})^2 = \frac{1}{n-1} \left(\sum_{i=1}^{n} X_i^2 - n\overline{X}^2 \right)$$

其观测值为

$$s^2 = \frac{1}{n-1}\sum_{i=1}^{n}(x_i-\overline{x})^2 = \frac{1}{n-1}\Big(\sum_{i=1}^{n}x_i{}^2 - n\overline{x}^2\Big)$$

3. 样本标准差

$$S = \sqrt{S^2} = \sqrt{\frac{1}{n-1}\sum_{i=1}^{n}(X_i-\overline{X})^2}$$

其观测值为

$$s = \sqrt{s^2} = \sqrt{\frac{1}{n-1}\sum_{i=1}^{n}(x_i-\overline{x})^2}$$

例 1 设 $X_1, X_2, \cdots, X_n$ 是总体 X 的一个样本，试判别下列量是否为统计量？

(1) $Z = X_1 + 2X_2 + \cdots + nX_n$；

(2) $Z = a_1 X_1 + a_2 X_2 + \cdots + a_n X_n$.

解 (1) Z 是统计量，因为 Z 中不含任何未知参数；

(2) 当 $a_1, a_2, \cdots, a_n$ 都是已知参数时，Z 是统计量，否则，Z 不是统计量.

例 2 从一批 18W 的节能灯管中随机抽取 10 只进行寿命测试，得到数据如下（单位：小时）：3050，3100，3080，3180，3160，3250，3080，3150，3300，3200. 求样本均值和样本方差的观察值.

解 样本容量 $n = 10$，所以

$$\overline{x} = \frac{1}{10}\sum_{i=1}^{10}x_i = \frac{1}{10}(3050 + 3100 + 3080 + 3180 + 3160 + 3250 + 3080 + 3150 + 3300 + 3200) = 3155.$$

$$\begin{aligned}
s^2 = \frac{1}{9}\sum_{i=1}^{10}(x_i-\overline{x})^2 = \frac{1}{9}\big[&(3050-3155)^2 + (3100-3155)^2 + (3080-3155)^2 + \\
&(3180-3155)^2 + (3160-3155)^2 + (3250-3155)^2 + \\
&(3080-3155)^2 + (3150-3155)^2 + (3300-3155)^2 + \\
&(3200-3155)^2 \big] \\
= \ &6450.
\end{aligned}$$

三、几种常用的统计量分布

由统计量的定义知道，统计量是样本的函数，它是一个随机变量. 其分布称为统计量分布，或抽样分布. 下面介绍几个重要的统计量分布，即 χ^2 分布、t 分布、F 分布，它们在统计推断中经常被用到. 在此之前，先介绍临界值的概念.

1. 临界值的概念

定义 3 设随机变量 X 的分布函数为 $F(x)$，对给定的实数 $\alpha(0 < \alpha < 1)$，若实数 F_α 满足

$$P\{X > F_\alpha\} = \alpha$$

则称 F_α 为随机变量 X 分布的水平为 α 的**上侧临界值**（或上侧分位数）. 若实数 $F_{\frac{\alpha}{2}}$ 满足

$$P\{|X| > F_{\frac{\alpha}{2}}\} = \alpha$$

则称 $F_{\frac{\alpha}{2}}$ 为随机变量 X 分布的水平为 α 的**双侧临界值**（或双侧分位数）.

例如，设 $U \sim N(0,1)$，其密度函数为 $\varphi(x)$，分布函数为 $\Phi(x)$. 对给定的实数 $\alpha(0<\alpha<1)$，则标准正态分布的上侧临界值和双侧临界值分别由 $P\{U>U_\alpha\}=\alpha$ 和 $P\{|U|>U_{\alpha/2}\}=\alpha$ 来定义，其几何意义如图 5-1 和图 5-2 所示. 这里要分清记号 U 与 U_α 的含义，不加下标 U 表示随机变量，加了下标 U_α 表示临界值（一个实数）.

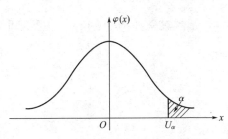

图 5-1　正态分布上侧临界值示意

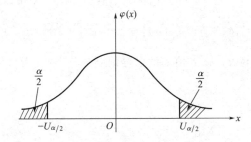

图 5-2　正态分布双侧临界值示意

通常，直接求临界值是很困难的，对常用的统计分布，可利用附录Ⅱ中给出的函数分布表得到临界值.

例 3　给定实数 $\alpha=0.05$，求标准正态分布的上侧临界值和双侧临界值.

解　由于 $\Phi(U_{0.05})=1-0.05=0.95$，查标准正态分布函数值表，可得 $U_{0.05}=1.645$. 而水平 0.05 的双侧临界值为 $U_{0.025}$，它满足 $\Phi(U_{0.025})=1-0.025=0.975$，查表可得 $U_{0.025}=1.96$.

2. 常用统计量分布

定义 4　设 $X_1,X_2,\cdots,X_n$ 是相互独立，且同服从于 $N(0,1)$ 分布的随机变量，则称统计量 $\chi^2=X_1^2+X_2^2+\cdots+X_n^2$ 为服从自由度为 n 的 χ^2 分布，记为 $\chi^2 \sim \chi^2(n)$.

$\chi^2(n)$ 分布的概率密度为 $f(x)=\begin{cases}\dfrac{1}{2^{n/2}\Gamma(n/2)}x^{\frac{n}{2}-1}\mathrm{e}^{-\frac{1}{2}x}, & x>0 \\ 0, & x \leqslant 0\end{cases}$

其中，$\Gamma\left(\dfrac{n}{2}\right)$ 是函数 $\Gamma(x)=\displaystyle\int_0^{+\infty}\mathrm{e}^{-t}t^{x-1}\mathrm{d}t\ (x>0)$ 在 $\dfrac{n}{2}$ 处的函数值.

χ^2 分布是一种不对称分布，n 是唯一参数. 对于不同的 n，$f(x)$ 的图形有所不同（如图 5-3）.

对给定的实数 $\alpha(0<\alpha<1)$，称满足条件 $P\{\chi^2>\chi_\alpha^2(n)\}=\alpha$ 的数 $\chi_\alpha^2(n)$ 为 χ^2 分布的水平 α 的上侧临界值（或上侧分位数）. 其几何意义如图 5-4 所示.

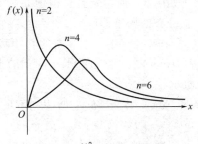

图 5-3　χ^2 分布概率密度

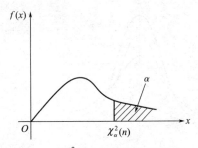

图 5-4　χ^2 分布上侧临界值示意

由于 χ^2 分布无对称性，其下侧临界值为 $\chi^2_{1-\alpha}(n)$，即 $P\{\chi^2 < \chi^2_{1-\alpha}(n)\} = \int_0^{\chi^2_{1-\alpha}(n)} f(x)\mathrm{d}x = \alpha$，下侧临界值 $\chi^2_{1-\alpha}(n)$ 表示其右侧概率是 $1-\alpha$，所以左侧概率是 α. 其几何意义如图 5-5 所示.

χ^2 分布的双侧临界值分别为 $\chi^2_{1-\alpha/2}(n)$（左）和 $\chi^2_{\alpha/2}(n)$（右），其概率意义是 $P\{\chi^2 < \chi^2_{1-\alpha/2}(n)\} = \dfrac{\alpha}{2}$ 和 $P\{\chi^2 > \chi^2_{\alpha/2}(n)\} = \dfrac{\alpha}{2}$. 几何意义如图 5-6 所示. 对不同的 α 与 n，临界值的值已经编制成 χ^2 分布表可供查用.

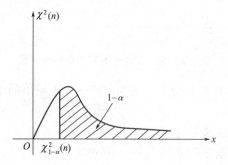
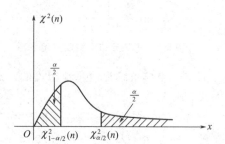

图 5-5 　χ^2 分布下侧临界值示意　　　　图 5-6 　χ^2 分布双侧临界值示意

例 4　查找满足以下概率的临界值 λ，并写出对应的记号.

(1) $P\{\chi^2(15) > \lambda\} = 0.05$;　　　　(2) $P\{\chi^2(25) < \lambda\} = 0.01$.

解　(1) 查附表得，$\lambda = \chi^2_{0.05}(15) = 24.996$;

(2) 查附表得，$\lambda = \chi^2_{0.99}(25) = 11.524$.

定义 5　如果 $X \sim N(0,1)$，$Y \sim \chi^2(n)$，且 X 与 Y 相互独立，那么统计量 $t = \dfrac{X}{\sqrt{Y/n}}$ 为服从自由度为 n 的 t 分布，即 $t \sim t(n)$.

$t(n)$ 分布的概率密度为：

$$f(x) = \frac{\Gamma\left(\dfrac{n+1}{2}\right)}{\sqrt{n\pi}\,\Gamma\left(\dfrac{n}{2}\right)}\left(1 + \frac{x^2}{n}\right)^{-\frac{n+1}{2}}$$

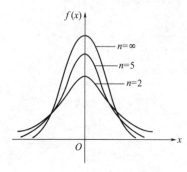

t 分布的密度曲线关于纵轴对称，自由度 n 越大图像越陡. 几何意义如图 5-7 所示. 且自由度 n 越大图像就越接近标准正态分布的密度曲线.

对于给定的 α（$0 < \alpha < 1$），对不同的自由度 n 有 $P(t \geqslant t_\alpha(n)) = \alpha$，$t_\alpha(n)$ 为 t 分布的水平为 α 的上侧临界值，如图 5-8 所示.

由于 t 分布是对称分布，所以满足条件 $P\{|t(n)| > t_{\frac{\alpha}{2}}(n)\} = \alpha$ 的数 $t_{\frac{\alpha}{2}}(n)$ 为 t 分布的水平为 α 的双侧临界值，如图 5-9 所示. 临界值查表可得.

标准正态分布和 t 分布的下侧临界值是对称值

图 5-7 　$t(n)$ 分布概率密度

$-U_\alpha$ 和 $-t_\alpha(n)$，不必另行查表，其概率意义是该临界值左侧的概率是 α，即 $P\{U<-U_\alpha\}=\alpha$ 和 $P\{t(n)<-t_\alpha(n)\}=\alpha$.

例 5 查找求满足以下概率式的临界值 λ，并写出对应的记号.

(1) $P\{t(10)>\lambda\}=0.05$，查附表，$\lambda=t_{0.05}(10)=1.8125$；

(2) $P\{t(10)<\lambda\}=0.05$，查附表，$\lambda=-t_{0.05}(10)=-1.8125$；

(3) $P\{|t(10)|>\lambda\}=0.025$，查附表，$\lambda=t_{0.025}(10)=2.2281$.

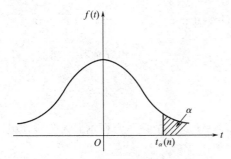

图 5-8　t 分布上侧临界值示意

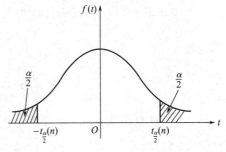

图 5-9　t 分布双侧临界值示意

定义 6 设 X 和 Y 是相互独立的 χ^2 分布随机变量，自由度分别为 n_1 和 n_2，则称统计量 $F=\dfrac{X/n_1}{Y/n_2}$ 为服从自由度为 (n_1,n_2) 的 F 分布，记作 $F\sim F(n_1,n_2)$.

$F(n_1,n_2)$ 分布的概率密度函数为

$$f(x)=\begin{cases}\dfrac{\Gamma\left(\dfrac{n_1+n_2}{2}\right)}{\Gamma\left(\dfrac{n_1}{2}\right)\Gamma\left(\dfrac{n_2}{2}\right)}\left(\dfrac{n_1}{n_2}\right)\left(\dfrac{n_1}{n_2}x\right)^{\frac{n_1}{2}-1}\left(1+\dfrac{n_1}{n_2}x\right)^{-\frac{1}{2}(n_1+n_2)}, & x>0\\[4mm] 0, & x<0\end{cases}$$

$f(x)$ 的图形如图 5-10 所示.

对于给定的 α（$0<\alpha<1$），对不同的自由度 (n_1,n_2) 有 $P(F\geqslant F_\alpha(n_1,n_2))=\alpha$，如图 5-11 所示，$F_\alpha(n_1,n_2)$ 查表可得.

定理 1 设总体 X 服从正态分布 $N(\mu,\sigma^2)$，则

(1) 样本均值 $\overline{X}$ 服从正态分布 $N\left(\mu,\dfrac{\sigma^2}{n}\right)$，即 $\overline{X}\sim N\left(\mu,\dfrac{\sigma^2}{n}\right)$；

(2) 统计量 $U=\dfrac{\overline{X}-\mu}{\dfrac{\sigma}{\sqrt{n}}}$ 服从标准正态分布，即 $U\sim N(0,1)$.

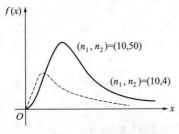

图 5-10　F 分布的概率密度

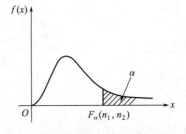

图 5-11　F 分布临界值示意

模块五　数理统计

定理 2 设总体 X 服从正态分布 $N(\mu, \sigma^2)$，则

(1) 样本均值 $\overline{X}$ 与样本方差 S^2 相互独立；

(2) 统计量 $\chi^2 = \dfrac{1}{\sigma^2} \sum_{i=1}^{n} (X_i - \mu)^2$ 服从自由度为 n 的 χ^2 分布，即 $\chi^2 \sim \chi^2(n)$；

(3) 统计量 $\chi^2 = \dfrac{(n-1)S^2}{\sigma^2}$ 服从自由度为 $n-1$ 的 χ^2 分布，即 $\chi^2 \sim \chi^2(n-1)$；

(4) 统计量 $t = \dfrac{\overline{X} - \mu}{S / \sqrt{n}}$ 服从自由度为 $n-1$ 的 t 分布，记作 $t \sim t(n-1)$.

定理 3 如果 $X \sim N(\mu, \sigma^2)$，$Y/\sigma^2 \sim \chi^2(n)$，且 X 与 Y 相互独立，那么统计量

$$t = \frac{X - \mu}{\sqrt{Y/n}} \sim t(n).$$

例 6 若从总体 $X \sim N(10, 4.7^2)$ 中，取容量为 $n = 36$ 的一个样本，$\overline{X}$ 为样本均值，求 $P\{8 < \overline{X} \leqslant 12\}$.

解 因为总体 X 的期望和方差都已知，所以统计量 $U = \dfrac{\overline{X} - \mu}{\dfrac{\sigma}{\sqrt{n}}} \sim N(0,1)$，

因此
$$P\{8 < \overline{X} \leqslant 12\} = P\left\{ \frac{8-10}{\frac{4.7}{6}} < \frac{\overline{X} - \mu}{\frac{\sigma}{\sqrt{n}}} \leqslant \frac{12-10}{\frac{4.7}{6}} \right\}$$

$$= \Phi_0(2.553) - \Phi_0(-2.553)$$

$$= 2\Phi_0(2.553) - 1$$

$$= 2 \times 0.9946 - 1 = 0.9892.$$

例 7 设总体 $X \sim N(\mu, 3^2)$，其中 μ 为未知参数，从总体 X 中抽取容量为 16 的样本，求样本方差 S^2 小于 16.5 的概率.

解 已知总体方差 $\sigma^2 = 3^2 = 9$，样本容量为 $n = 16$，所以

$$\chi^2 = \frac{(16-1)S^2}{9} = \frac{5}{3} S^2 \sim \chi^2(15),$$

因此
$$P\{S^2 < 16.5\} = P\left\{ \frac{5}{3} S^2 < \frac{5}{3} \times 16.5 \right\}$$

$$= P\{\chi^2 < 27.5\}$$

$$= 1 - P\{\chi^2 \geqslant 27.5\}$$

查表得 $\chi^2_{0.025}(15) = 27.5$，即 $P\{\chi^2 \geqslant 27.5\} = 0.025$，

所以 $P\{S^2 < 16.5\} = 1 - 0.025 = 0.975$

习题 5-1

1. 从某总体 X 中任意抽取一个容量为 10 的样本，样本值为：

$$45, 28, 26, 35, 42, 56, 52, 48, 25, 43,$$

试分别计算样本均值 $\overline{x}$ 及样本方差 s^2.

2. 查表可得 $t_{0.01}(15)=2.6025$ 和 $\chi^2_{0.025}(15)=27.488$，试解释它们的概率意义.

3. 在总体 $N(10,4.2^2)$ 中，抽取容量为 16 的样本，求样本均值 $\overline{X}$ 落在 12 到 13 之间的概率.

4. 已知某种物质的溶解时间（单位：秒）服从正态分布 $N(65,25^2)$，问样本容量 n 取多大时，才能使样本均值 $\overline{X}$ 落在区间 $(50,80)$ 内的概率不小于 0.98.

5. 甲、乙两个工人使用相同的设备生产同一种电容器，在他们生产的产品中，每人随机抽取 10 支测得电容量（单位：μF）如下：

| 甲 | 250 | 258 | 252 | 253 | 247 | 250 | 251 | 255 | 252 | 249 |
| 乙 | 251 | 252 | 259 | 247 | 248 | 252 | 256 | 249 | 251 | 252 |

问谁的技术比较好（方差越小，精确度越高）？

6. 从 A，B 两条电容器自动生产线生产的产品中，各抽取同类电容器 10 只，测量得到电容器的电容量（单位：μF）如下：

| A | 82 | 84 | 89 | 85 | 80 | 79 | 74 | 91 | 89 | 79 |
| B | 83 | 76 | 84 | 90 | 86 | 81 | 87 | 86 | 82 | 85 |

试求哪条自动生产线生产的电容器质量比较稳定？

第二节　参数估计

统计推断包括参数估计和假设检验两部分. 参数估计就是根据总体 X 的一个样本 $(X_1,X_2,\cdots,X_n)$，对总体分布中的未知参数 θ 作出某种估计，参数估计有两种形式，一种是点估计，另一种是区间估计. 下面分别介绍求点估计和区间估计的一些最常用的方法.

一、参数的点估计

【思考问题】

假设有某位新战士和一位老兵一同进行实弹射击，两人同打一个靶子，每人各打一发，结果仅中一发，那么认为这一发是谁打中的较为合理？

分析　根据实践经验，我们都会认为是老兵的可能性要大，那么这种估计的精确度有多高，在实际中这种估计是否可行？

以下通过具体事例加以说明.

例 1　在某炸药制造厂，一天中发生着火现象的次数 X 是一个随机变量，假设它服从以 $\lambda>0$ 为参数的泊松分布，参数 λ 为未知，现有如下表所示的样本数据，试估计参数 λ.

着火次数 k	0	1	2	3	4	5	6	Σ
发生 k 次着火的天数 n_k	75	90	54	22	6	2	1	250

解　由于 $X \sim P(\lambda)$，故有 $\lambda = E(X)$，即 λ 为总体 X 的均值，所以很容易想到用样本均值 $\overline{x} = \dfrac{1}{n}\sum\limits_{i=1}^{n} x_i$ 来估计总体均值 λ. 由题设条件可得

$$\overline{x} = \frac{\sum\limits_{k=0}^{6} k n_k}{\sum\limits_{k=0}^{6} n_k} = \frac{1}{250}(0 \times 75 + 1 \times 90 + 2 \times 54 + 3 \times 22 + 4 \times 6 + 5 \times 2 + 6 \times 1) = 1.22.$$

所以，λ 的估计值为 1.22，这就是参数的估计.

本题的关键是由样本构造统计量 $\overline{X} = \dfrac{1}{n}\sum\limits_{i=1}^{n} X_i$.

定义 1　所谓点估计，就是寻找一个适当的统计量 $\hat{\theta} = \hat{\theta}(X_1, X_2, \cdots, X_n)$，作为未知参数 θ 的点估计量，在得到样本观察值 $(x_1, x_2, \cdots, x_n)$ 之后，就可用 $\hat{\theta}(x_1, x_2, \cdots, x_n)$ 作为 θ 的**点估计值**.

1. 样本数字特征法

由于样本不同程度地反映了总体的信息，所以人们自然想到用样本数字特征作为总体相应的数字特征的点估计量，这种方法称之为**数字特征法**，它是求点估计量常用的方法. 它并不需要知道总体的分布形式.

以样本均值 $\overline{X}$ 作为总体均值 μ 的点估计量，即 $\hat{\mu} = \overline{X} = \dfrac{1}{n}\sum\limits_{i=1}^{n} X_i$.

而 $\hat{\mu} = \overline{x} = \dfrac{1}{n}\sum\limits_{i=1}^{n} x_i$ 作为 μ 的点估计值.

以样本方差 S^2 作为总体方差 σ^2 的点估计量，即

$$\hat{\sigma}^2 = S^2 = \frac{1}{n-1}\sum_{i=1}^{n}(X_i - \overline{X})^2.$$

而 $\hat{\sigma}^2 = s^2 = \dfrac{1}{n-1}\sum\limits_{i=1}^{n}(x_i - \overline{x})^2$ 作为 σ^2 的点估计值.

例 2　设总体 X 服从指数分布，其概率密度函数

$$f(x) = \begin{cases} \lambda e^{-\lambda x}, & x > 0 \\ 0, & x \leqslant 0 \end{cases}$$

其中 $\lambda > 0$ 是未知参数. 求参数 λ 的估计量.

解　首先要找出未知参数 λ 与总体分布的数字特征的关系，由于

$$E(X) = \int_{-\infty}^{+\infty} x f(x) \mathrm{d}x = \int_{0}^{+\infty} x \lambda e^{-\lambda x} \mathrm{d}x = \frac{1}{\lambda},$$

于是可令 $E(X) = \overline{X} = \dfrac{1}{n}\sum\limits_{i=1}^{n} X_i$，即 $\dfrac{1}{\lambda} = \overline{X} = \dfrac{1}{n}\sum\limits_{i=1}^{n} X_i$，解之便得 λ 的估计量为

$$\hat{\lambda} = \frac{1}{\dfrac{1}{n}\sum\limits_{i=1}^{n} X_i} = \frac{1}{\overline{X}}.$$

2. 最大似然估计法

在已经得到试验结果的情况下，应该寻找使这个结果出现的可能性最大的那个 θ 值作为 θ 的估计 $\hat{\theta}$.

最大似然估计法就是利用已知总体的概率函数或概率密度及样本，根据概率最大的事件在试验中最可能出现的原理，寻求总体分布中未知参数的点估计的方法.

（1）似然函数

从总体 X 中抽取样本 $X_1, X_2, \cdots, X_n$，相应的样本观测值为 $x_1, x_2, \cdots, x_n$.

若总体 X 是离散型随机变量，概率函数为 $p(x, \theta)$，其中 θ 是未知参数；对于样本的观察值 $x_1, x_2, \cdots, x_n$，令函数 $L(\theta) = p(x_1, \theta) p(x_2, \theta) \cdots p(x_n, \theta) = \prod\limits_{i=1}^{n} p(x_i, \theta)$.

若总体 X 是连续型随机变量，概率函数为 $f(x, \theta)$，其中 θ 是未知参数；对于样本的观察值 $x_1, x_2, \cdots, x_n$，令函数 $L(\theta) = f(x_1, \theta) f(x_2, \theta) \cdots f(x_n, \theta) = \prod\limits_{i=1}^{n} f(x_i, \theta)$.

称 $L(\theta)$ 为似然函数. 似然函数值的大小反映了该样本值出现的可能性的大小，在已得到样本值的情况下，则应该选择使 $L(\theta)$ 达到最大的那个值作为 θ 的估计.

（2）最大似然估计法

定义 2 若对任意给定的样本值 $x_1, x_2, \cdots, x_n$，存在 $\hat{\theta} = \hat{\theta}(x_1, x_2, \cdots, x_n)$ 使 $L(\hat{\theta}) = \max L(\theta)$，则称 $\hat{\theta}$ 为 θ 的**最大似然估计**.

求似然函数 $L(\theta)$ 的最大值点 $\hat{\theta}$ 时，可以利用微分学中求最大值的方法来求.

求最大似然估计值的一般步骤如下.

① 求似然函数 $L(\theta)$；

② 令 $\dfrac{\mathrm{d}L(\theta)}{\mathrm{d}\theta} = 0$ 或 $\dfrac{\mathrm{d}\ln L(\theta)}{\mathrm{d}\theta} = 0$，求出驻点；

③ 将样本值代入即得参数的最大似然估计值.

注：由于对数函数是单调增加函数，$L(\theta)$ 与 $\ln L(\theta)$ 有相同的极值点，所以常转化为求函数 $\ln L(\theta)$ 的最大值点.

例 3 设总体 X 服从指数分布，其概率密度函数为 $f(x, \lambda) = \begin{cases} \lambda \mathrm{e}^{-\lambda x}, & x > 0 \\ 0, & x \leqslant 0 \end{cases}$，其中未知参数 $\lambda > 0$，$x_1, x_2, \cdots, x_n$ 是来自总体 X 的一个样本观察值，求参数 λ 的最大似然估计值.

解 似然函数 $L(\lambda) = \begin{cases} \lambda^n \prod\limits_{i=1}^{n} \mathrm{e}^{-\lambda x_i}, & x_i > 0 \\ 0, & x_i \leqslant 0 \end{cases}$

因为 $\lambda > 0$，所以取对数得 $\ln L(\lambda) = n \ln \lambda - \lambda \sum\limits_{i=1}^{n} x_i$，求导数并令导数为零得 $\dfrac{\mathrm{d}\ln L(\lambda)}{\mathrm{d}\lambda} = \dfrac{n}{\lambda} - \sum\limits_{i=1}^{n} x_i = 0$，所以 λ 的最大似然估计值为 $\hat{\lambda} = \dfrac{n}{\sum\limits_{i=1}^{n} x_i} = \dfrac{1}{\bar{x}}$.

例 4 设总体 $X \sim N(\mu, \sigma^2)$，其中 μ 及 σ^2 都是未知参数，$x_1, x_2, \cdots, x_n$ 是来自总体 X 的一个样本观察值，求未知参数 μ 及 σ^2 的最大似然估计.

解 似然函数 $L(\mu, \sigma^2) = \prod\limits_{i=1}^{n} \dfrac{1}{\sqrt{2\pi}\sigma} \mathrm{e}^{-\frac{(x_i - \mu)^2}{2\sigma^2}}$

$$= \left(\frac{1}{2\pi\sigma^2}\right)^{\frac{n}{2}} e^{-\sum_{i=1}^{n}(x_i-\mu)^2/2\sigma^2}$$

取对数，得 $\ln L(\mu,\sigma^2) = -\frac{n}{2}\ln(2\pi) - \frac{n}{2}\ln(\sigma^2) - \frac{1}{2\sigma^2}\sum_{i=1}^{n}(x_i-\mu)^2$.

将 $\ln L(\mu,\sigma^2)$ 分别对 μ 及 σ^2 求偏导数，并令它们等于零，得到方程组

$$\begin{cases} \dfrac{\partial \ln L}{\partial \mu} = \dfrac{1}{\sigma^2}\sum_{i=1}^{n}(x_i-\mu) = 0 \\ \dfrac{\partial \ln L}{\partial(\sigma^2)} = -\dfrac{n}{2\sigma^2} + \dfrac{1}{2\sigma^4}\sum_{i=1}^{n}(x_i-\mu)^2 = 0 \end{cases}$$

解此方程组得 $\quad \hat{\mu} = \dfrac{1}{n}\sum_{i=1}^{n}x_i = \bar{x}, \qquad \hat{\sigma}^2 = \dfrac{1}{n}\sum_{i=1}^{n}(x_i-\bar{x})^2$.

3. 估计量的评价标准

对于总体的未知参数 θ，无法知道 θ 的真值．自然人们希望估计量 $\hat{\theta}$ 的观察值与 θ 的真值的近似程度越高越好，这样的估计效果比较理想，故有必要建立一套评价估计量好坏的标准．现介绍三种常用的评价标准．

（1）无偏性

设 $\hat{\theta}(X_1, X_2, \cdots, X_n)$ 是总体 X 未知参数 θ 的一个估计量，如果 $E(\hat{\theta}) = \theta$，那么，把 $\hat{\theta}$ 称为参数 θ 的无偏估计量．

（2）有效性

设 $\hat{\theta}(X_1, X_2, \cdots, X_n)$，$\hat{\theta}_1(X_1, X_2, \cdots, X_n)$ 是总体参数 θ 的两个估计量，如果 $D(\hat{\theta}) < D(\hat{\theta}_1)$，则称 $\hat{\theta}$ 比 $\hat{\theta}_1$ 更有效；θ 的无偏估计量中方差最小的估计量称为最优无偏估计量．

（3）一致性

设 $\hat{\theta}(X_1, X_2, \cdots, X_n)$ 是总体参数 θ 的估计量，如果 $\lim_{n \to \infty} P(\hat{\theta} = \theta) = 1$，则称 $\hat{\theta}$ 为参数 θ 的一致估计量．

注：在实际问题中，无偏性与有效性适用于容量较小的估计量的评价；一致性只适用于样本容量较大的估计量的评价．

可以证明：（1）总体 X 不论服从什么分布，若总体均值 $E(X)$ 和总体方差 $D(X)$ 都存在，则 $\bar{X}$ 和 S^2 分别是 $E(X)$ 和 $D(X)$ 的无偏估计量；

（2）总体 X 不论服从什么分布，若总体均值 $E(X)$ 和总体方差 $D(X)$ 都存在，则样本的统计特征数都是总体相应的数字特征的一致估计量；

（3）总体 X 服从正态分布 $N(\mu,\sigma^2)$，若 μ，σ^2 均未知，则 $\bar{X}$ 和 S^2 分别是 μ，σ^2 的最优无偏估计量．

二、参数的区间估计

在点估计中，未知参数 θ 的估计量 $\hat{\theta}$ 虽然具有无偏性和有效性，但 $\hat{\theta}$ 是一个随机变

量，$\hat{\theta}$ 的观察值只是 θ 的一个近似值，在实际问题中，往往希望根据样本给出一个被估计参数的范围，使它能以较大的概率包含被估计参数的真值，这个范围通常用区间表示，所以称为参数的区间估计.

下面先引入置信区间的概念.

1. 置信区间的概念

设 θ 为总体 X 的一个未知参数，如果由样本确定的两个统计量 $\hat{\theta}_1$ 和 $\hat{\theta}_2$，对于给定的 $\alpha(0<\alpha<1)$，能满足条件 $P(\hat{\theta}_1<\theta<\hat{\theta}_2)=1-\alpha$，则区间 $(\hat{\theta}_1,\hat{\theta}_2)$ 称为 θ 的一个 $1-\alpha$ 置信区间，$\hat{\theta}_1$ 和 $\hat{\theta}_2$ 分别为置信下限和置信上限，$1-\alpha$ 称为**置信水平**（或**置信度**），α 称为**显著性水平**.

显然，置信区间是一个随机区间，用置信区间表示包含未知参数的范围和可靠程度的统计方法，称为参数的区间估计.

区间估计的直观解释为：置信度为 $1-\alpha$ 的置信区间 $(\hat{\theta}_1,\hat{\theta}_2)$ 覆盖未知参数 θ 的概率不小于 $1-\alpha$，也即反复抽样多次，每组样本值都确定一个区间 $(\hat{\theta}_1,\hat{\theta}_2)$，每个这样的区间要么包含真值，要么不包含真值，置信度 $1-\alpha$ 给出在这些区间中，包含 θ 真值的约占 $1-\alpha$，不包含 θ 真值的约占 α.

当取置信度 $1-\alpha=0.95$（即 $\alpha=0.05$）时，参数 θ 的 0.95 置信区间的意思是：由样本 $(X_1,X_2,\cdots,X_n)$ 所确定的一个置信区间 $(\hat{\theta}_1,\hat{\theta}_2)$ 中含 θ 真值的可能性为 95%.

求总体参数 θ 的置信区间的步骤如下.

(1) 构造样本 $X_1,X_2,\cdots,X_n$ 的统计量 $\hat{\theta}(X_1,X_2,\cdots,X_n,\theta)$，$\hat{\theta}$ 包含被估参数 θ，而不包含其它未知参数，并确定 $\hat{\theta}(X_1,X_2,\cdots,X_n,\theta)$ 的概率分布；

(2) 对于给定的置信水平 $1-\alpha$，根据样本函数 $\hat{\theta}(X_1,X_2,\cdots,X_n,\theta)$ 的分布，寻求到两个参数 λ_1 和 λ_2，使得 $P(\lambda_1<\hat{\theta}<\lambda_2)=1-\alpha$. 对于正态分布有 $P(\hat{\theta}<\lambda_1)=P(\hat{\theta}>\lambda_2)=\dfrac{\alpha}{2}$，查 $\hat{\theta}$ 的分布表求得 λ_1 和 λ_2；

(3) 由 $\lambda_1<\hat{\theta}<\lambda_2$ 解出被估参数 θ，得到不等式 $\hat{\theta}_1<\theta<\hat{\theta}_2$，于是 θ 的 $1-\alpha$ 的置信区间为 $(\hat{\theta}_1,\hat{\theta}_2)$.

2. 正态总体期望和方差的置信区间

按照上述步骤，可推出正态总体 $X\sim N(\mu,\sigma^2)$ 的 μ 和 σ^2 的置信区间公式.

被估参数为 μ 时：

条 件	σ^2 已知	σ^2 未知
选用统计量	$U=\dfrac{\overline{X}-\mu}{\sigma}\sqrt{n}$	$T=\dfrac{\overline{X}-\mu}{S}\sqrt{n}$
分布	$N(0,1)$	$t(n-1)$
$1-\alpha$ 的置信区间	$\left(\overline{x}-\dfrac{\sigma}{\sqrt{n}}u_{\frac{\alpha}{2}},\ \overline{x}+\dfrac{\sigma}{\sqrt{n}}u_{\frac{\alpha}{2}}\right)$	$\left(\overline{x}-\dfrac{S}{\sqrt{n}}t_{\frac{\alpha}{2}}(n-1),\ \overline{x}+\dfrac{S}{\sqrt{n}}t_{\frac{\alpha}{2}}(n-1)\right)$

被估参数为 σ^2 时：

条　　件	μ 未知	μ 已知
选用统计量	$\chi^2 = \dfrac{(n-1)S^2}{\sigma^2}$	$\chi^2 = \sum\limits_{i=1}^{n}\left(\dfrac{X_i-\mu}{\sigma}\right)^2$
分布	$\chi^2(n-1)$	$\chi^2(n)$
$1-\alpha$ 的置信区间	$\left(\dfrac{(n-1)S^2}{\chi^2_{\frac{\alpha}{2}}(n-1)},\dfrac{(n-1)S^2}{\chi^2_{1-\frac{\alpha}{2}}(n-1)}\right)$	$\left(\dfrac{\sum\limits_{i=1}^{n}(x_i-\mu)^2}{\chi^2_{\frac{\alpha}{2}}(n)},\dfrac{\sum\limits_{i=1}^{n}(x_i-\mu)^2}{\chi^2_{1-\frac{\alpha}{2}}(n)}\right)$

例 5　设总体 $X \sim N(\mu,0.09)$，从总体 X 中抽取一个样本，样本值如下：

$$12.6,\ 13.4,\ 12.8,\ 13.2.$$

求总体均值 μ 的置信水平为 0.95 的置信区间.

解　因为 σ^2 已知，所以取统计量 $U = \dfrac{\overline{X}-\mu}{\sigma}\sqrt{n} \sim N(0,1)$

因为，$1-\alpha=0.95$，故 $\alpha=0.05$，查表得 $u_{0.025}=1.96$，样本均值 $\overline{X}=13.0$，因 $n=4$，$\sigma=0.3$，μ 的 0.95 的置信区间为

$$\left(13.0-\frac{0.3}{2}\times 1.96,13.0+\frac{0.3}{2}\times 1.96\right)$$

即置信区间为 $(12.71,13.29)$.

例 6　从某钢铁企业生产出来的一大堆钢珠中随机抽取 6 个，测得它们的直径如下（单位：mm）：$5.52,5.42,5.32,5.64,5.65,5.33$.
若钢珠直径 $X \sim N(\mu,\sigma^2)$，σ^2 未知，试求总体均值 μ 的置信度为 95% 的置信区间.

解　计算样本均值 $\overline{x}=\dfrac{1}{6}(5.52+5.42+5.32+5.64+5.65+5.33)=5.48$，

$$s^2=\frac{1}{5}\big[(5.52-5.48)^2+(5.42-5.48)^2+(5.32-5.48)^2+$$

$$(5.64-5.48)^2+(5.65-5.48)^2+(5.33-5.48)^2\big]=0.02156.$$

于是 $s=0.1468$，又 $\alpha=0.05$，查 t 分布表（附录Ⅱ4），得

$$t_{\alpha/2}(n-1)=t_{0.025}(5)=2.5706,$$

所以　　　　$t_{\alpha/2}(n-1)\cdot\dfrac{S}{\sqrt{n}}=2.5706\times\dfrac{0.1468}{\sqrt{6}}=0.154.$

因此，钢珠的平均直径置信度为 0.95 的置信区间为 $(5.48-0.154,5.48+0.154)$，即 $(5.326,5.634)$.

例 7　某厂生产的零件 $X \sim N(12.5,\sigma^2)$，从某一天生产的零件中随记抽取 4 个，得样本观察值为：

$$12.6,\ 13.4,\ 12.8,\ 13.2.$$

求参数 σ^2 的置信水平为 0.95 的置信区间.

解　由样本观察值得

$$\sum_{i=1}^{4}(x_i-12.5)^2=1.4,$$

因为置信水平为 $1-\alpha=0.95$，所以 $\alpha=0.05$，

查表得
$$\chi^2_{\frac{\alpha}{2}}(n)=\chi^2_{0.025}(4)=11.143,$$
$$\chi^2_{1-\frac{\alpha}{2}}(n)=\chi^2_{0.975}(4)=0.484.$$

所以 σ^2 的置信水平为 0.95 的置信区间为 $(0.13,2.89)$．

例 8 为考察某研究所成年男性的胆固醇水平，现抽取了样本容量为 25 的一样本，并测得样本均值 $\bar{x}=186$，样本标准差 $s=12$．假定胆固醇水平 $X\sim N(\mu,\sigma^2)$，μ 与 σ^2 均未知．试分别求出 μ 以及 σ 的 90% 置信区间．

解 μ 的 $1-\alpha$ 的置信区间为 $\left(\bar{X}\pm t_{\alpha/2}(n-1)\cdot\dfrac{S}{\sqrt{n}}\right)$；由于 $\bar{x}=186$，$s=12$，$n=25$，$\alpha=0.1$，查附表得 $t_{0.1/2}(25-1)=t_{0.05}(24)=1.7109$，于是

$$t_{\alpha/2}(n-1)\cdot\frac{S}{\sqrt{n}}=1.7109\times\frac{12}{\sqrt{25}}=4.106.$$

从而 μ 的 90% 的置信区间为 (186 ± 4.106)，即 $(181.894,190.106)$．

σ 的 90% 置信区间为
$$\left(\sqrt{\frac{(n-1)S^2}{\chi^2_{\alpha/2}(n-1)}},\sqrt{\frac{(n-1)S^2}{\chi^2_{1-\alpha/2}(n-1)}}\right).$$

查附表得 $\chi^2_{\alpha/2}(n-1)=\chi^2_{0.05}(24)=36.415$，$\chi^2_{1-\alpha/2}(n-1)=\chi^2_{0.95}(24)=13.848$．

于是，置信下限为 $\sqrt{\dfrac{24\times12^2}{36.415}}=9.74$，置信上限为 $\sqrt{\dfrac{24\times12^2}{13.848}}=15.80$.

所求 σ 的 90% 置信区间为 $(9.74,15.80)$．

上述置信区间都是双测置信区间，但对于许多实际问题，只需要确定置信上限或置信下限之一即可．如对某种建筑材料的抗拉强度，用户只要求材料的平均强度不低于某一个值，否则就不能保证工程质量．这就需要估计材料强度均值的置信下限，而置信上限取为 $+\infty$．下面仅介绍正态总体 σ^2 未知，均值 μ 的单测置信下限的求法．

已知统计量：$\dfrac{\bar{X}-\mu}{S/\sqrt{n}}\sim t(n-1)$．

于是对于给定的置信度 $1-\alpha$，由 t 分布则有 $P\left\{\dfrac{\bar{X}-\mu}{S/\sqrt{n}}<\lambda\right\}=1-\alpha$ 成立，查 t 分布表得 $\lambda=t_\alpha(n-1)$，从而可得单测置信区间 $\left(\bar{X}-t_\alpha(n-1)\dfrac{S}{\sqrt{n}},+\infty\right)$．

类似可得均值 μ 的单测置信上限的求法以及 σ^2 的单测置信限的求法．

例 9 设某种材料的强度 $X\sim N(\mu,\sigma^2)$，共进行了 9 次测试，得样本强度均值 $\bar{x}=1160\text{kgf/cm}^2$，样本标准差 $s=99.75\text{kgf/cm}^2$．试求材料强度均值 μ 的 99% 置信下限 $(1\text{kgf/cm}^2=98.067\text{kPa})$．

解 依题意，$n=9,1-\alpha=0.99$，查 t 分布表得 $\lambda=t_{0.01}(8)=2.8965$，于是

$$t_\alpha(n-1)\cdot\frac{s}{\sqrt{n}}=2.8965\times\frac{99.75}{3}=96.3.$$

所以 μ 的 99% 置信下限是 $\bar{x}-t_\alpha(n-1)\cdot\dfrac{s}{\sqrt{n}}=1160-96.3=1063.7(\text{kgf/cm}^2)$．

这时 μ 的单测置信区间为 $(1063.7,+\infty)$. 也就是说，这批材料的强度有 99% 的可能超过 $1063.7\mathrm{kgf/cm^2}$.

习题 5-2

1. 设总体的一组样本观察值为：

$$0.3，0.8，0.27，0.35，0.62，0.55.$$

试用数字特征法求出总体均值和均方差的估计值.

2. 设总体 X 的均值为 μ，方差为 σ^2，且 μ 与 σ^2 均未知. 设 $(X_1,X_2,\cdots,X_n)$ 是来自总体 X 的样本，证明样本均值 $\overline{X}$ 与样本方差 S^2 分别是 μ 与 σ^2 的无偏估计量.

3. 某企业生产一种玻璃球，从以往经验可以认为其直径 X 服从正态分布. 从某天的产品中随机抽取 9 个，测得直径如下（单位：mm）：

$$14.8,15.21,14.9,14.91,15.12,15.32,14.93,15.18,14.73.$$

如果知道当天产品直径的方差是 0.05，试求平均直径的置信区间 $(1-\alpha=0.95)$.

4. 现从某车床加工的零件中随机抽取 12 个，测得零件直径（单位：毫米）为：

$$12.08，12.09，12.19，12.10，12.07，12.09.$$

$$12.05，12.25，12.20，12.02，12.24，12.12.$$

假设该种零件的直径服从正态分布 $N(\mu,\sigma^2)$，求总体方差 σ^2 及总体标准差的置信水平为 0.90 的置信区间.

5. 对某种飞机轮胎的耐磨性进行试验，8 只轮胎起落一次测得磨损量（毫克）：

$$4900，5220，5500，6020，6340，7660，8650，4870.$$

假设轮胎的磨损量服从正态分布 $N(\mu,\sigma^2)$，试求：

（1）平均磨损量的置信区间；

（2）磨损量方差的置信区间（取 $\alpha=0.05$）.

第三节　假设检验

假设检验是统计推断的另一重要内容. 它分为参数假设检验与非参数假设检验. 参数假设检验是在总体的分布未知或只知其类型但含有未知参数情况下，为了推断总体的某些未知特性，提出某些关于总体的假设. 然后根据样本所提供的信息以及运用适当的统计量，对提出的假设做出（接受或拒绝）判断. 非参数假设检验是对总体分布函数的形式或总体的性质提出某种假设，然后根据样本所提供的信息对所提出的假设进行检验. 本书只介绍参数假设检验的部分内容.

一、假设检验的基本概念和思想

【思考问题】

有一大批产品，需经检验合格后才能出厂，按标准，次品率不得超过 3%. 今从这批产品中任意抽查 10 件，发现有 3 件次品，问这批产品能否出厂？

分析　直观上看，这批产品不能出厂，但根据是什么吗？假设这批产品的次品率为

p，则问题转化为如何根据抽样结果"10 件产品中有 3 件次品"来判断不等式"$p \leqslant 0.03$"是否成立？

为此，我们先作假设 $p \leqslant 0.03$. 然后看在此假设下，会出现什么后果．

此时"10 件产品中有 3 件次品"的概率为

$$P_{10}(3) = C_{10}^3 p^3 (1-p)^7 < C_{10}^3 p^3 \leqslant \frac{10 \times 9 \times 8}{3!} \times (0.03)^3 < 0.002.$$

这个概率小于 0.002，说明"10 件产品中有 3 件次品"这一事件平均在 1000 次抽样中难得发生 2 次，也就是说，这是一个小概率事件．根据实际推断原理，小概率事件在一次抽样中几乎是不会发生的．而今这一小概率事件在本次抽样中竟然发生了，这是不合理的！产生这种不合理现象的原因在于假设了 $p \leqslant 0.03$. 因此可以认为假设是不成立的，即 $p > 0.03$. 故按标准，这批产品不能出厂．

依据样本的信息和运用适当的统计量的概率分布性质，对总体事先提出的某种特征的假设作出接受或拒绝的判断，这类统计方法称为**假设检验**．假设检验中用于判断的统计量称为**检验统计量**．下面通过具体事例说明．

例 1 某厂生产一种铆钉，铆钉直径（单位：厘米）服从正态分布 $X \sim N(\mu, 0.02^2)$，从过去统计数据来看，铆钉的平均直径为 $\mu_0 = 2$ 厘米，现在为了提高产量，采用了一种新工艺，在所生产的铆钉中抽取 100 个，测得其直径平均值为 1.978 厘米，问采用新工艺后铆钉直径是否发生显著性变化呢？

假设新工艺对铆钉直径没有显著影响，即 $\mu = \mu_0 = 2$. 该问题就是要判断这种假设是否成立；若成立，说明新工艺对铆钉直径无效；否则，新工艺对铆钉直径有显著影响，即假设 $\mu \neq 2$ 成立．

那么，在上例中实际提出两个假设，一个称为**原假设**或**零假设**，记为 H_0：$\mu = \mu_0 = 2$，另一个称为**备择假设**或**对立假设**，记为 H_1：$\mu \neq \mu_0 = 2$，两个假设是相互对立的，有且只有一个正确．

假设检验问题就是要判断原假设是否成立，作出接受或拒绝的决策，若拒绝原假设，就接受备择假设．那么如何作出判断呢？

直接利用所取的样本来推断是比较困难的，必须对样本进行加工，即构造一个统计量，由于要检验的假设涉及总体均值 μ，$\overline{X}$ 为 μ 的无偏估计量，且 $\overline{X} \sim N\left(\mu_0, \dfrac{\sigma^2}{n}\right)$，故

选取统计量 $U = \dfrac{\overline{X} - \mu}{\dfrac{\sigma}{\sqrt{n}}} = \dfrac{\overline{X} - 2}{0.002}$，且 $U \sim N(0,1)$.

如果给定显著水平 $\alpha = 0.05$，$u_{\frac{\alpha}{2}} = 1.96$，应有 $P(|U| \leqslant 1.96) = 0.95$.

也就是说从新工艺生产的铆钉中抽取容量为 100 的样本均值 $\overline{X}$，能使 U 在 $[-1.96, 1.96]$ 内取值的概率为 0.95，而落在 $(-\infty, -1.96) \cup (1.96, +\infty)$ 内的概率为 0.05. 现将 $\overline{X}$ 的观察值 $\overline{X} = 1.978$ 代入 U，得 $U = -11$，即 U 落在了 $(-\infty, -1.96)$ 内，表明概率为 0.05 的事件发生了，这是一种异常现象，因此有理由认为"假设"不正确，即 $\mu = \mu_0 = 2$ 应该被否定或拒绝．

上述拒绝接受"假设 $\mu = \mu_0 = 2$"的依据是在假设检验中广泛采用的一个原理——**小概率事件原理**：在一次试验中，如果事件 A 发生的概率 $P(A)$ 很小时，A 称为小概

率事件. 小概率事件在一次试验中应认为是几乎不可能发生的. 如果在一次试验中, 小概率事件发生了, 则假设不成立, 这种思想可认为是概率意义上的反证法.

由上述分析可得假设检验的一般步骤如下.

(1) 根据实际问题的要求, 提出原假设 H_0 及备择假设 H_1;

(2) 选择检验统计量 (不含未知参数), 并在 H_0 成立的前提下导出 U 的概率分布. 如正态总体的常用检验统计量为 U, T, χ^2, F, 并称相应的检验为 U 检验法、T 检验法、χ^2 检验法、F 检验法;

(3) 在给定显著性水平 α 下, 确定拒绝域;

(4) 根据得到的样本观察值和所得的拒绝域, 对假设 H_0 作出拒绝或接受的判断. 并作出实际问题的解释.

这些步骤简记为: 建立原假设→选择统计量→确定拒绝域→计算比较作判断.

现将例 1 解答如下.

解 (1) 原假设 H_0: $\mu = 2$;

(2) 由于已知总体方差 $\sigma^2 = 0.02^2$, 选用统计量 $U = \dfrac{\overline{X} - \mu}{\dfrac{\sigma}{\sqrt{n}}} = \dfrac{\overline{X} - 2}{0.002} \sim N(0, 1)$;

(3) 对于给定 $\alpha = 0.05$, 由 $P(|U| < u_{0.025}) = 0.95$, 查表得 $u_{0.025} = 1.96$, 即拒绝域为 $(-\infty, -1.96) \bigcup (1.96, +\infty)$;

(4) 由 $\overline{X} = 1.978$ 得 $U = \dfrac{1.978 - 2}{0.002} = -11$, 且 $|U| = 11 > 1.96$, 所以拒绝原假设 H_0.

即采用新工艺后, 铆钉直径发生了显著变化.

二、单正态总体期望和方差的检验

假设检验的关键是提出原假设, 并选用合适的统计量, 检验步骤完全相仿. 现将正态总体的有关检验问题及方法列表如下.

原假设 H_0	$\mu = \mu_0$ (μ_0 为常数)	
条件	σ^2 已知	σ^2 未知
检验法	U 检验法	T 检验法
统计量	$U = \dfrac{\overline{X} - \mu_0}{\sigma} \sqrt{n}$	$T = \dfrac{\overline{X} - \mu_0}{S} \sqrt{n}$
统计量分布	$N(0, 1)$	$t(n-1)$
拒绝域	$\left(-\infty, -\mu_{\frac{\alpha}{2}}\right) \bigcup \left(\mu_{\frac{\alpha}{2}}, +\infty\right)$	$\left(-\infty, -t_{\frac{\alpha}{2}}(n-1)\right) \bigcup \left(t_{\frac{\alpha}{2}}(n-1), +\infty\right)$
原假设 H_0	$\sigma^2 = \sigma_0^2$ (σ_0^2 为常数)	
条件	μ 已知	μ 未知
检验法	χ^2 检验法	χ^2 检验法
统计量	$\chi^2 = \sum\limits_{i=1}^{n} \left(\dfrac{\overline{X} - \mu_0}{\sigma_0}\right)^2$	$\chi^2 = \dfrac{(n-1)S^2}{\sigma_0^2}$
统计量分布	$\chi^2(n)$	$\chi^2(n-1)$
拒绝域	$\left(0, \chi^2_{1-\frac{\alpha}{2}}(n)\right) \bigcup \left(\chi^2_{\frac{\alpha}{2}}(n), +\infty\right)$	$\left(0, \chi^2_{1-\frac{\alpha}{2}}(n-1)\right) \bigcup \left(\chi^2_{\frac{\alpha}{2}}(n-1), +\infty\right)$

例 2 已知某厂生产的维尼龙纤度 (纤度表示纤维粗细的一个量) 在正常情况下服从正态分布 $N(1.405, 0.048^2)$. 某天抽取 5 根纤维测得纤度为:

$$1.36,1.40,1.44,1.32,1.55.$$

问这天纤度的期望和方差是否正常（$\alpha=0.10$）？

解 首先检验期望 μ.

原假设 $H_0:\mu=1.405$，由于方差未知，所以选用统计量 $T=\dfrac{\overline{X}-\mu_0}{S}\sqrt{n}\sim t(4)$，给定 $\alpha=0.10$，查表得 $t_{0.05}(4)=2.1318$，拒绝域为 $(-\infty,-2.1318)\bigcup(2.1318,+\infty)$，由样本可知，

$$\overline{x}=1.414,s=0.0882,$$

$$T=\frac{\overline{x}-\mu_0}{s}\sqrt{n}=\frac{1.414-1.405}{0.0882}\times\sqrt{5}=0.2282,$$

因为 $|T|=0.2282<t_{0.05}(4)=2.1318$，所以接受原假设 H_0.

即这一天纤度期望无显著变化.

其次检验方差 σ^2.

假设 $H_0:\sigma^2=0.048^2$，

由题意 μ 未知，取统计量 $\chi^2=\dfrac{(n-1)S^2}{\sigma_0^2}\sim\chi^2(4)$，

给定 $\alpha=0.10$，查表得 $\chi_{0.95}^2(4)=0.711$，$\chi_{0.05}^2(4)=9.488$，

所以拒绝域为 $(0,0.711)\bigcup(9.488,+\infty)$，

因为 $\chi^2=\dfrac{(n-1)S^2}{\sigma_0^2}=\dfrac{4\times0.00778}{0.048^2}=13.507$，

这样 $\chi^2=13.507>\chi_{0.05}^2(4)=9.488$.

所以拒绝原假设 H_0，即这一天纤度方差明显地变大.

例3 某工厂生产一种灯管，已知灯管的寿命 X 服从正态分布 $N(\mu,40000)$，根据以往的生产经验，知道灯管的平均寿命不会超过 1500 小时. 为了提高灯管的平均寿命，工厂进行了工艺革新. 为了弄清工艺革新是否真的能提高灯管的平均寿命，他们测试了采用工艺革新后生产的 25 只灯管的寿命，其平均值是 1575 小时. 尽管样本的平均值大于 1500 小时，试问：可否由此判定这恰是工艺革新的效应，而非偶然的原因使得抽出的这 25 只灯管的平均寿命较长呢？

解 （1）建立假设 $H_0:\mu\leqslant1500$，$H_1:\mu>1500$，这是右侧检验.

（2）选择统计量 $U=\dfrac{\overline{X}-\mu_0}{\sigma/\sqrt{n}}\sim N(0,1)$，这里 $\mu_0=1500,\sigma=200,n=25$.

（3）取显著性水平 $\alpha=0.05$，由 $P\{U>\lambda\}=\alpha$，查正态分布表得 $\lambda=u_{0.05}=1.645$，从而拒绝域为 $u>1.645$，即 $(1.645,+\infty)$.

（4）由于 $\overline{x}=1575$，$\sigma=200$，从而

$$u=\frac{\overline{x}-\mu_0}{\sigma/\sqrt{n}}=\frac{1575-1500}{200}\times\sqrt{25}=1.875$$

由于 $u=1.875>u_\alpha=1.645$，所以应否定原假设 H_0，接受 H_1，即认为工艺革新事实上提高了灯管的平均寿命.

例 4 某铜厂生产的铜丝，质量一直比较稳定，今从该厂生产的产品中，抽取 10 根检查其折断力. 测得数据如下（单位：kgf，1kgf＝9.80665N）：

$$578,572,573,566,575,571,574,596,585,570.$$

问是否相信该厂生产的铜丝的折断力的方差为 64（$\alpha=0.05$）？

由上述样本数据算得：$\bar{x}=575.2$，$s^2=75.74$.

解 根据题意，要对 $\sigma_0^2=64$ 做出检验，采用 χ^2 检验法.

(1) 原假设 H_0：$\sigma^2=\sigma_0^2=64$；

(2) 由于检验总体的稳定性，故选择统计量 $\chi^2=\dfrac{n-1}{\sigma_0^2}S^2\sim\chi^2(n-1)$；

(3) 对于给定的显著性水平 $\alpha=0.05$ 以及 $n=10$，查 χ^2 分布表得

$$k_1=\chi^2_{1-\alpha/2}(n-1)=\chi^2_{0.975}(9)=2.70，\quad k_2=\chi^2_{\alpha/2}(n-1)=\chi^2_{0.025}(9)=19.02,$$

从而拒绝域为 $[0,2.70)\bigcup(19.02,+\infty)$；

(4) 由所给样本数据算得：$\bar{x}=\dfrac{1}{10}\sum\limits_{i=1}^{10}x_i=576，s^2=\dfrac{1}{9}\sum\limits_{i=1}^{10}(x_i-\bar{x})^2=75.11,$

于是 $\chi^2=\dfrac{n-1}{\sigma_0^2}s^2=\dfrac{9\times75.11}{64}=10.56$，所以 χ^2 的检验值不在拒绝域内，也就是落入接受域内，故可认为该厂生产的铜丝的折断力的方差为 64.

三、双正态总体期望和方差检验

在实际工作中，常常遇到两个正态总体之间的比较问题. 例如，已知产品的某一质量指标服从正态分布，但由于原料、设备条件、操作人员不同，或工艺过程的改变因素，引起总体均值和方差的改变，我们需要知道这些变化是否显著，这就是两个正态总体的参数的假设检验.

设 $X_1,X_2,\cdots,X_{n_1}$ 是来自正态总体 $X\sim N(\mu_1,\sigma_1^2)$ 的一个样本，$Y_1,Y_2,\cdots,Y_{n_2}$ 是来自正态总体 $Y\sim N(\mu_2,\sigma_2^2)$ 的一个样本，且 X 与 Y 相互独立，$\overline{X},\overline{Y},S_1^2,S_2^2$ 分别是总体 X 与 Y 的样本均值和样本方差，给定显著水平 α.

1. 检验期望

原假设 H_0：$\mu_1=\mu_2$.

(1) σ_1^2,σ_2^2 均已知，选用统计量 $U=\dfrac{\overline{X}-\overline{Y}}{\sqrt{\dfrac{\sigma_1^2}{n_1}+\dfrac{\sigma_2^2}{n_2}}}\sim N(0,1)$.

(2) σ_1^2,σ_2^2 均未知，但是 $\sigma_1^2=\sigma_2^2$，

选用统计量 $T=\dfrac{\overline{X}-\overline{Y}}{\sqrt{\dfrac{(n_1-1)S_1^2+(n_2-1)S_2^2}{(n_1+n_2-2)}\left(\dfrac{1}{n_1}+\dfrac{1}{n_2}\right)}}\sim t(n_1+n_2-2)$.

2. 检验方差

原假设 $H_0: \sigma_1^2 = \sigma_2^2$.

选用统计量 $F = \dfrac{S_1^2}{S_2^2} \sim F(n_1-1, n_2-1)$.

例5 对两批经纱进行强力试验数据如下（单位：克）：

甲批 57，56，61，60，47，49，63，61.

乙批 65，69，54，60，52，62，57，60.

假定经纱的强力服从正态分布，试问两批经纱的平均强力有否显著差异（$\alpha = 0.05$）？

解 由于两批经纱强力的方差未知，且也不知道是否 $\sigma_1^2 = \sigma_2^2$，所以不能直接检验两批经纱的平均强力有否显著差异，必须先检验 $\sigma_1^2 = \sigma_2^2$.

先检验方差.

原假设 $H_0: \sigma_1^2 = \sigma_2^2$.

选用统计量 $F = \dfrac{S_1^2}{S_2^2} \sim F(n_1-1, n_2-1)$，由 $\alpha = 0.05$，查分布表得 $F_{0.025}(7,7) = 4.99$，$F_{0.975}(7,7) = \dfrac{1}{F_{0.025}(7,7)} = \dfrac{1}{4.99} \approx 0.2$，即拒绝域为 $(0, 0.2) \bigcup (4.99, +\infty)$，由样本值计算得 $F = 1.33$，故 $0.2 < F < 4.99$，所以接受原假设，即 $\sigma_1^2 = \sigma_2^2$.

下面检验平均强力.

原假设 $H_0: \mu_1 = \mu_2$.

因为 $\sigma_1^2 = \sigma_2^2$，所以选用统计量

$$T = \frac{\overline{X} - \overline{Y}}{\sqrt{\dfrac{(n_1-1)S_1^2 + (n_2-1)S_2^2}{(n_1+n_2-2)}\left(\dfrac{1}{n_1} + \dfrac{1}{n_2}\right)}} \sim t(14)$$

由 $\alpha = 0.05$，查分布表得 $t_{0.025}(14) = 2.1448$，即拒绝域为 $(-\infty, -2.1448) \bigcup (2.1448, +\infty)$，由样本值计算得 $|T| = 0.5584$，因为 $|T| < t_{0.025}(14)$，所以接受原假设，即这两批经纱平均强力无显著差异.

四、假设检验与参数估计的区别与联系

假设检验与参数估计，二者都是在样本分布基础上做出概率性的判断. 基本原理是相同的，且同一问题的假设检验与参数估计有着密切的联系. 如设总体 $X \sim N(\mu, \sigma^2)$，σ^2 未知，若对 μ 进行区间估计，应选择统计量 $T = \dfrac{\overline{X} - \mu_0}{S/\sqrt{n}} \sim t(n-1)$，通过查 t 分布表，可得临界值 $k = t_{\alpha/2}(n-1)$，从而可得置信度为 $1-\alpha$ 的 μ 的置信区间；如果是检验假设 $H_0: \mu = \mu_0$，$H_1: \mu \neq \mu_0$（σ^2 未知），选取的统计量仍然是 T，对给定的显著性水平 α，也需要查 t 分布表得临界值 $\lambda = t_{\alpha/2}(n-1)$，再由样本观察值得 $T_0 = \left|\dfrac{\overline{x} - \mu_0}{S/\sqrt{n}}\right|$，最后比较 λ 与 T_0 的大小，进行判断.

它们的区别在于：参数估计问题侧重于样本估计总体的某一个未知参数，研究某个总体指标落在什么区间内的问题；而参数的假设检验侧重于检验总体是否具有某个数字特征，研究的是所作的统计假设是否可信的问题.

习题 5-3

1. 某种产品的某项指标服从正态分布，均方差为 150. 现抽取了容量为 25 的一个样本，计算得样本平均值为 1636. 问在检验水平 $\alpha = 0.05$ 下，能否认为这批产品的指标期望值为 1600？

2. 设在正常情况下，某包装机包装出来的洗衣粉净重，$X \sim N(500, 2^2)$（单位：g）. 某天开工后，为了检查包装机工作情况，在装好的洗衣粉中任取 9 袋，其重量如下：

$$505, \quad 499, \quad 502, \quad 506, \quad 498, \quad 498, \quad 497, \quad 510, \quad 503.$$

假设总体标准差 σ 不变（即 $\sigma = 2$），试问这天包装机工作是否正常（取 $\alpha = 0.05$）？

3. 某化肥厂用自动包装机包装生产的化肥尿素，每袋额定重量是 50kg，某日开工后随机抽查了 9 袋，称得重量如下：

$$49.8, \quad 49.5, \quad 50.0, \quad 50.3, \quad 49.4, \quad 49.7, \quad 49.4, \quad 50.8, \quad 50.2.$$

设每袋重量服从正态分布，问包装机工作是否正常（取 $\alpha = 0.05$）？

4. 有一批圆木的小头直径 X 服从正态分布，X 的均值不小于 13cm 为合格，今随机抽取 $n = 12$ 根，测得小头直径的样本均值 $\bar{x} = 12.2$cm，样本方差 $s^2 = 1.44$cm^2，问该批木材的小头直径是否明显偏小（取 $\alpha = 0.05$）？

5. 某电器厂生产一种云母片，由长期生产的数据知，云母片的厚度服从正态分布，厚度均值 $\mu_0 = 0.13$mm. 今在某天生产的云母片中，随机抽取 10 片，分别测其厚度，算得平均值 $\bar{x} = 0.146$mm，标准差 $s = 0.0135$mm，问这天生产的云母片的平均厚度与往日有无显著差异（$\alpha = 0.05$）？

6. 某厂生产某种型号电池，其寿命长期以来服从方差为 5000h^2 的正态分布. 今有一批这种电池，从它的生产情况来看，寿命波动性与以往有较大变化. 为判断这种想法是否合乎实际，随机抽取了 25 只电池，测得其寿命的样本方差为 7200h^2. 问根据这些数据能否判定这批电池的波动性较以往有显著变化（取显著水平 $\alpha = 0.02$）？

第四节 回归分析与方差分析

一、回归分析

在客观世界中，普遍存在着变量之间的关系. 数学的一个重要作用就是从数量上来揭示、表达和分析这些关系. 而变量之间的关系，一般可分为函数关系和相关关系两类.

(1) 函数关系：其特点是变量之间的关系可用函数关系来表示，如正方形面积等于边长的平方等.

(2) 相关关系：其特征是变量之间虽然存在着密切的关系，但不能由一个变量的取值精确计算出另一个变量的取值. 例如人的身高和体重、人的血压和年龄、某产品的广告投入与销售额、居民的收入与消费量等，它们之间是有关联的.

变量之间的相关关系虽然不具有确定的函数关系，但是可以借助函数关系来表示它们之间的统计规律，由一个或一组变量来估计和预测另一个与它们具有一定相关关系的随机变量，并定量地研究和处理变量之间的相关关系问题，这类统计方法称为回归分析．如果这个关系是线性的，则称为线性回归分析．

回归分析就是研究两个或两个以上变量相关关系的一种重要的统计方法．并把研究两个变量间的相关关系称为一元回归分析，研究多个变量间的相关关系称为多元回归分析，本节主要介绍一元线性回归方法，包括建立数学模型进行统计分析及解决预测、控制、优化等问题．

下面结合事例进行分析．

1. 散点图与回归直线

设两个变量 X, Y 之间有相关关系，当 X 给定一个确定值 x 时，对应的 Y 值是一个随机变量，在一元线性回归分析中，用什么方法获得大体描述 X 和 Y 之间关系的公式即回归函数呢？请看例子．

例1 某汽车轮胎厂为了预测轮胎的销售情况，收集了某地区历年汽车的拥有量（万辆）和轮胎销售量（百只）的数据如下：

汽车拥有量 x	18	18.3	18.9	19.4	19.8	20.3
轮胎销售量 y	40	44	52	59	67	77

试找出汽车拥有量与轮胎销售量之间的关系式．

解 由表中数据看出，y 有随着 x 增加而增加的趋势，但它们之间的这种关系又无法用函数式准确表达，所以是一种相关关系．

为了研究两者之间的关系，把汽车拥有量 x 作为横坐标，把轮胎销售量 y 的相应取值作为纵坐标，所有散点都分布在一条直线的附近（如图 5-12），显然这样的直线还可以画出许多条，而其中的一条直线，它能"最佳"地反映散点分布的状态．这说明汽车拥有量 x 与轮胎销售量 y 之间的相关关系可以近似地用一个线性函数来表示．

设这条"最佳"直线方程为：$\hat{y} = a + bx$．

在 y 的上方加记号"^"表示当 X 取值 $x_i (i = 1, 2, \cdots, 6)$ 时，Y 相应的观察值

为 y_i，而直线上对应于 x_i 的纵坐标是 $\hat{y}_i = a + bx_i$．

所以，选择描述变量之间的相关关系的数学模型，提出"合适"的相关假设是回归分析必不可少的第一步．

在一元回归分析中，通常在直角坐标系中描出 x 和 y 的每对样本数据 $(x_i, y_i)(i = 1, 2, \cdots, n)$ 所对应的点，这样的图称为**散点图**（如图 5-12）.

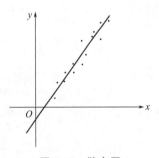

图 5-12　散点图

从散点图中分析点的分布情况，它们大致分布在一条直线附近，即 y 与 x 的关系可以近似看成是线性的．我们假设 y 与 x 的线性相关关系为 $\hat{y} = a + bx$，其中 a, b 为待定的参数．我们称该直线为回归直线．

2. 建立一元线性回归方程

将 x_i 代入直线方程 $\hat{y} = a + bx$ 所得的值记为 $\hat{y}_i$，即 $\hat{y}_i = a + bx_i$，对于同一个 x_i，相应的 $\hat{y}_i$ 与 y_i 的偏差为 $|y_i - \hat{y}_i|$，所有偏差的平方和为

$$Q(a,b) = \sum_{i=1}^{n} (y_i - \hat{y}_i)^2 = \sum_{i=1}^{n} (y_i - a - bx_i)^2,$$

Q 的大小刻画了图中所有的点与直线的偏离程度.

现在需要选择 a,b，使目标函数 Q 值达到最小，即求二元函数的极值. 利用微分法，令两个偏导数等于零，即

$$\begin{cases} \dfrac{\partial Q}{\partial a} = -2\sum_{i=1}^{n} (y_i - a - bx_i) = 0 \\[2mm] \dfrac{\partial Q}{\partial b} = -2\sum_{i=1}^{n} (y_i - a - bx_i)x_i = 0 \end{cases}$$

这是以 a,b 为未知量的线性方程组，叫做**正规方程组**. 整理方程组得

$$\begin{cases} na + \left(\sum_{i=1}^{n} x_i\right)b = \sum_{i=1}^{n} y_i \\[2mm] \left(\sum_{i=1}^{n} x_i\right)a + \left(\sum_{i=1}^{n} x_i^2\right)b = \sum_{i=1}^{n} x_i y_i \end{cases}$$

从中解出 a,b 的值，记作 $\hat{a},\hat{b}$.

$$\begin{cases} \hat{a} = \bar{y} - \hat{b}\bar{x} \\[3mm] \hat{b} = \dfrac{\displaystyle\sum_{i=1}^{n} x_i y_i - n\bar{x}\,\bar{y}}{\displaystyle\sum_{i=1}^{n} x_i^2 - n\bar{x}^2} \end{cases}$$

其中

$$\bar{x} = \frac{1}{n}\sum_{i=1}^{n} x_i, \quad \bar{y} = \frac{1}{n}\sum_{i=1}^{n} y_i$$

若记

$$L_{xy} = \sum_{i=1}^{n} (x_i - \bar{x})(y_i - \bar{y}) = \sum_{i=1}^{n} x_i y_i - n\bar{x}\,\bar{y}$$

$$L_{xx} = \sum_{i=1}^{n} (x_i - \bar{x})^2 = \sum_{i=1}^{n} x_i^2 - n\bar{x}^2$$

$$L_{yy} = \sum_{i=1}^{n} (y_i - \bar{y})^2 = \sum_{i=1}^{n} y_i^2 - n\bar{y}^2$$

于是可写成

$$\begin{cases} \hat{a} = \bar{y} - \hat{b}\bar{x} \\[2mm] \hat{b} = \dfrac{L_{xy}}{L_{xx}} \end{cases}$$

这里把 a,b 改记作 $\hat{a},\hat{b}$ 表示它们是真值 a,b 的估计量，称为最小二乘估计. 从而得到直线方程为

$$\hat{y} = \hat{a} + \hat{b}x.$$

$\hat{a},\hat{b}$ 称为参数 a,b 的**最小二乘估计**，$\hat{y}=\hat{a}+\hat{b}x$ 称为 x 与 y 的**一元线性回归方程**，系数 $\hat{a},\hat{b}$ 称为**回归系数**.

综上分析，可得求回归直线方程的步骤如下.

（1）整理数据并列表

编号	x_i	y_i	x_i^2	x_iy_i
1				
2				
⋮				
n				
求和	$\sum\limits_{i=1}^{n}x_i$	$\sum\limits_{i=1}^{n}y_i$	$\sum\limits_{i=1}^{n}x_i^2$	$\sum\limits_{i=1}^{n}x_iy_i$

计算出 $\overline{x}=\dfrac{1}{n}\sum\limits_{i=1}^{n}x_i$ 和 $\overline{y}=\dfrac{1}{n}\sum\limits_{i=1}^{n}y_i$.

（2）计算回归系数 $\hat{b}=\dfrac{\sum\limits_{i=1}^{n}x_iy_i-n\overline{x}\,\overline{y}}{\sum\limits_{i=1}^{n}x_i^2-n\overline{x}^2}$，$\hat{a}=\overline{y}-\hat{b}\overline{x}$.

（3）求出回归直线方程 $\hat{y}=\hat{a}+\hat{b}x$.

由于回归方程来自于已知观测点，所以公式又称为**经验公式**. 从 X,Y 的双值样本出发，通过最小化二乘函数得到最小二乘估计，进而建立经验公式的方法叫做**最小二乘法**，从几何角度考虑，最小二乘法可以为散点图配置最佳直线. 最小二乘法是根据已知数据建立数学模型的常用方法.

由此可求例 1 的回归方程.

由样本观察值可得

$$\overline{x}=\frac{1}{6}\sum_{i=1}^{6}x_i=\frac{114.7}{6}，\overline{y}=\frac{1}{6}\sum_{i=1}^{6}y_i=\frac{339}{6}=56.5.$$

$$\hat{b}=\frac{\sum\limits_{i=1}^{6}x_iy_i-6\overline{x}\,\overline{y}}{\sum\limits_{i=1}^{6}x_i^2-6\overline{x}^2}=\frac{6542.3-6\times\dfrac{114.7}{6}\times56.5}{2196.59-6\times\left(\dfrac{114.7}{6}\right)^2}\approx15.8，$$

$$\hat{a}=\overline{y}-\hat{b}\overline{x}=56.5-15.8\times\frac{114.7}{6}\approx-24.6.$$

所以，回归直线方程为 $\hat{y}=-24.6+15.8x$.

3. 平方和分解公式

若变量 x 与 y 之间不存在直线关系，由 n 对观察值 (x_i,y_i) $(i=1,2,\cdots,n)$ 也可以根据最小二乘法求得一个线性回归方程 $\hat{y}=\hat{a}+\hat{b}x$. 显然，这样的回归方程所反映的两个变量之间的关系是不真实的，如何判断线性回归方程所反映的两个变量间的直线关系是可靠有效的？我们做如下分析.

$L_{yy} = \sum_{i=1}^{n} (y_i - \overline{y})^2$，把 $(y_i - \overline{y})$ 表示为 $(y_i - \hat{y}_i) + (\hat{y}_i - \overline{y})$，易证明 $\sum_{i=1}^{n}(y_i - \hat{y}_i)(\hat{y}_i - \overline{y}) = 0$，于是得到

$$\sum_{i=1}^{n} (y_i - \overline{y})^2 = \sum_{i=1}^{n} (\hat{y}_i - \overline{y})^2 + \sum_{i=1}^{n} (y_i - \hat{y}_i)^2.$$

记 $U = \sum_{i=1}^{n} (\hat{y}_i - \overline{y})^2$，则 $L_{yy} = U + Q$.

由此可知，如果 U 占的比重大，则表明线性关系产生的影响超过其它因素产生的影响，变量间的线性关系显著，反之，如果 Q 占的比重大，则两个变量间的线性关系较弱，线性关系不显著.

我们称 $r = \dfrac{L_{xy}}{\sqrt{L_{xx}L_{yy}}} = \dfrac{\sum_{i=1}^{n} (x_i - \overline{x})(y_i - \overline{y})}{\sqrt{\sum_{i=1}^{n} (x_i - \overline{x})^2 \sum_{i=1}^{n} (y_i - \overline{y})^2}}$ 为 x 与 y 的相关系数.

所以
$$U = \hat{b}^2 L_{xx} = r^2 L_{yy}$$

那么 $\dfrac{U}{L_{yy}} = r^2$，其中 $0 \leqslant r^2 \leqslant 1$，由此可用 r 来表示 U 和 Q 在 L_{yy} 中所占的比重，也就是说可以用 r 作为衡量 x 与 y 之间线性关联程度的一个指标. $|r|$ 较大就表明 y 与 x 之间具有密切的线性关系；当 $r=1$ 或 $r=-1$ 时，x 与 y 有确定性关系 $y_i = a + bx_i (i = 1,2,\cdots,n)$；而当 $r = 0$ 或 $|r|$ 很小时，x 与 y 之间没有或只有较弱的线性关系.

4. 线性假设的显著性检验

由平方和分解公式可以看出，检验 x 与 y 之间是否存在线性相关关系就是检验假设 $H_0 : b = 0$ 是否成立. 当 H_0 成立时，说明 x 与 y 之间不存在线性相关关系，当 H_0 不成立时，说明 x 与 y 之间存在线性相关关系.

因为 $U = \sum_{i=1}^{n} (\hat{y}_i - \overline{y})^2$ 是回归值 $\hat{y}_1, \hat{y}_2, \cdots, \hat{y}_n$ 的偏差平方和，它反映了回归值的分散程度，这种分散是由于 y 与 x 之间存在线性关系引起的，而 $Q = \sum_{i=1}^{n} (y_i - \hat{y}_i)^2$ 反映了观察值 $y_1, y_2, \cdots, y_n$ 偏离回归直线 $\hat{y} = \hat{a} + \hat{b}x$ 的程度，这种偏差是由于观察误差等随机因素引起的.

可以证明，如果原假设 H_0 正确，则有统计量 $F = \dfrac{U}{Q/(n-2)} \sim F(1, n-2)$. 即可利用 F 检验法检验假设. 以下举例说明.

例 2 以家庭为单位，某种商品年需求量（单位：kg）与该商品价格（单位：元）之间的一组调查数据如下：

价格 x	5	2	2	2.3	2.5	2.6	2.8	3	3.3	3.5
需求量 y	1	3.5	3	2.7	2.4	2.5	2	1.5	1.2	1.2

（1）求 x 与 y 的线性回归方程；

（2）试用 F 检验法检验线性关系的显著性（$\alpha = 0.05$）.

解 （1）由已知数据可得 $\bar{x} = 2.9$，$\bar{y} = 2.1$，$L_{xx} = 7.18$，$L_{yy} = 6.58$，

$$L_{xy} = \sum_{i=1}^{n} x_i y_i - n \bar{x} \bar{y} = 54.97 - 2.1 \times 2.9 \times 10 = -5.93.$$

则
$$\hat{b} = \frac{L_{xy}}{L_{xx}} = -0.826，\hat{a} = 4.495，$$

所以，线性回归方程为 $\hat{y} = 4.495 - 0.826x$.

（2）$U = \hat{b} L_{xy} = 4.898$，$Q = L_{yy} - \hat{b} L_{xy} = 1.682$，

$$F = \frac{U}{Q/(10-2)} = 23.297，查表得 F_{0.05}(1,8) = 5.32.$$

因为 $F > F_{0.05}(1,8)$，所以线性关系是显著的.

5. 预测问题

所谓预测问题是指，如何利用 y 对 x 的线性回归方程 $\hat{y} = \hat{a} + \hat{b} x$，对于给定的 $x = x_0$，预测对应的 y 的观察值 y_0 的取值范围.

在一般的应用问题中，对于给定的 x_0，相应的 y_0 是一个随机变量，且

$$y_0 \sim N(\hat{a} + \hat{b} x_0, \sigma^2).$$

其方差 σ^2 未知，从而

$$\frac{y_0 - \hat{a} - \hat{b} x_0}{\sigma} \sim N(0,1).$$

由标准正态分布的水平 α 的双侧临界值 $U_{\frac{\alpha}{2}}$ 的定义可知

$$P\{\hat{a} + \hat{b} x_0 - \sigma U_{\frac{\alpha}{2}} < y_0 < \hat{a} + \hat{b} x_0 + \sigma U_{\frac{\alpha}{2}}\} = 1 - \alpha.$$

这个式子说明，当 $x = x_0$ 时，对应的 y_0 以 $1 - \alpha$ 的概率落在区间

$$(\hat{a} + \hat{b} x_0 - \sigma U_{\frac{\alpha}{2}}, \hat{a} + \hat{b} x_0 + \sigma U_{\frac{\alpha}{2}})$$

之内，这个区间称为 y_0 的概率为 $1 - \alpha$ 的预测区间.

由于 σ^2 未知，需要用一个适当的值作近似替代，可以证明

$$\hat{\sigma}^2 = \frac{Q(\hat{a}, \hat{b})}{n-2} = \frac{1}{n-2} \sum_{i=1}^{n} (y_i - \hat{a} - \hat{b} x_i)^2$$

是 σ^2 的一个无偏估计值，于是上述预测区间可近似地表示为

$$(\hat{a} + \hat{b} x_0 - \hat{\sigma} U_{\frac{\alpha}{2}}, \hat{a} + \hat{b} x_0 + \hat{\sigma} U_{\frac{\alpha}{2}}).$$

当 $\alpha = 0.05$ 时，$U_{\frac{\alpha}{2}} = U_{0.025} = 1.96 \approx 2$，通常将 y_0 的概率为 0.95 的预测区间写成

$$(\hat{a} + \hat{b} x_0 - 2\hat{\sigma}, \hat{a} + \hat{b} x_0 + 2\hat{\sigma}).$$

例 3 某企业固定资产投资总额与实现利税的资料如下（单位：万元）：

年份	1992	1993	1994	1995	1996
投资总额 x	23.8	27.6	31.6	32.4	33.7
实现利税 y	41.4	51.8	61.7	67.9	68.7
年份	1997	1998	1999	2000	2001
投资总额 x	34.9	43.2	52.8	63.8	73.4
实现利税 y	77.5	95.9	137.4	155.0	175.0

（1）求 y 与 x 的线性回归方程；

（2）检验 y 与 x 的线性相关性；

（3）求固定资产投资为 85 万元时，实现利税总值的预测值和预测区间（$\alpha = 0.05$）．

解 （1）由已知数据求得

$$\bar{x} = 41.72, \bar{y} = 93.23$$

$$L_{xx} = 2436.72, L_{yy} = 19347.68, L_{xy} = 6820.66$$

$$\hat{b} = \frac{L_{xy}}{L_{xx}} \approx 2.799, \hat{a} = \bar{y} - \hat{b}\bar{x} \approx -23.54$$

故所求的线性回归方程为

$$\hat{y} = -23.54 + 2.799x .$$

（2）$r = \dfrac{L_{xy}}{\sqrt{L_{xx}L_{yy}}} = \dfrac{6820.66}{\sqrt{2436.72 \times 19347.68}} = 0.9934$

即 $|r|$ 接近于 1，所以 y 与 x 的线性相关性显著．

（3）将 $x_0 = 85$ 代入线性回归方程

$$\hat{y} = -23.54 + 2.799x$$

得 $\qquad \hat{y}_0 = -23.54 + 2.799 \times 85 \approx 214.58 ,$

即实现利税的预测值 y_0 为 214.58（万元）．

又因为 $\hat{\sigma}^2 = \dfrac{1}{10-2}\sum\limits_{i=1}^{10}(y_i - \hat{a} - \hat{b}x_i)^2 = 31.67$，当 $\alpha = 0.05$ 时，$U_{\frac{\alpha}{2}} = U_{0.025} = 1.96 \approx 2$

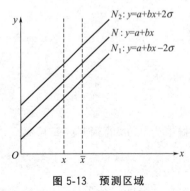

图 5-13　预测区域

所以，根据公式得到 y_0 的概率为 0.95 的预测区间为 $(-23.54 + 2.799x_0 - 2 \times 5.628, -23.54 + 2.799x_0 + 2 \times 5.628)$ 在 $x_0 = 85$ 时，y_0 的预测区间为 (203.12，225.63) 其上下限给出平面上两条平行回归直线（见图 5-13）

$$N_1 : y = \hat{a} + \hat{b}x - 2\hat{\sigma}$$

$$N_2 : y = \hat{a} + \hat{b}x + 2\hat{\sigma}$$

由此可以预料，对应于以 $\bar{x}$ 为中心的一系列 x 值，y 值的 95% 将落在直线 N_1 与 N_2 所夹成的带形区域之中.

同理,可得到概率为 0.997 的预测区间 $(\hat{a}+\hat{b}x_0-3\hat{\sigma},\hat{a}+\hat{b}x_0+3\hat{\sigma})$ 和相应的预测区域的图示.

由于一元线性回归的方法比较简便,而且直观性强,所以在实际中得到广泛的应用.

6. 几个可化为线性回归的曲线方程

图 5-12 的散点图虽然不在一条直线上,但它们仍基本上分布在直线附近,即大致"凝聚"成直线状. 我们之所以能够假定变量间存在线性关系,是因为除了依据必要的理论分析和专业知识外,往往还与观察散点图的凝聚状态有关.

如果由观察数据画出的散点图凝聚成一条曲线状,这时有些回归方程仍可化为线性回归方程,那么,只要进行变量替换,就能直接利用线性回归方程的结果. 在工程及经济领域中常用的有下面几种形式.

(1) 双曲线型 $\quad y=a+\dfrac{b}{x}$

令 $X=\dfrac{1}{x}$,可化为 $y=a+bX$.

(2) 幂函数型 $\quad y=ax^b(x>0)$

① 若 $a>0$,令 $Y=\ln y,X=\ln x$,可化为 $Y=a_0+bX$,其中 $a_0=\ln a$.

② 若 $a<0$,令 $Y=\ln(-y),X=\ln x$,可化为 $Y=a_0+bX$,其中 $a_0=\ln(-a)$.

(3) 指数型 $\quad y=ae^{bx}$

令 $Y=\ln y$,可化为 $y=a_0+bx$,其中 $a_0=\ln a$.

(4) S 曲线型 $\quad y=\dfrac{1}{a+be^{-x}}$

令 $Y=\dfrac{1}{y},X=e^{-x}$,可化为 $y=a+bX$.

(5) 对数曲线型 $\quad y=a+b\ln x$

令 $X=\ln x$,可化为 $y=a+bX$.

例 4 在一定时间内某种商品的价格 x (元)与需求量 y (个)之间有如下一组观察数据:

价格 x	2	3	4	5	6	7	8	9	10	11
需求量 y	58	50	44	38	34	30	29	26	25	24

试判断商品价格与需求量之间的回归函数类型,并求回归方程.

解 商品的需求量与价格应呈反向走势,即价格提高,需求量减少. 因为存在最基本的需求量,所以需求量不会无限制减少,最后将趋于稳定. 因此可选用双曲线函数 $y=a+\dfrac{b}{x}$. 令 $X=\dfrac{1}{x}$,即得 $y=a+bX$. 下面求 a,b .

(1) 列表.

编号	x_i	$X_i=x_i^{-1}$	y_i	X_i^2	X_iy_i
1	2	0.5	58	0.25	29
2	3	0.3333	50	0.1111	16.667

模块五 数理统计

编号	x_i	$X_i = x_i^{-1}$	y_i	X_i^2	$X_i y_i$
3	4	0.25	44	0.0625	11
4	5	0.2	38	0.04	7.6
5	6	0.1667	34	0.0278	5.667
6	7	0.1429	30	0.0204	4.286
7	8	0.125	29	0.0156	3.625
8	9	0.1111	26	0.0124	2.889
9	10	0.1	25	0.01	2.5
10	11	0.0909	24	0.0083	2.182
求和	65	2.0199	358	0.5581	85.416

计算得 $\overline{X} = \dfrac{1}{10} \sum_{i=1}^{10} X_i = 0.20199$，$\overline{y} = \dfrac{1}{10} \sum_{i=1}^{10} y_i = 35.8$.

（2）计算回归系数.

$$\hat{b} = \frac{85.416 - 10 \times 0.20199 \times 35.8}{0.5581 - 10 \times (0.20199)^2} \approx 87.30，$$

$$\hat{a} = 35.8 - 87.30 \times 0.20199 \approx 18.17.$$

（3）写出回归方程 $\hat{y} = 18.17 + \dfrac{87.3}{x}$.

这就是商品价格与需求量之间的函数关系.

二、方差分析

在生产、科研和社会生活中，影响一个事件的因素往往很多. 例如，在工业生产中，产品的质量会受到原材料、设备、技术及员工素质等因素的影响，每一个因素的改变都可能影响最终的结果，但是有些因素影响较大，有些影响较小. 所以在实际中，有必要找出对事件结果有显著影响的那些因素. 方差分析就是根据试验的结果进行分析，鉴别各个有关因素对试验结果影响的有效方法.

1. 基本概念

在试验中，我们将要考察的指标称为**试验指标**. 影响试验指标的条件称为**因素**. 因素可以分为两类，一类是人们可以控制的，一类是人们不可控制的. 例如，温度、原材料、设备等是可以控制的，而测量误差、气象条件、员工素质等是难以控制的. 以下我们所说的因素都是可控制因素. 因素所处的状态，称为**该因素的水平**. 如果在一项试验中只有一个因素在改变，则称为**单因素试验**，如果有多于一个因素在改变称为**多因素试验**.

例5 电灯泡厂用三种不同的灯丝材料试制了三批灯泡，从这三批灯泡中分别抽取若干个样品进行使用寿命的试验，得到数据如下表：

灯丝材料	灯泡使用寿命(单位：h)
A_1	1600，1610，1650，1680，1700，1720，1800
A_2	1540，1600，1620，1660，1740
A_3	1510，1520，1540，1570，1600，1680

这里，试验的指标是灯泡的使用寿命，灯丝材料为因素，这个因素有 3 个水平，这是一个单因素试验，试验的目的是为了考察灯丝材料对灯泡使用寿命有无显著性差异．

为方便起见，我们用大写字母 $A,B,C,\cdots$ 表示因素，用 $A_1,A_2,A_3,\cdots$ 或 $B_1,B_2,B_3,\cdots$ 表示因素的水平．本节主要讨论单因素试验的方差分析．

2. 方差分析的统计假设

设因素 A 有 l 个水平 $A_1,A_2,A_3,\cdots,A_l$，在水平 A_i 下的总体 $X_i \sim N(\mu_i,\sigma^2)$ $(i=1,2,\cdots,l)$．这里我们假定总体 $X_1,X_2,X_3,\cdots,X_l$ 的方差都是 σ^2（未知），但是总体的均值可能不相等．在水平 A_i 下进行 n_i 次试验 $(i=1,2,\cdots,l)$，且设所有的试验都是相互独立的，得到样本观察值 x_{ij} 如下表所示：

水平	A_1	A_2	$\cdots$	A_l
样本观察值	x_{11}	x_{21}	$\cdots$	x_{l1}
	x_{12}	x_{22}		x_{l2}
	x_{13}	x_{23}		x_{l3}
	$\vdots$	$\vdots$		$\vdots$
	x_{1n_1}	x_{2n_2}		x_{ln_l}
样本均值	$\overline{x}_1$	$\overline{x}_2$	$\cdots$	$\overline{x}_l$
总体均值	μ_1	μ_2	$\cdots$	μ_l

在水平 A_i 下，样本 X_{ij} 与总体服从相同的分布，即 $X_{ij} \sim N(\mu_i,\sigma^2)$ $(i=1,2,\cdots,l)$．

如果因素 A 对试验结果的影响不显著，则所有样本就可以看成是来自同一个总体 $N(\mu,\sigma^2)$．因此，因素 A 对试验结果的影响是否显著的统计假设为：

原假设 $H_0:\mu_1=\mu_2=\cdots=\mu_l$，备择假设 $H_1:\mu_1,\mu_2,\cdots,\mu_l$ 不全相等．

选取适当的统计量进行检验．

3. 显著性检验

记试验总次数 $n=\sum\limits_{i=1}^{l}n_i$，总的样本均值为 $\overline{x}=\dfrac{1}{n}\sum\limits_{i=1}^{l}\sum\limits_{j=1}^{n_i}x_{ij}=\dfrac{1}{n}\sum\limits_{i=1}^{l}n_i\overline{x}_i$．用 S_A 表示各组样本均值 $\overline{x}_i$ 对总的样本均值 $\overline{x}$ 的偏差平方和，称为组间平方和，即 $S_A=\sum\limits_{i=1}^{l}n_i(\overline{x}_i-\overline{x})^2$，它反映了各组样本之间的差异程度，即由于因素的不同水平所引起的系统误差．用 S_e 表示各个样本 x_{ij} 对本组样本均值 $\overline{x}_i$ 的偏差平方和的总和，称为误差平方和或组内平方和，它反映了试验过程中各种随机因素所引起的误差，即 $S_e=\sum\limits_{i=1}^{l}\sum\limits_{j=1}^{n_i}(x_{ij}-\overline{x}_i)^2$．全体样本 x_{ij} 对总的样本均值 $\overline{x}$ 的偏差平方和的总和称为总偏差平方和，记为 $S_T=\sum\limits_{i}^{l}\sum\limits_{j=1}^{n_i}(x_{ij}-\overline{x})^2$．可以证明 $S_T=S_A+S_e$．

模块五

数理统计

如果原假设 H_0 是正确的，则所有的样本 x_{ij} 可以看作是来自同一正态总体 $N(\mu,\sigma^2)$，并且相互独立．于是 $S_T = \sum\limits_{i}^{l} \sum\limits_{j=1}^{n_i} (x_{ij} - \bar{x})^2 = (n-1)s^2$，其中 s^2 是 n 个样本观察值的样本方差，且 $\dfrac{S_T}{\sigma^2} = \dfrac{(n-1)s^2}{\sigma^2} \sim \chi^2(n-1)$．还可以证明 S_A 与 S_e 相互独立，且

$$\frac{S_A}{\sigma^2} \sim \chi^2(l-1) \ ; \ \frac{S_e}{\sigma^2} \sim \chi^2(n-l) \ .$$

于是

$$\frac{\dfrac{S_A}{\sigma^2}/(l-1)}{\dfrac{S_e}{\sigma^2}/(n-l)} \sim F(l-1,n-l) \ ,$$

由此得到统计量 $\quad F = \dfrac{S_A/(l-1)}{S_e/(n-l)} \sim F(l-1,n-l)$．

如果因素 A 的各个水平对总体的影响不显著，则 S_A 较小，统计量 F 的观察值也较小；反之，S_A 较大，统计量 F 的观察值也较大．所以用统计量 F 的观察值的大小来检验原假设．

对给定的显著性水平 α，查 $F_\alpha(l-1,n-l)$ 的值，当 $F > F_\alpha(l-1,n-l)$ 时，拒绝 H_0，表示因素 A 的不同水平对总体有显著影响；当 $F \leqslant F_\alpha(l-1,n-l)$ 时，接受 H_0，表示因素 A 的不同水平对总体无显著影响．

通常取 $\alpha = 0.05$ 或 $\alpha = 0.01$，当 $F \leqslant F_{0.05}(l-1,n-l)$ 时，认为影响不显著；当 $F_{0.05}(l-1,n-l) < F \leqslant F_{0.01}(l-1,n-l)$ 时，认为影响不显著；当 $F > F_{0.01}(l-1,n-l)$ 时，认为影响特别显著．

根据计算结果，写出单因素试验的方差分析表如下：

方差来源	平方和	自由度	F 值	临界值	显著性
组间误差	S_A S_e	$l-1$ $n-l$	$F = \dfrac{S_A/(l-1)}{S_e/(n-l)}$	$F_{0.05}(l-1,n-l)$ $F_{0.01}(l-1,n-l)$	
总计	S_T	$n-1$			

例6 在例5中，假设这三批灯泡的使用寿命分别服从正态分布，检验它们的平均使用寿命是否有显著性差异．

解 原假设 $H_0 : \mu_1 = \mu_2 = \mu_3$．

计算得：$\bar{x}_1 = 1680$，$\bar{x}_2 = 1632$，$\bar{x}_3 = 1570$，

$$S_T = 109800 \ , \ S_A = 39120 \ , \ S_e = 70680 \ ,$$

$$F = \frac{39120/2}{70680/15} \approx 4.15 \ .$$

方差分析表如下：

方差来源	平方和	自由度	F 值	临界值
组间误差	39120 70680	2 15	4.15	$F_{0.05}(2,15) = 3.68$ $F_{0.01}(2,15) = 6.36$
总计	109800	17		

由方差分析表可知，（1）当取 $\alpha = 0.05$ 时，$F = 4.15 > F_{0.05}(2,15)$，拒绝 H_0，即用不同灯丝材料对灯泡的使用寿命有显著差异；（2）当 $\alpha = 0.01$ 时，$F = 4.15 < F_{0.01}(2,15)$ 接受 H_0，即用不同灯丝材料对灯泡的使用寿命无显著性差异．

习题 5-4

1. 某粮食加工厂用 4 种不同的方法储藏粮食，在一段时间后分别抽样测得含水率如下表：

储藏方法	实测含水率（%）				
	1	2	3	4	5
A_1	5.8	7.4	7.1		
A_2	7.3	8.3	7.6	8.4	8.3
A_3	7.9	9.0			
A_4	8.1	6.4	7.0		

试问不同的储藏方法对粮食含水率的影响是否显著？

2. 某企业为了研究产量与生产费用之间的关系，从企业内部随机抽取 8 个车间作为样本，得到数据如下：

产量 x（千件）	7	7	8	9	11	12	14	16
费用 y（万元）	5	6	8	9	10	12	13	15

求费用 y 与产量 x 的线性方程．

3. 在研究某地区 4～10 岁儿童平均身高 y 与年龄 x 间的相关关系时，实测了两个年龄组的数据：$\bar{x} = 7.5, \bar{y} = 115.94, L_{xy} = 6218, L_{xx} = 28, L_{yy} = 615.057$，试求：（1）$y$ 对 x 的线性回归方程；（2）检验 y 与 x 的线性相关性．

4. 电容器充电后，电压达到 100V，然后开始放电，测得不同时刻 t 与电压 U 的数据如下表：

t	0	1	2	3	4	5	6	7	8	9	10
U	100	75	55	40	30	20	15	10	10	5	5

试求电压与时间的线性回归方程．

复习题五

1. 设 $X \sim N(1,25)$，现取得容量为 50 的样本，求样本均值 $\bar{X}$ 落在 0 和 2 之间的概率．

2. 从正态总体 $X \sim N(3.4, 6^2)$ 中，抽取容量为 n 的样本，如果要求其样本均值位于区间 $(1.4, 5.4)$ 内的概率不小于 0.95，问样本容量 n 应取多大？

3. 设总体 $X \sim N(2,25)$，$X_1, X_2, \cdots, X_{25}$ 是来自 X 的一组样本，求：

（1）$\bar{X} = \dfrac{1}{n} \sum_{i=1}^{n} X_i$ 的密度分布；

（2）$P\{1 < \bar{X} \leqslant 3\}$；

（3）已知 $P\{\bar{X} > \lambda\} = 0.05$，求临界值 λ 的值．

模块五
数理统计

4. 已知某企业生产的一种白炽灯泡的使用寿命服从正态分布. 在该企业某星期所生产的该种灯泡中随机取 10 只，测得其寿命（单位：h）为：

$$1076, 919, 1186, 852, 1162, 956, 929, 948, 1125, 997.$$

试用数字特征法求出寿命总体的均值 μ 和方差 σ^2 的估计值.

5. 设总体 X 的概率密度分布为

X	0	1	2	3
P_k	θ^2	$2\theta(1-\theta)$	θ^2	$1-2\theta$

θ 为未知参数 $\left(0 < \theta < \dfrac{1}{2}\right)$，已知来自总体的一个样本为 3，1，3，0，3，1，2，3.

求 θ 的估计值.

6. 设总体 X 服从二项分布 $B(N, p)$，其中 N 为已知的正整数，$x_1, x_2, \cdots, x_n$ 是来自总体 X 的一个样本观察值，求未知参数 p 的最大似然估计值.

7. 某车间生产的螺杆直径服从正态分布. 今随机地抽取 5 只，测得直径（单位：mm）为：

$$22.5, 21.5, 22.0, 21.8, 21.4.$$

(1) 已知 $\sigma = 0.3$，求 μ 的置信度为 0.95 置信区间；

(2) σ 未知，求 μ 的置信度为 0.95 置信区间.

8. 设总体 $X \sim N(\mu, \sigma^2)$，随机抽取容量为 12 的样本，测得其 $S = 0.2$，求方差 σ^2 的置信度为 0.90 的置信区间.

9. 已知在正常生产情况下某种机械零件的直径（单位：mm）服从正态分布 $N(30, 0.8^2)$，从某日生产的一批零件中抽取 10 个，测得其直径为：

$$30.0, 31.1, 29.8, 30.2, 29.0, 30.2, 31.0, 31.8, 31.3, 31.1.$$

假定总体方差不变，检验该日生产的这批零件直径的均值是否有显著性差异，取显著性水平：

(1) $\alpha = 0.05$；

(2) $\alpha = 0.01$.

10. 某工厂用自动包装机包装葡萄糖，规定每袋的质量为 500 克，现随机抽取 10 袋，测得各袋葡萄糖的质量（单位：克）为：

$$495, 510, 505, 498, 503, 492, 502, 505, 497, 506.$$

设每袋葡萄糖的质量服从正态分布 $N(\mu, \sigma^2)$，如果 (1) 已知 $\sigma = 5$；(2) σ 未知. 问包装机工作是否正常（取显著性水平 $\alpha = 0.05$）？

11. 某零件铸造厂承诺所生产零件强度的标准差为 1.6kg/mm^2. 今随机抽取该厂所生产的零件 9 只，测得零件强度如下：

$$51.9, 53.0, 52.7, 54.1, 53.2, 52.3, 52.5, 51.1, 54.7.$$

假设该厂生产的零件强度服从正态分布，问在显著性水平 $\alpha = 0.10$ 下，该厂的承诺是否可信？

12. 某厂生产的某种钢索的断裂强度服从 $N(\mu, \sigma^2)$，其中 $\sigma = 40 \text{N/cm}^2$，现从这种钢索中抽取容量为 9 的一个样本，测得其断裂强度为 $\bar{x}$，它比以往正常生产时的 μ

大 $20N/cm^2$ ，设总体方差不变，问在 $a=0.01$ 下能否认为这批钢索质量有显著提高？

13. 某种商品的产量 x 和单位成本 y 之间的数据统计如下：

产量 x（千件）	2	4	5	6	8	10	12	14
成本 y（元）	580	540	500	460	380	320	280	240

（1）试确定 y 对 x 的线性回归方程；

（2）检验 y 与 x 之间的线性相关关系的显著性（$\alpha_1=0.05$，$\alpha_2=0.10$）.

14. 某建材实验室做陶粒混凝土实验时，考察每立方米混凝土的水泥用量 (kg) 对混凝土抗压强度 (kg/cm^2) 的影响，测得下列数据：

水泥用量 x	150	160	170	180	190	200
抗压强度 y	56.9	58.3	61.6	64.6	68.1	71.3
水泥用量 x	210	220	230	240	250	260
抗压强度 y	74.1	77.4	80.2	82.6	86.4	89.7

（1）求 y 对 x 的线性回归方程；

（2）检验一元线性回归的显著性（$a=0.05$）；

（3）设 $x_0=225kg$，求 y 的预测值及置信度为 0.95 的预测区间.

15. 在彩色显影中，由经验可知，形成染料光学密度 Y 与析出银的光学密度 X 的关系可由公式 $y=Ae^{\frac{b}{x}}(b<0)$ 表示，测得试验数据如下：

x_i	0.05	0.06	0.07	0.10	0.14	0.20	0.25	0.31	0.38	0.43	0.47
y_i	0.10	0.14	0.23	0.37	0.59	0.79	1.00	1.12	1.19	1.25	1.29

求 Y 关于 X 的回归方程.

【阅读资料】

1. 统计学谬误

保险公司经理：小张，自从你担任推销员以后，我一直在关心你的推销记录. 我很奇怪，为什么你只向那些年过 95 岁的老人兜售保险？为什么要给他们如此优厚的条件呢？

小张：经理，在我从事这项工作以前，我已经认真查阅了过去 10 年死亡数字的统计资料. 我发现，每年极少有人是在 95 岁或超过这个年龄死去的，这就是我如此做的原因.

小张的想法正确吗？

一天，喜欢开快车的小王看到一项统计资料后非常高兴，这项资料表明：大多数汽车事故出在中等速度的行驶中，极少的事故出在时速大于 150 千米的高速行驶中.

小王想："哈哈，看来高速行驶比较安全. 我以后终于可以放心地飙车了."

小王由这项统计资料得出了高速行驶比较安全的结论，他的想法对吗？

日本多年前对百岁以上老人做过一次统计，发现"100岁以上的人共有1万多人，而在这些长寿者的名字里大多都带有鹤、龟这样的字，所以长寿和名字是有关系的"。

根据可靠的数据，得出的名字和长寿的关系的结论似乎应是非常可靠的．不是吗？

分析 事实上，上面所举都是误用统计资料的例子．

小张的想法之所以错误在于：绝大多数人是在95岁以前死去的．这样一来，当然是"每年极少有人是在95岁或超过这个年龄死去"．但由此推出，作为保险公司职员向95岁以上的老人兜售人寿保险更合算，显然是错误的．

小王的想法同样不成立．道理很简单：之所以极少的事故出在时速大于150千米的高速行驶中，只是因为多数人是以中等速度驾车行驶的．而这并不意味着，高速行驶的安全性更高．

关于长寿与名字的统计资料事实上可做如下解释：100岁以上老人出生的时代，世界上不断地流行伤寒等传染病，每次流行都会造成大批儿童死亡．由于父母希望生下的孩子能够健康成长，所以会给他们取一些带有鹤、龟这样字眼的名字，以求其能长寿．即总人口中叫鹤、龟这样名字的人本身就很多．因此100岁以上人口中叫鹤、龟的人多就是很自然的了．

在日常生活中，这种用统计资料做错误推断而得出错误结果的例子是非常多的．我们特别注意在听到或看到一种统计关系时，切勿轻率地对其因果关系作结论，以避免出现这类统计学谬误．

2. 路径选择

一经理要从江南赶到江北与一个重要的客户洽谈合同．过江有两条路，一条是通过拥挤的公路桥，大约需要15～45min，另一条是乘轮渡，大约需要30～40min，现在请你为经理作出选择，若离约定时间还有40min，应该走哪条路？若离约定时间还有30min，应该走哪条路？你将以何理由让小王相信你的选择是正确的？

分析 （1）走两条路所需时间均服从正态分布；

（2）问题中所给时间范围为正常情况下所需时间，第一条路15～45min，第二条路30～40min.

记随机变量 X_1 为走第一条路（过桥）所需时间，随机变量 X_2 为走第二条路（乘轮渡）所需时间，由假设（1）知：

$$X_1 \sim N(\mu_1, \sigma_1^2), \quad X_2 \sim N(\mu_2, \sigma_2^2),$$

由假设（2）及正态分布的对称性及 3σ 原则，有

$$\begin{cases} \mu_1 - 3\sigma_1 = 15 \\ \mu_1 + 3\sigma_1 = 45 \end{cases} \quad 及 \quad \begin{cases} \mu_2 - 3\sigma_2 = 30 \\ \mu_2 + 3\sigma_2 = 40 \end{cases}$$

解上述方程组得

$$\begin{cases} \mu_1 = 30 \\ \sigma_1 = 5 \end{cases} \quad 及 \quad \begin{cases} \mu_2 = 35 \\ \sigma_2 = \dfrac{5}{3} \end{cases}$$

第一种情况，离约定时间还有 40min 时，由于

$$P\{X_1 \leqslant 40\} = P\left\{\frac{X_1 - 30}{5} \leqslant \frac{40 - 30}{5}\right\} = \Phi\left(\frac{40 - 30}{5}\right) = 0.9773,$$

$$P\{X_2 \leqslant 40\} = P\left\{\frac{X_2 - 35}{\frac{5}{3}} \leqslant \frac{40 - 30}{\frac{5}{3}}\right\} = \Phi\left(\frac{40 - 30}{\frac{5}{3}}\right) = 0.9986.$$

故应选第二条路，及时赶到的可能性大．

第二种情况，离约定时间还有 30min 时，用相同方法计算有

$$P\{X_1 \leqslant 30\} = P\left\{\frac{X_1 - 30}{5} \leqslant \frac{30 - 30}{5}\right\} = \Phi(0) = 0.5,$$

$$P\{X_2 \leqslant 30\} = P\left\{\frac{X_2 - 35}{\frac{5}{3}} \leqslant \frac{30 - 35}{\frac{5}{3}}\right\} = \Phi(-3) = 0.001.$$

走第二条路，及时赶到几乎没有可能，故应选第一条路．

本问题的解决主要利用了正态分布中概率计算公式，是有科学依据的．但上题中，需将两条路所需的大约时间（第一条路 15～45min，第二条路 30～40min）理解为 $(\mu - 3\sigma, \mu + 3\sigma)$ 才能得到正态分布中的参数，显然这里的"大约时间"是根据以往的经验加上人们的主观感觉所得．为了更客观地得到正态分布两个参数 μ，σ 的值，可通过收集一些过去走这两条路所需的实际时间，如

第一条路：30，26，32，33，31，38，20，30；

第二条路：32，36，37，36，34．

有了这些数据就可利用数理统计知识估计参数 μ 和 σ^2 的值．

由样本均值和样本方差分别是总体均值和总体方差的无偏估计，得

$$\hat{\mu} = \overline{X} = \frac{1}{n}\sum_{i=1}^{n} x_i, \quad \hat{\sigma}^2 = S^2 = \frac{1}{n-1}\sum_{i=1}^{n}(X_i - \overline{X})^2.$$

$$\hat{\mu}_1 = \overline{X_1} = \frac{1}{8}(30 + 26 + 32 + 33 + 31 + 38 + 20 + 30) = 30,$$

$$\hat{\sigma}_1^2 = s_1^2 = \frac{1}{7}\left[(30-30)^2 + (26-30)^2 + \cdots + (30-30)^2\right] = 4.924^2,$$

$$\hat{\mu}_2 = \overline{X_2} = \frac{1}{5}(32 + 36 + 37 + 36 + 34) = 35,$$

$$\hat{\sigma}_2^2 = s_2^2 = \frac{1}{4}\left[(32-35)^2 + (36-35)^2 + \cdots + (34-35)^2\right] = 1.789^2.$$

按 3σ 原则计算 $(\mu - 3\sigma, \mu + 3\sigma)$，得到走第一条路大约所需时间为 15～45min，走第二条路大约所需时间为 30～40min．

还可对问题作进一步的分析讨论，根据上面所提供的具体数据，我们下面求出走两条路所需平均时间的置信区间，使该区间包含 μ 的概率为 0.99.

由第一条路：$\bar{x}_1 = 30, s_1^2 = 4.924^2$，用 T 统计量，求出以 99% 的把握断定走第一条路所需平均时间 $(23.907, 36.093)$.

由第二条路：$\bar{x}_2 = 35, s_2^2 = 1.789^2$，用 T 统计量，求出以 99% 的把握断定走第二条路所需平均时间 $(31.317, 38.683)$.

由于 $\bar{x}_1 = 30, \bar{x}_2 = 35$，那么据此是否可以认为走第一条路所需平均时间明显的比第二条路所需时间少呢？这样的疑问我们可以通过双正态总体的单侧假设检验来实现，有兴趣的同学可参阅相关书籍后寻求问题的解答.

项目问题

1. 药效悖论

某研究单位研究出一种新药，为了检验药是否有效，人们对一组病人进行试验. 试验中，给予一些病人真正的新药，而其余病人则给予"安慰剂"（不含药物的药片）. 结果如下：

	试验次数	成功次数	平均
药物	100	66	66%
安慰剂	40	24	60%

这一试验似乎成功地确认了新药比安慰剂更有效. 试验中，66% 服用新药的病人有改进的表现，而服用安慰剂的病人有改进的表现的只有 60%.

因为结果相近，另一位研究者决定对更大的病人组重复这一试验. 得到如下结果：

	试验次数	成功次数	平均
药物	200	180	90%
安慰剂	500	430	86%

服用新药的病人的表现又一次胜过服用安慰剂的病人. 两位研究者对发现感到兴奋，决定把他们的数据合并起来公布结果，但是他们困惑地看到了最意想不到的结局.

	试验次数	成功次数	平均
药物	300	246	82%
安慰剂	540	454	84%

尽管在两次试验中新药都比安慰剂成功，但是将两项试验合并起来时，服用安慰剂的病人竟然比新药更成功. 这个结果太使人感到惊奇了. 请解释其中的道理.

2. 牙膏的销售量

某大型牙膏制造企业为了更好地拓展产品市场，有效地管理库存，公司董事会要求销售部门根据市场调查，找出公司生产的牙膏销售量与销售价格、广告投入等之间的关系，从而预测出在不同价格和广告费用下的销售量. 为此，销售部的研究人员收集了过去 30 个销售周期（每个销售周期为 4 周）公司生产的牙膏的销售量、销售价格、投入的广告费用，以及同期其它厂家生产的同类牙膏的市场平均销售价格，见下表. 试根据这些数据建立一个数学模型，分析牙膏销售量与其它因素的关系，为制定价格策略提供

数量依据（其中价格差指其它厂家平均价格与公司销售价格之差）.

销售周期	公司销售价格（元）	其它厂家平均价格(元)	广告费用（百万元）	价格差（元）	销售量（百万支）
1	3.85	3.80	5.50	−0.05	7.38
2	3.75	4.00	6.75	0.25	8.51
3	3.70	4.30	7.25	0.60	9.52
4	3.70	3.70	5.50	0	7.50
5	3.60	3.85	7.00	0.25	9.33
6	3.60	3.80	6.50	0.20	8.28
7	3.60	3.75	6.75	0.15	8.75
8	3.80	3.85	5.25	0.05	7.87
9	3.80	3.65	5.25	−0.15	7.10
10	3.85	4.00	6.00	0.15	8.00
11	3.90	4.10	6.50	0.20	7.89
12	3.90	4.00	6.25	0.10	8.15
13	3.70	4.10	7.00	0.40	9.10
14	3.75	4.20	6.90	0.45	8.86
15	3.75	4.10	6.80	0.35	8.90
16	3.80	4.10	6.80	0.30	8.87
17	3.70	4.20	7.10	0.50	9.26
18	3.80	4.30	7.00	0.50	9.00
19	3.70	4.10	6.80	0.40	8.75
20	3.80	3.75	6.50	−0.05	7.95
21	3.80	3.75	6.25	−0.05	7.65
22	3.75	3.65	6.00	−0.10	7.27
23	3.70	3.90	6.50	0.20	8.00
24	3.55	3.65	7.00	0.10	8.50
25	3.60	4.10	6.80	0.50	8.75
26	3.65	4.25	6.80	0.60	9.21
27	3.70	3.65	6.50	−0.05	8.27
28	3.75	3.75	5.75	0	7.67
29	3.80	3.85	5.80	0.05	7.93
30	3.70	4.25	6.80	0.55	9.26

模块六 MATLAB 的工程数学应用

MATLAB是集数值计算、符号分析、图像显示、文字处理于一体的大型集成化软件，其特点是：易学、适用范围广、功能强、开放性强、网络资源丰富．它能使使用者从繁重的计算工作中解脱出来，把精力集中于研究、设计以及基本理论的理解上．所以，MATLAB已成为在校大学生所热衷的基本数学软件．在此，我们把 MATLAB 作为学习数学的工具介绍给读者，希望能有利于读者今后的工作与学习．本模块介绍利用 MATLAB 辅助进行工程数学各类相关计算．

第一节　线性代数中的 MATLAB 应用

MATLAB 即"矩阵（MATrix）实验室（LABoratory）"，设计者的初衷即为解决各种矩阵运算，因此可把矩阵视为 MATLAB 可以处理的最小运算单元．

一、矩阵的生成

在 MATLAB 中，标量可看作是 1×1 矩阵，向量可看作是 $n\times1$ 可 $1\times n$ 矩阵，可以直接按行方式输入每个元素于一方括号"［　］"内，同一行中的元素用逗号"，"或者用空格符来分隔，空格个数不限；不同的行用分号"；"分隔．如：［2］为一个数 2 构成的 1×1 矩阵，［1　0　－3］为 1×3 行矩阵，而［1；0；－3］为 3×1 的列矩阵．若记 A＝［a_{11}，…，a_{1n}；…；a_{m1}，…，a_{mn}］，其表示矩阵

$$\boldsymbol{A}_{m\times n}=\begin{pmatrix} a_{11} & \cdots & a_{1n} \\ \vdots & \vdots & \vdots \\ a_{m1} & \cdots & a_{mn} \end{pmatrix}$$

MATLAB 中也提供了利用函数生成矩阵的方法，常用的有以下函数：

zeros(m,n)　　生成 $m\times n$ 阶的零矩阵；

ones(m,n)　　生成 $m\times n$ 阶的全 1 矩阵；

eye(m,n)　　生成 $m\times n$ 阶的对角线为 1,其余元素为零的矩阵；

eye(m)　　生成 m 阶单位方阵；

rand(m,n)　　生成 $m\times n$ 阶的[0,1]间均匀分布随机矩阵；

randn(m,n)　　生成 $m\times n$ 阶的标准正态分布随机矩阵；

magic(n)　　生成 n 阶魔方矩阵．

在特别使用已有矩阵中的某几行或几列元素时，可以利用矩阵裁剪工具"："，如 A（3，:）表示取到矩阵 $\boldsymbol{A}$ 的第 3 行元素，A（:，2）表示取到矩阵 $\boldsymbol{A}$ 的第 2 列元素，A（1：2，:）表示取到矩阵 $\boldsymbol{A}$ 的第 1，2 行元素，A（:，2：4）表示取到矩阵 $\boldsymbol{A}$ 的第 2 至 4 列元素，D（:，1）＝［　］，符号"［　］"有特别作用，表示删除 D 的第一列．

可通过命令进行矩阵的拼接，但左右拼接要求行数相同，上下拼接要求列数相同. 如：

$C=[2\ 3\ 0;5\ 6\ -1]$ 即矩阵 $C=\begin{bmatrix}2&3&0\\5&6&-1\end{bmatrix}$，使用命令 $E=[C,zeros(2,2)]$ 可得矩阵 $E=\begin{bmatrix}2&3&0&0&0\\5&6&-1&0&0\end{bmatrix}$；使用命令 $F=[C(1,:);eye(2,3)]$ 可得矩阵

$F=\begin{bmatrix}2&3&0\\1&0&0\\0&1&0\end{bmatrix}$.

二、矩阵基本运算命令

矩阵中关于基本运算的命令如表 6-1.

表 6-1　MATLAB 中矩阵基本运算命令

命　令	功　能	命　令	功　能
A+B	矩阵加法	A\B	矩阵 A 左除矩阵 B
A−B	矩阵减法	A/B	矩阵 A 右除矩阵 B
k*A	数乘矩阵	inv(A)	求可逆阵 A 的逆矩阵
A*B	矩阵乘法	det(A)	求方阵 A 的行列式
A′	矩阵转置	A.*B	矩阵 A 与矩阵 B 对应元素相乘
A^n	方阵 A 的 n 次幂	A./B	矩阵 A 与矩阵 B 对应元素相除

例 1　输入如下矩阵 $A=\begin{bmatrix}21&24&85&4\\2&35&15&34\\21&35&31&54\\21&72&15&52\end{bmatrix}$，$B=\begin{bmatrix}12&45&1&24\\18&72&53&35\\48&1&15&35\\46&56&25&23\end{bmatrix}$

确定：(1) $C_1=A'$；$C_2=A+B$；$C_3=A-B$；$C_4=AB$.

(2) $D_1=|A|$；$D_2=|B|$.

(3) $E_1=A^{-1}$.

解　输入矩阵 A，B

≫A=[21　24　85　4;2　35　15　34;21　35　31　54;21　72　15　52];
≫B=[12　45　1　24;18　72　53　35;48　1　15　35;46　56　25　23];
(1) ≫C1=A′

C1=

21	2	21	21
24	35	35	72
85	15	31	15
4	34	54	52

≫C2＝A＋B

C2=

33	69	86	28
20	107	68	69
69	36	46	89
67	128	40	75

C3＝A－B

C3=

9	－21	84	－20
－16	－37	－38	－1
－27	34	16	19
－25	16	－10	29

C4＝A * B

C4=

4948	2982	2668	4411
2938	4529	2932	2580
4854	6520	3691	4056
4660	9056	5362	4745

(2) D1＝det(A)

D1=

  2181568

D2＝det(B)

D2=

  －3182276

(3) E1＝inv(A)

E1=

0.0005	－0.0863	0.0264	0.0289
0.0042	0.0087	－0.0258	0.0208
0.0109	0.0180	－0.0004	－0.0122
－0.0092	0.0175	0.0252	－0.0177

三、线性方程组求解

线性方程组一般表示为
$$\begin{cases} a_{11}x_1 + a_{12}x_2 + \cdots + a_{1n}x_n = b_1 \\ a_{21}x_1 + a_{22}x_2 + \cdots + a_{2n}x_n = b_2 \\ \quad\quad\quad\quad \cdots \\ a_{m1}x_1 + a_{m2}x_2 + \cdots + a_{mn}x_n = b_m \end{cases}$$，引入矩阵，如果 $\boldsymbol{A}$

为等式左边各方程的系数组成的矩阵，X 为由未知数组成的列矩阵，B 为等式右边常数项构成的列矩阵，上述方程组用矩阵方程可表示为 $AX = B$.

如果 A 为原系数矩阵的转置矩阵，X 为欲求解的未知项构成的行矩阵，B 代表等式右边常数项构成的行矩阵，则方程组可表示为 $XA = B$.

对于未知数个数与方程个数相等，且系数行列式不为零的线性方程组，矩阵方程 $AX = B$ 的求解公式为 $X = A \backslash B$，即通过矩阵左除 "$\backslash$" 做运算. 矩阵方程 $XA = B$ 的求解公式为 $X = B/A$，即通过矩阵右除 "$/$" 做运算. 也可以利用逆矩阵运算求解 $AX = B$，解为 $X = \mathrm{inv}(A) * B$；而 $XA = B$ 的解为 $X = B * \mathrm{inv}(A)$.

例 2 解线性方程组 $\begin{cases} 3x_1 + 2x_2 - x_3 = 10 \\ -x_1 + 3x_2 + 2x_3 = 5 \\ x_1 - x_2 - x_3 = -1 \end{cases}$

解一

≫A＝[3 2 -1；-1 3 2；1 -1 -1]；%方程组的系数矩阵
≫ B＝[10 5 -1]'；%常数项矩阵,B 要做转置成列矩阵
≫X＝A\B   %用左除运算求解
X＝   %注意 X 为列向量
　 -2.0000
　　5.0000
　 -6.0000
≫A * X   %验算解是否正确
ans＝
　　　10.0000
　　　5.0000
　　-1.0000

解二

≫A＝A'；   %将 A 先做转置
≫B＝[10 5 -1]；   %B 为行矩阵
≫X＝B/A   %用右除运算求解的结果亦同
X＝   %注意 X 为行向量
　 -2.0000　　5.0000　　 -6.0000

解三

≫X＝B * inv(A)；   %用逆矩阵运算求解,继解二后,A 为系数矩阵转置,B 为行矩阵
X＝
　 -2.0000　　5.0000　　 -6.0000

当方程组的个数与未知数的个数不等或即使相等但系数行列式为零时，方程组将不能用上述命令直接求解，MATLAB 还提供了行阶梯化命令 rref() 及初等行变换命令 rrefmovie() 可将方程组增广矩阵化为阶梯形，从而得到求解结果.

例 3 求解线性方程组

$$\begin{cases} x_1 + x_2 - x_3 + 2x_4 - 3x_5 = 1 \\ 2x_1 - x_2 - 3x_3 + x_4 + x_5 = 3 \\ x_1 + 3x_2 + x_3 - x_4 + 4x_5 = -2 \\ 3x_1 + x_2 + 4x_3 + x_4 - 2x_5 = 0 \end{cases}$$

解

≫A＝[1 1 −1 2 −3 1;2 −1 −3 1 1 3;1 3 1 −1 4 −2;3 1 4 1 −2 0]；％输入增广矩阵

≫ F＝rref(A)   ％将方程组增广矩阵化为阶梯形并输出

F＝

1.0000	0	0	0	0.9417	0.5146
0	1.0000	0	0	0.4078	−0.6019
0	0	1.0000	0	−0.6796	−0.3301
0	0	0	1.0000	−2.5146	0.3786

≫

Rrefmovie(A)％运行时需要按照提示，按回车键，确定出最后结果

A＝

1	0	0	0	97/103	53/103
0	1	0	0	42/103	−62/103
0	0	1	0	−70/103	−34/103
0	0	0	1	−259/103	39/103

习题 6-1

1. 将所有例题独立操作一次.
2. 用软件完成第一章相关运算.

第二节　用 MATLAB 求解线性规划问题

MATLAB 中的线性规划问题的标准型如下.

目标函数：$\min z = cx$

约束条件：s. t. $\begin{cases} Ax \leqslant b \\ A1x = b1 \\ LB \leqslant X \leqslant UB \end{cases}$

在 MATLAB 中有一个专门的函数 linprog（）来解决这类问题，其命令格式如下：

$$[x,fval] = linprog(c,A,b,A1,b1,LB,UB,x0,options)$$

其中 c，A，b，A1，b1，LB，UB 如上面标准型所示，x0 是给定变量的初始值，options 为控制规划过程的参数系列. x 返回近似最优解，fval 是优化结束后得到的目标函数值.

命令中 c，A，b 是不可省略的.

若没有线性等式约束，则可省略 A1，b1；若 x 无下界，则 LB 可省略；若 x 无上界，则 UB 可省略.

例 1 解线性规划问题

$$\max z = 3x_1 + 8x_2 - 4x_3$$

$$\text{s. t.} \begin{cases} x_1 + 3x_2 + 2x_3 = 8 \\ -x_1 - x_2 + x_3 \leqslant -3 \\ 0 \leqslant x_1, x_2, x_3 \end{cases}$$

解 先把问题化为标准型

$$\min y = -z = -3x_1 - 8x_2 + 4x_3$$

$$\begin{cases} -x_1 - x_2 + x_3 \leqslant -3 \\ x_1 + 3x_2 + 2x_3 = 8 \\ 0 \leqslant x_1, x_2, x_3 \end{cases}$$

≫ c=[−3 −8 4];

≫ A=[−1 −1 1];

≫ b=−3;

≫ A1=[1 3 2];

≫ b1=8;

≫ LB=[0 0 0];

≫ [x,y]=linprog(c,A,b,A1,b1,LB)

Optimization terminated successfully.

x=

    8.0000

    0.0000

    0.0000

y=

    −24.0000

例 2 某工厂生产 A，B 两种产品，所用原料均为甲、乙、丙三种，生产一件产品所需原料和所获利润以及库存原料情况如表 6-2 所示：

表 6-2

	原料甲(kg)	原料乙(kg)	原料丙(kg)	利润(元)
产品 A	8	4	4	7000
产品 B	6	8	6	10000
库存原料量	380	300	220	

在该厂只有表中所列库存原料的情况下，如何安排 A，B 两种产品的生产数量可以获得最大利润？

解　设生产 A 产品 x_1 件，生产 B 产品 x_2 件，z 为所获利润，我们将问题归结为如下的线性规划问题：

$$z = \min\{-(7000x_1 + 10000x_2)\}$$

$$\text{s. t.} \begin{cases} 8x_1 + 6x_2 \leqslant 380 \\ 4x_1 + 8x_2 \leqslant 300 \\ 4x_1 + 6x_2 \leqslant 220 \end{cases}$$

求解的 MATLAB 程序如下：

```
≫ clear
≫ f=-[7000,10000];
≫ A=[8 6;4 8;4 6];
≫ b=[380 300 220];
≫ [X,fval]=linprog(f,A,b)
Optimization terminated successfully.
X=
    40.0000
    10.0000
fval=
    -3.8000e+005
```

在使用 linprog() 命令时，系统默认它的参数至少为 3 个，但如果我们需要给定第 6 个参数，则第 4 个参数、第 5 个参数也必须给出，否则系统无法认定给出的是第 6 个参数．遇到无法给出时，须用空矩阵"[　]"替代．

习题 6-2

1. 将所有例题独立操作一次．
2. 用软件求解第二章相关问题．

第三节　无穷级数与拉普拉斯变换的 MATLAB 求解

一、求和运算

命令格式为：

symsum(f,x,a,b)

功能：f 对求和变量 x 从 a 到 b 进行求和．省略 a 和 b 时，求和变量 x 将从 0 开始到 x-1 结束．省略 x 时，系统将对通项表达式中默认变量求和．

例 1　计算下列各式的结果

(1) $1+2+3+\cdots+(n-1)$；

（2） $1+2+3+\cdots+(n-1)+\cdots$；

（3） $\sum\limits_{n=1}^{\infty}(-1)^{n}\dfrac{1}{n^{2}}$；

（4） $\sum\limits_{n=0}^{\infty}\dfrac{x^{n}}{n+1}$．

解 （1） ≫ syms n

≫ symsum(n)

ans＝

1/2 * n ^ 2－1/2 * n

（2） ≫ syms n

≫ symsum(n,1,inf)

ans＝

inf   %结果为无穷大,表明级数发散

（3） ≫ syms n

≫ symsum((－1) ^ n/(n ^ 2),1,inf)

ans＝

－1/12 * pi ^ 2

（4）≫ syms x n

≫ symsum(x ^ n/(n＋1),n,0,inf)

ans＝

－1/x * log(1－x)

二、函数的幂级数展开

1. 一元函数的幂级数展开

命令格式为

taylor(f,x)   f 对 x 的五阶 Maclaurin(麦克劳林)展开．

taylor(f,n,x,a)   f 对 x－a 的 n－1 阶 taylor(泰勒)展开．省略 a 即为 Maclaurin

展开．

例 2 求 $\sin x\,\mathrm{e}^{-x}$ 的 7 阶 Maclaurin 展开．

解 ≫ clear all

≫ f＝sym($'$sin(x) * exp(－x)$'$);

≫ F＝taylor(f,8)

F＝

x－x ^ 2＋1/3 * x ^ 3－1/30 * x ^ 5＋1/90 * x ^ 6－1/630 * x ^ 7

例 3 求 $\sin x\,\mathrm{e}^{-x}$ 在 $x=1$ 处的 7 阶 Taylor 展开．

解 ≫ clear all

```
≫ syms x
≫ f=sym('sin(x)*exp(-x)');
≫ F=taylor(f,8,x,1)
F=
```

$\sin(1)^*\exp(-1)+(-\sin(1)^*\exp(-1)+\cos(1)^*\exp(-1))^*(x-1)-\cos(1)^*\exp(-1)^*(x-1)^{\wedge}2+(1/3^*\sin(1)^*\exp(-1)+1/3^*\cos(1)^*\exp(-1))^*(x-1)^{\wedge}3-1/6^*\sin(1)^*\exp(-1)^*(x-1)^{\wedge}4+(1/30^*\sin(1)^*\exp(-1)-1/30^*\cos(1)^*\exp(-1))^*(x-1)^{\wedge}5+1/90^*\cos(1)^*\exp(-1)^*(x-1)^{\wedge}6+(-1/630^*\cos(1)^*\exp(-1)-1/630^*\sin(1)^*\exp(-1))^*(x-1)^{\wedge}7$

2. 多元函数的 Taylor 展开

MATLAB 不能直接进行多元函数的 Taylor 展开. 必须先调用 MAPLE 函数库中的 mtaylor 命令. 方法为：

在 MATLAB 的工作窗口中键入

≫maple('readlib(mtaylor)')

mtaylor 的格式为

mtaylor(f,v,n)

f 为欲展开的函数式. v 为变量名. 写成向量的形式：[var1=p1,var2=p2,…,varn=pn]，展开式将在 (p1, p2, …, pn) 处进行. 如只有变量名，将在 0 点处展开. n 为展开式的阶数（n-1 阶）. 要完成 Taylor 展开，只需键入 maple ('mtaylor (f, v, n)') 即可.

例 4 在 (x_0, y_0, z_0) 处将 $F=\sin xyz$ 进行 1 阶 Taylor 展开.

解 ≫ syms x0 y0 z0

≫ maple('readlib(mtaylor)');

≫ maple('mtaylor(sin(x*y*z),[x=x0,y=y0,z=z0],2)')

ans=

$\sin(x0^*y0^*z0)+\cos(x0^*y0^*z0)^*y0^*z0^*(x-x0)+\cos(x0^*y0^*z0)^*x0^*z0^*(y-y0)+\cos(x0^*y0^*z0)^*x0^*y0^*(z-z0)$

三、拉普拉斯变换

系统提供了拉普拉斯变换及其逆变换命令函数，即

L=laplace(f)   %求函数 f(t) 的 Laplace 变换
f=ilaplace(F)   %求函数 F(s) 的 Laplace 逆变换

例 5 求函数 $f_1(t)=t^5$，$f_2(t)=e^{at}$，$f_3(t)=\sin kt$ 的拉氏变换.

解 ≫ syms a k t s

≫ L1=laplace(t^5)

L1=

120/s^6

≫ L2=laplace(exp(a*t))

L2＝

1/(s−a)

≫ L3＝laplace(sin(k＊t))
L3＝

k/(s^2+k^2)

例6 求函数 $F_1(s)=\dfrac{1}{s-1}$，$F_2(s)=\dfrac{s}{s^2+a^2}$ 的拉氏逆变换.

解 ≫ syms a t s

≫ f1＝ilaplace(1/(s−1))
f1＝

exp(t)

≫ f2＝ilaplace(s/(s^2+a^2))
f2＝

cos(a＊t)

在 MATLAB 中，单位阶梯函数 $u(t)=\begin{cases}0, & t<0 \\ 1, & t\geqslant0\end{cases}$ 规定写成 Heaviside（t），第一个字母 H 必须大写，使用前进行符号定义 sym（'Heaviside（t）'）. 单位脉冲函数 $\delta(t)=\begin{cases}0, & t\neq0 \\ \infty, & t=0\end{cases}$ 规定写成 Dirac（t），使用前进行符号定义 sym（'Dirac（t）'）.

例7 求单位阶梯函数与单位脉冲函数的拉氏变换.
解 ≫syms s t

(1)≫ f1＝sym('Heaviside(t)')

f1＝
Heaviside(t)

≫ L1＝laplace(f1)
L1＝

1/s

(2)≫ f2＝sym('Dirac(t)')

f2＝
Dirac(t)

≫ L2＝laplace(f2)

L2＝

1

习题 6-3

1. 将所有例题全部独立操作一次.
2. 用软件求解第三章各题.

第四节　概率统计的 MATLAB 求解

统计数据在 MATLAB 中通常用矩阵形式存储，统计工具箱提供了对数据进行统计分析的常用函数，可解决概率统计方面的各种问题，本节介绍其基本的使用方法.

一、频数直方图的描绘

命令：$[n,x]=\text{hist}(\text{data},k)$
功能：此命令将区间 $[\min(\text{data}),\max(\text{data})]$ 分为 k 个小区间（缺省值为 10），返回值为数组 data 落在每个小区间的频数 n 和每个小区间的中点 x.
命令：hist（data, k）
功能：描绘数组 data 的直方图.

二、基本统计量计算

对随机变量 x 计算其基本统计量的函数如下.

求和：　 sum（x）　　确定数据之和
最大数：max（x）　　确定数据取值的最大者
最小数：min（x）　　确定数据取值的最小者
均值：　 mean（x）　　描述数据取值的平均数
中位数：median（x）　将数据从小到大排序后位于中间位置的那个数
标准差：std（x）　　描述各个数据与均值的偏离程度
方差：　 var（x）　　方差是标准差的平方偏度反映分布
偏度：　 skewness（x）　偏度反映分布的对称性
峰度：　 kurtosis（x）　峰度反映与正态分布的偏离程度

例 1　某校 60 名学生的一次考试成绩如下：

93	75	83	93	91	85	84	82	77	76	77	95	94	89	91	88	86	83	96	81
79	97	78	75	67	69	68	84	83	81	75	66	85	70	94	84	83	82	80	78
74	73	76	70	86	76	90	89	71	66	86	73	80	94	79	78	77	63	53	55

（1）计算均值、标准差；

（2）绘制频率直方图.

解　首先输入数据
≫x=[93 75 83 93 91 … 53 55];
（1）计算均值、标准差
≫mean(x)
ans=

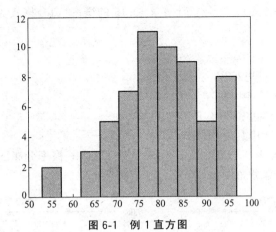

图 6-1　例 1 直方图

80.1000

≫std(x)

ans=

9.7106

（2）绘制频率直方图（图 6-1）

≫hist(x,10)

三、随机变量分布及其概率计算

用 MATLAB 完成随机变量分布及其概率计算，须熟悉表 6-3.

表 6-3　常用概率分布命令与函数命令表

常用概率分布命令字符		对每一种分布提供的五类函数命令字符及其含义说明		
正态分布	norm	概率密度	pdf	计算概率 $P\{X=x\}$
指数分布	exp	概率分布	cdf	计算概率 $P\{X{\leqslant}x\}=F(x)$
泊松分布	poiss	逆概率分布	inv	计算随机量 x，使得 $y=P\{X{\leqslant}x\}$
χ^2 分布	chi2	均值与方差	stat	计算随机量的均值与方差
t 分布	t	随机数生成	rnd	产生 $m{\times}n$ 阶随机数矩阵 X
F 分布	F	randn( )——产生标准正态分布随机数		

当需要某种分布的某一类函数时，将以上所列的分布命令字符与函数命令字符相连接，并输入自变量和参数即可.

例 2　某人向空中抛硬币 100 次，落下为正面的概率为 0.5. 这 100 次中正面向上的次数记为 x，

（1）计算 $x=45$ 的概率；

（2）计算 $x{\leqslant}45$ 的概率；

（3）作分布函数图与概率分布图.

解　本题中 x 服从二项分布.

≫clear

≫ px=binopdf(45,100,0.5)％计算 x=45 的概率,命令格式为 binopdf(x,n,p)

px=

0.0485

≫ fx＝binocdf(45,100,0.5)％计算 x ≤ 45 的概率,命令格式为 binocdf(x,n,p)

fx＝

0.1841

≫ x＝1:100;p1＝binocdf(x,100,0.5);

≫ plot(x,p1,′＋′);title(′分布函数图′)

≫x＝1:100;p1＝binocdf(x,100,0.5);

plot(x,p1,′＋′);title(′分布函数图′)

≫p2＝binopdf(x,100,0.5);plot(x,p2,′＊r′);title(′概率分布图′)

分布函数图和概率分布图如图 6-2、图 6-3 所示．

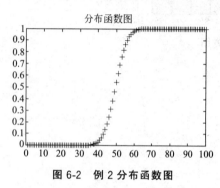
图 6-2　例 2 分布函数图

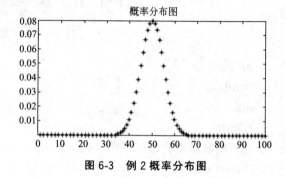
图 6-3　例 2 概率分布图

例 3　设 $X \sim N(2,0.25)$

(1) 计算概率 $P\{1 < X < 2.5\}$;

(2) 绘制分布函数图和分布密度图．

解　(1) ≫ p＝normcdf(2.5,2,0.5)－normcdf(1,2,0.5)％计算累积概率 fx＝P{X ≤ x}＝F(x),命令格式为 normcdf(x,mu,sigma).

p＝

0.8186

(2) ≫ x＝0:0.1:4;px＝normpdf(x,2,0.5);　％计算分布密度 p(x)在 x 的值,命令格式为 normpdf(x,mu,sigma).

≫ fx＝normcdf(x,2,0.5);plot(x,px,′＋b′);hold on;plot(x,fx,′＊r′);legend(′正态分布函数′,′正态分布密度′).

正态分布与正态分布密度图如图 6-4 所示．

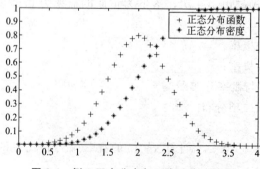
图 6-4　例 3 正态分布与正态分布密度图

四、随机变量的数字特征

随机变量均值与方差的计算，可根据各自的计算公式并结合 MATLAB 命令进行计算.

（1）对于取值为有限个的离散型随机变量，记 $X = \{x_1, x_2, \cdots, x_n\}$，$p = \{p_1, p_2, \cdots, p_n\}$，则 EX＝sum（X.＊p）

（2）对于无穷多个取值的离散型随机变量，因其均值计算公式为 $E(X) = \sum_k x_k p_k$，计算程序为 EX＝symsum(xi＊pi,0,inf)

（3）连续型随机变量，其均值计算公式为 $E(X) = \int_{-\infty}^{+\infty} x f(x) \mathrm{d}x$，计算程序为

$$EX＝int(x^* f(x), -inf, inf)$$

例 4 下表是随机变量 X 的分布列，求数学期望 $E(X)$.

X	−1	0	2	3
P	1/8	1/4	3/8	1/4

解 ≫ clear

≫ X＝[−1,0,2,3];

≫ p＝[1/8,1/4,3/8,1/4];

≫ EX＝sum(X.＊p)

EX＝

　1.3750

例 5 设随机变量 X 的分布密度为：$f(x) = \begin{cases} a + bx^2 & 0 \leqslant x < 1 \\ 0 & \text{其它} \end{cases}$

且 $E(X) = 3/5$，求常数 a，b 的值.

解 ≫ clear

≫ syms a b x;

≫ fx＝a＋b＊x^2;

≫ EX＝int(x＊fx,x,0,1)

　EX＝

　1/4＊b＋1/2＊a

≫ f＝int(fx,x,0,1)

　f＝

　a＋1/3＊b

≫f1＝EX−3/5;f2＝f−1;

≫ [a,b]＝solve(f1,f2)

　a＝

　3/5

　b＝

　6/5

例6 设随机变量 X 的分布密度为：$f(x)=\begin{cases}0.5e^x, & x\leqslant 0\\ 0.5e^{-x}, & 其它\end{cases}$

求随机变量 $Y=|X|$ 的期望.

解 本题的计算有概率公式 $EY=\int_{-\infty}^{+\infty}g(x)f(x)\mathrm{d}x$.

≫ clear;syms x;

≫ fx1＝0.5 * exp(x);fx2＝0.5 * exp(−x);

≫ EY＝int(−x * fx1,x,−inf,0)＋int(x * fx2,x,0,inf)

EY＝

1

(4) 随机变量的方差，可利用概率公式 DX＝E(X^2)−(EX)^2 并结合有关命令进行计算.

例7 设随机变量 X 的分布密度为

$$f(x)=\begin{cases}\dfrac{2}{\pi}\cos^2 x, & |x|\leqslant\dfrac{\pi}{2}\\ 0 & 其它\end{cases}$$

求随机变量 X 的期望和方差.

解 ≫ clear

≫ syms x;

≫ fx＝2/pi * (cos(x)^2);

≫ EX＝int(x * fx,x,−pi/2,pi/2);

≫ E2X＝int(x^2 * fx,x,−pi/2,pi/2);

≫ DX＝E2X−EX^2

DX＝

1911387046407553/72057594037927936 * pi^3−5734161139222659/36028797018963968 * pi

常见分布的期望和方差的计算可以调用表 6-4 中函数完成.

表 6-4　常见分布期望与方差函数调用格式

分布类型	函数调用格式	分布类型	函数调用格式
二项分布	$[E,D]=Binostat(n,p)$	正态分布	$[E,D]=Normstat(mu,sigma)$
超几何分布	$[E,D]=Hygestat(M,K,N)$	t 分布	$[E,D]=Tstat(V)$
泊松分布	$[E,D]=Poisstat(lambda)$	χ^2 分布	$[E,D]=Chi2stat(V)$
均匀分布	$[E,D]=Unifstat(a,b)$	F 分布	$[E,D]=Fstat(V1,V2)$
指数分布	$[E,D]=Expstat(lambda)$		

五、参数估计

参数估计通常有点估计与区间估计，MATLAB 中可用命令如表 6-5.

表 6-5　点估计与区间估计命令表

分布类型	点估计和区间估计命令格式	分布类型	点估计和区间估计命令格式
正态分布	$[muhat,sigmahat,muci,sigmaci]=normfit(X,alpha)$	均匀分布	$[ahat,bhat,aci,bci]=unifit(X,alpha)$
二项分布	$[phat,puci]=binofit(X,n,alpha)$	指数分布	$[lbdhat,lbdci]=expfit(X,alpha)$
泊松分布	$[lbdhat,lbdci]=poissfit(X,alpha)$		

说明：alpha 为给定显著水平，缺省时为 0.05，前面结果为点估计值，后面结果为区间估计值.

进行参数估计还有一个通用命令 mle ()，其格式为

$$[输出参数项]=mle('分布函数名',X,alpha\,[,N])$$

分布函数名的对应为 bino(二项)，geo(几何)，hyge(超几何)，poiss(泊松)，uinf (均匀)，unid(离散均匀)，exp(指数)，norm(正态)，t(T 分布)，f(F 分布)，beta(贝塔)，gam(伽玛) 二项分布需要确定 N，其它项不需要.

例 8　设生成一组均值为 15，方差为 2.52 的正态分布的随机数据，请对这组数据进行置信度 97% 的参数估计.

解　》 clear;

》 w＝normrnd(15,2.52,50,1); % 或 w＝15＋2.52*randn(50,1);

》 alpha＝0.03;

》 [mh,sh,mc,sc]＝normfit(w,alpha)

mh＝

　　15.0983

sh＝

　　2.4399

mc＝

　　14.3271

　　15.8696

sc＝

　　2.0005

　　3.1164

例9 从某超市的货架上随机抽取 9 包 0.5 千克装的食糖，实测其质量分别为（单位：千克）：0.497，0.506，0.518，0.524，0.488，0.510，0.510，0.515，0.512，从长期的实践中知道，该品牌的食糖质量服从正态分布，根据数据对总体的均值及标准差进行点估计和区间估计.

解 ≫ x=[0.497,0.506,0.518,0.524,0.488,0.510,0.510,0.515,0.512];

≫ alpha=0.05;

≫ [muhat, sigmahat, muci, sigmaci]=normfit(x, alpha)

muhat=

     0.5089

sigmahat=

     0.0109

muci=

   0.5005

   0.5173

sigmaci=

    0.0073

    0.0208

例10 设从一大批产品中抽取 100 个产品，经检验知有 60 个一级品，求这批产品的一级品率（置信度 95%）.

解 ≫ clear; alpha=0.05; N=100; X=60;

≫ [Ph, Pc]=mle('bino', X, alpha, N)

Ph=

  0.6000

Pc=

  0.4972

  0.6967

六、假设检验

1. 单正态总体方差已知时总体均值的检验使用 Z 检验

格式：[H, P, ci, Zval]=ztest(X, Mu, sigma, alpha, tail)

功能：对正态分布总体的样本 X 进行 Z 检验，判断样本的均值在已知的标准差 sigma 下是否等于假设值 Mu；给定显著水平 alpha，缺省时为 0.05；tail 是假设的备选项（即备择假设），有三个值：tail=0 是默认值，可省略，说明备选项为"均值不等于 Mu"；tail=1，说明备选项为"均值大于 Mu"；tail=−1，说明备选项为"均值小于 Mu". H=0 说明接受原假设，H=1 拒绝原假设；P 为假设成立的概率，P 值非常小时对假设置疑；ci 给出均值的置信区间；Zval 给出统计量的值.

2. 总体方差未知时总体均值的检验使用 T 检验

格式：[H, P, ci, stats]=ttest(X, Mu, alpha, tail)

功能：对正态分布总体的采样 X 进行 T 检验，

对 H，Mu，alpha，tail，P，ci 的解释同上；stats 是个结构，包含三个元素：tstat（统计值）、df（自由度）和 sd（样本标准差）.

3. 两总体均值的假设检验使用 *T* 检验

比较两个方差相等的正态总体的均值是否相等（*T* 检验）

格式：[H，P，ci，stats]＝ttest2(X，Y，alpha，tail)

功能：对两个正态分布总体的采样 *X*，*Y* 进行 *T* 检验，对 H，P，alpha 的解释同上；tail 是假设的备选项（即备择假设），有三个值：tail＝0 是默认值，可省略，说明备选项为"均值不相等"；tail＝1，说明备选项为"X 的均值大于 Y 的均值"；tail＝-1，说明备选项为"X 的均值小于 Y 的均值"．ci 给出均值差的置信区间；stats 是个结构，包含三个元素：tstat（统计值）、df（自由度）和 sd（标准差 S_w）.

$$S_w = \sqrt{\frac{(n_1 - 1)S_1^2 + (n_2 - 1)S_2^2}{n_1 + n_2 - 2}}$$

4. 总体分布检验

格式：h＝normplot(x)

功能：显示数据 x 的正态概率图，如数据服从正态分布，则图形显示出直线形态.

例 11 某面粉厂的包装车间包装面粉，每袋面粉的重量服从正态分布，机器正常运转时每袋面粉重量的均值为 50kg，标准差 1. 某日随机抽取了 9 袋，重量分别为：

49.7，50.6，51.8，52.4，49.8，51.1，52，51.5，51.2

问机器运转是否正常？

解 ≫ clear

≫ x＝[49.7,50.6,51.8,52.4,49.8,51.1,52,51.5,51.2]；

≫ sigma＝1；mu＝50；

≫ [H，p，ci，z]＝ztest(x，mu，sigma)

H＝

    1   %拒绝原假设即认为机器不正常

p＝

    7.6083e-004   %p＝0.00076083 很小,对假设置疑

ci＝

    50.4689   51.7755   %均值偏高

z＝

    3.3667

例 12 某灯泡厂出厂的标准是寿命不少于 2000 小时，现随机从该厂生产的一批灯泡中抽取了 20 只，寿命分别为：

1558，1627，2101，1786，1921，1843，1655，1675，1935，1573，2023，1968，1606，1751，1511，1247，2076，1685，1905，1881.

假设灯泡的寿命服从正态分布，问这批灯泡是否达到了出厂标准（$\alpha = 0.01$）？

原假设 H_0：$x \geq 2000$，备择假设 H_1：$x < 2000$.

解　≫clear;

≫x=［1558,1627,2101,1786,1921,1843,1655,1675,1935,1573,2023,1968,1606,
1751,1511,1247,2076,1685,1905,1881］;

≫alpha=0.01;mu=2000;

≫［h,p,ci,stats］=ttest(x,mu,alpha,−1)

h=

　　1　　　　　　　　％拒绝原假设即认为不符合出厂标准

p=

　　5.9824e−005　％p 很小,对假设置疑

ci=

　　1.0e+003*

　　　　−Inf　　　1.8895　　　　　％均值偏低

stats=

　　tstat: −4.8176

　　　　df: 19

　　　　sd: 216.8973

例 13　某灯泡厂在采用一项新工艺前后，分别抽取了 10 只进行寿命试验，寿命分别如下.

旧灯泡：2461，2404，2407，2439，2394，2401，2543，2463，2392，2458.

新灯泡：2496，2485，2538，2596，2556，2582，2494，2528，2537，2492.

假设灯泡的寿命服从正态分布，能否认为采用新工艺后，灯泡的寿命提高了（$\alpha=0.01$）?

解　≫clear;

≫x=［2461,2404,2407,2439,2394,2401,2543,2463,2392,2458］;

≫y=［2496,2485,2538,2596,2556,2582,2494,2528,2537,2492］;

≫alpha=0.01;［h,p,ci,st］=ttest2(x,y,alpha,−1);

h=

　　1　　　　　　　　％拒绝原假设即认为寿命未提高

p=

　　6.3361e−005　　　　　％p 很小,对假设置疑

ci=

　　−Inf−44.6944

st=

　　tstat: −4.8567

　　　　df: 18

　　　　sd: 43.3705

例 14　一道工序用自动化车床连续加工某零件，由于刀具损坏会出现故障，故障的出现完全是随机的，并假定生产任一零件时出现故障的机会是相等的，工作人员通过检查零件来确定工序是否出现故障，现积累有 100 次故障记录，故障出现时刀具完成的零件数如下：

459	362	624	542	509	584	433	748	851	505
612	452	434	982	640	742	565	706	593	680
926	653	145	487	734	608	428	1153	593	844
527	552	513	781	474	388	824	588	865	569
775	859	755	49	697	515	628	956	771	629
402	960	885	610	292	839	475	677	356	638
699	643	555	570	85	486	606	1062	484	120
621	724	534	546	577	496	476	599	522	654
765	558	358	765	666	765	357	746	310	851
456	586	695	562	691	785	456	741	125	103

试分析该刀具出现故障时完成的零件数服从何种分布？刀具寿命如何估计？

解 （1）数据输入 x＝［459 362 624 542 …851 505…456 586…125 103］；

（2）作频数直方图（图 6-5）

≫ hist(x,10)

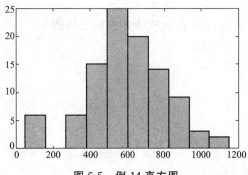

图 6-5　例 14 直方图

（3）分布的正态性检验

≫ normplot(x)

从图 6-6 中可见数据基本在一条直线上，初步判定刀具的寿命服从正态分布.

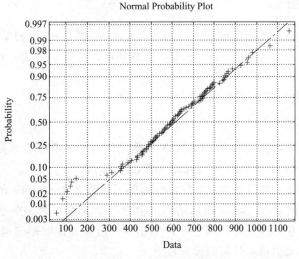

Normal Probability Plot

图 6-6　例 14 正态检验图

（4）参数估计

≫［mu sigma muci sigmaci］＝normfit(y)

mu＝

  596.4300

sigma＝

  207.7600

muci＝

  555.2059

  637.6541

sigmaci＝

  182.4147

  241.3496

上述结果表明：估计出该刀具的平均寿命为 596.4300，标准差为 207.7600，置信度为 95% 的置信区间为 ［555.2059，637.6541］和 ［182.4147，241.3496］.

（5）假设检验

在方差未知的情况下用 ttest 函数检验是否接受均值 570.06.

≫［h sig ci］＝ttest(y,596.4300)

h＝

  0

sig＝

  1

ci＝

  555.2059 637.6541

结果说明：h＝0 表示不能拒绝假设，寿命均值为 596.4300 是合理的. sig 值为 1 远高于 0.5，不能拒绝假设. 寿命均值的置信度为 95% 的置信区间为 ［555.2059，637.6541］.

七、线性回归

对不含常数项的一元回归模型 $y = ax + \varepsilon$，x，y 都是 $n \times 1$ 向量，但通常一元回归模型含有常数项 $y_i = \beta_0 + \beta_1 x_i + \varepsilon$，$\varepsilon$ 服从正态分布，可将 x 变为 $n \times 2$ 矩阵，其中第一列全为 1.

MATLAB 中进行回归分析的命令为

格式：b＝regress(Y,X)

功能：得到由观测值 Y 与回归矩阵 X 所确定的最小二乘拟合系数 $b = [\hat{\beta}_0, \hat{\beta}_1]$.

格式：[b,bint,r,rint,stats]＝regress(Y,X,alpha)

功能：给出系数的估计值 b，系数估计值的置信度为 1－ alpha 的置信区间；残差 r 及各残差的置信区间 rint；stats 是个结构，包含三个元素：第一个是相关系数 R^2，R^2 越接近 1 说明回归方程越显著；第二个是 F 值，F 值越大说明回归越显著；第三个是与 F 对应的概率 p，p＜alpha 时回归模型成立.

格式：rcoplot（r，rint）

功能：画出残差图及其置信区间，考察数据中有无异常点.

例 15 下表给出了某企业产量与生产费用的关系，计算生产费用与企业产量的回归方程.

企业编号	1	2	3	4	5	6	7	8
产量(千吨)	1.2	2.0	3.1	3.8	5.0	6.1	7.2	8.0
生产费用(万元)	62	86	80	110	115	132	135	160

解 ≫ X＝[1.2 2.0 3.1 3.8 5.0 6.1 7.2 8.0]′;

≫ Y＝[62 86 80 110 115 132 135 160]′;

≫scatter(X,Y) ％显示 X 与 Y 的散点图

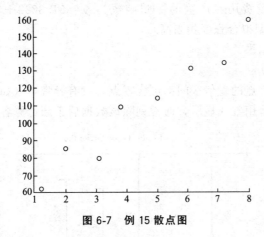

图 6-7 例 15 散点图

从图 6-7 中看出数据点大致在一条直线附近，考虑 Y 与 X 成线性关系.

≫ X1＝[1 1 1 1 1 1 1 1;1.2 2.0 3.1 3.8 5.0 6.1 7.2 8.0]′;

≫ [b,bint,r,rint,stats]＝regress(Y,X1)

b ＝

　51.3232

　12.8960

bint＝

　　　34.7938　67.8527

　　　9.6507　16.1413

r ＝

　　−4.7984

　　　8.8848

　−11.3008

　　　9.6720

　　−0.8032

　　　2.0112

　　−9.1744

　　　5.5088

rint＝

$$
\begin{array}{cc}
-21.9497 & 12.3528 \\
-8.0522 & 25.8218 \\
-28.1552 & 5.5536 \\
-8.8871 & 28.2311 \\
-22.2564 & 20.6500 \\
-18.6857 & 22.7082 \\
-25.7282 & 7.3794 \\
-11.1286 & 22.1463
\end{array}
$$

stats＝

   0.9403 94.5455 0.0001

  由结果可知，生产费用对产量的回归函数为 $y=51.3232+12.8960x$. 相关系数 $R^2=0.9403$，说明模型拟合程度相当高.

  作残差图并分析结果.

  $\gg$ rcoplot(r,rint)

  观察残差图，所有点的置信区间都包含零点，没有异常点（如果从残差图观察发现有异常点，软件运行后用红线显示，通常剔除该数据后重新计算各种量).

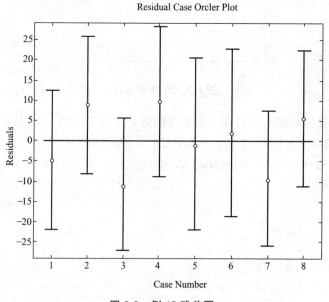

图 6-8 例 15 残差图

习题 6-4

1. 将所有例题重新独立操作一次.
2. 用软件求解第五章相关题目.

部分习题参考答案

习题 1-1

1. (1) 1；(2) $-abc$；(3) 0；(4) 51；(5) 4；(6) $abcd$；

(7) $(a_2-a_1)(a_3-a_1)(a_4-a_1)(a_3-a_2)(a_4-a_2)(a_4-a_3)$.

2. 证明（略）.

3. (1) $x_1=2$，$x_2=0$，$x_3=1$；　　　(2) $x_1=3$，$x_2=-4$，$x_3=-1$，$x_4=1$.
4. $x_1=-1$，$x_2=5$，$x_3=7$.

习题 1-2

1. $x=1, y=2$.

2. (1) $\begin{pmatrix} 2 & 4 \\ -3 & 0 \end{pmatrix}$；(2) $\begin{pmatrix} -2 & 4 \\ -4 & -7 \end{pmatrix}$；(3) $\begin{pmatrix} 4 & 6 \\ 10 & -5 \end{pmatrix}$；(4) $\begin{pmatrix} -8 & 7 \\ 6 & -4 \end{pmatrix}$；

(5) $\begin{pmatrix} 4 & 43 \\ 2 & -26 \end{pmatrix}$；(6) $\begin{pmatrix} 7 & -1 \\ 4 & 13 \end{pmatrix}$；(7) 95；(8) 95.

3. (1) $\begin{pmatrix} 1 & 0 & 0 \\ 0 & 1 & 0 \\ 0 & 0 & 1 \end{pmatrix}$；(2) $\begin{pmatrix} 4 & 3 & 2 & 1 \\ 8 & 6 & 4 & 2 \\ 12 & 9 & 6 & 3 \\ 16 & 12 & 8 & 4 \end{pmatrix}$；(3) 20；(4) $\begin{pmatrix} -9 & -18 & -35 \\ -36 & -38 & -100 \\ -19 & -22 & -49 \end{pmatrix}$.

4. $\begin{pmatrix} 1.2 & 14 \\ 1.2 & 12 \\ 0.5 & 5 \end{pmatrix}$.

5. $\begin{cases} y_1 = 5t_1 + t_2 \\ y_2 = -3t_1 + 4t_2 \\ y_3 = 8t_1 - 3t_2 \end{cases}$.

6. 记 $\boldsymbol{A} = \begin{pmatrix} 92 & 88 & 90 & 98 \\ 86 & 94 & 86 & 96 \\ 82 & 86 & 98 & 90 \\ 90 & 84 & 80 & 95 \\ 94 & 78 & 85 & 95 \end{pmatrix}$，$\boldsymbol{B} = \begin{pmatrix} 88 & 90 & 92 & 90 \\ 90 & 86 & 90 & 90 \\ 88 & 84 & 83 & 94 \\ 84 & 90 & 76 & 88 \\ 96 & 88 & 86 & 92 \end{pmatrix}$，$\boldsymbol{C} = \begin{pmatrix} 0.3 \\ 0.3 \\ 0.2 \\ 0.2 \end{pmatrix}$，

则 $\dfrac{1}{2}(\boldsymbol{A}+\boldsymbol{B})\boldsymbol{C}=\begin{pmatrix} 90.7 \\ 89.6 \\ 87.5 \\ 86.1 \\ 89.2 \end{pmatrix}$.

习题 1-3

1. (1) 可逆，逆矩阵为 $\begin{pmatrix} 1 & 3 & -2 \\ -\dfrac{3}{2} & -3 & \dfrac{5}{2} \\ 1 & 1 & -1 \end{pmatrix}$；(2) 不可逆；

(3) 可逆，逆矩阵为 $\begin{pmatrix} 1 & -a & 0 & 0 \\ 0 & 1 & -a & 0 \\ 0 & 0 & 1 & -a \\ 0 & 0 & 0 & 1 \end{pmatrix}$.

2. (1) $\begin{pmatrix} 1 & 0 & 0 \\ 0 & 1 & 0 \\ 0 & 0 & 0 \end{pmatrix}$；(2) $\begin{pmatrix} 1 & 0 & 0 & 0 \\ 0 & 1 & 0 & 0 \\ 0 & 0 & 1 & 0 \end{pmatrix}$；(3) $\begin{pmatrix} 1 & 0 & 0 \\ 0 & 1 & 0 \\ 0 & 0 & 1 \\ 0 & 0 & 0 \end{pmatrix}$.

3. (1) $\begin{pmatrix} \dfrac{5}{12} & \dfrac{1}{6} & -\dfrac{1}{12} \\ -\dfrac{5}{6} & \dfrac{2}{3} & \dfrac{1}{6} \\ \dfrac{7}{12} & -\dfrac{1}{6} & \dfrac{1}{12} \end{pmatrix}$；(2) $\begin{pmatrix} 22 & -6 & -26 & 17 \\ -17 & 5 & 20 & -13 \\ -1 & 0 & 2 & -1 \\ 4 & -1 & -5 & 3 \end{pmatrix}$；

(3) 逆矩阵不存在.

4. $x_A=50$，$x_B=80$，$x_C=70$；$x_A=40$，$x_B=30$，$x_C=50$；$x_A=70$，$x_B=90$，$x_C=100$.

习题 1-4

1. (1) $\boldsymbol{X}=(14\ -7\ -5)$；(2) $\boldsymbol{X}=\begin{pmatrix} -\dfrac{13}{5} & -\dfrac{2}{5} \\ -\dfrac{4}{5} & -\dfrac{11}{5} \\ -3 & -1 \end{pmatrix}$；(3) $\boldsymbol{X}=\begin{pmatrix} -2 & 1 \\ 10 & -4 \\ -10 & 4 \end{pmatrix}$.

2. (1) 4；(2) 3；(3) 3.

3. (1) $x_1=9, x_2=-11, x_3=5$; (2) $x_1=\dfrac{50}{9}, x_2=\dfrac{25}{9}, x_3=\dfrac{2}{9}$;

(3) $x_1=-8, x_2=3, x_3=6, x_4=0$; (4) $x_1=0, x_2=-3, x_3=-4, x_4=0$.

4. $m\neq5$ 时无解；$m=5, L\neq-2$ 时有唯一解，为 $x_1=-20, x_2=13, x_3=0$；(3) $m=5, L=-2$ 时有无穷多组解，可表示为 $x_1=7c-20, x_2=-5c+13, x_3=c$（$c$ 为任意常数）.

习题 1-5

1. (1) 线性无关；(2) 线性相关；(3) 线性无关.

2. 特征值 $\lambda=-2$，特征向量 $\boldsymbol{X}=\begin{pmatrix}1\\1\\0\end{pmatrix}c_1+\begin{pmatrix}-1\\0\\1\end{pmatrix}c_2$；特征值 $\lambda=4$，特征向量 $\boldsymbol{X}=\begin{pmatrix}1\\1\\2\end{pmatrix}c$.

3. (1) $w_{k+1}=\begin{pmatrix}0.9 & 0.2\\0.1 & 0.8\end{pmatrix}\omega_k$；(2) $2:1$.

复习题一

1. $\begin{bmatrix}3 & 0 & 6 & 3\\0 & 0 & -3 & -3\\3 & 0 & 12 & 9\end{bmatrix}$.

2. (1) $\begin{bmatrix}3 & 1 & 0\\0 & 2 & 0\\0 & 0 & 3\end{bmatrix}$；(2) $\begin{pmatrix}4 & 1 & -2\\0 & 3 & 0\\-2 & -2 & 4\end{pmatrix}$；(3) $\begin{pmatrix}2 & 0 & 2\\0 & 2 & 0\\2 & 2 & 2\end{pmatrix}$.

3. (1) 0；(2) a^3；(3) $a^2b^2-(a+b)^2$.

4. (1) $\begin{bmatrix}1 & 0 & 0\\0 & 1 & 0\\0 & 0 & 0\end{bmatrix}$，秩为 2；(2) $\begin{bmatrix}1 & 0 & 0 & 0\\0 & 1 & 0 & 0\\0 & 0 & 1 & 0\\0 & 0 & 0 & 1\end{bmatrix}$，秩为 4.

5. (1) $\begin{pmatrix}3 & -1\\-2 & 1\end{pmatrix}$；(2) $\begin{pmatrix}2 & -4 & 1\\1 & -1 & 0\\-1 & 2 & 0\end{pmatrix}$；(3) $\begin{pmatrix}1 & 1 & -1 & 0\\-1 & 0 & 1 & 0\\0 & -1 & 1 & 0\\0 & 0 & 0 & 1\end{pmatrix}$.

6. (1) $\begin{pmatrix} \dfrac{1}{3} & \dfrac{1}{3} \\ -\dfrac{1}{9} & \dfrac{2}{9} \end{pmatrix}$ ；(2) $\begin{pmatrix} -2 & 2 & 1 \\ -\dfrac{8}{3} & 5 & -\dfrac{2}{3} \end{pmatrix}$.

7. $\begin{cases} x_1 = \dfrac{1}{4}y_1 + \dfrac{1}{4}y_2 \\ x_2 = \dfrac{1}{3}y_1 - \dfrac{1}{3}y_3 \\ x_3 = -\dfrac{1}{12}y_1 + \dfrac{1}{4}y_2 - \dfrac{2}{3}y_3 \end{cases}$.

8. (1) 无穷多组解 $\begin{cases} x_1 = 1-c \\ x_2 = 1+c \\ x_3 = c \end{cases}$ ；(2) $\begin{cases} x_1 = \dfrac{55}{41}c \\ x_2 = \dfrac{10}{41}c \\ x_3 = -\dfrac{33}{41}c \\ x_4 = c \end{cases}$ （ c 为任意常数）.

9. $p=0$ 或 $p=1$.

10. 小号、中号、大号及加大号的销售量分别为 1 双，9 双，2 双和 1 双.

习题 2-1

1. 设 $x_i(i=1,2,3)$ 分别表示三种混纺毛料的生产量，z 为利润：

$$\max z = 40x_1 + 28x_2 + 54x_3$$

$$\text{s. t.} \begin{cases} 3x_1 + 2x_2 + 4x_3 \leqslant 8000 \\ 2x_1 + x_2 + 4x_3 \leqslant 4000 \\ x_i \geqslant 0(i=1,2,3) \end{cases}$$

2. 设每粒胶丸甲、乙两种原料用量分别为 x_1, x_2 各单位，z 为成本：

$$\min z = 0.4x_1 + 0.7x_2$$

$$\text{s. t.} \begin{cases} 0.5x_1 + 0.5x_2 \geqslant 2 \\ x_1 + 0.3x_2 \geqslant 3 \\ 0.2x_1 + 0.6x_2 \geqslant 1.4 \\ 0.5x_1 + 0.2x_2 \geqslant 2.2 \\ x_1, x_2 \geqslant 0 \end{cases}$$

3. 设甲、乙、丙三车间各有 $x_i(i=1,2,3)$ 个生产班组，$y(z)$ 表示产品数量：

$$\min z = y$$

$$\text{s. t.} \begin{cases} 8x_1+5x_2+3x_3 \leqslant 100 \\ 6x_1+9x_2+8x_3 \leqslant 200 \\ \dfrac{1}{4}(7x_1+6x_2+8x_3)-y \geqslant 0 \\ \dfrac{1}{3}(5x_1+9x_2+4x_3)-y \geqslant 0 \\ x_i, y \in N \end{cases}$$

4. 设 $x_{ij}(i=1,2,3; j=1,2,\cdots,5)$ 分别表示三个供应地调拨到五需求地的数量，z 为总吨千米数：

$$\begin{aligned} \min z = &(130x_{11}+286x_{12}+240x_{13}+523x_{14}+153x_{15})+ \\ &(64x_{21}+220x_{22}+74x_{23}+457x_{24}+309x_{25})+ \\ &(71x_{31}+85x_{32}+181x_{33}+464x_{34}+43x_{35}) \end{aligned}$$

$$\text{s. t.} \begin{cases} \displaystyle\sum_{j=1}^{5} x_{1j}=90 \\ \displaystyle\sum_{j=1}^{5} x_{2j}=30 \\ \displaystyle\sum_{j=1}^{5} x_{3j}=70 \\ x_{11}+x_{21}+x_{31}=80 \\ x_{12}+x_{22}+x_{32}=10 \\ x_{13}+x_{23}+x_{33}=30 \\ x_{14}+x_{24}+x_{34}=50 \\ x_{15}+x_{25}+x_{35}=20 \\ x_{ij} \geqslant 0 (i=1,2,3; j=1,2,\cdots,5) \end{cases}$$

5. (1) $(x_1,x_2)=(3,2)$, $\max z=22$; (2) $(x_1,x_2)=(2,0)$, $\min z=4$.

习题 2-2

1. (1) $\min s=-2x_1-x_2+3x_3$ (2) $\min s=x_2-x_3'-2x_4'+2x_4''$

$$\text{s. t.} \begin{cases} x_1+x_2-x_3+x_4=4 \\ x_1-3x_2-x_3-x_5=5 \\ 2x_2+x_3-x_6=2 \\ x_1 \geqslant 0 (i=1,2,\cdots,6) \end{cases}$$

$$\text{s. t.} \begin{cases} x_1+x_2-x_3'+x_4'-x_4''-x_5=4 \\ x_1-x_2-x_3'+2x_4'-2x_4''+x_6=2 \\ 3x_1-x_2-x_3'+x_7=5 \\ x_i, x_3', x_4', x_4'' \geqslant 0 (i=1,2,5,6,7) \end{cases}$$

(3) $\min s=-4x_1+x_2+2x_3'-2x_3''$ (4) $\min s=-x_1+x_2-6x_3$

$$\text{s. t.}\begin{cases} x_1+3x_2-x_3'+x_3''=4 \\ x_1+x_2-2x_3'+2x_3''+x_4=6 \\ x_2+2x_3'-2x_3''=3 \\ x_1,x_3',x_3''\geqslant0(i=1,2,4) \end{cases} \qquad \text{s. t.}\begin{cases} x_1-5x_2+x_3=2 \\ x_1+x_2-2x_3+x_4=4 \\ -x_1+7x_2-x_3+x_5=3 \\ x_i\geqslant0(i=1,2,\cdots,5) \end{cases}$$

2. (1) $(x_1,x_2,x_3)=(7,3,0)$, $\min z=2$;

　　(2) $(x,y)=(10,15)$, $\max z=1100$;

　　(3) $(x_1,x_2)=(3,1)$, $\max s=5$;

　　(4) $(x_1,x_2)=(3,4)$, $\min y=11$.

3. 设 x_1,x_2,x_3；y_1,y_2 分别表示刘先生第一年年初与第二年年初投资于三个投资品种的资金，z 为最终本利和，则线性规划模型：

$$\max z=1.44y_1+1.8x_2+1.5y_2+1.8x_3$$

$$\text{s. t.}\begin{cases} x_1+x_2+x_3=20 \\ 1.2x_1=y_1+y_2 \\ x_3\leqslant5 \\ x_1,x_2,x_3,y_1,y_2\geqslant0 \end{cases},$$

求解得投资方案为：$(x_1,x_2,x_3,y_1,y_2)=(0,15,5,0,0)$，$\max z=36$（万元）.

习题 2-3

1. 设 $x_{ij}(i,j=1,2,3,4)$ 表示第 i 机床加工第 j 零件（是 0-1 变量），z 表示加工成本：
（模型略）则 $x_{12}=x_{23}=x_{34}=x_{41}=1$ 或者 $x_{12}=x_{24}=x_{31}=x_{43}=1$，$\min z=17$（万元）.

2. 虚拟一种泳姿，并设 $x_{ij}(i,j=1,2,3,4,5)$ 表示第 i 人游第 j 种泳姿（是 0-1 变量），z 表示 $4\times100m$ 混合接力成绩：
（模型略）则 $x_{14}=x_{21}=x_{32}=x_{43}=1$ 　$\min z=254$（秒）.

3. 虚拟一个职位，并设 $x_{ij}(i,j=1,2,3,4,5)$ 表示第 i 人录用于第 j 种职位（是 0-1 变量），z 表示总评成绩：
（模型略）则 $x_{11}=x_{24}=x_{42}=x_{53}=1$，$\max z=33$（分）.

习题 2-4

1. 设 x_{ij} 表示第 i 蔬菜公司向第 j 社区的运输量，z 表示总运输费用，则：

(1) $\min z=(x_{11}+0.5x_{12}+0.6x_{13})+$
　　　　$(0.4x_{21}+0.8x_{22}+1.5x_{23})$

$$\text{s. t.}\begin{cases} x_{11}+x_{12}+x_{13}=8 \\ x_{21}+x_{22}+x_{23}=8 \\ x_{11}+x_{21}=4.5 \\ x_{12}+x_{22}=7.5 \\ x_{11}+x_{21}=4 \\ x_{ij}\geqslant 0 (i=1,2;\ j=1,2,3) \end{cases}$$

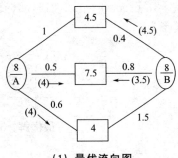

(1) 最优流向图

(2) $\min z=(x_{11}+0.5x_{12}+0.6x_{13})+$
$(0.4x_{21}+0.8x_{22}+1.5x_{23})$

$$\text{s. t.}\begin{cases} x_{11}+x_{21}=4.5 \\ x_{12}+x_{22}=7.5 \\ x_{11}+x_{21}=4 \\ x_{11}+x_{12}+x_{13}=6-y \\ x_{ij}\geqslant 0 (i=1,2;\ j=1,2,3) \end{cases}$$

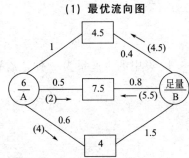

(2) 最优流向图

2. (1)

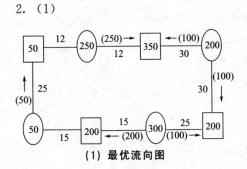

(1) 最优流向图

(2)

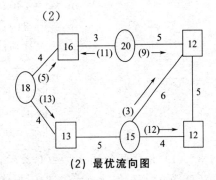

(2) 最优流向图

习题 2-5

3. 设 x_{ij} 表示第 i "人" 指派完成第 j "事"（为 0-1 变量），z 表示总效率，则模型为：

$$\begin{aligned} \max z=&8x_{11}+7x_{12}+9x_{13}+7x_{14}+9x_{15}+\\ &8x_{21}+9x_{22}+6x_{23}+8x_{24}+6x_{25}+\\ &7x_{31}+8x_{32}+9x_{33}+7x_{34}+6x_{35}+\\ &7x_{41}+9x_{42}+7x_{43}+6x_{44}+5x_{45}+\\ &8x_{51}+8x_{52}+6x_{53}+7x_{54}+8x_{55} \end{aligned}$$

（LINGO 程序编写结果不唯一，略）

$$\text{s. t.}\begin{cases} \displaystyle\sum_{j=1}^{5} x_{ij}=1 \\ \displaystyle\sum_{i=1}^{5} x_{ij}=1 \\ x_{ij}=0,1 (i,j=1,2,\cdots,5) \end{cases}$$

4. 设 $x_i(i=1,2,3,4,5,6)$ 表示采购第 i 种货物（为 0-1 变量），z 表示总利润，则模型为：

$$\max z = 7x_1 + 5x_2 + 9x_3 + 6x_4 + 4x_5 + 3x_6$$

$$\text{s. t.} \begin{cases} 58x_1 + 20x_2 + 54x_3 + 42x_4 + 38x_5 + 13x_6 \\ x_i = 0,1(i=1,2,3,4,5,6) \end{cases}$$

最优解：$x_2 = x_3 = x_6 = 1$，$\max z = 17$（万元）.

复习题二

1. 设甲的生产量为 x 件，乙的生产量为 y 件，z 表示最大利润，则模型为：

$$\max z = 4x + 3y$$

$$\text{s. t.} \begin{cases} 2x + 3y \leqslant 24 \\ 3x + 2y \leqslant 26 \\ x,\ y \geqslant 0 \end{cases}$$

2. 设 x_{ij} 表示第 i 种金属材料调往第 j 地的数量，z 表示获得的利润，则模型为：

$$\max z = 240x_{11} + 300x_{21} + 400x_{31} +$$
$$210x_{12} + 250x_{22} + 520x_{32} +$$
$$180x_{13} + 400x_{23} + 480x_{33}$$

$$\text{s. t.} \begin{cases} x_{11} + x_{12} + x_{13} = 900 \\ x_{21} + x_{22} + x_{23} = 800 \\ x_{31} + x_{32} + x_{33} = 650 \\ x_{ij} \geqslant 0 \end{cases}$$

3. (1) 最优解 $(x_1, x_2) = (1, 3.5)$，最优值 $\max z = 18.5$；
(2) 最优解 $(x_1, x_2) = (4, 2)$，最优值 $\max z = 9$.

4. (1) $\min z = -3x_1' + 3x_1'' + x_2' - x_2''$

$$\text{s. t.} \begin{cases} -x_1' + x_1'' + x_2' - x_2'' + x_3 = 2 \\ 3x_1' - 3x_2'' - x_2' + x_2'' - x_4 = 5 \\ x_1',\ x_1'',\ x_2',\ x_2'',\ x_3,\ x_4 \geqslant 0 \end{cases}$$

(2) $\min z = 6x_1 + 3x_2 + 4x_3' - 4x_3''$

$$\text{s. t.} \begin{cases} x_1 + x_2 + x_3' - x_3'' = 120 \\ x_1 - x_4 = 30 \\ x_2 + x_5 = 50 \\ x_3' - x_3'' + x_6 = 20 \\ x_1, x_3', x_3'' \geqslant 0(i=1,2,4,5,6) \end{cases}$$

5. 虚拟一个岗位后，设 x_{ij} 表示第 i 人应聘在第 j 岗位（为 0-1 变量），z 表示总工作效率，则模型为：

$$\max z = 16x_{11} + 10x_{12} + 12x_{13} +$$
$$12x_{21} + 13x_{22} + 15x_{23} +$$
$$13x_{31} + 13x_{32} + 9x_{33} +$$
$$11x_{41} + 12x_{42} + 14x_{43}$$

$$\text{s. t.} \begin{cases} \sum_{j=1}^{4} x_{ij} = 1 \\ \sum_{j=1}^{4} x_{ij} = 1 \\ x_{ij} = 0,\ 1(i,\ j = 1,\ 2,\ 3,\ 4) \end{cases}$$

6. 设三个"发点"运输到三个"收点"的流量为 $x_{ij}(i,j=1,2,3)$，由图 2-24 可看出最短运输路径，可得下列规划模型：

$$\max z = 10x_{11} + 4x_{12} + 14x_{13} +$$
$$12x_{21} + 8x_{22} + 26x_{23} +$$
$$30x_{31} + 10x_{32} + 9x_{33}$$

$$\text{s. t.} \begin{cases} x_{11} + x_{12} + x_{13} = 150 \\ x_{21} + x_{22} + x_{23} = 120 \\ x_{31} + x_{32} + x_{33} = 200 \\ x_{11} + x_{21} + x_{31} = 70 \\ x_{12} + x_{22} + x_{32} = 180 \\ x_{13} + x_{23} + x_{33} = 220 \\ x_{ij} \geqslant 0(i,j = 1,2,3) \end{cases}$$

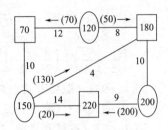

最优流向图

习题 3-1

1. (1) $0, \dfrac{3}{2}, \dfrac{2}{3}, \dfrac{5}{4}, \dfrac{4}{5}$；(2) $\dfrac{5}{11}$；(3) $\sqrt[n]{\dfrac{n+1}{n}}$；(4) $(-1)^{n+1}\dfrac{a^{n+1}}{2n+1}$；

(5) $|q| < 1, |q| \geqslant 1$；(6) $p > 1, p \leqslant 1$；(7) $\rho < 1, \rho > 1, \rho = 1$.

2. 收敛，其和为 $\dfrac{1}{2}$.

3. (1) 发散；(2) 收敛；(3) 发散；(4) 收敛.

4. (1) 发散；(2) 收敛；(3) 当 $0 < a \leqslant 1$ 时,发散;当 $a > 1$ 时,收敛.

5. (1) 发散；(2) 收敛；(3) 收敛.

6. (1) 发散；(2) 收敛；(3) 收敛.

7. (1) 条件收敛；(2) 条件收敛；(3) 绝对收敛.

习题 3-2

1. (1) D；(2) B.

2. (1) $(-\infty, +\infty)$；(2) $\left[-\dfrac{1}{2}, \dfrac{1}{2}\right]$；(3) $[1,3)$；(4) $(-\sqrt{2}, \sqrt{2})$.

3. (1) $1+x\ln a+\dfrac{(x\ln a)^2}{2!}+\cdots+\dfrac{(x\ln a)^n}{n!}+\cdots,\ (-\infty,+\infty)$;

(2) $x^2-\dfrac{x^3}{2}+\dfrac{x^4}{3}-\cdots+(-1)^n\dfrac{x^{n+2}}{n+1}+\cdots,\ (-1,1]$;

(3) $\dfrac{2}{2!}x^2-\dfrac{2^3}{4!}x^4+\dfrac{2^5}{6!}x^6-\cdots+(-1)^n\dfrac{2^{2n+1}}{(2n+2)!}x^{2n+2}+\cdots,\ (-\infty,+\infty)$;

(4) $x^2+x^3+x^4+\cdots+x^{n+2}+\cdots,\ (-1,1)$;

(5) $1-\dfrac{1}{2}x^2+\dfrac{1\cdot 3}{2^2\cdot 2!}x^4-\dfrac{1\cdot 3\cdot 5}{2^3\cdot 3!}x^6+\dfrac{1\cdot 3\cdot 5\cdot 7}{2^4\cdot 4!}x^8-\cdots,\ (-1,1]$;

(6) $2\left(x+\dfrac{x^3}{3}+\dfrac{x^5}{5}+\cdots+\dfrac{x^{2n+1}}{2n+1}+\cdots\right),\ (-1,1)$.

4. $1+(x-1)+(x-1)^2+\cdots+(x-1)^n+\cdots,\ (0,2)$.

5. $\left(\dfrac{1}{2}-\dfrac{1}{3}\right)+\left(\dfrac{1}{2^2}-\dfrac{1}{3^2}\right)(x+4)+\cdots+\left(\dfrac{1}{2^{n+1}}-\dfrac{1}{3^{n+1}}\right)(x+4)^n+\cdots,\ (-6,-2)$.

6. 0.6931（取展开式前四项）.

7. 0.9993908（取展开式前两项）；$|r_2|\leqslant 10^{-7}$.

8. 0.487（取展开式前三项）.

习题 3-3

1. $f(x)=\dfrac{\pi}{2}+\dfrac{4}{\pi}\left(\cos x+\dfrac{1}{3^2}\cos 3x+\dfrac{1}{5^2}\cos 5x+\cdots\right),\ (-\infty<x<+\infty)$.

2. $f(x)=2\left(\sin x-\dfrac{1}{2}\sin 2x+\dfrac{1}{3}\sin 3x-\cdots\right),\ (-\infty<x<+\infty;x\neq k\pi,k\in Z)$.

3. $f(x)=\dfrac{A}{2}+\dfrac{2A}{\pi}\left(\sin\dfrac{\pi x}{2}+\dfrac{1}{3}\sin\dfrac{3\pi x}{2}+\dfrac{1}{5}\sin\dfrac{5\pi x}{2}+\cdots\right)$,

$(-\infty<x<+\infty;x\neq 2k,k\in Z)$

4. $|x|=\dfrac{1}{2}-\dfrac{4}{\pi^2}\left(\cos\pi x+\dfrac{1}{3^2}\cos 3\pi x+\dfrac{1}{5^2}\cos 5\pi x+\cdots\right),\ (-1\leqslant x\leqslant 1)$.

5. $x=2\left(\sin x-\dfrac{1}{2}\sin 2x+\dfrac{1}{3}\sin 3x-\cdots\right),\ (0\leqslant x<\pi)$.

$x=\dfrac{\pi}{2}-\dfrac{4}{\pi}\left(\cos x+\dfrac{1}{3^2}\cos 3x+\dfrac{1}{5^2}\cos 5x+\cdots\right)\quad (0\leqslant x\leqslant\pi)$.

习题 3-4

1. $\dfrac{3}{p+2}$;

2. $\dfrac{2}{p^3}+\dfrac{2}{p^2}-\dfrac{5}{p}$;

3. $\dfrac{2}{p^2+4}+\dfrac{5p}{p^2+25}$;

4. $\dfrac{1}{p^2+4}$;

5. $\dfrac{p\sin\varphi+\omega\cos\varphi}{p^2+\omega^2}$;

6. $\dfrac{p\cos\varphi-\omega\sin\varphi}{p^2+\omega^2}$;

7. $\dfrac{a}{p(p+a)}$;   8. $\dfrac{5}{(p-2)^2+25}$;   9. $\dfrac{p+a}{(p+a)^2+\omega^2}$;

10. $e^{-\frac{\pi}{4}p}\dfrac{1}{p^2+1}$;   11. $\dfrac{2}{p}+e^{-p}\left(\dfrac{1}{p^2}-\dfrac{1}{p}\right)-e^{-\pi p}\left(\dfrac{1}{p^2+1}+\dfrac{1}{p^2}+\dfrac{\pi}{p}\right)$;

12. $\dfrac{p}{p^2+1}+e^{-\pi p}\left(\dfrac{\pi}{p}+\dfrac{p}{p^2+1}+\dfrac{1}{p^2}\right)$.

习题 3-5

1. （1）$2e^{6t}$;   （2）$\dfrac{1}{5}e^{-\frac{2}{5}t}$;   （3）$3\cos 3t$;   （4）$\dfrac{1}{6}\sin\dfrac{3}{2}t$;

（5）$2\cos 6t-\dfrac{4}{3}\sin 6t$;   （6）$\dfrac{5}{2}e^{-5t}-\dfrac{3}{2}e^{-3t}$;   （7）$\dfrac{1}{2}-e^{-t}+\dfrac{1}{2}e^{-2t}$;

（8）$e^{-2t}\sin 3t$;   （9）$\delta(t)-5e^{-5t}$;   （10）$\dfrac{1}{2}t^2+\dfrac{1}{3}t^3+\dfrac{1}{24}t^4$.

2. （1）$i(t)=5(e^{-3t}-e^{-5t})$;   （2）$y(t)=\sin 2t$;

（3）$y(t)=2-5e^t+3e^{2t}$;   （4）$\begin{cases} x(t)=e^t \\ y(t)=e^t \end{cases}$.

3. $i(t)=\dfrac{E}{R}(1-e^{-\frac{R}{L}t})$.

复习题三

1. （1）B；（2）D；（3）D；（4）C；（5）B；（6）B；（7）D；（8）A；（9）D；（10）A.

2. （1）kS；（2）发散；（3）$p>1,0<p\leqslant 1,p\leqslant 0$；（4）3；（5）$\dfrac{f^{(5)}(x_0)}{5!}$.

3. （1）收敛；（2）收敛；（3）$a<1$ 或 $a=1$ 且 $p>1$ 时收敛；$a>1$ 或 $a=1$ 且 $0<p\leqslant 1$时发散；（4）发散；（5）收敛；（6）收敛.

4. （1）条件收敛；（2）绝对收敛.

5. （1）$f(x)=\dfrac{A}{2}+\dfrac{2A}{\pi}\left(\sin\pi x+\dfrac{1}{3}\sin 3\pi x+\dfrac{1}{5}\sin 5\pi x+\cdots\right)$,

    $(-\infty<x<+\infty;x\neq k,k\in Z)$;

（2）$f(x)=\dfrac{\pi}{4}-\dfrac{2}{\pi}\left(\cos x+\dfrac{1}{3^2}\cos 3x+\dfrac{1}{5^2}\cos 5x+\cdots\right)+$

    $\left(\sin x-\dfrac{1}{2}\sin 2x+\dfrac{1}{3}\sin 3x-\cdots\right)$, $(-\infty<x<+\infty;x\neq(2k-1)\pi,k\in Z)$.

6. （1）$\dfrac{2}{p^2}-\dfrac{15}{p^2+9}+\dfrac{7}{p}-\dfrac{1}{p-2}$;   （2）$\dfrac{1}{p}-e^{-\pi p}\left(\dfrac{p}{p^2+1}-\dfrac{1}{p}\right)$.

7. （1）e^t-1;   （2）$\dfrac{1}{4}\sin 4t$;   （3）$\cos 4t$.

8. (1) $\sin\omega t$; (2) $\begin{cases} x(t)=\dfrac{1}{5}\cos 2t \\ y(t)=\dfrac{3}{5}\sin 2t \end{cases}$.

习题 4-1

3. (1) $\Omega=\{3,4,5,6,7,8,9,10\}$;

(2) $\Omega=\{2,3,4,5,6,7,8,9,10,11,12\}$.

5. (1) ABC; (2) $A\cup B\cup C$; (3) $A\,\overline{B}\,\overline{C}\cup\overline{A}B\overline{C}\cup\overline{A}\,\overline{B}C$;

(4) $AB\overline{C}\cup A\overline{B}C\cup\overline{A}BC\cup ABC$.

6. (1) 甲、乙、丙三人同时击中目标;

(2) 甲、乙、丙三人至少有一人击中目标;

(3) 甲没有击中目标.

7. (1) $\overline{AB}=\{1,3,5,7,8\}$; (2) $\overline{A}+B=\{1,2,3,4,5,6,7\}$; (3) $A-B=\{8\}$;

(4) $\overline{\overline{A}\,\overline{B}}=A\cup B=\{2,3,4,5,6,7,8\}$.

8. (1) $\overline{AB}=\{X\,|\,2<X<4$ 或 $6\leqslant X<9\}$; (2) $\overline{A}+B=\{X\,|\,2<X<9\}$;

(3) $A-B=\varPhi$; (4) $\overline{\overline{A}\,\overline{B}}=A\cup B=\{X\,|\,3<X<7\}$.

习题 4-2

1. 频率描述事件发生的频繁程度. 将频率的稳定值定义为概率,用来表示事件发生的可能性大小.

2. $P=\dfrac{A_5^3}{5^3}=\dfrac{12}{25}$.

3. $P=\dfrac{2}{A_4^4}=\dfrac{1}{12}$.

4. (1) $\dfrac{A_5^5 A_4^4}{A_8^8}=\dfrac{1}{14}$; (2) $\dfrac{A_4^4\cdot A_4^4\cdot A_2^2}{A_8^8}=\dfrac{1}{35}$;

(3) $P=\dfrac{A_4^4(A_4^4+A_4^4)}{A_8^8}=\dfrac{1}{35}$ 或 $P=\dfrac{A_4^4\cdot A_4^3\cdot A_2^1}{A_8^8}=\dfrac{1}{35}$.

5. $P=\dfrac{C_7^2\cdot C_{23}^3}{C_{30}^5}$.

6. (1) $P=\dfrac{C_3^2\cdot C_{12}^2}{C_{15}^4}$; (2) $P=\dfrac{C_{12}^4}{C_{15}^4}$.

7. (1) $\dfrac{C_3^1\cdot C_{37}^2}{C_{40}^3}$; (2) $\dfrac{C_3^3}{C_{40}^3}$; (3) $\dfrac{C_{37}^3}{C_{40}^3}$; (4) $1-\dfrac{C_{37}^3}{C_{40}^3}$; (5) $\dfrac{C_3^2\cdot C_{37}^1}{C_{40}^3}+\dfrac{C_3^3}{C_{40}^3}$.

8. (1) $A_1\overline{A_2}\,\overline{A_3}$; (2) $A_1\overline{A_2}\,\overline{A_3}\cup\overline{A_1}A_2\overline{A_3}\cup\overline{A_1}\,\overline{A_2}A_3$;

(3) $\overline{A_1}\,\overline{A_2}\,\overline{A_3}$; (4) $\Omega-\overline{A_1}\,\overline{A_2}\,\overline{A_3}$ 或 $A_1\cup A_2\cup A_3$.

习题 4-3

1. $P(AB) \leqslant P(A) \leqslant P(A \cup B) \leqslant P(A) + P(B)$.

2. 解：$A = \{$甲部件出故障$\}$， $B = \{$乙部件出故障$\}$，

则， $P(A \cup B) = P(A) + P(B) - P(AB) = 0.9 + 0.85 - 0.8 = 0.95$.

3. （1） $P = \dfrac{C_3^2}{C_5^2} = \dfrac{3}{5}$,

或考虑全概率公式 $P = \dfrac{C_3^1}{C_2^1} \cdot \dfrac{C_2^1}{C_4^1} + \dfrac{C_3^2}{C_5^2} = \dfrac{3}{5}$;

（2） $P = \dfrac{C_3^1}{C_5^1} = \dfrac{3}{10}$.

4. 解：$B = \{$产品为次品$\}$，$A_i = \{$产品由第 i 个工厂生产$\}$，$i = 1, 2, 3, 4$,

$$P(B) = \sum_{i=1}^{4} P(A_i) P(B/A_i)$$

$$= 0.2 \times 0.1 + 0.26 \times 0.02 + 0.3 \times 0.08 + 0.24 \times 0.05 = 0.0612.$$

5. 解：（贝叶斯公式）

设 $B = \{$产品为次品$\}$，

$A_1 = \{$产品由甲车间生产$\}$，

$A_2 = \{$产品由乙车间完成$\}$，

$A_3 = \{$产品由丙车间完成$\}$，

$$P(A_1/B) = \frac{P(A_1)P(B/A_1)}{P(B)} = \frac{0.3 \times 0.03}{\displaystyle\sum_{i=1}^{3} P(A_i)P(B/A_i)};$$

$$P(A_2/B) = \frac{P(A_2)P(B/A_2)}{P(B)} = \frac{0.45 \times 0.2}{\displaystyle\sum_{i=1}^{3} P(A_i)P(B/A_i)};$$

$$P(A_3/B) = \frac{P(A_3)P(B/A_3)}{P(B)} = \frac{0.25 \times 0.4}{\displaystyle\sum_{i=1}^{3} P(A_i)P(B/A_i)}.$$

由丙车间生产的可能性大.

6. （1） $P(A \cup B) = P(A) + P(B) - P(AB) = 0.3 + 0.8 - 0.2 = 0.9$;

（2） $P(A\overline{B}) = P(A - AB) = 0.3 - 0.2 = 0.1$;

（3） $P(A \cup B \cup C) = P(A) + P(B) + P(C) - P(AB) - P(AC) - P(BC) - P(ABC)$

$$= 0.3 + 0.8 + 0.6 - 0.2 - 0 - 0.6 - 0 = 0.9.$$

7. 解：设 $A = $"甲抽到难题" $B = $"乙抽到难题"，

$$P(A) = \frac{3}{10}, \ P(\overline{A}) = \frac{7}{10}, \ P(B/A) = \frac{2}{9}, \ P(B/\overline{A}) = \frac{3}{9},$$

$$P(AB) = P(A) \cdot P(B/A) = \frac{3}{10} \times \frac{2}{9} = \frac{1}{15};$$

$$P(B) = P(A)P(B/A) + P(\overline{A})P(B/\overline{A})$$

$$= \frac{3}{10} \times \frac{2}{9} + \frac{7}{10} \times \frac{3}{9} = \frac{3}{10}.$$

甲乙抽到难题的概率是相等的，与抽签先后顺序无关.

8. (1) $P = \dfrac{C_3^1}{C_5^1} \cdot \dfrac{C_3^1}{C_5^1} = \dfrac{9}{25}$；   (2) $P = \dfrac{C_3^2}{C_5^2} = \dfrac{3}{10}$.

习题 4-4

1. (1) $P = 0.4 \times (1-0.5) \times (1-0.7) + (1-0.4) \times 0.5 \times (1-0.7) + (1-0.4) \times (1-0.5) \times 0.7 = 0.36$；

(2) $P = 1 - (1-0.4) \times (1-0.5) \times (1-0.7) = 0.91$.

2. 解：$P = 1 - (C_7^0 0.81^0 \cdot 0.19^7 + C_7^1 0.81^1 \cdot 0.19^6)$.

3. 解：$P = 1 - (1-0.002)^{2500} \approx 0.9933$.

4. 解：$P = 1 - \left(1 - \dfrac{1}{3}\right) \times \left(1 - \dfrac{1}{4}\right) \times \left(1 - \dfrac{1}{5}\right) = \dfrac{3}{5}$.

5. 解：$P = C_5^2 \left(\dfrac{4}{5}\right)^2 \cdot \left(1 - \dfrac{4}{5}\right)^3 = C_5^2 \cdot \left(\dfrac{4}{5}\right)^2 \cdot \left(\dfrac{1}{5}\right)^3$.

6. 解：$B = \{$飞机被击落$\}$，$A_i = \{$恰好 i 人击中飞机$\}$，$i = 1, 2, 3$.

$P(A_1) = 0.4 \times 0.5 \times (1-0.7) + 0.6 \times 0.5 \times 0.3 + 0.6 \times 0.5 \times 0.7 = 0.36$，

$P(A_2) = 0.6 \times 0.5 \times 0.7 + 0.4 \times 0.5 \times 0.7 + 0.4 \times 0.5 \times 0.3 = 0.41$，

$P(A_3) = 0.4 \times 0.5 \times 0.7 = 0.14$，

$P(B) = P(A_1)P(B/A_1) + P(A_2)P(B/A_2) + P(A_3)P(B/A_3)$

$\qquad = 0.36 \times 0.2 + 0.41 \times 0.5 + 0.14 \times 1$

$\qquad = 0.458$.

7. 解：方法一　$P = P(\overline{A}\,\overline{B} \cup \overline{A}\,\overline{C}) = P(\overline{A})P(\overline{B}) + P(\overline{A})P(\overline{C}) - P(\overline{A})P(\overline{B})P(\overline{C}) = 0.7 \times 0.8 + 0.7 \times 0.6 - 0.7 \times 0.8 \times 0.6 = 0.644$；

方法二　$P = 1 - P(A \cup BC) = 1 - [P(A) + P(B)P(C) - P(ABC)] = 1 - [0.3 + 0.2 \times 0.4 - 0.3 \times 0.2 \times 0.4] = 0.644$.

习题 4-5

1. 解：耗用子弹的概率分布如下.

X	1	2	3	4	5
P	0.9	0.1×0.9	$0.1^2 \times 0.9$	$0.1^3 \times 0.9$	$0.1^4 \times 0.9 + 0.1^5 = 0.1^4$

2. 解：(1) 不放回抽样

X	0	1	2	3	4
P	$\dfrac{C_{16}^6 \cdot C_4^0}{C_{20}^6}$	$\dfrac{C_4^1 \cdot C_{16}^5}{C_{20}^6}$	$\dfrac{C_4^2 \cdot C_{16}^4}{C_{20}^6}$	$\dfrac{C_{16}^3 \cdot C_4^3}{C_{20}^6}$	$\dfrac{C_4^4 \cdot C_{16}^2}{C_{20}^6}$

（2）放回抽样

$$P = C_6^m \left(\frac{4}{20}\right)^m \cdot \left(\frac{16}{20}\right)^{6-m} = C_6^m (0.2)^m (0.8)^{6-m}, \ m = 0,1,2,3,4,5,6.$$

3. 解：$X \sim B(400, 0.02)$，$P\{X=k\} = C_{400}^k (0.02)^k (0.98)^{400-k}, k = 0,1,2,3,\cdots,400.$

$$P\{X>1\} = 1 - P\{X \leqslant 1\} = 1 - P\{X=0\} - P\{X=1\}$$
$$= 1 - C_{400}^0 (0.02)^0 (0.98)^{400} - C_{400}^1 (0.02)^1 (0.98)^{399}$$
$$\approx 0.997.$$

4. 解：设随机变量 X 表示合订本中各页的印刷错误数目 $X \sim P(2)$，

$$P\{X \leqslant 4\} = P\{X=0\} + P\{X=1\} + P\{X=2\} + P\{X=3\} + P\{X=4\}$$
$$= e^{-2}\left(\frac{2^0}{0!} + \frac{2^1}{1!} + \frac{2^2}{2!} + \frac{2^3}{3!} + \frac{2^4}{4!}\right) \approx 0.9473.$$

5. 解：由概率性质得：$\dfrac{1}{2c} + \dfrac{3}{4c} + \dfrac{5}{8c} + \dfrac{7}{16c} = 1 \Rightarrow c = \dfrac{37}{16}$，

$$P\{0 < X \leqslant 1\} = P\{X=1\} = \frac{5}{8c} = \frac{5}{8} \times \frac{16}{37} = \frac{10}{37}.$$

6. 解：$P = C_5^2 \cdot \left(\frac{1}{3}\right)^2 \left(\frac{2}{3}\right)^3 = \dfrac{80}{243}.$

7. 解：出现废品的频率不大于 0.15，即出现废品的次数不超过 3 次，用 X 表示出现废品的次数.

$$P\{X \leqslant 3\} = P\{X=0\} + P\{X=1\} + P\{X=2\} + P\{X=3\}$$
$$= C_{20}^0 \cdot (0.1)^0 \cdot (0.9)^{20} + C_{20}^1 \cdot (0.1)^1 \cdot (0.9)^{19} + C_{20}^2 \cdot (0.1)^2 \cdot$$
$$(0.9)^{18} + C_{20}^3 \cdot (0.1)^3 \cdot (0.9)^{17}$$

$$\approx 0.857.$$

（二项分布的泊松近似）$C_n^k P^k (1-P)^{n-k} \approx \dfrac{\lambda k}{k!} e^{-\lambda}, \ \lambda = np.$

8. 解：$\displaystyle\int_{-\infty}^{+\infty} f(x)\,\mathrm{d}x = \int_{-2}^2 k\left(1 - \frac{|x|}{2}\right)\mathrm{d}x = 1,$

即 $$\int_{-2}^0 k\left(1 + \frac{x}{2}\right)\mathrm{d}x + \int_0^2 k\left(1 - \frac{x}{2}\right)\mathrm{d}x = 1 \Rightarrow k = \frac{1}{2},$$

则 $$f(x) = \frac{1}{2}\left(1 - \frac{|x|}{2}\right), |x| \leqslant 2.$$

$$P\{-0.5 \leqslant \xi \leqslant 0.5\} = \int_{-0.5}^{0.5} \frac{1}{2}\left(1 - \frac{|x|}{2}\right)\mathrm{d}x$$
$$= \int_{-\frac{1}{2}}^0 \frac{1}{2}\left(1 + \frac{x}{2}\right)\mathrm{d}x + \int_0^{\frac{1}{2}} \frac{1}{2}\left(1 - \frac{x}{2}\right)\mathrm{d}x$$

$$= \frac{7}{16} = 0.4375.$$

9. 解：(1) $\int_{-\infty}^{+\infty} f(x)\mathrm{d}x = 1$，

$$\int_{-1}^{1} \frac{A}{\sqrt{1-x^2}}\mathrm{d}x = A \cdot \arcsin x \Big|_{-1}^{1} = \left[\frac{\pi}{2} - \left(-\frac{\pi}{2}\right)\right]A = 1 \Rightarrow A = \frac{1}{\pi}.$$

(2) $\int_{-\frac{1}{2}}^{\frac{1}{2}} f(x)\mathrm{d}x = \int_{-\frac{1}{2}}^{\frac{1}{2}} \frac{1}{\pi} \cdot \frac{1}{\sqrt{1-x^2}}\mathrm{d}x = \frac{1}{\pi}\arcsin x \Big|_{-\frac{1}{2}}^{\frac{1}{2}} = \frac{1}{3}.$

故 $P\left\{-\frac{1}{2} \leqslant X \leqslant \frac{1}{2}\right\} = \frac{1}{3}.$

10. 解：(1) 晶体管在 150h 时，没损坏的概率是

$$P = \int_{100}^{150} \frac{100}{x^2}\mathrm{d}x = \frac{1}{3},$$

3 只晶体管中每只损坏与否相互独立，则 3 只晶体管中没有一只损坏的概率为

$$P = \left(\frac{1}{3}\right)^3 = \frac{1}{27};$$

(2) 损坏一只的概率 $\quad P = C_3^1 \left(\frac{2}{3}\right)^1 \left(\frac{1}{3}\right)^2 = \frac{6}{27} = \frac{2}{9};$

(3) $P = C_3^3 \cdot \left(\frac{2}{3}\right)^3 \cdot \left(\frac{1}{3}\right)^0 = \frac{8}{27}.$

习题 4-6

1. 解：$F(x) = \int_{-\infty}^{x} f(x)\mathrm{d}x$，有

当 $x < -1$ 时，$F(x) = 0$；

当 $-1 \leqslant x \leqslant 1$ 时，

$$F(x) = \int_{-1}^{x} f(t)\mathrm{d}t = \int_{-1}^{x} \frac{1}{\pi\sqrt{1-t^2}}\mathrm{d}t = \frac{1}{\pi}\arcsin t \Big|_{-1}^{x} = \frac{1}{\pi}\arcsin x + \frac{1}{2};$$

当 $x \geqslant 1$ 时 $F(x) = \int_{-1}^{1} \frac{1}{\pi\sqrt{1-t^2}}\mathrm{d}t = 1.$

故
$$F(x) = \begin{cases} 0, & x < -1 \\ \frac{1}{\pi}\arcsin x + \frac{1}{2}, & -1 \leqslant x \leqslant 1 \\ 1, & x \geqslant 1 \end{cases}$$

2. 解：(1) $P\{X < 2\} = P\{X \leqslant 2\} = F(2) = \ln 2$；

(2) $P\left\{2 < X < \frac{5}{2}\right\} = P\left\{X \leqslant \frac{5}{2}\right\} - P\{X \leqslant 2\} = \ln \frac{5}{2} - \ln 2 = \ln \frac{5}{4}.$

3. 解：分别记随机变量 X, Y_1, Y_2 的分布函数为 $F_X(x), F_{Y_1}(y), F_{Y_2}(y)$.

① $F_{Y_1}(y) = P\{Y_1 \leqslant y\} = P\{2X \leqslant y\} = P\left\{X \leqslant \frac{y}{2}\right\} = F_X\left(\frac{y}{2}\right),$

将 $F_{Y_1}(y)$ 关于 y 求导，得 $Y_1 = 2X$ 概率密度为

$$f_{Y_1}(y) = f_X\left(\frac{y}{2}\right) \cdot \left(\frac{y}{2}\right) = f_X\left(\frac{y}{2}\right) \cdot \frac{1}{2} = \begin{cases} \frac{1}{2}y, & -2 \leqslant \frac{y}{2} \leqslant 1 \\ 0, & \text{其它} \end{cases}$$

$$f_{Y_1}(y) = \begin{cases} \frac{1}{2}y, & -4 \leqslant y \leqslant 2 \\ 0, & \text{其它} \end{cases}$$

② $F_{Y_2}(y) = P\{Y_2 \leqslant y\} = P\{1 - X \leqslant y\} = P\{X \geqslant 1 - y\} = 1 - F_X(1-y)$

将 $F_{Y_2}(y)$ 关于 y 求导，得 $Y_2 = 1 - X$ 的概率密度为

$$f_{Y_2}(y) = -f_X(1-y) \cdot (-1) = f_X(1-y) = \begin{cases} 2(1-y), & -2 \leqslant 1-y \leqslant 1 \\ 0, & \text{其它} \end{cases}$$

$$f_{Y_2}(y) = \begin{cases} 2(1-y), & 0 \leqslant y < 3 \\ 0, & \text{其它} \end{cases}$$

4. 解：$P\{0.8 < X < 1\} = \int_{0.8}^{1} 12x(1-x)^2 \mathrm{d}x = 0.02722$

5. 解：(1) $\int_{-\infty}^{+\infty} f(x)\mathrm{d}x = \int_{-\infty}^{0} A\mathrm{e}^x \mathrm{d}x + \int_{0}^{+\infty} A\mathrm{e}^{-x} \mathrm{d}x = 2A = 1 \Rightarrow A = \frac{1}{2}$；

(2) $P = \{0 \leqslant x \leqslant 1\} = \int_{0}^{1} f(x)\mathrm{d}x = \int_{0}^{1} \frac{1}{2}\mathrm{e}^{-x}\mathrm{d}x = \frac{1}{2}\left(1 - \frac{1}{\mathrm{e}}\right)$；

(3) $F(x) = \int_{-\infty}^{x} f(t)\mathrm{d}t$．

当 $x < 0$ 时，$F(x) = \int_{-\infty}^{x} f(t)\mathrm{d}t = \frac{1}{2}\int_{-\infty}^{x} \mathrm{e}^t \mathrm{d}t = \frac{1}{2}\mathrm{e}^x$；

当 $x \geqslant 0$ 时，

$$F(x) = \int_{-\infty}^{0} f(t)\mathrm{d}t + \int_{0}^{x} f(t)\mathrm{d}t = \frac{1}{2}\int_{-\infty}^{0} \mathrm{e}^t \mathrm{d}t + \frac{1}{2}\int_{0}^{x} \mathrm{e}^{-t} \mathrm{d}t = 1 - \frac{1}{2}\mathrm{e}^{-x}，$$

故 $F(x) = \begin{cases} \dfrac{1}{2}\mathrm{e}^x, & x < 0 \\ 1 - \dfrac{1}{2}\mathrm{e}^{-x}, & x \geqslant 0 \end{cases}$

6. 解：(1) $\int_{-\infty}^{+\infty} f(x)\mathrm{d}x = \int_{2}^{3} k(x-2)\mathrm{d}x = 1,\ k = 2$；

(2) $F(x) = \int_{-\infty}^{x} f(x)\mathrm{d}x$．

当 $x < 2$ 时，$\qquad F(x) = \int_{-\infty}^{x} 0\mathrm{d}x = 0$；

当 $2 \leqslant x < 3$ 时，$\qquad F(x) = \int_{2}^{x} 2(t-2)\mathrm{d}t = (x-2)^2$；

当 $x \geqslant 3$ 时，$\qquad F(x) = \int_{2}^{3} 2(x-2)\mathrm{d}x = 1$；

$$F(x) = \begin{cases} 0, & x < 2 \\ (x-2)^2, & 2 \leqslant x < 3 \\ 1, & x \geqslant 3 \end{cases}$$

(3) $P\{0.8 < X < 2.8\} = \int_{0.8}^{2.8} f(x)\,\mathrm{d}x = \int_{0.8}^{2.8} 2(x-2)\,\mathrm{d}x = \int_{2}^{2.8} 2(x-2)\,\mathrm{d}x = 0.64.$

7. 解：$P\{X \leqslant 2.3\} = \Phi(2.3) = 0.9893$；$P\{|X| \leqslant 2\} = 2\Phi(2) - 1 = 0.9544$；

$P\{0.5 < X \leqslant 3.5\} = \Phi(3.5) - \Phi(0.5) = 0.9998 - 0.6915 = 0.3083$

8. 解 (1) $Y = 2 - 3X$

当 X 取 -2，0，1，2，5 时，Y 所有可能取值为 8，2，-1，-4，-13.

Y	8	2	-1	-4	-13
P	0.3	0.2	0.25	0.1	0.15

(2) $Y = 1 + X^2$

当 X 取 -2，0，1，2，5 时，X 所有取值为 5，1，2，26.

Y	5	1	2	26
P	0.4	0.2	0.25	0.15

习题 4-7

1. 解：$E(X) = 0.2 \times 9 + 0.5 \times 7.1 + 0.15 \times 5.4 + 0.10 \times 3 + 0.05 \times 2 = 6.56.$

2. 解：$\begin{cases} E(X) = 0 \times 0.2 + 1 \times a + 2 \times 0.1 + 3 \times b = 1.9 \\ 0.2 + a + 0.1 + b = 1 \end{cases} \Rightarrow \begin{cases} a = 0.2 \\ b = 0.5 \end{cases}.$

3. 解：

X	0	1	2	3
P	$\dfrac{27}{125}$	$\dfrac{54}{125}$	$\dfrac{36}{125}$	$\dfrac{8}{125}$

$$E(X) = 0 \cdot \frac{27}{125} + 1 \cdot \frac{54}{125} + 2 \cdot \frac{36}{125} + 3 \cdot \frac{8}{125} = \frac{6}{5}.$$

4. 解：$D(X_1) = \dfrac{(6-0)^2}{12} = 3$，$D(X_2) = 2^2 = 4$，$D(X_3) = 3$，

$D(Y) = D(X_1 - 2X_2 + 3X_3) = D(X_1) + 4D(X_2) + 9D(X_3) = 46.$

5. 证明：$E(X^*) = E\left[\dfrac{X - E(X)}{\sqrt{D(X)}}\right] = \dfrac{1}{\sqrt{D(X)}} E[X - E(X)]$

$= \dfrac{1}{\sqrt{D(X)}}[E(X) - E(X)] = 0,$

$E[(X^*)^2] = E\left[\dfrac{X - E(X)}{\sqrt{D(X)}}\right]^2 = \dfrac{1}{D(X)} E\{X^2 - 2XE(X) + [E(X)]^2\}$

$= \dfrac{1}{D(X)}\{E(X^2) - 2E(X)E(X) + [E(X)]^2\}$

工程数学基础

$$= \frac{1}{D(X)} \{E(X^2) - [E(X)]^2\} = 1.$$

6. 解：

X	0	1	2	3
P	$\frac{1}{35}$	$\frac{12}{35}$	$\frac{18}{35}$	$\frac{4}{35}$

$$E(X) = 0 \cdot \frac{1}{35} + 1 \cdot \frac{12}{35} + 2 \cdot \frac{18}{35} + 3 \cdot \frac{4}{35} = \frac{60}{35} = \frac{12}{7}.$$

$$E(X^2) = 0 \cdot \frac{1}{35} + 1 \cdot \frac{12}{35} + 4 \cdot \frac{18}{35} + 9 \cdot \frac{4}{35} = \frac{24}{7}.$$

$$D(X) = E(X^2) - [E(X)]^2 = 0.4894.$$

7. 解：$E(Y) = E\left[\frac{1}{3}(X_1 + X_2 + X_3)\right] = \frac{1}{3}[E(X_1) + E(X_2) + E(X_3)] = 3$,

$$D(Y) = D\left[\frac{1}{3}(X_1 + X_2 + X_3)\right] = \frac{1}{9}D(X_1 + X_2 + X_3) = \frac{1}{9}(3 + 3 + 3) = 1,$$

$$E(Y^2) = D(Y) + [E(Y)]^2 = 1 + 9 = 10.$$

8. 解：$E(X) = -1 \times 0.2 + 0 \times 0.3 + 1 \times 0.1 + 5 \times 0.4 = 1.9$,

$E(2 - 3X) = 5 \times 0.2 + 2 \times 0.3 + (-1) \times 0.1 + (-13) \times 0.4 = -3.7.$

9. 解：$\int_{-\infty}^{+\infty} f(x)\mathrm{d}x = 1$ 于是有 $\int_0^1 (ax^2 + bx + c)\mathrm{d}x = 1$ 解得 $\frac{1}{3}a + \frac{1}{2}b + c = 1$,

$$E(X) = \int_{-\infty}^{+\infty} xf(x)\mathrm{d}x = \int_0^1 x(ax^2 + bx + x)\mathrm{d}x \text{ 得 } \frac{1}{4}a + \frac{1}{3}b + \frac{1}{2}c = 0.5.$$

又，$D(X) = E(X^2) - [E(X)]^2$, $0.15 = E(X^2) - 0.5^2$,

$$E(X^2) = 0.4 = \int_0^1 x^2(ax^2 + bx + c)\mathrm{d}x, \text{ 得 } \frac{1}{5}a + \frac{1}{4}b + \frac{1}{3}c = 0.4.$$

$$\begin{cases} \frac{1}{3}a + \frac{1}{2}b + c = 1 \\ \frac{1}{4}a + \frac{1}{3}b + \frac{1}{2}c = 0.5 \\ \frac{1}{5}a + \frac{1}{4}b + \frac{1}{3}c = 0.4 \end{cases} \qquad 解得 \begin{cases} a = 12 \\ b = -12 \\ c = 3 \end{cases}$$

10. 解：

X	3	4	5	6	7
P	$\frac{C_3^3}{C_6^3} = \frac{1}{20}$	$\frac{C_3^2 \cdot C_2^1}{C_6^3} = \frac{6}{20}$	$\frac{C_3^1 \cdot C_2^2 + C_3^2 \cdot C_1^1}{C_6^3} = \frac{6}{20}$	$\frac{C_3^1 \cdot C_2^2 \cdot C_1^1}{C_6^3} = \frac{6}{20}$	$\frac{C_2^2 \cdot C_1^1}{C_6^3} = \frac{1}{20}$

$$E(X) = 3 \times \frac{1}{20} + 4 \times \frac{6}{20} + 5 \times \frac{6}{20} + 6 \times \frac{6}{20} + 7 \times \frac{1}{20} = 5,$$

$$E(X^2) = 9 \times \frac{1}{20} + 16 \times \frac{6}{20} + 25 \times \frac{6}{20} + 36 \times \frac{6}{20} + 49 \times \frac{1}{20} = 26,$$

$$D(X) = E(X^2) - [E(X)]^2 = 1,$$

11. 证明：$E[(X-C)]^2 = E(X^2) - 2CE(X) + C^2$

$$= [C - E(X)]^2 + E(X^2) - [E(X)]^2$$

$$= [C - E(X)]^2 + D(X)$$

所以，当 C 取 $E(X)$ 时，$E[(X-C)]^2$ 会取到最小值，最小值为 $D(X)$

复习题四

1. (1) B；(2) D；(3) B；(4) C；(5) B；(6) B；(7) D；(8) D.

2. (1) $\dfrac{46^5}{50^5}$；(2) $\dfrac{1}{2}$；(3) $\sqrt{6}$，$\sqrt{6}$；(4) $4, \dfrac{4}{3}, -5, \dfrac{16}{3}$；(5) $\pm 1, f(x) =$ $\dfrac{1}{\sqrt{2\pi}\sigma} e^{-\frac{(x\pm 1)^2}{2\sigma^2}}$.

3. $\dfrac{13}{21}$.

4. (1) 0.25；(2) $\dfrac{1}{3}$.

5. $\dfrac{20}{21}$.

6. (1) 0.57；(2) 0.0481；(3) 0.0962；(4) 0.6864.

7. (1) 必然错；(2) 必然错；(3) 必然错；(4) 可能对.

8. 迟到的概率为 0.145，若已知迟到，则乘坐火车的可能性最大.

9. (1) $\dfrac{5}{8}$；(2) $\dfrac{3}{8}$.

10. 略.

11. $P\{X=0\} = \dfrac{22}{35}, P\{X=1\} = \dfrac{12}{35}, P\{X=2\} = \dfrac{1}{35}$.

12. (1) 2；(2) $\dfrac{1}{3}$.

13. $\dfrac{1}{3}$.

14. $1 - e^{-3}$.

15. $\dfrac{3}{5}$.

16.

Y	0	1	4	9
P	$\dfrac{1}{5}$	$\dfrac{7}{30}$	$\dfrac{1}{5}$	$\dfrac{11}{30}$

17. 1.0556.

18. 33.64.

习题 5-1

1. $\overline{x}=4$, $s^2=181.33$.

2. $t_{0.01}(15)=2.6025$ 的概率意义是 $P\{t(15)>2.6025\}=0.01$；

$\chi^2_{0.025}(15)=27.488$ 的概率意义是 $P\{\chi^2(15)>27.488\}=0.025$ 或

$$P\{\chi^2(15)<27.488\}=0.975.$$

3. $P\{12<\overline{X}\leqslant13\}=0.026$.

4. $n\geqslant16$.

5. $\overline{x}_{甲}=\overline{x}_{乙}=251.7$，$s_{甲}^2=9.79$ ，$s_{乙}^2=13.9$，所以甲的技术好.

6. 乙生产线较稳定.

习题 5-2

1. $\hat{\mu}=0.48$, $\hat{\sigma}=0.2098$.

2. $E(\overline{X})=E\left(\dfrac{1}{n}\sum\limits_{i=1}^{n}X_i\right)=\dfrac{1}{n}\sum\limits_{i=1}^{n}E(X_i)=\dfrac{1}{n}\sum\limits_{i=1}^{n}\mu=\mu$,

$$E(S^2)=E\left[\frac{1}{n-1}\sum_{i=1}^{n}(X_i-\overline{X})^2\right]=\frac{1}{n-1}E\left\{\sum_{i=1}^{n}[(X_i-\mu)-(\overline{X}-\mu)]^2\right\}$$

$$=\frac{1}{n-1}E\left[\sum_{i=1}^{n}(X_i-\mu)^2-2(\overline{X}-\mu)\sum_{i=1}^{n}(X_i-\overline{X})+n(\overline{X}-\mu)^2\right]$$

$$=\frac{1}{n-1}\left\{\sum_{i=1}^{n}E(X_i-\mu)^2-nE(\overline{X}-\mu)^2\right\}=\frac{1}{n-1}\left(n\sigma^2-n\frac{\sigma^2}{n}\right)=\sigma^2.$$

3. $(14.854,15.146)$.

4. $(0.0032,0.0139)$ 与 $(0.057,0.118)$.

5. $(5002.398,7287.6)$；$(816286.767,7734437.87)$.

习题 5-3

1. 选用统计量 $U=\dfrac{\overline{X}-\mu}{\dfrac{\sigma}{\sqrt{n}}}\sim N(0,1)$, 拒绝域为 $(-\infty,-1.96)\bigcup(1.96,+\infty)$,

$|U|=14.7>1.96$，即不能认为这批产品的指标期望值为 1600.

2. 认为这天洗衣粉包装机工作不正常.

3. 认为包装机工作正常.

4. 这批木材的小头直径明显偏小，不合格.

5. 选用统计量 $T=\dfrac{\overline{X}-\mu_0}{S}\sqrt{n}\sim t(9)$, 拒绝域为 $(-\infty,-1.8331)\bigcup(1.8331,+\infty)$,

$|T|=3.75>t_{0.05}(9)$，所以云母片的平均厚度与往日有显著差异.

6. 选用统计量 $\chi^2=\dfrac{(n-1)S^2}{\sigma_0^2}\sim\chi^2(24)$，

拒绝域为 $(0,10.856)\bigcup(42.980,+\infty)$，$\chi^2=49.767>\chi_{0.01}^2(24)=42.980$，所以不能判定这批电池的波动性较以往有显著变化.

习题 5-4

1. $F\approx3.19<F_{0.05}(3,9)=3.86$，所以，不同储藏方法对粮食含水率的影响不显著.

2. $\hat{y}=-1.525+1.05x$.

3. (1) $\hat{b}=\dfrac{S_{xy}}{S_{xx}}=\dfrac{6218}{28}\approx222$，$\hat{a}=\bar{y}-\hat{b}\bar{x}=115.94-222\times7.5\approx-1549.06$，

$\hat{y}=-1549.06+222x$；

(2) $r=\dfrac{S_{xy}}{\sqrt{S_{xx}S_{yy}}}=\dfrac{6218}{\sqrt{28\cdot615.057}}=47.9$.

所以 y 与 x 的线性相关性不好.

4. $U=100\mathrm{e}^{-0.46t}$.

复习题五

1. 由定理得 $\overline{X}\sim N\left(1,\dfrac{1}{2}\right)$，于是 $P\{1<\overline{X}\leqslant2\}=0.8414$.

2. 样本均值 $\overline{X}\sim N\left(3.4,\dfrac{36}{n}\right)n\geqslant34.5744$，从而 n 至少应取 35.

3. (1) $\overline{X}\sim N\left(\mu,\dfrac{\sigma^2}{n}\right)=N(2,1)$；

(2) 总体的期望 $E(X)=2$，$D(X)=25$，$P\{1<\overline{X}\leqslant3\}=0.6826$；

(3) $P\{\overline{X}>\lambda\}=1-P\{\overline{X}\leqslant\lambda\}=0.05$，查表得 $\lambda=3.645$.

4. $\hat{\mu}=\bar{x}=\dfrac{1}{10}(1076+919+1186+852+1162+956+929+948+1125+997)=1015$；

$\hat{\sigma}^2=\dfrac{1}{9}\sum\limits_{i=1}^{10}(x_i-\bar{x})^2=13127.3$.

5. $\hat{\theta}=\dfrac{1}{4}$.

6. $\hat{p}=\dfrac{1}{N}\overline{X}$.

7. (1) $(21.6,22.1)$；(2) $(21.3,22.4)$.

8. $(0.022,0.096)$.

9. (1) 有显著性差异；(2) 没有显著性差异.

10. 都正常工作.

11. 该厂的承诺是可信的.

12. 有显著性提高.

13. (1) $\hat{y} = -30.219x + 642.92$；(2) 显著.

14. (1) $\hat{y} = 10.28 + 0.304x$；(2) 显著；(3) $(77.546, 79.814)$.

15. $\hat{y} = e^{0.548 - 0.146/x}$.

附录

附录Ⅰ 拉普拉斯变换简表

序号	$f(t) = L^{-1}[F(s)]$ 一般函数 $f(t)$	$F(s) = L[f(t)]$ $F(s) = \int_0^\infty f(t)\,e^{-st}\,dt$
1	1	$\dfrac{1}{s}$
2	e^{-at}	$\dfrac{1}{s-a}$
3	$t^m\,(m > -1)$	$\Gamma(m+1)/s^{m+1}$
4	$t^m e^{at}\,(m > -1)$	$\Gamma(m+1)/(s-a)^{m+1}$
5	$\sin at$	$a/(s^2+a^2)$
6	$\cos at$	$s/(s^2+a^2)$
7	$\mathrm{sh}\,at$	$a/(s^2-a^2)$
8	$\mathrm{ch}\,at$	$s/(s^2-a^2)$
9	$t^m \sin at\,(m > -1)$	$\dfrac{\Gamma(m+1)}{2\mathrm{i}(s^2+a^2)^{m+1}}\big[(s+\mathrm{i}a)^{m+1}-(s-\mathrm{i}a)^{m+1}\big]$
10	$t^m \cos at\,(m > -1)$	$\dfrac{\Gamma(m+1)}{2(s^2+a^2)^{m+1}}\big[(s+\mathrm{i}a)^{m+1}+(s-\mathrm{i}a)^{m+1}\big]$
11	$e^{-bt}\sin at$	$a/[(s+b)^2+a^2]$
12	$e^{-bt}\cos at$	$(s+b)/[(s+b)^2+a^2]$
13	$e^{-bt}\sin(at+c)$	$\dfrac{(s+b)\sin c + a\cos c}{(s+b)^2+a^2}$
14	$\sin^2 t$	$\dfrac{1}{2}\left(\dfrac{1}{s}-\dfrac{s}{s^2+4}\right)$
15	$\cos^2 t$	$\dfrac{1}{2}\left(\dfrac{1}{s}+\dfrac{s}{s^2+4}\right)$
16	$\sin at \cdot \sin bt$	$\dfrac{2abs}{[s^2+(a+b)^2][s^2+(a-b)^2]}$
17	$e^{at}-e^{bt}$	$(a-b)/[(s-a)(s-b)]$
18	$a\,e^{at}-b\,e^{bt}$	$s(a-b)/[(s-a)(s-b)]$
19	$\dfrac{1}{a}\sin at - \dfrac{1}{b}\sin bt$	$(b^2-a^2)/[(s^2+a^2)(s^2+b^2)]$
20	$\cos at - \cos bt$	$(b^2-a^2)s/[(s^2+a^2)(s^2+b^2)]$
21	$\dfrac{1}{a^2}(1-\cos at)$	$\dfrac{1}{s(s^2+a^2)}$
22	$\dfrac{1}{a^2}(at-\sin at)$	$\dfrac{1}{s^2(s^2+a^2)}$

序号	$f(t) = L^{-1}[F(s)]$ 一般函数 $f(t)$	$F(s) = L[f(t)]$ $F(s) = \displaystyle\int_0^\infty f(t)\mathrm{e}^{-st}\,\mathrm{d}t$
23	$\dfrac{t}{2a}\sin at$	$\dfrac{s}{(s^2+a^2)^2}$
24	$\left(t-\dfrac{a}{2}t^2\right)\mathrm{e}^{-at}$	$s/(s+a)^3$
25	$\dfrac{1}{ab}+\dfrac{1}{b-a}\left(\dfrac{\mathrm{e}^{-bt}}{b}-\dfrac{\mathrm{e}^{-at}}{a}\right)$	$\dfrac{1}{s(s+a)(s+b)}$
26	$\dfrac{\mathrm{e}^{-at}}{(b-a)(c-a)}+\dfrac{\mathrm{e}^{-bt}}{(a-b)(c-b)}+\dfrac{\mathrm{e}^{-ct}}{(a-c)(b-c)}$	$\dfrac{1}{(s+a)(s+b)(s+c)}$
27	$\dfrac{a\mathrm{e}^{-at}}{(c-a)(a-b)}-\dfrac{b\mathrm{e}^{-bt}}{(a-b)(b-c)}+\dfrac{c\mathrm{e}^{-ct}}{(b-c)(c-a)}$	$\dfrac{S}{(s+a)(s+b)(s+c)}$
28	$\dfrac{\mathrm{e}^{-at}-\mathrm{e}^{-bt}[1-(a-b)t]}{(a-b)^2}$	$\dfrac{1}{(s+a)(s+b)^2}$
29	$\sin at\cdot\mathrm{ch}at-\cos at\cdot\mathrm{sh}at$	$\dfrac{4a^3}{s^4+4a^4}$
30	$\dfrac{1}{2a^2}\sin at\cdot\mathrm{sh}at$	$\dfrac{s}{s^4+4a^4}$
31	$\dfrac{1}{2a^3}(\mathrm{sh}at-\sin at)$	$\dfrac{1}{s^4-a^4}$
32	$\dfrac{1}{2a^3}(\mathrm{ch}at-\cos at)$	$\dfrac{s}{s^4-a^4}$
33	$\dfrac{1}{\sqrt{\pi t}}$	$\dfrac{1}{\sqrt{s}}$
34	$2\sqrt{\dfrac{t}{\pi}}$	$\dfrac{1}{s\sqrt{s}}$
35	$\dfrac{1}{\sqrt{\pi t}}\mathrm{e}^{at}(1+2at)$	$\dfrac{s}{(s-a)\sqrt{s-a}}$
36	$\dfrac{1}{2\sqrt{\pi t^3}}(\mathrm{e}^{bt}-\mathrm{e}^{at})$	$\sqrt{s-a}-\sqrt{s-b}$
37	$\delta(t)$	1
38	$\dfrac{1}{\sqrt{\pi t}}\mathrm{ch}2\sqrt{at}$	$\dfrac{1}{\sqrt{s}}\mathrm{e}^{\frac{a}{s}}$
39	$\dfrac{1}{\sqrt{\pi t}}\cos2\sqrt{at}$	$\dfrac{1}{\sqrt{s}}\mathrm{e}^{-\frac{a}{s}}$
40	$\dfrac{1}{\sqrt{\pi t}}\sin2\sqrt{at}$	$\dfrac{1}{s\sqrt{s}}\mathrm{e}^{-\frac{a}{s}}$
41	$\dfrac{1}{\sqrt{\pi t}}\mathrm{sh}2\sqrt{at}$	$\dfrac{1}{s\sqrt{s}}\mathrm{e}^{\frac{a}{s}}$
42	$\dfrac{1}{t}(\mathrm{e}^{bt}-\mathrm{e}^{at})$	$\ln\dfrac{s-a}{s-b}$
43	$\dfrac{2}{t}(1-\cos at)$	$\ln\dfrac{s^2+a^2}{s^2}$
44	$\dfrac{2}{t}(1-\mathrm{ch}at)$	$\ln\dfrac{s^2-a^2}{s^2}$
45	$\dfrac{1}{a}(1-\mathrm{e}^{-at})$	$\dfrac{1}{s(s+a)}$
46	$\dfrac{1}{t}\sin at$	$\arctan\dfrac{a}{s}$
47	$\dfrac{1}{2a^3}(\sin at-at\cos at)$	$\dfrac{1}{(s^2+a^2)^2}$
48	$u(t)$	$\dfrac{1}{s}$
49	$tu(t)$	$\dfrac{1}{s^2}$
50	$t^m u(t)\,(m>-1)$	$\dfrac{1}{s^{m+1}}\Gamma(m+1)$

附录 Ⅱ 概率分布表

1. 标准正态分布表

$$\Phi(x) = \int_{-\infty}^{x} \frac{1}{\sqrt{2\pi}} e^{-\frac{t^2}{2}} dt = P(X \leqslant x)$$

x	0	1	2	3	4	5	6	7	8	9
0.0	0.5000	0.5040	0.5080	0.5120	0.5160	0.5199	0.5239	0.5279	0.5319	0.5359
0.1	0.5398	0.5438	0.5478	0.5517	0.5557	0.5596	0.5636	0.5675	0.5714	0.5753
0.2	0.5793	0.5832	0.5871	0.5910	0.5948	0.5987	0.6026	0.6064	0.6103	0.6141
0.3	0.6179	0.6217	0.6255	0.6293	0.6331	0.6368	0.6406	0.6443	0.6480	0.6517
0.4	0.6554	0.6591	0.6628	0.6664	0.6700	0.6736	0.6772	0.6808	0.6844	0.6879
0.5	0.6915	0.6950	0.6985	0.7019	0.7054	0.7088	0.7123	0.7157	0.7190	0.7224
0.6	0.7257	0.7291	0.7324	0.7357	0.7389	0.7422	0.7454	0.7486	0.7517	0.7549
0.7	0.7580	0.7611	0.7642	0.7673	0.7703	0.7734	0.7764	0.7794	0.7823	0.7852
0.8	0.7881	0.7910	0.7939	0.7967	0.7995	0.8023	0.8051	0.8078	0.8106	0.8133
0.9	0.8159	0.8186	0.8212	0.8238	0.8264	0.8289	0.8315	0.8340	0.8365	0.8389
1.0	0.8413	0.8438	0.8461	0.8485	0.8508	0.8531	0.8554	0.8577	0.8599	0.8621
1.1	0.8643	0.8665	0.8686	0.8708	0.8729	0.8749	0.8770	0.8790	0.8810	0.8830
1.2	0.8849	0.8869	0.8888	0.8907	0.8925	0.8944	0.8962	0.8980	0.8997	0.9015
1.3	0.9032	0.9049	0.9066	0.9082	0.9099	0.9115	0.9131	0.9147	0.9162	0.9177
1.4	0.9192	0.9207	0.9222	0.9236	0.9251	0.9265	0.9278	0.9292	0.9306	0.9319
1.5	0.9332	0.9345	0.9357	0.9370	0.9382	0.9394	0.9406	0.9418	0.9430	0.9441
1.6	0.9452	0.9463	0.9474	0.9484	0.9495	0.9505	0.9515	0.9525	0.9535	0.9545
1.7	0.9554	0.9564	0.9573	0.9582	0.9591	0.9599	0.9608	0.9616	0.9625	0.9633
1.8	0.9641	0.9648	0.9656	0.9664	0.9671	0.9678	0.9686	0.9693	0.9700	0.9706
1.9	0.9713	0.9719	0.9726	0.9732	0.9738	0.9744	0.9750	0.9756	0.9762	0.9767
2.0	0.9772	0.9778	0.9783	0.9788	0.9793	0.9798	0.9803	0.9808	0.9812	0.9817
2.1	0.9821	0.9826	0.9830	0.9834	0.9838	0.9842	0.9846	0.9850	0.9854	0.9857
2.2	0.9861	0.9864	0.9868	0.9871	0.9874	0.9878	0.9881	0.9884	0.9887	0.9890
2.3	0.9893	0.9896	0.9898	0.9901	0.9904	0.9906	0.9909	0.9911	0.9913	0.9916
2.4	0.9918	0.9920	0.9922	0.9925	0.9927	0.9929	0.9931	0.9932	0.9934	0.9936
2.5	0.9938	0.9940	0.9941	0.9943	0.9945	0.9946	0.9948	0.9949	0.9951	0.9952
2.6	0.9953	0.9955	0.9956	0.9957	0.9959	0.9960	0.9961	0.9962	0.9963	0.9964
2.7	0.9965	0.9966	0.9967	0.9968	0.9969	0.9970	0.9971	0.9972	0.9973	0.9974
2.8	0.9974	0.9975	0.9976	0.9977	0.9977	0.9978	0.9979	0.9979	0.9980	0.9981
2.9	0.9981	0.9982	0.9982	0.9983	0.9984	0.9984	0.9985	0.9985	0.9986	0.9986
3.0	0.9987	0.9990	0.9993	0.9995	0.9997	0.9998	0.9998	0.9999	0.9999	1.0000

2. 泊松分布表

$$1 - F(x-1) = \sum_{k=x}^{\infty} \frac{e^{-\lambda}\lambda^k}{k!}$$

x	$\lambda=0.2$	$\lambda=0.3$	$\lambda=0.4$	$\lambda=0.5$	$\lambda=0.6$	$\lambda=0.7$
0	1.0000000	1.0000000	1.0000000	1.0000000	1.0000000	1.0000000
1	0.1812692	0.2591818	0.3296800	0.393469	0.451188	0.503415
2	0.0175231	0.0369363	0.0615519	0.090204	0.121901	0.155805
3	0.0011485	0.0035995	0.0079263	0.014388	0.023115	0.034142
4	0.0000568	0.0002658	0.0007763	0.001752	0.003358	0.005753
5	0.0000023	0.0000158	0.0000612	0.000172	0.000394	0.000786
6	0.0000001	0.0000008	0.0000040	0.000014	0.000039	0.000090
7			0.0000002	0.000001	0.000003	0.000009
8						0.000001

x	$\lambda=0.8$	$\lambda=0.9$	$\lambda=1.0$	$\lambda=1.2$	$\lambda=1.4$	$\lambda=1.6$	$\lambda=1.8$
0	1.0000000	1.0000000	1.0000000	1.0000000	1.000000	1.000000	1.000000
1	0.550671	0.593430	0.632121	0.698806	0.753403	0.798103	0.834701
2	0.191208	0.227518	0.264241	0.337373	0.408167	0.475069	0.537163
3	0.047423	0.062857	0.080301	0.120513	0.166502	0.216642	0.269379
4	0.009080	0.013459	0.018988	0.033769	0.053725	0.078313	0.108708
5	0.001411	0.002344	0.003660	0.007746	0.014253	0.023682	0.036407
6	0.000184	0.000343	0.000594	0.001500	0.003201	0.006040	0.010378
7	0.000021	0.000043	0.000083	0.000251	0.000622	0.001336	0.002569
8	0.000002	0.000005	0.000010	0.000037	0.000107	0.000260	0.000562
9		0.000001	0.000001	0.000005	0.000016	0.000045	0.000110
10				0.000001	0.000002	0.000007	0.000019
11						0.000001	0.000003

x	$\lambda=2.5$	$\lambda=3$	$\lambda=3.5$	$\lambda=4$	$\lambda=4.5$	$\lambda=5$
0	1.000000	1.000000	1.000000	1.000000	1.000000	1.000000
1	0.917915	0.950213	0.969803	0.981684	0.988891	0.993262
2	0.712703	0.800852	0.864112	0.908422	0.938901	0.959572
3	0.456187	0.576810	0.679153	0.761897	0.826422	0.875348
4	0.242424	0.352768	0.463367	0.566530	0.657704	0.734974
5	0.108822	0.184737	0.274555	0.371163	0.467896	0.559507
6	0.042021	0.083918	0.142386	0.214870	0.297070	0.384039
7	0.014187	0.033509	0.065288	0.110674	0.168949	0.237817
8	0.004247	0.011905	0.026739	0.051134	0.086586	0.133372
9	0.001140	0.003803	0.009874	0.021363	0.040257	0.068094
10	0.000277	0.001102	0.003315	0.008132	0.017093	0.031828
11	0.000062	0.000292	0.001019	0.002840	0.000669	0.013695
12	0.000013	0.000071	0.000289	0.000915	0.002404	0.005453
13	0.000002	0.000016	0.000076	0.000274	0.000805	0.002019
14		0.000003	0.000019	0.000076	0.000252	0.000698
15		0.000001	0.000004	0.000020	0.000074	0.000226
16			0.000001	0.000005	0.000020	0.000069
17				0.000001	0.000005	0.000020
18					0.000001	0.000005
19						0.000001

3. χ^2分布表

$$P\{\chi^2(n) > \chi^2_\alpha(n)\} = \alpha$$

	α					
n	0.995	0.99	0.975	0.95	0.90	0.75
1	—	—	0.001	0.004	0.016	0.102
2	0.010	0.020	0.051	0.103	0.211	0.575
3	0.072	0.115	0.216	0.352	0.584	1.213
4	0.207	0.297	0.484	0.711	1.064	1.923
5	0.412	0.554	0.831	1.145	1.610	2.675
6	0.676	0.872	1.237	1.635	2.204	3.455
7	0.989	1.239	1.690	2.167	2.833	4.255
8	1.344	1.646	2.180	2.733	3.490	5.071
9	1.735	2.088	2.700	3.325	4.168	5.899
10	2.156	2.558	3.247	3.940	4.865	6.737
11	2.603	3.053	3.816	4.575	5.578	7.584
12	3.074	3.571	4.404	5.226	6.304	8.438
13	3.565	4.107	5.009	5.892	7.042	9.299
14	4.705	4.660	5.629	6.571	7.790	10.165
15	4.601	5.229	6.262	7.261	8.547	11.037
16	5.142	5.812	6.908	7.962	9.312	11.912
17	5.697	6.408	7.564	8.672	10.085	12.792
18	6.265	7.015	8.231	9.390	10.865	13.675
19	6.844	7.633	8.907	10.117	11.651	14.562
20	7.434	8.260	9.591	10.851	12.443	15.452
21	8.034	8.897	10.283	11.591	13.240	16.344
22	8.643	9.542	10.982	12.338	14.042	17.240
23	9.260	10.196	11.689	13.091	14.848	18.137
24	9.886	10.856	12.401	13.848	15.659	19.037
25	10.520	11.524	13.120	14.611	16.473	19.939
26	11.160	12.198	13.844	15.379	17.292	20.843
27	11.808	12.879	14.573	16.151	18.114	21.749
28	12.461	13.565	15.308	16.928	18.939	22.657
29	13.121	14.257	16.047	17.708	19.768	23.567
30	13.787	14.954	16.791	18.493	20.599	24.478
31	14.458	15.655	17.539	19.281	21.431	25.390
32	15.131	16.362	18.291	20.072	22.271	26.304
33	15.815	17.074	19.047	20.867	23.110	27.219
34	16.501	17.789	19.806	21.664	23.952	27.136
35	17.192	18.509	20.569	22.465	24.797	29.054
36	17.887	19.233	21.336	23.269	25.643	29.973
37	18.586	19.960	22.106	24.075	26.492	30.893
38	19.289	20.691	22.878	24.884	27.343	31.815
39	19.996	21.426	23.654	25.695	28.196	32.737
40	20.707	22.164	24.433	26.509	29.051	33.660
41	21.421	22.906	25.215	27.326	29.907	34.585
42	22.138	23.650	25.999	28.144	30.765	35.510
43	22.859	24.398	26.785	28.965	31.625	36.436
44	23.584	25.148	27.575	29.787	32.487	37.363
45	24.311	25.901	28.366	30.612	33.350	38.291

工 程 数 学 基 础

n	α					
	0.25	0.10	0.05	0.025	0.01	0.005
1	1.323	2.706	3.841	5.024	6.635	7.879
2	2.773	4.605	5.991	7.378	9.210	10.597
3	4.108	6.251	7.815	9.348	11.345	12.838
4	5.385	7.779	9.488	11.143	13.277	14.860
5	6.626	9.236	11.071	12.833	15.086	16.750
6	7.841	10.645	12.592	14.449	16.812	18.548
7	9.037	12.017	14.067	16.013	18.475	20.278
8	10.219	13.362	15.507	17.535	20.090	21.995
9	11.389	14.684	16.919	19.023	21.666	23.589
10	12.549	15.987	18.307	20.483	23.209	25.188
11	13.701	17.275	19.675	21.920	24.725	26.757
12	14.845	18.549	21.026	23.337	26.217	28.299
13	15.984	19.812	22.362	24.736	27.688	29.819
14	17.117	21.064	23.685	26.119	29.141	31.319
15	18.245	22.307	24.996	27.488	30.578	32.801
16	19.369	23.542	26.296	28.845	32.000	34.267
17	20.489	24.769	27.587	30.191	33.409	35.718
18	21.605	25.989	28.869	31.526	34.805	37.156
19	22.718	27.204	30.144	32.852	36.191	38.582
20	23.828	28.412	31.410	34.170	37.566	39.997
21	24.935	29.615	32.671	35.479	38.932	41.401
22	26.039	30.813	33.924	36.781	40.289	42.796
23	27.141	32.007	35.172	38.076	41.638	44.181
24	28.241	33.196	36.415	39.364	42.980	45.559
25	29.339	34.382	37.652	40.646	44.314	46.928
26	30.435	35.563	38.885	41.923	45.642	48.290
27	31.528	36.741	40.113	43.194	46.963	49.645
28	32.620	37.916	41.337	44.461	48.273	50.993
29	33.711	39.087	42.557	45.722	49.588	52.336
30	34.800	40.256	43.773	46.979	50.892	53.672
31	35.887	41.422	44.985	48.232	52.191	55.003
32	36.973	42.585	46.194	49.480	53.486	56.328
33	38.058	43.745	47.400	50.725	54.776	57.648
34	39.141	44.903	48.602	51.966	56.061	58.964
35	40.223	46.059	49.802	53.203	57.342	60.275
36	41.304	47.212	50.998	54.437	58.619	61.581
37	42.383	48.363	52.192	55.668	59.892	62.883
38	43.462	49.513	53.384	56.896	61.162	64.181
39	44.539	50.660	54.572	58.120	62.428	65.476
40	45.616	51.805	55.758	59.342	63.691	66.766
41	46.692	52.949	56.942	60.561	64.950	68.053
42	47.766	54.090	58.124	61.777	66.206	69.336
43	48.840	55.230	59.304	62.990	67.459	70.616
44	49.913	56.369	60.481	64.201	68.710	71.393
45	50.985	57.505	61.656	65.410	69.957	73.166

4. t 分布表

$$P\{t(n)>t_\alpha(n)\}=\alpha$$

n	α					
	0.25	0.10	0.05	0.025	0.01	0.005
1	1.0000	3.0777	6.3138	12.7062	31.8207	63.6574
2	0.8165	1.8856	2.9200	4.3037	6.9646	9.9248
3	0.7649	1.6377	2.3534	3.1824	4.5407	5.8409
4	0.7407	1.5332	2.1318	2.7764	3.7469	4.6041
5	0.7267	1.4759	2.0150	2.5706	3.3649	4.0322
6	0.7176	1.4398	1.9432	2.4469	3.1427	3.7074
7	0.7111	1.4149	1.8946	2.3646	2.9980	3.4995
8	0.7064	1.3968	1.8595	2.3060	2.8965	3.3554
9	0.7027	1.3830	1.8331	2.2622	2.8214	3.2498
10	0.6998	1.3722	1.8125	2.2281	2.7638	3.1693
11	0.6974	1.3634	1.7959	2.2010	2.7181	3.1058
12	0.6955	1.3562	1.7823	2.1788	2.6810	3.0545
13	0.6938	1.3502	1.7709	2.1604	2.6503	3.0123
14	0.6924	1.3450	1.7613	2.1448	2.6245	2.9768
15	0.6912	1.3406	1.7531	2.1315	2.6025	2.9467
16	0.6901	1.3368	1.7459	2.1199	2.5835	2.9208
17	0.6892	1.3334	1.7396	2.1098	2.5669	2.8982
18	0.6884	1.3304	1.7341	2.1009	2.5524	2.8784
19	0.6876	1.3277	1.7291	2.0930	2.5395	2.8609
20	0.6870	1.3253	1.7247	2.0860	2.5280	2.8453
21	0.6864	1.3232	1.7207	2.0796	2.5177	2.8314
22	0.6858	1.3212	1.7171	2.0739	2.5083	2.8188
23	0.6853	1.3195	1.7139	2.0687	2.4999	2.8073
24	0.6848	1.3178	1.7109	2.0639	2.4922	2.7969
25	0.6844	1.3163	1.7108	2.0595	2.4851	2.7874
26	0.6840	1.3150	1.7056	2.0555	2.4786	2.7787
27	0.6837	1.3137	1.7033	2.0518	2.4727	2.7707
28	0.6834	1.3125	1.7011	2.0484	2.4671	2.7633
29	0.6830	1.3114	1.6991	2.0452	2.4620	2.7564
30	0.6828	1.3104	1.6973	2.0423	2.4573	2.7500
31	0.6825	1.3095	1.6955	2.0395	2.4528	2.7440
32	0.6822	1.3086	1.6939	2.0369	2.4487	2.7385
33	0.6820	1.3077	1.6924	2.0345	2.4448	2.7333
34	0.6818	1.3070	1.6909	2.0322	2.4411	2.7284
35	0.6816	1.3062	1.6896	2.0301	2.4377	2.7238
36	0.6814	1.3055	1.6883	2.0281	2.4345	2.7195
37	0.6812	1.3049	1.6871	2.0262	2.4314	2.7154
38	0.6810	1.3042	1.6860	2.0244	2.4286	2.7116
39	0.6808	1.3036	1.6849	2.0227	2.4258	2.7079
40	0.6807	1.3031	1.6839	2.0211	2.4233	2.7045
41	0.6805	1.3025	1.6829	2.0195	2.4208	2.7012
42	1.6804	1.3020	1.6820	2.0181	2.4185	2.6981
43	1.6802	1.3016	1.6811	2.0167	2.4163	2.6951
44	1.6801	1.3011	1.6802	2.0154	2.4141	2.6923
45	0.6800	1.3006	1.6794	2.0141	2.4121	2.6896

5. F 分布表

$$P\{F(n_1,n_2)>F_\alpha(n_1,n_2)\}=\alpha$$

$$\alpha=0.10$$

n_2 \ n_1	1	2	3	4	5	6	7	8	9	10	12	15	20	24	30	40	60	120	∞
1	39.86	49.50	53.59	55.33	57.24	58.20	58.91	59.44	59.86	60.19	60.71	61.22	61.74	62.06	62.26	62.53	62.79	63.06	63.33
2	8.53	9.00	9.16	9.24	6.29	9.33	9.35	9.37	9.38	9.39	9.41	9.42	9.44	9.45	9.46	9.47	9.47	9.48	9.49
3	5.54	5.46	5.39	5.34	5.31	5.28	5.27	5.25	5.24	5.23	5.22	5.20	5.18	5.18	5.17	5.16	5.15	5.14	5.13
4	4.54	4.32	4.19	4.11	4.05	4.01	3.98	3.95	3.94	3.92	3.90	3.87	3.84	3.83	3.82	3.80	3.79	3.78	3.76
5	4.06	3.78	3.62	3.52	3.45	3.40	3.37	3.34	3.32	3.30	3.27	3.24	3.21	3.19	3.17	3.16	3.14	3.12	3.10
6	3.78	3.46	3.29	3.18	3.11	3.05	3.01	2.98	2.96	2.94	2.90	2.87	2.84	2.82	2.80	2.78	2.76	2.74	2.72
7	3.59	3.26	3.07	2.96	2.88	2.83	2.78	2.75	2.72	2.70	2.67	2.63	2.59	2.58	2.56	2.54	2.51	2.49	2.47
8	3.46	3.11	2.92	2.81	2.73	2.67	2.62	2.59	2.56	2.54	2.50	2.46	2.42	2.40	2.38	2.36	2.34	2.32	2.29
9	3.36	3.01	2.81	2.69	2.61	2.55	2.51	2.47	2.44	2.42	2.38	2.34	2.30	2.28	2.25	2.23	2.21	2.18	2.16
10	3.20	2.92	2.73	2.61	2.52	2.46	2.41	2.38	2.35	2.32	2.28	2.24	2.20	2.18	2.16	2.13	2.11	2.08	2.06
11	3.23	2.86	2.66	2.54	2.45	2.39	2.34	2.30	2.27	2.25	2.21	2.17	2.12	2.10	2.08	2.05	2.03	2.00	1.97
12	3.18	2.81	2.61	2.48	2.39	2.33	2.28	2.24	2.21	2.19	2.15	2.10	2.06	2.04	2.01	1.99	1.96	1.93	1.90
13	3.14	2.76	2.56	2.43	2.35	2.28	2.23	2.20	2.16	2.14	2.10	2.05	2.01	1.98	1.96	1.93	1.90	1.88	1.85
14	3.10	2.73	2.52	2.39	2.31	2.24	2.19	2.15	2.12	2.10	2.05	2.01	1.96	1.94	1.91	1.89	1.82	1.83	1.80
15	3.07	2.70	2.49	2.36	2.27	2.21	2.16	2.12	2.09	2.06	2.02	1.97	1.92	1.90	1.87	1.85	1.82	1.79	1.76
16	3.05	2.67	2.46	2.33	2.24	2.18	2.13	2.09	2.06	2.03	1.99	1.94	1.89	1.87	1.84	1.81	1.78	1.75	1.72

$\alpha = 0.10$

n_1 / n_2	1	2	3	4	5	6	7	8	9	10	12	15	20	24	30	40	60	120	∞
17	3.03	2.64	2.44	2.31	2.22	2.15	2.10	2.06	2.03	2.00	1.96	1.91	1.86	1.84	1.81	1.78	1.75	1.72	1.69
18	3.01	2.62	2.42	2.29	2.20	2.13	2.08	2.04	2.00	1.98	1.93	1.89	1.84	1.81	1.78	1.75	1.72	1.69	1.66
19	2.99	2.61	2.40	2.27	2.18	2.11	2.06	2.02	1.98	1.96	1.91	1.86	1.81	1.79	1.76	1.73	1.70	1.67	1.63
20	2.97	2.50	2.38	2.25	2.16	2.09	2.04	2.00	1.96	1.94	1.89	1.84	1.79	1.77	1.74	1.71	1.68	1.64	1.61
21	2.96	9.57	2.36	2.23	2.14	2.08	2.02	1.98	1.95	1.92	1.87	1.83	1.78	1.75	1.72	1.69	1.66	1.62	1.59
22	2.95	2.56	2.35	2.22	2.13	2.06	2.01	1.97	1.93	1.90	1.86	1.81	1.76	1.73	1.70	1.67	1.64	1.60	1.57
23	2.94	2.55	2.34	2.21	2.11	2.05	1.99	1.95	1.92	1.89	1.84	1.80	1.74	1.72	1.69	1.66	1.62	1.59	1.55
24	2.93	2.54	2.33	2.19	2.10	2.04	1.98	1.94	1.91	1.88	1.83	1.78	1.73	1.70	1.67	1.64	1.61	1.57	1.53
25	2.92	2.53	2.32	2.18	2.09	2.02	1.97	1.93	1.89	1.87	1.82	1.77	1.72	1.69	1.66	1.63	1.59	1.56	1.52
26	2.91	2.52	2.31	2.17	2.08	2.01	1.96	1.92	1.88	1.86	1.81	1.76	1.71	1.68	1.65	1.61	1.58	1.54	1.50
27	2.90	2.51	2.30	2.17	2.07	2.00	1.95	1.91	1.87	1.85	1.80	1.75	1.70	1.67	1.64	1.60	1.57	1.53	1.49
28	2.89	2.50	2.29	2.16	2.60	2.00	1.94	1.90	1.87	1.84	1.79	1.74	1.69	1.66	1.63	1.59	1.56	1.52	1.48
29	2.89	2.50	2.28	2.15	2.06	1.99	1.93	1.89	1.86	1.83	1.78	1.73	1.68	1.65	1.62	1.58	1.55	1.51	1.47
30	2.88	2.49	2.22	2.14	2.05	1.98	1.93	1.88	1.85	1.82	1.77	1.72	1.67	1.64	1.61	1.57	1.54	1.50	1.46
40	2.84	2.41	2.23	2.00	2.00	1.93	1.87	1.83	1.79	1.76	1.71	1.66	1.61	1.57	1.54	1.51	1.47	1.42	1.38
60	2.79	2.39	2.18	2.04	1.95	1.87	1.82	1.77	1.74	1.71	1.66	1.60	1.54	1.51	1.48	1.44	1.40	1.35	1.29
120	2.75	2.35	2.13	1.99	1.90	1.82	1.77	1.72	1.68	1.65	1.60	1.55	1.48	1.45	1.41	1.37	1.32	1.26	1.19
∞	2.71	2.30	2.08	1.94	1.85	1.77	1.72	1.67	1.63	1.60	1.55	1.49	1.42	1.38	1.34	1.30	1.24	1.17	1.00

$\alpha = 0.05$

n_2＼n_1	1	2	3	4	5	6	7	8	9	10	12	15	20	24	30	40	60	120	∞
1	161.4	199.5	215.7	224.6	230.2	234.0	236.8	238.9	240.5	241.9	243.9	245.9	248.0	249.1	250.1	251.1	252.2	253.3	254.3
2	18.51	19.00	19.16	19.25	19.30	19.33	19.35	19.37	19.38	19.40	19.41	19.43	19.45	19.45	19.46	19.47	19.48	19.49	19.50
3	10.13	9.55	9.28	9.12	9.90	8.94	8.89	8.85	8.81	8.79	8.74	8.70	8.66	8.64	8.62	8.59	8.57	8.55	8.53
4	7.71	6.94	6.59	6.39	6.26	6.16	6.09	6.04	6.00	5.96	5.91	5.86	5.80	5.77	5.75	5.72	5.69	5.66	5.63
5	6.61	5.79	5.41	5.19	5.05	4.95	4.88	4.82	4.77	4.74	4.68	4.62	4.56	4.53	4.50	4.46	4.43	4.40	4.36
6	5.99	5.14	4.76	4.53	4.39	4.28	4.21	4.15	4.10	4.06	4.00	3.94	3.87	3.84	3.81	3.77	3.74	3.70	3.67
7	5.59	4.74	4.35	4.12	3.97	3.87	3.79	3.73	3.68	3.64	3.57	3.51	3.44	3.41	3.38	3.34	3.30	3.27	3.23
8	5.32	4.46	4.07	3.84	3.69	3.58	3.50	3.44	3.39	3.35	3.28	3.22	3.15	3.12	3.08	3.04	3.01	2.97	2.93
9	5.12	4.26	3.86	3.63	3.48	3.37	3.29	3.23	3.18	3.14	3.07	3.01	2.94	2.90	2.86	2.83	2.79	2.75	2.71
10	4.96	4.10	3.71	3.48	3.33	3.22	3.14	3.07	3.02	2.98	2.91	2.85	2.77	2.74	2.70	2.66	2.62	2.58	2.54
11	4.84	3.98	3.59	3.36	3.20	3.09	3.01	2.95	2.90	2.85	2.79	2.72	2.65	2.61	2.57	2.53	2.49	2.45	2.40
12	4.75	3.89	3.49	3.26	3.11	3.00	2.91	2.85	2.80	2.75	2.69	2.62	2.54	2.51	2.47	2.43	2.38	2.34	2.30
13	4.67	3.81	3.41	3.18	3.03	2.92	2.83	2.77	2.71	2.67	2.60	2.53	2.46	2.42	2.38	2.34	2.30	2.25	2.21
14	4.60	3.74	3.34	3.11	2.96	2.85	2.76	2.70	2.65	2.60	2.53	2.46	2.39	2.35	2.31	2.27	2.22	2.18	2.13
15	4.54	3.68	3.29	3.06	2.90	2.79	2.71	2.64	2.59	2.54	2.48	2.40	2.33	2.29	2.25	2.20	2.16	2.11	2.07
16	4.49	3.63	3.24	3.01	2.85	2.74	2.66	2.59	2.54	2.49	2.42	2.35	2.28	2.24	2.19	2.15	2.11	2.06	2.01
17	4.45	3.59	3.20	2.96	2.81	2.70	2.61	2.55	2.49	2.45	2.38	2.31	2.23	2.19	2.15	2.10	2.06	2.01	1.96

$\alpha = 0.05$

n_1 / n_2	1	2	3	4	5	6	7	8	9	10	12	15	20	24	30	40	60	120	∞
18	4.41	3.55	3.16	2.93	2.77	2.66	2.58	2.51	2.46	2.41	2.34	2.27	2.19	2.15	2.11	2.06	2.02	1.97	1.92
19	4.38	3.52	3.13	2.90	2.74	2.63	2.54	2.48	2.42	2.38	2.31	2.23	2.16	2.11	2.07	2.03	1.98	1.93	1.88
20	4.35	3.49	3.10	2.87	2.71	2.60	2.51	2.45	2.39	2.35	2.28	2.20	2.12	2.08	2.04	1.99	1.95	1.90	1.84
21	4.32	3.47	3.07	2.84	2.68	2.57	2.49	2.42	2.37	2.32	2.25	2.18	2.10	2.05	2.01	1.96	1.92	1.87	1.81
22	4.30	3.44	3.05	2.82	2.66	2.55	2.46	2.40	2.34	2.30	2.23	2.15	2.07	2.03	1.98	1.94	1.89	1.84	1.78
23	4.28	3.42	3.03	2.80	2.64	2.53	2.44	2.37	2.32	2.27	2.20	2.13	2.05	2.01	1.96	1.91	1.86	1.81	1.76
24	4.26	3.40	3.01	2.78	2.62	2.51	2.42	2.36	2.30	2.25	2.18	2.11	2.03	1.98	1.94	1.89	1.84	1.79	1.73
25	4.24	3.39	2.99	2.76	2.60	2.49	2.40	2.34	2.28	2.24	2.16	2.09	2.01	1.96	1.92	1.87	1.82	1.77	1.71
26	4.23	3.37	2.98	2.74	2.59	2.47	2.39	2.32	2.27	2.22	2.15	1.07	1.99	1.95	1.90	1.85	1.80	1.75	1.69
27	4.21	3.35	2.96	2.73	2.57	2.46	2.37	2.31	2.25	2.20	2.13	1.06	1.97	1.93	1.88	1.84	1.79	1.73	1.67
28	4.20	3.34	2.95	2.71	2.56	2.45	2.36	2.29	2.24	2.19	2.12	1.04	1.96	1.91	1.87	1.82	1.77	1.71	1.65
29	4.18	3.33	2.93	2.70	2.55	2.43	2.35	2.28	2.22	2.18	2.10	1.03	1.94	1.90	1.85	1.81	1.75	1.70	1.64
30	4.17	3.32	2.92	2.69	2.53	2.42	2.33	2.27	2.21	2.16	2.09	2.01	1.93	1.89	1.84	1.79	1.74	1.68	1.62
40	4.08	3.23	2.84	2.61	2.45	2.34	2.25	2.18	2.12	2.08	2.00	1.92	1.84	1.79	1.74	1.69	1.64	1.58	1.51
60	4.00	3.15	2.76	2.53	2.37	2.25	2.17	2.10	2.04	1.99	1.92	1.84	1.75	1.70	1.65	1.59	1.53	1.47	1.39
120	3.92	3.07	2.68	2.45	2.29	2.17	2.09	2.02	1.96	1.91	1.83	1.75	1.66	1.61	1.55	1.50	1.43	1.35	1.25
∞	3.84	3.00	2.60	2.37	2.21	2.10	2.01	1.94	1.88	1.83	1.75	1.67	1.57	1.52	1.46	1.39	1.32	1.22	1.00

$\alpha = 0.025$

n_2\n_1	1	2	3	4	5	6	7	8	9	10	12	15	20	24	30	40	60	120	∞
1	647.8	799.5	864.2	899.6	921.8	937.1	948.2	956.7	963.3	968.6	976.7	984.9	993.1	997.2	1001	1006	1010	1014	1018
2	38.51	39.00	39.17	39.25	139.30	39.33	39.36	39.37	39.39	39.40	39.41	39.43	39.45	39.46	39.46	39.47	39.48	39.49	39.50
3	17.44	16.04	15.44	15.10	14.88	14.73	14.62	14.54	14.47	14.42	14.34	14.25	14.17	14.12	14.08	14.04	13.99	13.95	13.90
4	12.22	10.65	9.98	9.60	9.36	9.20	9.07	8.98	8.90	8.84	8.75	8.66	8.56	8.51	8.46	8.41	8.36	8.31	8.26
5	10.01	8.43	7.76	7.39	7.15	6.98	6.85	6.76	6.68	6.62	6.52	6.43	6.33	6.28	6.23	6.18	6.12	6.07	6.02
6	8.81	7.26	6.60	6.23	5.99	5.82	5.70	5.60	5.52	5.46	5.37	5.27	5.17	5.12	5.07	5.01	4.96	4.90	4.85
7	8.07	6.54	5.89	5.52	5.29	5.12	4.99	4.90	4.82	4.76	4.67	4.57	4.47	4.42	4.36	4.31	4.25	4.20	4.14
8	7.57	6.06	5.42	5.05	4.82	4.65	4.53	4.43	4.36	4.30	4.20	4.10	4.00	3.95	3.89	3.84	3.78	3.73	3.67
9	7.21	5.71	5.08	4.72	4.48	4.32	4.20	4.10	4.03	3.96	3.87	3.77	3.67	3.61	3.56	3.51	3.45	3.39	3.33
10	6.94	5.46	4.83	4.47	4.24	4.07	3.95	3.85	3.78	3.72	3.62	3.52	3.42	3.37	3.31	3.26	3.20	3.14	3.08
11	6.72	5.26	4.63	4.28	4.04	3.88	3.76	3.66	3.59	3.53	3.43	3.33	3.23	3.17	3.12	3.06	3.00	2.94	2.88
12	6.55	5.10	4.47	4.12	3.89	3.73	3.61	3.51	3.44	3.37	3.28	3.18	3.07	3.02	2.96	2.91	2.85	2.79	2.72
13	6.41	4.97	4.35	4.00	3.77	3.60	3.48	3.39	3.31	3.25	3.15	3.05	2.95	2.89	2.84	2.78	2.72	2.66	2.60
14	6.30	4.86	4.24	3.89	3.66	3.50	3.38	3.29	3.21	3.15	3.05	2.95	2.84	2.79	2.73	2.67	2.61	2.55	2.49
15	6.20	4.77	4.15	3.80	3.58	3.41	3.29	3.30	3.12	3.06	2.96	2.86	2.76	2.70	2.64	2.59	2.52	2.46	2.40
16	6.12	4.69	4.08	3.73	3.50	3.34	3.22	3.12	3.05	2.99	2.89	2.79	2.68	2.63	2.57	2.51	2.45	2.38	2.32
17	6.04	4.62	4.01	3.66	3.44	3.28	3.16	3.06	2.98	2.92	2.82	2.72	2.62	2.56	2.50	2.44	2.38	2.32	2.25

$$\alpha = 0.025$$

n_2＼n_1	1	2	3	4	5	6	7	8	9	10	12	15	20	24	30	40	60	120	∞
18	5.98	4.56	3.95	3.61	3.38	3.22	3.10	3.01	2.93	2.87	2.77	2.67	2.56	2.50	2.44	2.38	2.32	2.26	2.19
19	5.92	4.51	3.90	3.56	3.33	3.17	3.05	2.96	2.88	2.82	2.72	2.62	2.51	2.45	2.39	2.35	2.27	2.20	2.13
20	5.87	4.46	3.86	3.51	3.29	3.13	3.01	2.91	2.84	2.77	2.68	2.57	2.46	2.41	2.35	2.29	2.22	2.16	2.09
21	5.83	4.42	3.82	3.48	3.25	3.09	2.97	2.87	2.80	2.73	2.64	2.53	2.42	2.37	2.31	2.25	2.18	2.11	2.04
22	5.79	4.38	3.78	3.44	3.22	3.05	2.93	2.84	2.76	2.70	2.60	2.50	2.39	2.33	2.27	2.21	2.14	2.08	2.00
23	5.75	4.35	3.75	3.41	3.18	3.02	2.90	2.81	2.73	2.67	2.57	2.47	2.36	2.30	2.24	2.18	2.11	2.04	1.97
24	5.72	4.32	3.72	3.38	3.15	2.99	2.87	2.78	2.70	2.64	2.54	2.44	2.33	2.27	2.21	2.15	2.08	2.01	1.94
25	5.69	4.29	3.69	3.35	3.13	2.97	2.85	2.75	2.68	2.61	2.51	2.41	2.30	2.24	2.18	2.12	2.05	1.98	1.91
26	5.66	4.27	3.67	3.33	3.10	2.94	2.82	2.73	2.65	2.59	2.49	2.39	2.28	2.22	2.16	2.09	2.03	1.95	1.88
27	5.63	4.24	3.65	3.31	3.08	2.92	2.80	2.71	2.63	2.57	2.47	2.36	2.25	2.19	2.13	2.07	2.00	1.93	1.85
28	5.61	4.22	3.63	3.29	3.06	2.90	2.78	2.69	2.61	2.55	2.45	2.34	2.23	2.17	2.11	2.05	1.98	1.91	1.83
29	5.59	4.20	3.61	3.27	3.04	2.88	2.76	2.67	2.59	2.53	2.43	2.32	2.21	2.15	2.09	2.03	1.96	1.89	1.81
30	5.57	4.18	3.59	3.25	3.03	2.87	2.75	2.65	2.57	2.51	2.41	2.31	2.20	2.14	2.07	2.01	1.94	1.87	1.79
40	5.42	4.05	3.46	3.13	2.90	2.74	2.62	2.53	2.45	2.39	2.29	2.18	2.07	2.01	1.94	1.88	1.80	1.72	1.64
60	5.29	3.93	3.34	3.01	2.79	2.63	2.51	2.41	2.33	2.27	2.17	2.06	1.94	1.88	1.82	1.74	1.67	1.58	1.48
120	5.15	3.80	3.23	2.89	2.67	2.52	2.39	2.30	2.22	2.16	2.05	1.94	1.82	1.76	1.69	1.61	1.53	1.43	1.31
∞	5.02	3.69	3.12	2.79	2.57	2.41	2.29	2.19	2.11	2.05	1.94	1.83	1.71	1.64	1.57	1.48	1.39	1.27	1.00

$\alpha = 0.01$

m_2 \ m_1	1	2	3	4	5	6	7	8	9	10	12	15	20	24	30	40	60	120	∞
1	4052	4999.5	5403	5625	5764	5859	5928	5982	6062	6056	6106	6157	6209	6235	6261	6287	6313	6339	6366
2	98.50	99.00	99.17	99.25	99.30	99.33	99.36	99.37	99.39	99.40	99.42	99.43	99.45	99.46	99.47	99.47	99.48	99.49	99.50
3	34.12	30.82	29.46	28.71	28.24	27.91	27.67	27.49	27.35	27.23	27.05	26.87	26.69	26.60	26.50	26.41	26.32	26.22	26.13
4	21.20	18.00	16.69	15.98	15.52	15.21	14.98	14.80	14.66	14.55	14.37	14.20	14.02	13.93	13.84	13.75	13.65	13.56	13.46
5	16.26	13.27	12.06	11.39	10.97	10.67	10.46	10.29	10.16	10.05	9.29	9.72	9.55	9.47	9.38	9.29	9.20	9.11	9.02
6	13.75	10.92	9.78	9.15	8.75	8.47	8.26	8.10	7.98	7.87	7.72	7.56	7.40	7.31	7.23	7.14	7.06	6.97	6.88
7	12.25	9.55	8.45	7.85	7.46	7.19	6.99	6.84	6.72	6.62	6.47	6.31	6.16	6.07	5.99	5.91	5.82	5.74	5.65
8	11.26	8.65	7.59	7.01	6.63	6.37	6.18	6.03	5.91	5.81	5.67	5.52	5.36	5.28	5.20	5.12	5.03	4.95	4.86
9	10.56	8.02	6.99	6.42	6.06	5.80	5.61	5.47	5.35	5.26	5.11	4.96	4.81	4.73	4.65	4.57	4.48	4.40	4.31
10	10.04	7.56	6.55	5.99	5.64	5.39	5.20	5.06	4.94	4.85	4.71	4.56	4.41	4.33	4.25	4.17	4.08	4.00	3.91
11	9.65	7.21	6.22	5.67	5.32	5.07	4.89	4.74	4.63	4.54	4.40	4.25	4.10	4.02	3.95	3.86	3.78	3.69	3.60
12	9.33	6.93	5.95	5.41	5.06	4.82	4.64	4.50	4.39	4.30	4.16	4.01	3.86	3.78	3.70	3.62	3.54	3.45	3.36
13	9.07	6.70	5.74	5.21	4.86	4.62	4.44	4.30	4.19	4.10	3.96	3.82	3.66	3.59	3.51	3.43	3.34	3.25	3.17
14	8.86	6.51	5.56	5.04	4.69	4.46	4.28	4.14	4.03	3.94	3.80	3.66	3.51	3.43	3.35	3.27	3.18	3.09	3.00
15	8.68	6.36	5.42	4.89	4.56	4.32	4.14	4.00	3.89	3.80	3.67	3.52	3.37	3.29	3.21	3.13	3.05	2.96	2.87
16	8.53	6.23	5.29	4.77	4.44	4.20	4.03	3.89	3.78	3.69	3.55	3.41	3.26	3.18	3.10	3.02	2.93	2.84	2.75
17	8.40	6.11	5.18	4.67	4.34	4.10	3.93	3.79	3.68	3.59	3.46	3.31	3.16	3.08	3.00	2.92	2.83	2.75	2.65

$\alpha = 0.005$

n_1 / n_2	1	2	3	4	5	6	7	8	9	10	12	15	20	24	30	40	60	120	∞
18	8.29	6.01	5.09	4.58	4.25	4.01	3.84	3.71	3.60	3.51	3.37	3.23	3.08	3.00	2.92	2.84	2.75	2.66	2.57
19	8.18	5.93	5.01	4.50	4.17	3.94	3.77	3.63	3.52	3.43	3.30	3.15	3.00	2.92	2.84	2.76	2.67	2.58	2.49
20	8.10	5.85	4.94	4.43	4.10	3.87	3.70	3.56	3.46	3.37	3.23	3.09	2.94	2.86	2.78	2.69	2.61	2.52	2.42
21	8.02	5.78	4.87	4.37	4.04	3.81	3.64	3.51	3.40	3.31	3.17	3.03	2.88	2.80	2.72	2.64	2.55	2.46	2.36
22	7.95	5.72	4.82	4.31	3.99	3.76	3.59	3.45	3.35	3.26	3.12	2.98	2.83	2.75	2.67	2.58	2.50	2.40	2.31
23	7.88	5.66	4.76	4.26	3.94	3.71	3.54	3.41	3.30	3.21	3.07	2.93	2.78	2.70	2.62	2.54	2.45	2.35	2.26
24	7.82	5.61	4.72	4.22	3.90	3.67	3.50	3.36	3.26	3.17	3.03	2.89	2.74	2.66	2.58	2.49	2.40	2.31	2.21
25	7.77	5.57	4.68	4.18	3.85	3.63	3.46	3.32	3.22	3.13	2.99	2.85	2.70	2.62	2.54	2.45	2.36	2.27	2.17
26	7.72	5.53	4.64	4.14	3.82	3.59	3.42	3.29	3.18	3.09	2.96	2.81	2.66	2.58	2.50	2.42	2.33	2.23	2.13
27	7.68	5.49	4.60	4.11	3.78	3.56	3.39	3.26	3.15	3.06	2.93	2.78	2.63	2.55	2.47	2.38	2.29	2.20	2.10
28	7.64	5.45	4.57	4.07	3.75	3.53	3.36	3.23	3.12	3.03	2.90	2.75	2.60	2.52	2.44	2.35	2.26	2.17	2.06
29	7.60	5.42	4.54	4.04	3.73	3.50	3.33	3.20	3.09	3.00	2.87	2.73	2.57	2.49	2.41	2.33	2.23	2.14	2.03
30	7.56	5.39	4.51	4.02	3.70	3.47	3.30	3.17	3.07	2.98	2.84	2.70	2.55	2.47	2.39	2.30	2.21	2.11	2.01
40	7.31	5.18	4.31	3.83	3.51	3.29	3.12	2.99	2.89	2.80	2.66	2.52	2.37	2.29	2.20	2.11	2.02	1.92	1.80
60	7.08	4.98	4.13	3.65	3.34	3.12	2.95	2.82	2.72	2.63	2.50	2.35	2.20	2.12	2.03	1.94	1.84	1.73	1.60
120	6.85	4.79	3.95	3.48	3.17	2.96	2.79	2.66	2.56	2.47	2.34	2.19	2.03	1.95	1.86	1.76	1.66	1.53	1.38
∞	6.63	4.61	3.78	3.32	3.02	2.80	2.64	2.51	2.41	2.32	2.18	2.04	1.88	1.79	1.70	1.59	1.47	1.32	1.00

$\alpha = 0.005$

n_1 n_2	1	2	3	4	5	6	7	8	9	10	12	15	20	24	30	40	60	120	∞
1	16211	20000	21615	22500	23056	23437	23715	23925	24091	24224	24426	24630	24836	24940	25044	25148	25253	25359	25465
2	198.5	199.0	199.2	199.2	199.3	199.3	199.4	199.4	199.4	199.4	199.4	199.4	199.4	199.5	199.5	199.5	199.5	199.5	199.5
3	55.55	49.80	47.47	46.19	45.39	44.84	44.43	44.13	43.88	43.69	43.39	43.08	42.78	42.62	42.47	42.31	42.15	41.99	41.83
4	31.33	26.28	24.26	23.15	22.46	21.97	21.62	21.35	21.14	20.97	20.70	20.44	20.17	20.03	19.89	19.75	19.61	19.47	19.32
5	22.78	18.31	16.53	15.56	14.94	14.51	14.20	13.96	13.77	13.62	13.38	13.15	12.90	12.78	12.66	12.53	12.40	12.72	12.14
6	18.63	14.54	12.92	12.03	21.46	11.07	10.79	10.57	10.39	10.25	10.03	9.81	9.59	9.47	9.36	9.24	9.42	9.00	8.88
7	16.24	12.40	10.88	10.05	9.52	9.16	8.89	8.68	8.51	8.38	8.18	7.97	7.75	7.65	7.53	7.42	7.31	7.19	7.08
8	14.69	11.04	9.60	8.81	8.30	7.95	7.69	7.50	7.34	7.21	7.01	6.81	6.61	6.50	6.40	6.29	6.18	6.06	5.95
9	13.61	10.11	8.72	7.96	7.47	7.13	6.88	6.69	6.54	6.42	6.23	6.03	5.83	5.73	5.62	5.52	5.41	5.30	5.19
10	12.83	9.43	8.08	7.34	6.87	6.54	6.30	6.12	5.97	5.85	5.66	5.47	5.27	5.17	5.07	4.97	4.86	4.75	4.64
11	12.23	8.91	7.60	6.88	6.42	6.10	5.86	5.68	5.54	5.42	4.24	5.05	4.86	4.76	4.65	4.55	4.44	4.34	4.23
12	11.75	8.51	7.23	6.52	6.07	5.76	4.52	5.35	5.20	5.09	4.91	4.72	4.53	4.43	4.33	4.23	4.12	4.01	3.90
13	11.37	8.19	6.93	6.23	5.79	5.48	5.25	5.08	4.94	4.82	4.64	4.46	4.27	4.17	4.07	3.97	9.87	3.76	3.65
14	11.06	7.92	6.68	6.00	5.86	5.26	5.03	4.86	4.72	4.60	4.43	4.25	4.06	3.96	3.86	3.76	3.66	3.55	3.44
15	10.80	7.70	6.48	5.80	5.37	5.07	4.85	4.67	4.54	4.42	4.25	4.07	3.88	3.79	3.69	3.52	3.48	3.37	3.26
16	10.58	7.51	6.30	5.64	5.21	4.91	4.96	4.52	4.38	4.27	4.10	3.92	3.73	3.64	3.54	3.44	3.23	3.22	3.11
17	10.38	7.35	6.16	5.50	5.07	4.78	4.56	4.39	4.25	4.14	3.97	3.79	3.61	3.51	3.41	3.31	3.21	3.10	2.98

工 程 数 学 基 础

$\alpha = 0.005$

m_2 \ m_1	1	2	3	4	5	6	7	8	9	10	12	15	20	24	30	40	60	120	∞
18	10.22	7.21	6.03	5.37	4.96	4.66	4.44	4.28	4.14	4.03	3.86	3.68	3.50	3.40	3.30	3.20	3.10	2.99	2.87
19	10.07	7.09	5.92	5.27	4.85	4.56	4.34	4.18	4.04	3.93	3.76	3.59	3.40	3.31	3.21	3.11	3.00	2.89	2.78
20	9.94	6.99	5.82	5.17	4.76	4.47	4.26	4.09	3.96	3.85	3.68	3.50	3.32	3.22	3.12	3.02	2.92	2.81	2.69
21	9.83	6.89	5.73	5.09	4.68	4.39	4.18	4.01	3.88	3.77	3.60	3.43	3.24	3.15	3.05	2.95	2.84	2.73	2.61
22	9.73	6.81	5.65	5.02	4.61	4.32	4.11	3.94	3.81	3.70	3.54	3.36	3.18	3.08	2.98	2.88	2.77	2.66	2.55
23	9.63	6.73	5.58	4.95	4.54	4.26	4.05	3.88	3.75	3.64	3.47	3.30	3.12	3.02	2.92	2.82	2.71	2.60	2.48
24	9.55	6.66	5.52	4.89	4.49	4.20	3.99	3.83	3.69	3.59	3.42	3.25	3.06	2.97	2.87	2.77	2.66	2.55	2.43
25	9.48	6.60	5.46	4.84	4.43	4.15	3.94	3.78	3.64	3.64	3.67	3.20	3.01	2.92	2.82	2.72	2.61	2.50	2.38
26	9.41	6.54	5.41	4.79	4.38	4.10	3.89	3.73	3.60	3.49	3.33	3.15	2.97	2.87	2.77	2.67	2.56	2.45	2.33
27	9.34	6.49	5.36	4.74	4.34	4.06	3.85	3.69	3.56	3.45	3.28	3.11	2.93	2.83	2.73	2.63	2.52	2.41	2.29
28	9.28	6.44	5.32	4.70	4.30	4.02	3.81	3.65	3.52	3.41	3.25	3.07	2.89	2.79	2.69	2.59	2.48	2.37	2.25
29	9.23	6.40	5.28	4.66	4.26	3.98	3.77	3.61	3.48	3.38	3.21	3.04	2.86	2.76	2.66	2.56	2.45	2.33	2.21
30	9.18	6.35	5.24	4.62	4.23	3.95	3.74	3.58	3.45	3.34	3.18	3.01	2.82	2.73	2.63	2.52	2.42	2.30	2.18
40	8.83	6.07	4.98	4.37	3.99	3.71	3.51	3.35	3.22	3.12	2.95	2.78	2.60	2.50	2.40	2.30	2.18	2.06	1.93
60	8.49	5.79	4.73	4.14	3.76	3.49	3.29	3.13	3.01	2.90	2.74	2.57	2.39	2.29	2.19	2.08	1.96	1.83	1.69
120	8.18	5.54	4.50	3.92	3.55	3.28	3.09	2.93	2.81	2.75	2.54	2.37	2.19	2.09	1.98	1.87	1.75	1.61	1.43
∞	7.88	5.30	4.28	3.72	3.35	3.09	2.90	2.74	2.62	2.52	2.36	2.19	2.00	1.90	1.79	1.67	1.53	1.36	1.00

6. 相关系数检验表

表中给出了满足 $P\{|R|>R_\alpha\}=\alpha$ 的 R_α 数值,其中 $n-2$ 是自由度

α $\backslash$ $n-2$	0.10	0.05	0.02	0.01	0.001	α $\backslash$ $n-2$
1	0.98769	0.99692	0.999507	0.999877	0.9999988	1
2	0.90000	0.95000	0.98000	0.99000	0.99900	2
3	0.8054	0.8783	0.93433	0.95873	0.99116	3
4	0.7293	0.8114	0.8822	0.91720	0.97406	4
5	0.6694	0.7545	0.8329	0.8745	0.95074	5
6	0.6215	0.7067	0.7887	0.8343	0.92493	6
7	0.5822	0.6664	0.7498	0.7977	0.8982	7
8	0.5494	0.6319	0.7155	0.7646	0.8721	8
9	0.5214	0.6021	0.6851	0.7348	0.8471	9
10	0.4973	0.5760	0.6581	0.7079	0.8233	10
11	0.4762	0.5529	0.6339	0.6835	0.8010	11
12	0.4575	0.5324	0.6120	0.6614	0.7800	12
13	0.4409	0.5139	0.5923	0.6411	0.7603	13
14	0.4259	0.4973	0.5742	0.6226	0.7420	14
15	0.4124	0.4821	0.5577	0.6055	0.7246	15
16	0.4000	0.4683	0.5425	0.5897	0.7084	16
17	0.3887	0.4555	0.5285	0.5751	0.6932	17
18	0.3783	0.4438	0.5155	0.5614	0.6787	18
19	0.3687	0.4329	0.5034	0.5487	0.6652	19
20	0.3598	0.4227	0.4921	0.5368	0.6524	20
25	0.3233	0.3809	0.4451	0.4869	0.5974	25
30	0.2960	0.3494	0.4093	0.4487	0.5541	30
35	0.2746	0.3246	0.3810	0.4182	0.5189	35
40	0.2573	0.3044	0.3578	0.3932	0.4896	40
45	0.2428	0.2875	0.3384	0.3721	0.4648	45
50	0.2306	0.2732	0.3218	0.3541	0.4433	50
60	0.2108	0.2500	0.2948	0.3248	0.4078	60
70	0.1954	0.2319	0.2737	0.3017	0.3799	70
80	0.1829	0.2172	0.2565	0.2830	0.3568	80
90	0.1726	0.2050	0.2422	0.2673	0.3375	90
100	0.1638	0.1946	0.2301	0.2540	0.3211	100

参 考 文 献

[1] 林益. 工程数学. 北京：高等教育出版社，2003.

[2] 陈水林. 工程应用数学. 武汉：湖北科学技术出版社，2007.

[3] 仉志余. 大学数学应用教程（下）. 北京：北京大学出版社，2006.

[4] 韩雪涛著. 从惊讶到思考——数学悖论奇景. 长沙：湖南科学技术出版社，2007.

[5] 任玉杰. 高等数学. 北京：机械工业出版社，2005.

[6] 复旦大学编. 概率论与数理统计. 北京：高等教育出版社，1990.

[7] 侯风波. 工程数学. 北京：高等教育出版社，2007.

[8] 盛骤，谢式千，潘承毅. 概率论与数理统计. 北京：高等教育出版社，2004.

工
程
数
学
基
础